"十四五"高等教育新工科应用型人才培养新形态系列教材

机械制造技术基础

韩变枝◎主　编
牛秋林　王　栋　赵彤涌◎副主编

中国铁道出版社有限公司
CHINA RAILWAY PUBLISHING HOUSE CO., LTD.

内 容 简 介

本书是编者在多年来教学实践与教学改革成果的基础上编写的，突出培养学生的专业素质、强化应用，提高学生分析问题和解决实际问题的能力。以零件加工工艺系统构成为出发点，采用项目导入、任务驱动的方式将机械制造工艺学、金属切削原理与刀具、金属切削机床与夹具有机融合的改革思路，从对零件的加工制造到质量检验及装配，力求使其内容安排更加符合学生的认知规律。主要内容包括初识机械制造与机械加工工艺系统、轴类零件的加工 、箱体类零件的加工、叉架类零件的加工、盘盖类零件的加工、减速器装配工艺设计。书中大部分实例取自生产实际，结构严谨，内容充实，图文并茂，宜教宜学，循序渐进。

本书适合作为普通高等学校机械（机电）类、近机械类等专业应用型人才培养机械制造技术基础课程教材，也可作为有关工程技术人员的自学参考用书。

图书在版编目（CIP）数据

机械制造技术基础/韩变枝主编．—北京：中国铁道出版社有限公司，2023．7（2024．4 重印）
“十四五”高等教育新工科应用型人才培养新形态系列教材
ISBN 978-7-113-30054-8

Ⅰ．①机…　Ⅱ．①韩…　Ⅲ．①机械制造工艺-高等学校-教材
Ⅳ．①TH16

中国国家版本馆 CIP 数据核字（2023）第 049305 号

书　　名：机械制造技术基础
作　　者：韩变枝

策　　划：�曾露平　　　　　　**编辑部电话：**（010）63551926
责任编辑：曾露平　包　宁
封面设计：郑春鹏
责任校对：刘　畅
责任印制：樊启鹏

出版发行：中国铁道出版社有限公司（100054，北京市西城区右安门西街 8 号）
网　　址：http://www.tdpress.com/51eds/
印　　刷：北京市泰锐印刷有限责任公司
版　　次：2023 年 7 月第 1 版　2024 年 4 月第 2 次印刷
开　　本：787 mm×1 092 mm　1/16　**印张：**16.25　**字数：**452 千
书　　号：ISBN 978-7-113-30054-8
定　　价：46.00 元

前言

机械制造技术基础课程是机械工程各专业的一门主干专业基础课程。党的二十大报告强调,要推进新型工业化,加快建设制造强国、质量强国。制造业是实现工业化的水之源,是实现工业化的保障,是国家实力的脊梁,机械制造业是制造业的原动力。装备制造业是制造业的基础和核心,提高装备制造能力是提升整体制造能力的前提,装备制造能力构成了制造强国最核心的能力。产业发展要围绕技术创新,以应用促产业、以产业促研发,提升机械制造技术的水平,重点突破关键核心部件技术,制造技术水平在引领制造业高端化、智能化、绿色化方面发挥着重要作用。随着我国机械制造业的不断发展和工程教育认证对人才解决复杂工程问题的能力需求越来越迫切,为适应这些需求,对机械制造技术基础课程,进行科学的优化组合,形成新的课程体系势在必行。本书就是为满足这一需要而编写的。

本书以零件加工工艺系统构成为出发点,依托生产实际产品,采用项目导入、任务驱动的方式将机械制造工艺学、金属切削原理与刀具、金属切削机床与夹具有机融合的改革思路。书中的生产实际案例体现了专创融合和产教融合的教育教学改革思路,从对零件的加工制造到质量检验及装配,力求使其内容安排更加符合学生的认知规律,突出实用、适用、够用和创新。

本书具有以下特点:

1. 以典型零件的加工,结合典型零件的加工特点及使用的设备为主线,有机地融合课程内容,摒弃了那种将几门课程的内容浓缩后作为独立的内容体系合在一本教材中的做法,做到了真正融合几门课程,同时内容还比较完整。

2. 在教材体系和内容安排上,注重理论联系实际,突出应用。

3. 有企业人员参与编写,书中实例取自生产实际。每个项目前面有项目说明,后有项目总结和思考与练习题,供学生课后思考与练习。

4. 全面贯彻和教材内容相关的现行有效的国家最新标准。

5. 为便于学有余力的学生课后阅读,设置了任务拓展内容。

6. 融入新技术和新工艺的应用,尤其现代制造技术在机械制造业中的应用,体现了教材的先进性。

7. 每个项目后面都以二维码的形式提供了阅读材料,目的在于给教学者提供课程思政素材,激发学生的科学精神、爱国热情及创新意识,提高学生的创新能力。

本书是在山西工程技术学院与阳泉市华阳新材料科技集团有限公司及华越机械有限公司的几名技术人员共同修订机械设计制造及其自动化专业培养方案、构建科学课程体系的基础上,共同开发的产教融合教材,融入了企业实际案例,企业全程参与了审定。本书由韩变枝任主编,牛秋林、王栋、赵彤涌任副主编,参加本书编写的有山西工程技术学院韩变枝(项目二、项目五、项目六及全书的思考与练习题)、山西工程技术学院王栋(项目一、项目三中的任务一、二、三)、山西工程技术学院赵彤涌(项目三中的任务四)、山西工程技术学院郭晓红(项目三中的任务五)、阳泉市华阳新材料科技集团有限公司崔宇飞(项目三中的任务六)、山西工程技术学院路亮(项目三中的任务七)、山西工程技术学院张立仁(项目四中的任务一、二)、湖南科技大学牛秋林(项目四中的任务三)。

本书在编写过程中,得到了有关领导、老师的大力支持和热心帮助,在此表示衷心感谢。在编写过程中还参考了有关文献资料,在此对相关作者表示感谢。

由于编者水平有限,书中难免有不足之处,敬请各位读者批评指正。

编　者

2023 年 3 月

目　录

网络出版资源明细表

序　号	类　别	链接内容	页　码
1	二维码-动画	正交平面参考系	23
2	二维码-动画	前后角	25
3	二维码-动画	主副偏角	25
4	二维码-延伸阅读	发扬爱国精神　矢志科技创新	42
5	二维码-视频	车床构成及主轴箱传动系统	47
6	二维码-视频	车削加工	47
7	二维码-视频	无心磨	58
8	二维码-视频	带状切屑	65
9	二维码-视频	节状切屑	65
10	二维码-视频	单元切屑	65
11	二维码-视频	崩碎切屑	65
12	二维码-视频	磨床主轴加工	91
13	二维码-延伸阅读	产品质量与工匠精神	122
14	二维码-视频	各种铣削加工	129
15	二维码-视频	铣床结构	130
16	二维码-延伸阅读	大国工匠高凤林	188
17	二维码-视频	数控组合机床	193
18	二维码-视频	组合夹具	197
19	二维码-动画	钻床夹具	209
20	二维码-动画	铣床夹具	209
21	二维码-延伸阅读	高精尖技术只能靠自己	216
22	二维码-视频	加工滚刀	222
23	二维码-视频	滚齿加工	223
24	二维码-视频	插齿加工	224
25	二维码-延伸阅读	牛顿与科学发现	233
26	二维码-视频	减速器	235
27	二维码-延伸阅读	祖冲之及指南车	250

项目一 初识机械制造与机械加工工艺系统

教学重点

知识要点	素养培养	相关知识	学习目标
制造业、先进制造哲理,先进制造模式的概念,切削过程的基本概念,机械加工工艺系统组成	通过回顾老一辈科学家为祖国建设奉献了毕生的精力,使学生树立远大理想,实现个人价值与社会价值的统一;通过分析目前制造业的现状及发展历程,激发学生的爱国情怀和责任担当	切削用量、切削运动、切削层参数,机床的作用及分类,刀具的组成及角度,夹具的作用及构成,刀具材料	掌握切削运动及切削用量的基本概念、刀具角度及标注方法、刀具材料的选用,了解机械加工工艺系统的构成、各部分的作用、先进制造哲理和模式

项目说明

人们的生活离不开衣食住行,而衣食住行离不开产品的设计制造,机械制造过程是一种离散的生产过程,制造活动是社会最基本的活动。制造技术的水平对整个国民经济和科技、国防实力产生直接的作用和影响,是衡量一个国家科技水平的重要标志之一,在综合国力竞争中占有重要的地位。产品虽然种类繁多,具体的制造方法也有差别,但它们的制造却存在一些共同的基本规律,了解其基本规律,用它来指导生产,就有可能达到制造机械产品过程的最佳效果,从而推动生产的进一步发展。本项目的主要任务是认知机械制造技术的概念和机械制造加工工艺系统的构成,了解先进制造理念和模式。

任务一 认识制造与制造技术

任务描述

机器零件是如何制造的?从工件毛坯到符合图样的零件要经历怎样的过程(见图1-1)?

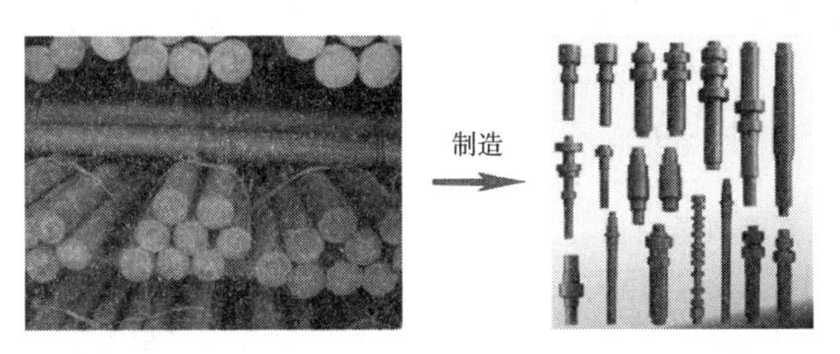

图1-1 机械制造

通过本任务的学习,了解制造与制造技术的概念。

任务实施

一、制造与制造技术及其发展趋势

制造业是将各种原材料加工制造成可使用的工业制品的行业总称，是为国家创造财富的重要产业。它是一个国家赖以生存和发展的基础，其技术和规模是一个国家科技水平和经济实力的体现。机械制造业是为用户创造和提供机械产品的行业，包括产品开发、设计、制造生产、流通和售后服务全过程，直接为最终用户提供消费品，为国民经济各行业提供生产技术装备。而制造技术是完成制造活动所施行的一切手段的总和，是支持制造业健康发展的关键。机械制造业是高科技发展的重要平台，是国家和国防实力的重要保障。

（一）制造与制造技术

制造是人类按目的，运用知识和技能，应用设备和工具，采用有效方法，将原材料转化为有使用价值的物质产品并投放市场的全过程。制造技术是完成制造活动所施行的一切手段的总和。为了提高制造水平，要处理好制造质量、生产率和经济性之间的关系。任何机器是由各种零件组成的，如轴、齿轮、箱体等。这些零件是由不同材料制成毛坯，经过机械加工和必要的热处理达到零件图规定的结构形状和尺寸要求，最后装配成满足性能的产品，这就是机械产品的制造过程。

（二）机械制造技术的发展趋势

机械制造技术的发展总趋势是机械制造技术与材料科学、电子科学、信息科学、生命科学、环保科学、管理科学等的交叉、融合。

1. 机械制造基础技术

切削加工技术是机械制造中的常用技术，也正是因为这一技术的发展，才能缩短工作时间，使加工成本达到最低化。人们在此基础上也对其进行研究，逐渐研发出高速性能的加工技术。它的研发对于提高工艺生产效率以及促进机械产业整体发展具有积极的指导作用。现在，我国的高速加工技术主要有以下几个类型：第一个是高速干切；第二则是大进给切割；最后则为高速切割、高速超高速切削（磨削）、在线监控技术、成组技术（GT）等。

2. 超精密及微细加工技术

精密和超精密加工技术是一项内容极为广泛的制造技术系统工程，它涉及超微量切除技术、高稳定性和高净化的工作环境、设备系统、工具条件、工件状况、计量技术、工况检测及质量控制等。其中的任一因素对精密和超精密加工的加工精度和表面质量，都将直接或间接地产生不同程度的影响。随着科学技术不断发展，市场和消费者对机械制造行业的要求也不断提升，需要有关企业投入大量的人力、物力、财力加强机械微观化的创造。特别是目前机械制造工艺更偏向用高精尖的制作工艺进行微观化的产品设计，其分为精密产品加工、超精密产品加工、微细产品加工以及纳米工艺加工，这些都推动了精密制造行业，微细与纳米加工技术、超精密微型机器及仪器、微机电系统（MEMS）等的快速发展。精密及超精密加工对尖端技术的发展起着十分重要的作用。当今各主要工业化国家都投入了巨大的人力物力，来发展精密及超精密加工技术，它已经成为现代制造技术的重要发展方向之一。

3. 自动化制造技术——智能化、集成化、网络化、虚拟化

计算机网络的不断创新，目前已应用于工业生产中。网络信息技术的融入不仅仅为机械制造企业节约工作时间，还能最大限度地对相关工艺进行记录。除此之外，机械制造的产

品、部件、零件、材料等都可以通过网络进行销售,同时促进多个国家的技术交流,进一步推动全球化发展。在社会不断进步发展的今天,自动化以及数字化技术在我国已经被各个领域广泛应用。可以说,自动化以及数字化的发展已经成为现今我国科学技术发展的主流。西方发达国家引进自动化以及数字化的时间要早于我国,自动化和机械操作的发展是现今我国机械制造业的发展核心。随着创新发展,机械制造工艺也向着集成化方向发展。特别是在机械制造过程中集成化的发展模式能够提升机械加工的效率和工作质量。集成技术指的是现代加工制造技术、全新的网络信息技术、自动化加工生产技术,对其加以利用能够实现机械制造信息的有效汇集。将机械制造的信息进行惠及和共享,提升整体产品的质量,真正推动我国机械制造业发展。

虚拟技术是未来我国机械制造发展的核心。虚拟技术和计算机网络技术息息相关,它是通过利用计算机软件来对所需工艺操作进行模拟,以有效地保证工艺在实践操作过程中能够一次完成,避免失误发生。此外,虚拟技术还能最大化地了解现代机械制造工艺的特点,保证工艺制作的合理性。

4. 绿色制造技术——综合考虑社会、环境、资源等可持续发展因素

无论是何种领域,环保生态化都是我国发展的规定方向,只有在发展的前提下保护环境,在不破坏环境的要求下对其进行生产制造,这才是机械制造发展的主流。现如今,我国的机械制造产业主要研发绿色生态化、低耗能的工艺产品,在生产过程中,我们已然实现了全程绿色化模式。所以说,在未来发展过程中,我们将继续以保护环境、节约能源的主旨进行机械制造的研发。产品需要随着市场和消费者的需求对自身进行创新和改变,增加与同行业产品的竞争力,使得我国机械制造能在未来从容面对市场竞争,提升国际市场的占有率和竞争力,保证我国机械制造业在国际市场上拥有优势。

二、先进制造哲理与先进生产模式

(一)批量法则

当市场竞争以产品质量和生产成本为决定因素时,大批量生产方式显示了巨大的优越性。与中小批量生产相比,大批量生产可取得明显的经济效果,这就是批量法则。

批量法则以成本分析为基础,产品在其全生命周期内的总生产成本可以近似为

$$c_z=c_g+c_b n^k \tag{1-1}$$

单件产品生产成本计算公式为

$$c_d=\frac{c_g}{n}+\frac{c_b}{n^{k-1}}$$

将上式求导,令其导数为0,则

$$n_0=\sqrt[1/k]{\left(\frac{c_g}{c_b(k-1)}\right)}$$

式中,c_z 为产品全生命周期总成本;c_g 为固定成本;c_b 为可变成本; n 为数量; k 为大于1的指数; n_0 为最优生产规模。

在市场需求无限大的前提下,对应一定的生产规模,存在最低成本的产量。

对于某一待定的产品,根据其生命周期、复杂程度和制造过程所需的设备等因素存在一个合理年产量的临界值,比较多种生产规模和设备投资方案,可定出这个临界值即是最小年产量的合理数值,产品年产量高于这个数值,才有获得较低生产成本的产品,才有竞争力。

(二)成组技术

市场竞争日趋激烈,产品更新换代越来越快,产品品种增多,而每种产品的生产数量并不很多。世界上75%~80%的机械产品是以中小批生产方式制造的。与大量生产企业相比,中小批生产企业的设备工装多、劳动生产率低,生产周期长,产品成本高、生产管理复杂,市场竞争能力差。因此和大批大量生产相比,小批量生产方式无论在技术水平上还是经济效益方面都不能适应生产发展和低成本的需要。能否把大批量生产的先进工艺和高效设备以及生产方式用于组织中小批量产品的生产,一直是国际生产工程界广为关注的重大研究课题。成组技术(Group Technology,GT)便是为了解决这一矛盾应运而生的一门新的生产技术。也是针对生产中的这种需求发展起来的一种生产和管理相结合的科学。成组技术已渗透企业生产活动的各个环节,如产品设计、生产准备和计划管理等,并成为现代数控技术、柔性制造系统和高度自动化的集成制造系统的技术基础。

1. 成组技术的基本原理

加工零件虽然千变万化,但客观上存在着大量的相似性。有许多零件在形状、尺寸、精度、表面质量和材料等方面具有相似性,从而在加工工序、安装定位,机床设备以及工艺路线等各个方面都呈现出一定的相似性。成组技术就是对零件的相似性进行标识、归类和应用的技术。充分利用事物之间的相似性,将许多具有相似信息的研究对象归并成组,并用大致相同的方法来解决这一组研究对象的生产技术问题,这样就可以发挥规模生产的优势,达到提高生产效率、降低生产成本的目的,这种技术统称为成组技术。

GT基本原理是根据多种产品各种零件的结构形状特征和加工工艺特征,按规定的法则标识其相似性,按一定的相似程度将零件分类编组。再对成组的零件制定统一的加工方案,实现生产过程的合理化。具体做法是通过找出一个代表性零件(代表性零件也可以是虚拟的),即主样件。通过主样件解决全组(族)零件的加工工艺问题,设计全组零件共同能采用的工艺装备,并对现有设备进行必要的改装等。划分为同一组的零件可以按相同的工艺路线在同一设备、生产单元或生产线上完成全部机械加工。一般加工工件的改变就只需进行少量的调整工作。实践证明,在中小批量生产中采用成组技术,可以取得最佳的综合经济效益。归纳起来,实施成组技术可以带来以下好处:

(1)将中小批量的生产纲领(Production Program)变为大批大量或近似于大批大量的生产,提高生产率,稳定产品质量和一致性。

(2)减少加工设备和专用工装夹具的数目,降低固定投入,降低生产成本。

(3)促进产品设计标准化和规格化,减少零件的规格品种,减轻产品设计和工艺规程编制工作量。

(4)利于采用先进的生产组织形式和先进制造技术,实现科学生产管理。

2. 常见分类编码系统

为了对机械产品的零件进行科学的分类,便于计算机存储和识别,必须把各种零件的数据信息化。用一串数字和英文字母描述零件的设计和工艺基本特征信息,称为零件的编码。它是标识相似性的手段,依据编码按一定的相似性和相似程度再将零件划分为加工组,因此它是成组技术的重要内容,其合理与否将直接影响成组技术的经济效果。为此各国在成组技术研究和实践中都首先致力于分类编码系统的研究和制定。

分类编码方法的制定应该同时从设计和工艺两个方面考虑。从设计角度考虑应使分类编码方法有利于零件的标准化,减少图纸数量,也就是减少零件品种,统一零件结构设计要素。从工艺角度考虑则应使具有相同工艺过程和方法的零件归并成组,以扩大零件批量。

但是考虑到零件的工艺过程在很大限度上决定于零件的结构形状，而工艺方法又是在不断改进提高的，因此可以把编码数字分为以设计特征为基础的主码和以工艺特性为基础的辅码。目前国外采用的常用分类方法有20多种，编码位数一般为4~9位。也有多达26位数字和字母的，把零件特征分得很细，但实际使用比较复杂。主要分类方法有德国的Opitz和ZAFO、英国的Brisch、日本的KK-3和丰田分类法以及我国的JLBM-1机械零件编码法则、BLBM兵器零件编码法则。

1）Opitz分类编码系统

由德国阿亨工业大学的奥匹兹（H. Opitz）教授领导制定。由于它对扩大零件通用化和组织成组加工都较适合，在国际上获得较为广泛的应用。奥匹兹分类法采用9位数字编码，前五位是基本代码。第一位数字是表示零件属于回转体还是非回转体以及尺寸大小的特征，第二位数字表示结构上的区别，第三、四、五位数字表示不同表面形状和加工特征。后四位是辅助代码，即第六位数字表示零件的基本尺寸，第七位数字表示零件材料，第八位数字表示毛坯形状，第九位数字表示被加工表面的精度。

2）JLBM-1分类编码系统

JLBM分类编码是以Opitz分类系统为基础，结合了我国机床行业具体情况编制的。它既保留了奥匹兹系统的优点，又做了适当的改进。例如，将第一位码中回转体类减少一位给予非回转体零件——不规则形件类，辅码第七位定为长度尺寸码，有关材料和毛坯合为第八位等。

机械零件分类编码系统（JLBM-1）是由我国机械工业部组织制定并批准实施的分类编码系统，它是我国机械工厂实施成组技术的一项指导性技术文件。它由15个码位组成，该系统的1、2码位表示零件的名称类别，它采用零件的功能和名称作为标志，以矩阵表的形式表示出来，不仅容量大，也便于设计部门检索。但由于零件的名称不规范，可能会造成混乱，因此在分类前必须先对企业的所有零件名称进行统一并使其标准化。3~9码位是形状及加工码，分别表示回转体零件和非回转体零件的外部形状、内部形状、平面、孔及其加工与辅助加工的种类。10~15码位是辅助码，表示零件的材料、毛坯、热处理、主要尺寸和精度的特征。尺寸码规定了大型、中型与小型三个尺寸组，分别供仪表机械、一般通用机械和重型机械等三种类型的企业参照使用。精度码规定了低精度、中等精度、高精度和超高精度四个等级。在中等精度和高精度两个等级中，再按有精度要求的不同加工表面而细分为几个类型，以不同的特征码表示。

目前国内外均以人工编码为主。随着计算机技术的发展，已有自动编码系统研制成功，不仅提高了编码速度，而且消除了人工编码差错，提高了对零件信息描述的确切程度和一致性。

3. 成组加工的工艺准备工作

在机械加工方面实行成组技术时，其工艺准备工作包括下述五个方面的内容。

1）零件分类编码、划分零件组

各类产品的生产纲领和图纸是工艺设计的原始资料，按照拟定的分类编码法则对零件编码。在实行成组加工的初始阶段也可以对近期产品在小范围内进行，再逐步扩大到各种产品的零件。

零件组的划分主要依据工艺相似性，因此确定相似程度很重要。例如代码完全相同的零件划为一组，则同组零件相似性很高而批量很少，不能体现成组效果。相似程度应依据零件特点、生产批量和设备条件等因素来确定。

零件分类成组是实施成组技术的又一项基础工作。为了减少现有零件工艺过程的多样性，扩大零件的工艺批量，提高工艺设计的质量，加工零件需根据其结构特征和工艺特征的相似性进行分类成组。在施行成组技术时，首先必须按照零件的相似特征将零件分类编组，然后才能以零件组为对象进行工艺设计和组织生产。零件分类成组的方法有三种：编码分类法、人工视检法和生产流程分析法。

2）拟定成组工艺路线

选择或设计主样件，按主样件编制工艺路线，它将适合于该零件组内所有零件的加工；但对结构复杂的零件，要将组内全部形状结构要素综合而形成一个主样件，通常是困难的。此时可采用流程分析法，即分析组内各零件的工艺路线，综合成为一个工序完整、安排合理、适合全组零件的工艺路线，编制出成组工艺卡片。

3）选择设备并确定生产组织形式

成组加工的设备可以有两种选择：一是采用原有通用机床或适当改装，配备成组夹具和刀具；二是设计专用机床或高效自动化机床及工装。这两种选择相应的加工工艺方案差别很大，所以拟定零件工艺过程时应考虑到设备选择方案。各设备的台数根据工序总工时计算，应保证各台设备首先是关键设备达到较高负荷率，一般可以留 10%～15% 的负荷量供扩大相似零件加工之用。此外设备的利用率不仅是指时间负荷率，还包括设备能力的利用程度，如空间、精度和功率负荷率。

4）设计成组夹具、刀具的结构和调整方案

这是实现成组加工的重要条件，将直接影响到成组加工的经济效果。因为改变加工对象时，要求对工艺系统只需最少的调整。如果调整费事，相当于生产过程中断，准备终结时间延长，就体现不出"成组批量"了。因此对成组夹具、刀具的设计要求是改换工件时调整简便、迅速、定位夹紧可靠，能达到生产的连续性，调整工作对工人技术水平要求不高。

5）进行技术经济分析

成组加工应做到在稳定地保证产品质量的基础上，达到较高的生产率和较高的设备负荷率（60%～70%）。因此根据以上制订的各类零件的加工过程，计算单件时间定额及各台设备或工装的负荷率，若负荷率不足或过高，则可调整零件组或设备选择方案。

4. 成组生产组织形式

随着成组加工的推广和发展，它的生产组织形式已由初级形式的成组单机加工发展到成组生产单元、成组生产线和自动线，以至现代最先进的柔性制造系统和无人化工厂。

1）成组单机

在转塔车床、自动车床或其他数控机床上成组加工小型零件，这些零件的全部或大部分加工工序都在这一台设备上完成，这种形式称为单机成组加工。单机成组加工时机床的布置虽然与机群式生产工段类似，但在生产方式上却有着本质上的差异，它是按成组工艺来组织和安排生产的。

2）成组生产单元

在一组机床上完成一个或几个工艺相似零件组的全部工艺过程，该组机床即构成车间的一个封闭生产单元系统。这种生产单元与传统的小批量生产下所常用的"机群式"排列的生产工段是不一样的。一个机群式生产工段只能完成零件的某一个别工序，而成组生产单元却能完成一定零件组的全部工艺过程。成组生产单元的布置要考虑每台机床的合理负荷。如条件许可，应采用数控机床、加工中心代替普通机床。

成组生产单元的机床按照成组工艺过程排列，零件在单元内按各自的工艺路线流动，缩短了工序间的运输距离，减少了在制品的积压，缩短了零件的生产周期；同时零件的加工和输送不需要保持一定的节拍，使得生产计划管理具有一定的灵活性；单元内的工人工作趋向专业化，加工质量稳定，效率比较高，所以成组生产单元是一种较好的生产组织形式。

3）成组生产线

成组生产线是严格地按零件组的工艺过程组织起来的。在线上各工序节拍是相互一致的，所以其工作过程是连续而有节奏地进行的。这就可缩短零件的生产时间和减少在制品数量。一般在成组生产线上配备了许多高效的机床设备，使工艺过程的生产效率大为提高。成组生产线又有两种形式：成组流水线和成组自动线。前者工件在工序间的运输是采用滚道和小车进行的，它能加工工件种类较多，在流水线上每次投产批量的变化也可以较大。成组自动线则是采用各种自动输送机构来运送工件，所以效率就更高。但它所能加工的工件种类较少，工件投产批量也不能作很大变化，工艺适应性较差。

5. 成组工艺过程制订

零件分类成组后，便形成了加工组，下一步就是针对不同的加工组制订适合于组内各零件的成组工艺过程。编制成组工艺的方法有两种：复合零件法和复合路线法。

复合零件又称主样件，它包含一组零件的全部形状要素，有一定的尺寸范围，它可以是加工组中的一个实际零件，也可以是假想零件。以它作为样板零件，设计适用于全组零件用的工艺规程。

在设计复合零件的工艺过程前要检查各零件组的情况，每个零件组只需要一个复合零件，对于形状简单的零件组，零件品种不超过 100 为宜，形状复杂的零件组可包含 20 种左右的零件。这样设计出的复合零件不会过于复杂或过于简单。设计复合零件时，对于零件品种数少的零件组，应先分析全部零件图，选取形状最复杂的零件作为基础件，再把其他图样上不同的形状特征添加到基础件上，就得到复合零件。对于比较大的零件组，可先分成几个小的零件组，各自合成一个组合件，然后再由若干个组合件合成整个零件组的复合零件。进行工件设计时，要对零件组内各零件的工艺仔细分析，认真总结，每一个形状要素都应考虑在内，满足该零件组所有零件的加工。

复合路线法是从分析加工组中各零件的工艺路线入手，从中选出一个工序最多、加工过程安排合理并有代表性的工艺路线。然后以它为基础，逐个地与同组其他零件的工艺路线比较，并把其他特有的工序，按合理的顺序叠加到有代表性的工艺路线上，使之成为一个工序齐全，安排合理，适合于同组内所有零件的复合工艺路线。

（三）先进生产模式

先进生产模式是充分利用企业的资源，提高企业的效率，增强企业的生产率的生产模式，不是以时间作为衡量标准的。先进的生产模式有精益生产（LP）、准时生产（JIT）、并行工程（CE）、敏捷制造（AM）、面向 X 的设计制造 DFX、柔性制造系统（FMS）、计算机集成制造（CIMS）等生产模式，下面主要以柔性制造系统、计算机集成制造为例说明。

1. 柔性制造系统（FMS）

成组技术能解决外形结构和加工工艺相差不大的工件的加工，但它不能很好地解决多品种、中小批量生产的自动化问题。

随着科技、生产的不断进步，市场竞争的日趋激烈，以及人们生活需求的多样化，产品品种规格将不断增加，产品更新换代的周期将越来越短，无论是国际国内，多品种、中小批量生产的零件仍占大多数。为了解决机械制造业多品种、中小批量生产的自动化问题，除了用计算机控制单个机床及加工中心外，还可借助于计算机把多台数控机床连接起来组成一个柔性制造系统。

1）柔性制造系统基本概念

柔性制造系统（Flexible Manufacturing System，FMS）就是由计算机控制的、以数控机床设备为基础和以物料储运系统连成的、能形成没有固定加工顺序和节拍的自动加工制造系统。它的主要特点是：

(1)高柔性。即具有较高的灵活性、多变性，能在不停机调整的情况下，实现多种不同工艺要求的零件加工和不同型号产品的装配，满足多品种、小批量的个性化加工需求。

(2)高效率。能采用合理的切削用量实现高效加工，同时使辅助时间和准备终结时间减小到最低限度。

(3)高度自动化。加工、装配、检验、搬运、仓库存取等，使多品种成组生产达到高度自动化，自动更换工件、刀具、夹具，实现自动装夹和输送，自动监测加工过程，有很强的系统软件功能。

(4)经济效益好。柔性化生产可以大大减少机床数目、减少操作人员、提高机床利用率，可以缩短生产周期、降低产品成本，可以大大削减零件成品仓库的库存、大幅度地减少流动资金、缩短资金的流动周期，因此可取得较高的综合经济效益。

2)FMS 系统的组成

一个柔性制造系统由三部分组成，即加工系统、物流系统和信息系统。

(1)加工系统。加工系统的功能是以任意顺序自动加工各种工件，并能自动地更换工件和刀具。通常由若干台加工零件的 CNC 机床和 CNC 板材加工设备以及操纵这种机床要使用的工具所构成。在加工较复杂零件的 FMS 加工系统中，由于机床上机载刀库能提供的刀具数目有限，除尽可能使产品设计标准化，以便使用通用刀具和减少专用刀具的数量外，必要时还需要在加工系统中设置机外自动刀库以补充机载刀库容量的不足。

(2)物流系统。FMS 中的物流系统与传统的自动线或流水线有很大差别，整个工件输送系统的工作状态是可以进行随机调度的，而且都设置有储料库以调节各工位上加工时间的差异。物流系统包含工件的输送和存储两个方面。

①工件输送：包括工件从系统外部送入系统和工件在系统内部传送两部分。目前，大多数工件的送入系统和在夹具上装夹工件仍由人工操作，系统中设置装卸工位，较重的工件可用各种起重设备或机器人搬运。工件输送系统按所用运输工具可分成自动输送车、轨道传送系统、带式传送系统和机器人传送系统四类。

②工件的存储：在 FMS 的物料系统中，设置适当的中央料库和托盘库及各种形式的缓冲存储区进行工件的存储，保证系统的柔性。

(3)信息系统。信息系统包括过程控制及过程监视两个子系统，其功能主要是进行加工系统及物流系统的自动控制，以及在线状态数据自动采集和处理。FMS 中信息由多级计算机进行处理和控制。

3)FMS 的类型及其适用范围

柔性制造系统一般可以分为柔性制造单元、柔性制造系统、柔性制造生产线和无人化工厂几种类型。

(1)柔性制造单元(Flexible Manufacturing Cell，FMC)。由 1~2 台数控机床或加工中心，并配备有某种形式的托盘交换装置，机械手或工业机器人等夹具工件的搬运装置组成，由计算机进行适时控制和管理。它是一种带工件库和夹具库的加工中心设备，FMC 能够加工多品种的零件，同一种零件数量可多可少，特别适合于多品种、小批量零件的加工。

(2)柔性制造系统(Flexible Manufacturing System，FMS)。柔性制造系统由两个以上柔性制造单元或多台加工中心组成(4 台以上)，并用物料储运系统和刀具系统将机床连接起来，工件被装夹在随行夹具和托盘上，自动地按加工顺序在机床间逐个输送。适合于多品种、小批量或中批量复杂零件的加工。柔性制造系统主要应用的产品领域是汽油机、柴油机、机床、汽车、齿轮传动箱、武器等。加工材料中铸铁占的比例较大，因为其切屑较容易处理。

(3)柔性生产线(Flexible Manufacturing Line,FML)。零件生产批量较大而品种较少的情况下,柔性制造系统的机床可以完全按照工件加工顺序而排列成生产线的形式,这种生产线与传统的刚性自动生产线不同之处在于能同时或依次加工少量不同的零件,当零件更换时,其生产节拍可作相应的调整,各机床的主轴箱也可自行进行更换。较大的柔性制造系统由两个以上柔性制造单元或多台数控机床、加工中心组成,并用一个物料储运系统将机床连接起来,工件被装夹在夹具和托盘上,自动地按加工顺序在机床间逐个输送。根据加工需要自动调度和更换刀具,直至加工完毕。

(4)自动化工厂(Automation Factory,AF)。在一定数量的柔性制造系统的基础上,用高一级计算机把它们连接起来,对全部生产过程进行调度管理,加上立体仓库和运用工业机器人进行装配,就组成了生产的无人化工厂。日本近年来出现了采用柔性制造系统的无人化工厂。无人搬运车从原材料自动仓库将毛坯运至加工站,然后由机械手完成机床工作地的装卸工作。机床在加工过程中有监视装置。加工完毕后转入零件和部件自动仓库,并能自动完成产品的装配工作。对这种工厂来说,由于生产的高度自动化,白天在车间中只有几十名工人,夜班时在车间中没有工人,只有一个人在控制室内,而所有机床能在夜间无人照管下加工零件。这样在一天 24 h 中机床的可用时间接近 100%,而机床的实际利用率平均达到 65% ~70%。结果在这一面积仅 20 000 m^2 的工厂中,每月生产 100 台机器人、75 台加工中心和 75 台线切割机床,可见它显著地提高了投资效益。

应当指出,柔性制造系统的投资是很大的。柔性制造系统带来的经济效益(如减少机床数、减少操作人员、提高机床利用率、缩短生产周期、降低产品成本等)是巨大的。但上述经济效益能否使投资在短期内回收,将是采用柔性制造系统进行决策的一个重要依据。因而国外从 20 世纪 70 年代起就一直在研究和开发柔性制造系统的模拟技术,使在新系统建立(或老系统的改造)之前,借助于计算机上的系统模拟,以便找到最优的系统构成。

4)FMS 中的机床设备和夹具

(1)加工设备。FMS 的机床设备一般选择卧式、立式或立卧两用的数控加工中心(MC)。数控加工中心机床是一种带有刀库和自动换刀装置(ATC)的多工序数控机床,工件经一次装夹后,能自动完成铣、镗、钻、铰等多种工序的加工,并且有多种换刀和选刀功能,从而可使生产效率和自动化程度大大提高。

在 FMS 的加工系统中还有一类加工中心,它们除了机床本身之外,还配有一个储存工件的托盘站和自动上下料的工件交换台。当在这类加工中心机床上加工完一个工件后,托盘交换装置便将加工完的工件连同托盘一起拖回环形工作台的空闲位置,然后按指令将下一个待加工的工件/托盘转到交换装置,由托盘交换装置将它送到机床上进行定位夹紧以待加工。这类具有储存较多工件/托盘的加工中心是一种基础形式的柔性制造单元(FMC)。

FMS 对机床的基本要求是:工序集中、易控制、高柔性度、高效率、具有通信接口。

(2)机床夹具。目前,用于 FMS 机床的夹具有两个重要的发展趋势:

①大量使用组合夹具,使夹具零部件标准化,可针对不同的服务对象快速拼装出所需的夹具,使夹具的重复利用率提高;

②开发柔性夹具,使一套夹具能为多个加工对象服务。

5)自动化仓库

FMS 的自动化仓库与一般仓库不同。它不仅是储存和检索物料的场所,同时也是 FMS 物料系统的一个组成部分。它由 FMS 的计算机控制系统所控制,从功能性质上说,它是一个工艺仓库。正因为如此,它的布置和物料存放方法也以方便工艺处理为原则。目前,自动化仓库一般采用多层立体布局的结构形式,所占用的场地面积较小。

6)物料运载装置

物料运载装置直接担负着工件、刀具以及其他物料的运输,包括物料在加工机床之间、自动仓库与托盘存储站之间以及储存工件的托盘站与机床之间的输送与搬运。FMS 中常见的物料运载装置有传送带、自动运输小车和搬运机器人等。

7)刀具管理系统

刀具管理系统在 FMS 中占有重要的地位,其主要职能是负责刀具的运输、存储和管理,适时地向加工单元提供所需的刀具,监控管理刀具的使用,及时取走已报废或耐用度已耗尽的刀具,在保证正常生产的同时,最大限度地降低刀具的成本。刀具管理系统的功能和柔性程度直接影响整个 FMS 的柔性和生产率。典型 FMS 的刀具管理系统通常由刀库系统、刀具预调站、刀具装卸站、刀具交换装置以及管理控制刀具流的计算机组成。

8)控制系统

控制系统是 FMS 的核心。它管理和协调 FMS 内各项活动,以保证生产计划的完成,实现最大的生产效率。FMS 除了少数操作由人工控制外(如装卸、调整和维修),可以说正常的工作完全是由计算机自动控制的。FMS 的控制系统通常采用两级或三级递阶控制结构形式,在控制结构中,每层的信息流都是双向流动的。然而,在控制的实时性和处理信息量方面,各层控制计算机又是有所区别的。这种递阶的控制结构,各层的控制处理相对独立,易于实现模块化,使局部增加、删除、修改简单易行,从而增加了整个系统的柔性和开放性。

2. 计算机集成制造系统(CIMS)

1)CIMS 的概念

计算机辅助设计(CAD)和计算机辅助制造(CAM)的软件系统是分别研制、开发的。生产技术的高度发展要求设计与制造在产品生产中有机结合,实现一体化,从而发展形成集成制造系统。用计算机网络将产品生产全过程的各个子系统有机地集合成一个整体,以实现生产的高度柔性化、自动化和集成化,达到高效率、高质量、低成本的生产目的,这种系统就是计算机集成制造系统(Computer Integrated Manufacturing System,CIMS)。企业生产的各个环节,即从市场分析、产品设计、加工制造、经营管理到售后服务的全部生产活动是一个不可分割的整体,要紧密连接、统一考虑。整个生产过程实质上是一个数据的采集、传递和加工处理的过程,最终形成的产品可以看作数据的物质表现。

由此可知,CIMS 的内涵可以表述为:CIMS 是一种组织、管理与运行企业的哲理,它将传统的制造技术与现代信息技术、管理技术、自动化技术、系统工程技术等有机结合,借助计算机(硬、软件),使企业产品的生命周期(市场需求分析→产品意义→研究开发→设计→制造→支持,包括质量、销售、采购、发送、服务以及产品最后报废、环境处理等)各阶段活动中有关的人、组织、经费管理和技术等要素及信息流、物流和价值流有机集成并优化运行,实现企业制造活动中的计算机化、信息化、智能化、集成优化,以达到产品上市快、高质、低耗、服务好、环境清洁,提高企业的柔性、健壮性、敏捷性,使企业在市场竞争中立于不败之地。

2)CIMS 系统的组成

CIMS 是一项发展中的技术,它的组成还没有统一的模式。但是根据前面所述的概念,可以认为 CIMS 是由以下六大系统组成的:

(1)集成化工程设计与制造系统(CAD/CAE/CAPP/CAM)。

(2)集成化生产管理信息系统(CAPM 或 MIS)。

(3)柔性制造系统(FMS/FMC)。

(4)数据库与网络(DB 与 NW)。

(5)质量保证系统(QCS)。

(6)物料储运和保障系统。

3)CIMS 的关键技术

(1)信息集成。针对设计、管理和加工制造中大量存在的自动化独立制造岛(指由多台机床组成的系统,由于其具有一定的自主性和封闭性,故称为“独立岛”),实现信息正确、高效的共享和交换,是改善企业技术和管理水平必须首先解决的问题。信息集成的主要内容有:企业建模、系统设计方法、软件工具和规范,这是企业信息集成的基础;异构环境下的信息集成。

(2)过程集成。企业除了信息集成这一技术手段之外,还可以对过程进行重构。产品开发设计中的各个串行过程尽可能多地转变为并行过程,在设计时考虑到下游工作中的可制造性、可装配性,设计时考虑质量(质量功能分配),则可以减少反复,缩短开发时间。

(3)企业集成。为了充分利用全球制造资源,把企业调整成适应全球经济、全球制造的新模式,CIMS 必须解决资源共享、信息服务、虚拟制造、并行工程、资源优化、网络平台等关键技术,以更快、更好、更省地响应市场。

实施 CIMS 要花费巨大的投资,而且需要雄厚的技术基础,包括企业应用 CIMS 单项技术的水平以及一支强大的技术队伍。它涉及许多工作新技术,除了硬件之外,还需要功能齐全的数据库软件和系统管理软件。

CIMS 的发展水平和完善程度代表着机械制造业的发展水平。近年来,我国在汽车、民用飞机以及机床生产等行业,已经开始建立 CIMS 系统,有些系统即将启用,这标志着我国的机械制造水平已发展到了一个新的阶段。

三、现代制造方法及智能制造

随着生产力和技术的发展,人们发现了新的特殊材料和成形方法,为了解决各种难加工材料加工及高效超精密及微纳米加工技术的需要,电火花、电解技术、高能束等特种加工技术应运而生。特种加工方法是指区别于传统切削加工方法,利用化学、物理(电、声、光、热、磁)或电化学方法对工件材料进行加工的一系列加工方法的总称。这些加工方法包括:化学加工(CHM)、电化学加工(ECM)、电化学机械加工(ECMM)、电火花加工(EDM)、电接触加工(RHM)、超声波加工(USM)、激光束加工(LBM)、离子束加工(IBM)、电子束加工(EBM)、等离子体加工(PAM)、电液加工(EHM)、磨料流加工(AFM)、磨料喷射加工(AJM)、液体喷射加工(HDM)及各类复合加工等。这些技术的开创和发明可以作为传统切削加工的有力补充,可以解决一些难加工的技术问题。

计算机技术的发展为企业信息的集成提供了有力的工具。企业的技术信息、管理信息与过程控制的集成,可以为企业带来高效率的工作,可以避免信息的延误、丢失,不一致造成的各种损失。信息的集成使企业领导的决策更科学和快捷,提高了对市场的响应速度,生产计划与调度也得到充分的优化,在保证质量和交货期、降低成本等综合方面都增强了企业的竞争能力。智能制造是先进制造技术与新一代信息技术、新一代人工智能等新技术深度融合形成的新型生产方式和制造技术。

智能智造以产品全生命周期价值链的数字化、网络化和智能化集成为核心,以企业内部纵向管控集成和企业外部网络化协同集成为支撑,以物理生产系统及其对应的各层级数字孪生、映射融合为基础,建立起具有动态感知、实时分析、自主决策和精准执行功能的智能工厂进行智能生产,实现高效、优质、低耗、绿色、安全的制造和服务。智能生产是智能制造中的一个关键主题。在未来的智能生产中,生产资源(生产设备、机器人、传送装置、仓储系统和生产设施等)将通过集成形成一个闭环网络,具有自主、自适应、自重构等特性,从而可以快速响应、动态调整和配置制造资源网络和生产步骤。

智能制造中制造技术为主体,智能技术为主导。制造技术总是在市场需求及科技发展这两方面的推动下不断演化着,当前制造技术的前沿已经发展到:以信息密集的柔性自动化生产方式满足多品种、变批量的市场需求,并开始向知识密集的智能自动化方向发展。

任务拓展

其他新技术新工艺简介

1. 喷丸成形

喷丸本来是一种表面强化的工艺方法。这里的喷丸成形是指利用高速金属弹丸流撞击金属板料的表面,使受喷表面的表层材料产生塑性变形,逐步使零件的外形曲率达到要求的一种成形方法。工件上某一处喷丸强度越大,此处塑性变形就越大,就越向上凸起。为什么向上凸起而不是向下凹陷呢?这是因为铁丸很小,只使工件表面塑性变形,使表层表面积增大,而四周未变形,所以铁丸撞击之处,只能向上凸起,而不会像一个大铁球砸在薄板上向下凹陷。通过计算机控制喷丸流的方向、速度和时间,即可得到工件上各处曲率不同的表面。同时,工件表面也得到强化。

喷丸成形适用于大型的曲率变化不大的板状零件。例如,飞机机翼外板及壁板零件,材料为铝合金,就可以采用直径为 0.6~0.9 mm 的铸钢丸喷丸成形。

2. 滚挤压加工

滚挤压加工原本为零件表面强化的一种工艺方法。此处是将滚挤压加工作为一种无切削的加工方法加以介绍,其工艺方法与表面强化工艺方法完全相同。滚挤压加工主要用来对工件进行表面光整加工,以获得较小的表面粗糙度值,使用该方法可使 Ra 值达 1.6~0.05 μm。

3. 滚轧成形加工

零件滚轧成形加工是一种无切削加工的新工艺。它是利用金属产生塑性变形而轧制出各种零件的方法。冷轧的方法很多。螺纹的滚压加工,其实质就是滚轧成形加工。滚轧加工要求工件坯料力学性能均匀稳定,并具有一定的延伸率。由于轧制不改变工件的体积,故坯料外径尺寸应严格控制,太大会造成轧轮崩齿,太小不能使工件形状完整饱满。精确的坯料外径尺寸应通过试验确定。滚轧加工具有如下特点:

(1)滚轧加工属成形法冷轧,其工件齿形精度取决于轧轮及其安装精度。表面粗糙度 Ra 值可达 1.6~0.8 μm。

(2)可提高工件的强度及耐磨性。因为金属材料的纤维未被切断,并使表面层产生变形硬化,其抗拉强度提高 30%,抗剪强度提高 5%,表面硬度提高 20%,硬化层深度可达 0.5~0.6 mm,从而提高工件的使用寿命。

(3)生产率高。如冷轧丝杠比切削加工生产率提高 5 倍左右;冷轧汽车传动轴花键,生产率达 0.67~6.7 mm/s;节约金属材料 20% 左右。

冷轧花键适宜大批量生产中加工相当于模数 4 mm 以下的渐开线花键和矩形花键,特别适宜加工长花键。

4. 水射流切割技术

基于人们早已懂得的“水滴石穿”的道理,研究人员经过不懈的探索,将这一简单原理转化成了水射流切割技术。水射流切割(Water Jet Cutting,WJC)是指利用在高压下,由喷嘴喷射出的高速水射流对材料进行切割的技术;利用带有磨料的水射流对材料进行切割的技术,称为磨料水射流切割(Abrasive Water Jet Cutting,AWJC)。前者由于单纯利用水射流切割,切割力较小,适宜切割软材料,喷嘴寿命长;后者由于混有磨料,切割力大,适宜切割硬材料,喷嘴磨损快,寿命较短。

1)水射流切割原理

水射流切割是直接利用高压水泵(压力可达到35~60 MPa)或采用水泵和增压器(可获得100~1 000 MPa的超高压和0.5~25 L/min的较小流量)产生的高速高压液流对工件的冲击作用去除材料的。

2)水射流切割的特点

水射流切割与其他切割技术相比,具有如下一些独有的特点:

(1)采用常温切割对材料不会造成结构变化或热变形,这对许多热敏感材料的切割十分有利,是锯切、火焰切割、激光切割和等离子体切割等所不能比拟的。

(2)切割力强,可切割180 mm厚的钢板和250 mm厚的钛板等。

(3)切口质量较高,水射流切口的表面平整光滑、无毛刺,切口公差可达0.06~0.25 mm。同时切口可窄至0.015 mm,可节省大量的材料消耗,尤其对贵重材料更为有利。

(4)由于水射流切割的流体性质,因此可从材料的任一点开始进行全方位切割,特别适宜复杂工件的切割,也便于实现自动控制。

(5)由于属湿性切割,切割中产生的“屑末”混入液体中,工作环境清洁卫生,也不存在火灾与爆炸的危险。

水射流切割也有其局限性,整个系统比较复杂,初始投资大。如一台5自由度自动控制式水射流设备,其价格高达70~350万元。此外,在使用磨料水射流切割时,喷嘴磨损严重,有时一只硬质合金喷嘴的使用寿命仅为2~4 h。尽管如此,水射流切割装置仍发展很快。

3)水射流切割的应用

由于水射流切割有上述特点,它在机械制造和其他许多领域获得日渐增多的应用。

(1)汽车制造与维修业采用水射流切割技术,加工各种非金属材料,如石棉刹车片、橡胶基地毯、车内装潢材料和保险杠等。

(2)造船业用水射流切割各种合金钢板(厚度可达150 mm),以及塑料、纸板等其他非金属材料。

(3)航空航天工业用水射流切割高级复合结构材料、钛合金、镍钴高级合金和玻璃纤维增强塑料等。可节省25%的材料和40%的劳动力,并大大提高劳动生产率。

(4)铸造厂或锻造厂可采用水射流高效地对毛坯表层的型砂或氧化皮进行清理。

(5)水射流技术不仅可用于切割,而且可对金属或陶瓷基复合材料、钛合金和陶瓷等高硬材料进行车削、铣削和钻削。

任务二　机械加工工艺系统组成

任务描述

零件加工需要哪些设施呢?通过本任务的学习,了解机械加工工艺系统的构成(见图1-2)。

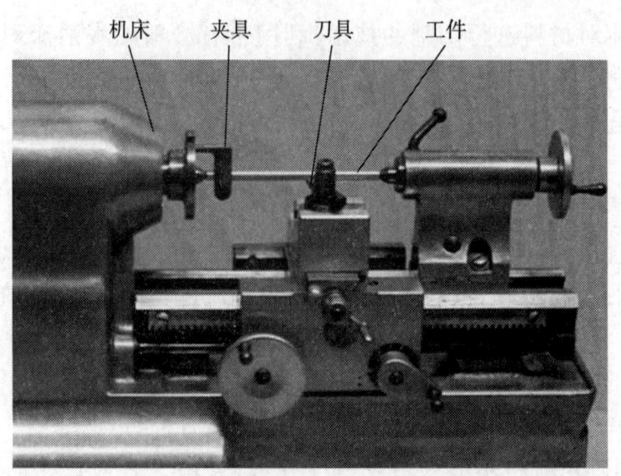

图 1-2 机械加工工艺系统的组成

任务实施

一、机械加工工艺系统组成

机械加工就是根据金属切削原理,通过机械加工设备(即机床)提供的动力与运动,使具有一定切削性能的刀具与被加工工件发生相互作用,并从工件上切去一部分金属,在保证高效率、低成本的前提下,得到符合工程图样的零件。在机械加工过程中,被加工的是工件,直接完成加工的是刀具,工件通过夹具安装在机床上,刀具和工件的相对运动形成工件的加工表面。在机械加工中,机床、刀具、夹具和工件构成机械加工工艺系统。机床、刀具、夹具、工件构成一个统一体共同影响加工过程。

二、机床

在机械加工工艺系统中,机床是为刀具或工件提供运动和动力的设备。形成工件表面的刀具与工件之间的相对运动称为切削运动。

(一)金属切削的基本定义

1. 切削加工中的工件表面

以外圆面车削为例,工件作旋转运动,刀具作直线运动,形成了工件的外圆表面。在切削运动过程中,工件上产生了三个不断变化的表面:已加工表面、过渡表面、待加工表面,如图 1-3 所示。

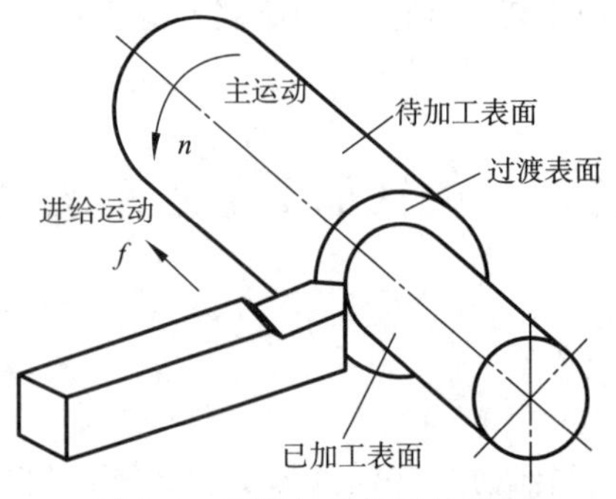

图 1-3 切削加工的工件表面

(1)待加工表面:工件上即将被切去的表面,随着切削过程的进行,逐渐减小,直至完全切去。

(2)已加工表面:刀具切削后在工件上形成的新表面,随着切削的进行逐渐扩大。

(3)过渡表面:刀刃正切削的表面,切削过程中不断改变,处于已加工表面和待加工表面之间。

2. 切削运动及其组成

在切削加工中,切削运动主要由金属切削机床提供,也可由人力提供。切削运动可分为主运动和进给运动,如图 1-3 所示。主运动和进给运动可以由刀具和工件分别完成,也可由刀具单独完成。

(1)主运动。主运动是刀具从工件上切下金属所必需的运动,是切削过程中速度最快,消耗能量最多的运动。机床提供的运动有直线运动和回转运动,由刀具或工件完成。大部分机床的主运动是旋转运动,如车削中工件的旋转运动、镗削中刀具的旋转运动。主运动是直线运动的有龙门刨削中工件的往复直线运动、牛头刨削中刀具的往复直线运动。

(2)进给运动。使新的金属不断投入切削的运动。它保证切削工作连续或反复进行,从而切除切削层形成已加工表面。机床的进给运动可由一个、两个或多个组成,通常消耗功率较小。进给运动可以是连续运动,也可以是间歇运动。

(3)合成运动与合成切削速度。当主运动与进给运动同时进行时,刀具切削刃上某一点相对工件的运动称为合成切削运动,其大小与方向用合成速度向量 v_e 表示。如图 1-4 所示,合成速度向量等于主运动速度 v_c 与进给运动速度 v_f 的向量和。即

$$v_e = v_c + v_f \tag{1-2}$$

通常进给运动速度 v_f 比主运动速度 v_c 小得多,就把主运动看成合成切削运动,即 $v_e \approx v_c$。

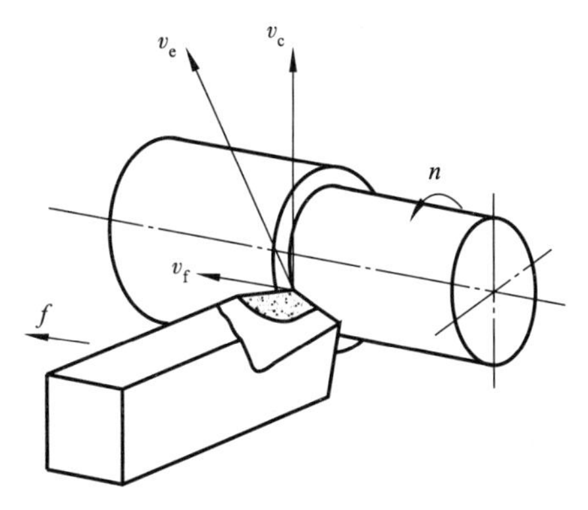

图 1-4　合成速度

3. 切削用量三要素

在切削加工过程中,需要针对不同的刀具材料、工件材料和其他技术经济要求来选定合适的切削速度 v_c、进给量 f 或进给速度 v_f,还要选定适宜的背吃刀量 a_p。v_c、f 或 v_f、a_p 称为切削用量三要素。

1)切削速度 v_c

大多数切削加工的主运动采用回转运动。回转体外圆或内孔上某一点的切削速度计算公式为

$$v_c = \pi dn/1\,000 \text{(m/s 或 m/min)} \tag{1-3}$$

式中,d 为工件或刀具上某一点的回转直径(mm);n 为工件或刀具的转速(r/s 或 r/min)。

在目前生产中,磨削速度的单位为米/秒(m/s),其他加工切削速度的单位习惯用米/分钟(m/min)。在转速 n 值一定时,切削刃上各点的切削速度不同。考虑到刀具的磨损和已加工表面质量等因素,计算时,应取最大的切削速度。如外圆车削时计算待加工表面上的速度(用 d_w 代入公式),内孔车削时计算已加工表面上的速度(用 d_m 代入公式),钻削时计算钻头外径处的速度。

若主运动为往复运动(如插削、刨削等),则以平均速度为切削速度,即

$$v_c = 2Ln_r/(1\ 000\times60)$$

式中,L 为工件或刀具上作往复直线运动的行程长度(mm);n_r 为主运动每分钟的往复次数(str/min)。

2)进给速度 v_f、进给量 f 和每齿进给量 f_z

进给速度 v_f 是单位时间的进给量,单位是 mm/s 或 mm/min。

进给量 f 是工件或刀具每回转一周时,两者沿进给运动方向的相对位移,单位是毫米/转(mm/r)。对于刨削、插削等主运动为往复直线运动的加工,虽然可以不规定进给速度,却需要规定间歇进给的进给量,其单位为毫米/双行程(mm/(d · str))。对于铣刀、铰刀、拉刀、齿轮滚刀等多刃切削工具,在它们进行工作时,还应规定每个刀齿的进给量 f_z,即后一个刀齿相对于前一个刀齿的进给量,单位是毫米/齿(mm/Z)。

$$v_f = fn = f_z Zn \ (\text{mm/s 或 mm/min}) \tag{1-4}$$

式中,Z 为齿数。

3)背吃刀量 a_p

对于车削和刨削加工来说,背吃刀量 a_p 为工件上已加工表面和待加工表面间的垂直距离,单位为 mm。外圆柱表面车削的切削深度为

$$a_p = (d_w - d_m)/2 \ (\text{mm}) \tag{1-5}$$

对于钻孔加工,切削深度为

$$a_p = d_m/2 \ (\text{mm}) \tag{1-6}$$

式中,d_m 为已加工表面直径(mm);d_w 为待加工表面直径(mm)。

4. 机床的运动分析

机械零件的形状多种多样,就其构成元素,不外乎几种基本形状的表面:平面、圆柱面、圆锥面和各种成形表面。从几何角度的观点来看,构成机械零件的表面,可以看成是一条线(称为母线)沿另一条线(称为导线)运动的轨迹。母线和导线统称为发生线。机床加工零件时,是通过刀具与工件的相对运动而形成所需的发生线。而形成发生线的运动称为表面成形运动。此外,还有多种辅助运动。

1)表面成形运动

表面成形运动按其组成情况不同,可分为简单成形运动和复合成形运动。如果一个独立的成形运动,是由单独的旋转运动或直线运动构成的,则此成形运动称为简单成形运动。例如,用车刀车削外圆柱面时,如图 1-5(a)所示,工件的旋转运动 B_1 产生圆导线,刀具纵向直线运动 A_2 产生直线母线,即加工出圆柱面。运动 B_1 和 A_2 是两个相互独立的表面成形运动,因此,用车刀车削外圆柱时属于简单成形运动。

如果一个独立的成形运动,是由两个或两个以上旋转运动或(和)直线运动,按照某种确定的运动关系组合而成,则称此成形运动为复合成形运动。例如,用螺纹车刀车削螺纹表面时,如图 1-5(b)所示,工件的旋转运动 B_{11} 和车刀的直线运动 A_{12} 按规定作相对运动,形

成螺旋线导线，三角形母线（由刀刃形成，无须成形运动）沿螺旋线运动，形成了螺旋面。形成螺旋线导线的两个简单运动 B_{11} 和 A_{12}，由于螺纹导程的限定而不能彼此独立，它们之间必须保持严格的运动关系，因此 B_{11} 和 A_{12} 这两个简单运动组成了一个复合成形运动。又如，用齿轮滚刀加工直齿圆柱齿轮时，如图 1-5(c)所示，它需要一个复合成形运动 B_{11} 和 B_{12}（范成运动），形成渐开线母线，同时还需要一个简单直线成形运动 A_2，才能得到整个渐开线齿面。复合运动标注符号的下标含义为：第一位数字表示成形运动的序号（第一个，第二个，…，第 n 个成形运动）；第二位数字表示构成同一个复合运动的单独运动的序号。按成形运动在切削加工中的作用，分为主运动和进给运动。

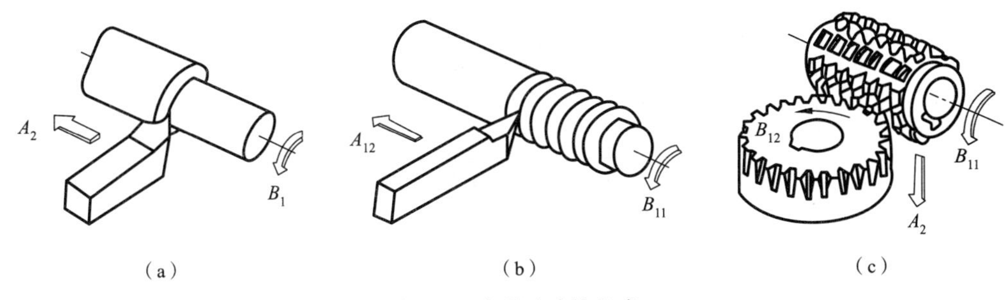

图 1-5　成形运动的组成

2）辅助运动

机床在加工过程中还需要一系列辅助运动，以实现机床的各种辅助动作，为表面成形创造条件。它的种类很多，一般包括：切入运动、分度运动、调位运动（调整刀具和工件之间的相互位置）以及其他各种空行程运动（如运动部件的快进和快退等）。

金属切削机床是用切削的方法将金属毛坯加工成机器零件的机器，它是制造机器的机器，所以又称“工作母机”，习惯上简称机床。机床是机械制造的基础机械，其技术水平的高低、质量的好坏，对机械产品的生产率和经济效益都有重要影响。金属切削机床从诞生到现在已经一百多年了，随着工业化的发展，机床品种越来越多，技术也越来越复杂。为了便于管理和使用，需要进行机床的分类。

（二）机床的分类

机床主要按加工性质和所用刀具进行分类，按国家制定的机床型号编制方法分为 11 类：车、铣、钻、镗、磨、齿轮加工、螺纹加工、刨插、拉、锯和其他机床。在每一类机床中，又按工艺特点、布局形式和结构性能，分为若干组，每一组又分为若干系列。

除了上述基本分类方法外，还有其他分类法。

按通用性（万能性）程度，分为通用机床、专门化机床和专用机床。

通用机床工艺范围很宽，如卧式车床、摇臂钻床、万能升降台铣床、万能外圆磨床，可以加工一定尺寸范围内的各种类型零件，完成多种工序，自动化程度低，生产率低，主要适合单件、小批量生产。专门化机床工艺范围较窄，只能加工一定尺寸范围内的某一类零件或某几类零件，完成某一种或某几种特定工序，如曲轴车床、凸轮轴车床。专用机床的工艺范围最窄，只能完成某一特定零件的特定工序，用于大批量生产。组合机床也属于专用机床。

按照加工精度不同，分为普通精度机床、精密机床和高精度机床。

按照质量和尺寸不同，可分为仪表机床、中型机床（一般机床）、大型机床（质量大于 10 t）、重型机床（质量在 30 t 以上）和超重型机床（质量在 100 t 以上）。

按照机床主要零件的数目,可分为单轴、多轴、单刀、多刀机床等。

按照自动化程度不同,可分为普通、半自动和自动机床。

(三)机床的型号编制

1. 通用机床的型号编制

机床型号是机床产品的代号,用以简明地表示机床的类型、主要技术参数、性能和结构特点等,按照国家标准《金属切削机床 型号编制方法》(GB/T 15375—2008)编制的。此标准规定,机床型号由一组汉语拼音字母和阿拉伯数字按一定的规律组合而成。通用机床的型号编制如图1-6所示。

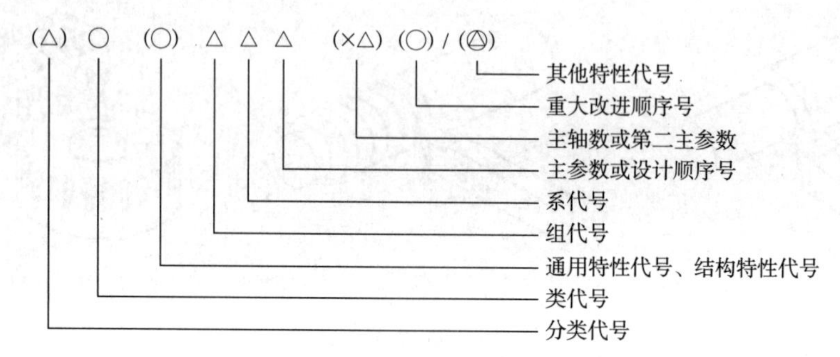

图1-6 金属切削机床型号构成

注:有“( )”的代号或数字,若无内容则不表示,若有内容则不带括号。如MG1432A中“A”代表重大改进顺序,如果没有重大改进,则不表示,即MG1432,如果有则为MG1432A,“A”不带括号。

有“○”为大写的汉语拼音字母。

有“△”为阿拉伯数字。

有“◎”为大写的汉语拼音字母或阿拉伯数字或两者都有。

1)机床的类别代号

类别代号用该类机床名称汉语拼音的第一个字母表示,共12类,见表1-1。需要时,类别下还有子类,用数字表示,放在类别字母之前。如磨床M、2M、3M。

表1-1 机床的类别代号

类别	车床	钻床	镗床	磨床			齿轮加工机床	螺纹加工机床	铣床	刨插床	拉床	特种加工机床	锯床	其他机床
代号	C	Z	T	M	2M	3M	Y	S	X	B	L	D	G	Q
参考读音	车	钻	镗	磨			牙	丝	铣	刨	拉	电	割	其

2)通用特性和结构特性代号

当某类型机床除有普通型外,还具有表1-2中所列的各种通用特性时,则在类别代号之后加上相应的通用特性代号。例如,CM6132型精密普通车床型号中的“M”表示“精密”。“XK”表示数控铣床。如果同时具有两种通用特性,则可用两个代号同时表示,如“MBG”表示半自动高精度磨床。如某类型机床仅有某种通用特性,而无普通形式时,则通用特性不必表示。如C1107型单轴纵切自动车床,由于这类自动车床没有“非自动”型,所以不必用“Z”表示通用特性。

表 1-2　通用特性代号

通用特性	高精度	精密	自动	半自动	数控	加工中心(自动换刀)	仿形	轻型	加重型	简式或经济型	柔性加工单元	数显	高速
代号	G	M	Z	B	K	H	F	Q	C	J	R	X	S
参考读音	高	密	自	半	控	换	仿	轻	重	简	柔	显	速

对于主参数相同而结构不同的机床,加结构特性代号表示,排在类代号之后,如有通用特性代号,则排在通用特性代号之后。例如,CA6140 型普通车床型号中的"A",可理解为 CA6140 型普通车床在结构上区别于 C6140 及 CY6140 型普通车床。为了避免混淆,通用特性代号已用的字母及字母"I""O"都不能作为结构特性代号。结构特性代号的字母是根据各类机床的情况分别规定的,在不同型号中的意义可能不一样。

3)机床的组别、系别代号

用两位阿拉伯数字表示,前一位表示组别,后一位表示系别。每类机床按其结构性能及使用范围划分为 10 个组,用数字 0~9 表示。如 MG1432A,组别为 1,对照表 1-3,可以查出代表外圆磨床。再如 CA6140,组别为 6,代表落地及卧式车床。

每一组又分为若干个系(系列)。在同一类机床中,主要布局或使用范围基本相同的机床,为同一组;在同一组机床中,其主参数相同。主要结构及布局形式也相同的机床,即为同一系。机床的类、组划分见表 1-3(系的划分可参阅有关文献)。如 MG1432A,系别为 4,而 CA6140,系别为 1。

4)机床的主参数、设计顺序号

主参数代表机床规格的大小,用折算值表示[主参数×折算系数(如 1/10)]。如 TK6112 中的 12 为最大镗削直径 120 mm,CA6140 中的 40 为最大车削直径 400 mm。某些通用机床,当无法用一个主参数表示时,则在型号中用设计顺序号表示。

5)第二主参数

一般是指主轴数、最大跨距、最大工件长度、工作台工作面长度等,也用折算值表示。

6)机床的重大改进顺序号

当机床的性能及结构布局有重大改进,并按新产品重新设计、试制和鉴定时,在原机床型号的尾部,加重大改进顺序号,以区别于原机床型号。序号按 A、B、C 等字母顺序选用。如 MG1432A,A 为重大改进顺序号(第一次重大改进),如果是 B 则为第二次重大改进。

7)其他特性代号

其他特性代号用来反映各类机床的特性,用汉语拼音或字母或两者的结合表示。对于数控机床,可用来反映不同的数控系统;对于一般机床,可用来反映同一机床型号的变形。

【例 1-1】 CM6132——C:类别代号,车床;M:通用特性代号,精密;6:组别代号,落地及卧式车床;1:系别代号,卧式车床系;32:主参数,最大车削直径为 320 mm。

【例 1-2】 MG1432A——M:类别代号,磨床;G:通用特性代号,高精度;1:组别代号,外圆磨床组;4:系别代号,万能外圆磨床系;32:主参数,最大磨削直径 320 mm,A 为第一次重大改进顺序号。

各类主要机床的主参数和折算系数见表 1-4。

表 1-3 通用机床类、组划分表

类别		组别 0	1	2	3	4	5	6	7	8	9
车床	C	仪表车床	单轴自动、半自动车床	多轴自动、半自动车床	回轮、转塔车床	曲轴及凸轮轴车床	立式车床	落地及卧式车床	仿形及多刀车床	轮、轴、辊、锭及铲齿车床	其他车床
钻床	Z	—	坐标镗钻床	深孔钻床	摇臂钻床	台式钻床	立式钻床	卧式钻床	铣钻床	中心孔钻床	—
镗床	T	—	—	深孔镗床	—	坐标镗床	立式镗床	卧式铣镗床	精镗床	汽车、拖拉机修理用镗床	—
磨床	M	仪表磨床	外圆磨床	内圆磨床	砂轮机	坐标磨床	导轨磨床	刀具刃磨床	平面及端面磨床	曲轴、凸轮轴、花键轴及轧辊磨床	工具磨床
	2M	—	超精机	内圆研磨机	外圆及其他研磨机	抛光机	砂带抛光及磨削机床	刀具刃磨及研磨机床	可转位刀片磨削机床	研磨机	其他磨床
	3M	—	球轴承套圈沟磨床	滚子轴承套圈滚道磨床	轴承套圈超精机床	—	叶片磨削机床	滚子加工机床	钢球加工机床	气门、活塞及活塞环磨削机床	汽车、拖拉机修磨机床
齿轮加工机床	Y	仪表齿轮加工机	—	锥齿轮加工机	滚齿及铣齿机	剃齿及研齿机	插齿机	花键轴铣床	齿轮磨齿机	其他齿轮加工机	齿轮倒角及检查机
螺纹加工机床	S	—	—	—	套丝机	攻丝机	—	螺纹铣床	螺纹磨床	螺纹车床	—
铣床	X	仪表铣床	悬臂及滑枕铣床	龙门铣床	平面铣床	仿形铣床	立式升降台铣床	卧式升降台铣床	床身铣床	工具铣床	其他铣床
刨插床	B	—	悬臂刨床	龙门刨床	—	—	插床	牛头刨床	—	边缘及模具刨床	其他刨床
拉床	L	—	—	侧拉床	卧式外拉床	连续拉床	立式内拉床	卧式内拉床	立式外拉床	键槽及螺纹拉床	其他拉床
锯床	G	—	—	砂轮片锯床	—	卧式带锯床	立式带锯床	圆锯床	弓锯床	锉锯床	—
其他机床	Q	其他仪表机床	管子加工机床	木螺钉加工机	—	刻线机	切断机	—	—	—	—

表 1-4　各类主要机床的主参数和折算系数

机床	主参数名称	主参数折算系数	第二主参数
卧式车床	床身上最大回转直径	1/10	最大工件长度
立式车床	最大车削直径	1/100	最大工件高度
摇臂钻床	最大钻孔直径	1/1	最大跨距
卧式镗铣床	镗轴直径	1/10	—
坐标镗床	工作台面宽度	1/10	工作台面长度
外圆磨床	最大磨削直径	1/10	最大磨削长度
内圆磨床	最大磨削孔径	1/10	最大磨削深度
矩台平面磨床	工作台面宽度	1/10	工作台面长度
齿轮加工机床	最大工件直径	1/10	最大模数
龙门铣床	工作台面宽度	1/100	工作台面长度
升降台铣床	工作台面宽度	1/10	工作台面长度
龙门刨床	最大刨削宽度	1/100	最大刨削长度
插床及牛头刨床	最大插削及刨削长度	1/10	—
拉床	额定拉力(kN)	1/10	最大行程

2. 专用机床的型号编制

专用机床的型号一般由设计单位代号和设计顺序号组成,专用机床的设计单位代号包括机床生产厂和机床研究单位代号;专用机床的设计顺序号,按该单位的设计顺序号(从“001”起始)排列,位于设计单位代号之后,并用“-”隔开。例如,北京第一机床厂设计制造的第 100 种专用机床为专用铣床,其型号为 B1-100。

(四)机床的主要技术参数

机床的主要技术参数包括主参数和基本参数,主参数代表机床规格的大小,在机床型号中,用阿拉伯数字给出的是主参数折算值(1/10 或 1/100)。基本参数包括尺寸参数、运动参数和动力参数。

1. 尺寸参数

机床的尺寸参数是指机床的主要结构尺寸。多数机床的主参数也是一种尺寸参数,但尺寸参数除了主参数外还包括一些其他尺寸。例如,对于卧式车床,除了主参数(床身上工件最大回转直径)和第二主参数(最大工件长度)外,有时还要确定刀架上工件的最大回转直径和主轴孔内允许通过的最大棒料直径等;对于立轴平面磨床,除了主参数外,有时还要确定主轴端面到台面的最大和最小距离及工作台的行程等。尺寸参数确定后,机床上所能加工(或安装)的最大工件尺寸就已确定。尺寸参数与所设计机床能加工工件的尺寸有关。

2. 运动参数

运动参数是指机床执行件的运动速度,包括主运动的速度范围、速度数列和进给量的范围、进给数列及空行程速度等。

1)主运动参数

(1)主轴转速。对于作回转运动的机床,其主运动参数是主轴转速。计算公式为

$$n=1\,000v/\pi d \tag{1-7}$$

式中,n 为转速;v 为切削速度;d 为工件或刀具的直径。

主运动是直线运动的机床,如插床、刨床。其主运动参数是机床工作台或滑枕每分钟的往复次数。

(2)主轴最低和最高转速的确定。专用机床用于完成特定的工艺,主轴只需一种固定的转速。通用机床的加工范围较宽,主轴需要变速,需要确定其变速范围,即最低和最高转速。采用分级变速时,还应确定转速的级数。

$$n_{min}=1\ 000v_{min}/\pi d_{max} \tag{1-8}$$

$$n_{max}=1\ 000v_{max}/\pi d_{min} \tag{1-9}$$

变速范围为:$R_n=n_{max}/n_{min}$。

(3)有级变速时主轴转速序列。无级变速时,n_{max} 与 n_{min} 之间的转速是连续变化的;有级变速时,应该在 n_{max} 和 n_{min} 确定后,再进行转速分级,确定各中间级转速。主运动的有级变速的转速数列一般采用等比数列。满足 $n_{j+1}=n_j\psi;n_z=n\psi^{z-1}$。

(4)标准公比 ψ。为了便于机床设计和使用,规定了标准公比值 1.06、1.12、1.26、1.41、1.58、1.78、2.00。其中,$\psi=1.06$ 是公比数列的基本公比,其他可由基本公比派生而来。

2)进给运动参数

大部分机床(如车床、钻床等)进给量用工件或刀具每转的位移(mm/r)表示;直线往复运动机床(如刨床、插床等)进给量以每一往复的位移量表示;铣床和磨床使用的是多刃刀具,进给量以每分钟的位移量(mm/min)表示。

3. 动力参数

机床的动力参数是指驱动主运动、进给运动和空行程运动的电动机功率。

1)主传动功率

机床的主传动功率由三部分构成,即

$$P_{主}=P_{切}+P_{空}+P_{附} \tag{1-10}$$

式中,切削功率 $P_{切}$与加工情况、工件和刀具材料及切削用量的大小有关。$P_{切}=F_zv/60\ 000$。

空载功率 $P_{空}$是指机床不进行切削,即空转时所消耗的功率。

附加功率 $P_{附}$指机床进行切削时,因负载而增加的机械摩擦所消耗的功率。

2)进给传动功率

如主运动和进给传动共用一台电动机,且其进给传动功率远比主传动功率小时,如卧式车床和钻床的进给传动功率仅为主传动功率的 3%~5%,此时计算电动机功率可忽略进给传动功率;若进给传动与空行程传动共用一台电动机,如升降台铣床,因空行程传动所需的功率比进给传动所需的功率大得多,且机床上空行程运动和进给运动不可能同时进行。此时,可按空行程功率确定电动机功率;只有当进给传动使用单独的电动机驱动时,如龙门铣床以及用液压缸驱动进给的机床(如仿形车床、多刀半自动车床和组合机床等),才需确定进给传动功率。

3)空行程功率

空行程功率是指为节省零件加工的辅助时间和减轻工人劳动强度,在机床移动部件空行程时快速移动所需的传动功率。其大小由移动部件质量和部件启动时的惯性力决定。空行程功率往往比进给功率大得多。

三、刀具的组成及角度

刀具是金属切削加工的重要工具,一般安装在机床的刀架(如车床)或主轴上(如铣床、钻床),在机械加工过程中直接参与切削,从工件上切除多余的材料,获得所需表面。金属切削刀具的种类虽然很多,但是它们参加切削的部分在几何特征上却具有共性,外圆车刀的切削部分可以看成是各类刀具切削部分的基本形态;其他各类刀具包括复杂的刀具都是根据其工作要求,在该基本形态的基础上演变出各自的特点。国际标准化组织(ISO)在确定金属切削刀具的工作部分几何形状的一般术语时,就是以车刀为基础的。

(一)刀具的组成

外圆车刀由刀头和刀杆组成。其切削部分是由三面两刃一尖构成的,三面指的是前刀面、主后刀面和副后刀面;两刃指主切削刃和副切削刃;一尖指刀尖,如图 1-7 所示。

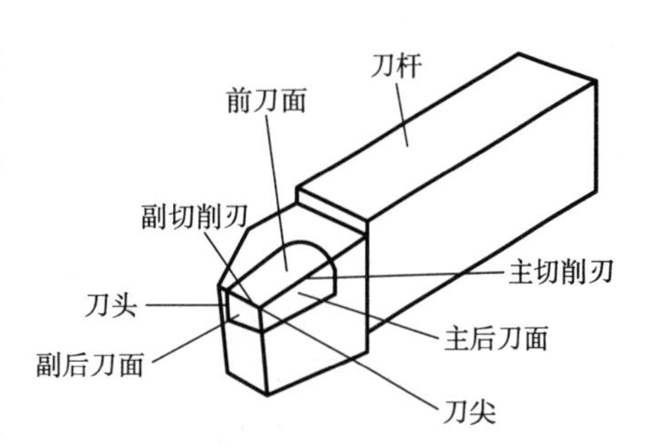

图 1-7　车刀的切削部分

(1)前刀面 A_γ。切屑沿其流出的表面。

(2)主后刀面 A_α。与过渡表面相对的面。

(3)副后刀面 A'_α。与已加工表面相对的面。

(4)主切削刃。前刀面与主后刀面相交形成的锋边,完成主要的金属切除工作。

(5)副切削刃。前刀面与副后刀面相交形成的刀刃,协同主切削刃完成金属切除工作,以形成工件的已加工表面。

(二)标注刀具角度的参考系

为了便于确定车刀上的几何角度,常选择某一参考系作为基准,通过测量刀面或切削刃相对于参考系平面的角度值,来反映它们的空间方位。刀具几何角度参考系有两类,刀具标注角度参考系和刀具工作角度参考系。

1. 刀具标注角度参考系

把刀具同工件和切削运动联系起来确定的刀具角度,称为刀具的工作角度。但是,在设计、绘制和制造刀具时,刀具尚未处于使用状态下,如同把刀具拿在手里,刀具同工件和切削运动的关系尚不确定,这时怎样标注它的几何角度呢?为此 ISO 制定了一套便于制造、刃磨和测量的刀具标注角度参考系。任何一把刀具,在使用之前,总可以知道它将要安装在什么机床上,将有怎样的切削运动,因此也可以预先给出假定的工作条件,并据此确定刀具标注角度的参考系。刀具标注角度参考系是刀具设计时标注、刃磨和测量角度的基准,在此基准下定义的刀具角度称为刀具标注角度。

(1)假设运动条件:首先给出刀具的假定主运动方向和假定进给运动方向;其次假定进给速度值很小,用主运动向量 v_c 近似地代替相对运动合成速度向量 $v_c=v_e$;最后再用平行和垂直于主运动方向的平面构成参考系。

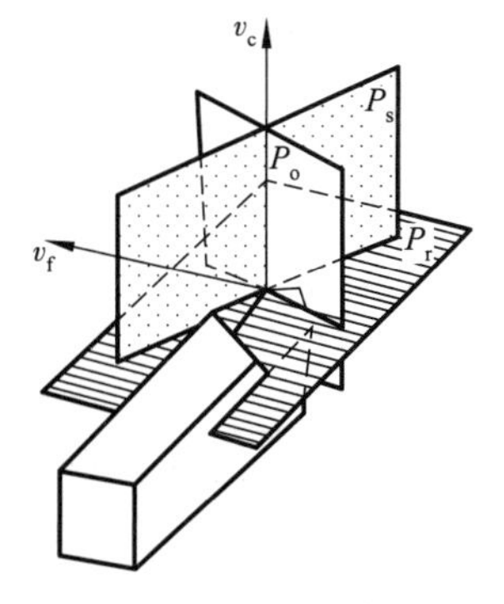

图 1-8　正交平面参考系

(2)假设安装条件:假定标注角度参考系的诸平面平行或垂直于刀具上便于制造、刃磨和测量时定位与调整的平面或轴线(如车刀底面、车刀刀杆轴线、铣刀和钻头的轴线等)。反之也可说,假定刀具的安装位置恰好使其底面或轴线与参考系的平面平行或垂直。

动画

正交平面参考系

刀具标注角度的参考系一般有正交平面参考系、法平面参考系和进给、背平面参考系。

(1)正交平面参考系是由基面、主切削面和正交平面组成,三者相互垂直,如图 1-8 所示。

基面 P_r 是过切削刃上某选定点，垂直于假定主运动方向的平面。通常，基面应平行或垂直于刀具上便于制造、刃磨和测量的某一安装定位平面或轴线。例如，普通车刀、刨刀的基面平行于刀具底面。钻头、铣刀和丝锥等旋转类刀具，其切削刃各点的旋转运动（主运动）方向，都垂直于通过该点并包含刀具旋转轴线的平面，故其基面就是刀具的轴向剖面。

主切削平面 P_s 是过切削刃某选定点与主切削刃相切并垂直于基面的平面。

正交平面 P_o 是过切削刃某选定点，同时垂直于基面和切削平面的平面。

（2）法平面参考系是由基面、主切削面和法平面组成，如图 1-9 所示。其中法平面 P_n 通过切削刃某选定点垂直于切削刃的平面。

（3）进给、背平面参考系是由基面、进给剖面和背平面组成，如图 1-10 所示。其中进给平面 P_f 是过切削刃上选定点，平行于进给运动方向并垂直于基面的平面，通常，它也平行或垂直于刀具上便于制造、刃磨和测量的某一安装定位平面或轴线。例如，普通车刀和刨刀的 P_f，垂直于刀杆轴线，钻头、拉刀、端面车刀、切断刀等的 P_f 平行于刀具轴线，铣刀的 P_f 则垂直于铣刀轴线；背平面 P_p 是过切削刃上选定点和进给平面与基面都垂直的平面。

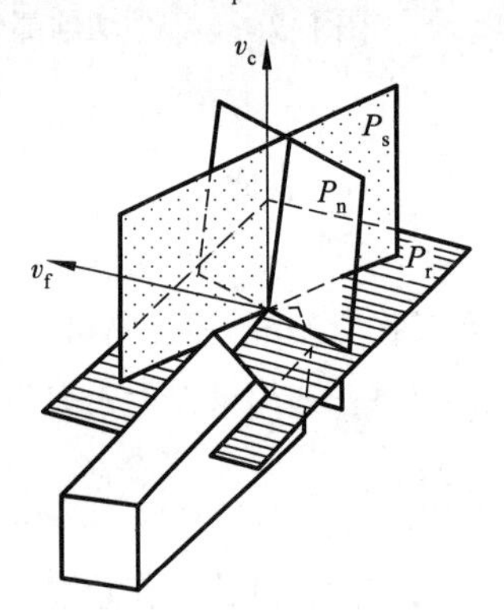

图 1-9　法平面参考系

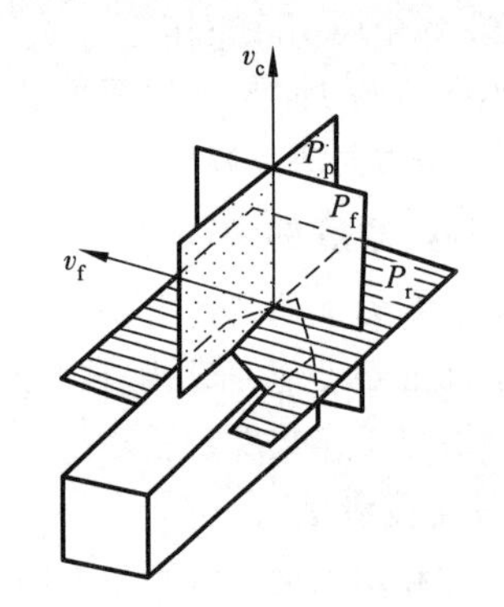

图 1-10　进给、背平面参考系

2. 刀具工作角度参考系

上述刀具标注角度参考系，在定义基面时，都只考虑主运动，不考虑进给运动，即在假定运动条件下确定的参考系。但刀具在实际使用时，这样的参考系所确定的刀具角度，往往不能确切地反映切削加工的真实情形。只有用合成切削运动方向 v_e 来确定参考系，才符合切削加工的实际。

刀具工作角度参考系是刀具切削工作时角度的基准，在此基准下定义的刀具角度称为刀具工作角度。它同样有正交平面参考系、法平面参考系和假定工作平面参考系。刀具工作角度参考系同标注角度参考系的唯一区别是用 v_e 取代 v_c，用实际进给运动方向取代假定进给运动方向。

（三）刀具的标注角度

1. 在基面内测量的角度

主偏角 κ_r：在基面内主切削刃的投影与进给运动方向之间的夹角。

副偏角 κ_r'：在基面内副切削刃的投影与进给运动反方向之间的夹角。

刀尖角 ε_r：主切削刃与副切削刃之间的夹角。刀尖角的大小会影响刀具切削部分的强度和传热性能。它与主偏角和副偏角的关系为

$$\varepsilon_r = 180° - \kappa_r - \kappa_r' \tag{1-11}$$

2. 在主切削刃正交平面内测量的角度

前角 γ_o:在主切削刃上选定点的主剖面内,前刀面与基面间的夹角。当前刀面与基面平行时,前角为零。基面在前刀面以内,前角为负。基面在前刀面以外,前角为正。

后角 α_o:在主切削刃上选定点的主剖面内,后刀面与切削平面间的夹角。

楔角 β_o:在主切削刃上选定点的主剖面内,前刀面与后刀面间的夹角。楔角的大小将影响切削部分截面的大小,决定着切削部分的强度,它与前角 γ_o 和后角 α_o 的关系为

$$\beta_o = 90° - \alpha_o - \gamma_o \tag{1-12}$$

3. 在切削平面内 P_s 测量的角度

刃倾角 λ_s:在切削平面 P_s 内,主切削刃与基面间的夹角。当刀尖在主切削刃上为最高点时,刃倾角为正;当刀尖在主切削刃上为最低点时,刃倾角为负;切削刃平行于底面时,刃倾角为零。

4. 在副剖面(对应副切削刃的正交平面)**内测量的角度**

副后角 α'_o:在副切削刃上选定点的副剖面内,副后刀面与副切削刃切削平面间的夹角。

由前角、后角、主偏角、副偏角四个角度就可以确定车刀主切削刃及其前、后刀面的方位。其中前角和刃倾角确定了前刀面的方位,后角和主偏角确定了主后刀面的方位,主偏角和刃倾角确定了主切削刃的方位。同理,副切削刃及其相关的前刀面、后刀面在空间的定位也需用四个角度,即副偏角、副刃倾角、副前角和副后角,它们的定义与主切削刃上的四种角度类似,但由于车刀的主副刀刃常常在同一平面型前刀面上,当有上述前角、后角、主偏角、副偏角四个角度确定车刀主切削刃及其前、后刀面的方位后,副刀刃上的副刃倾角、副前角也随之确定。前角 γ_o、后角 α_o、主偏角 κ_r、副偏角 κ'_r、刃倾角 λ_s 和副后角 α'_o,通常称为基本角度,如图 1-11 所示。在刀具切削部分的几何角度中,上述六个基本角度能完整地表达出车刀切削部分的几何形状,反映出刀具的切削特点。ε_r 和 β_o 由其他角度换算得来,称为派生角度。

动 画

前后角

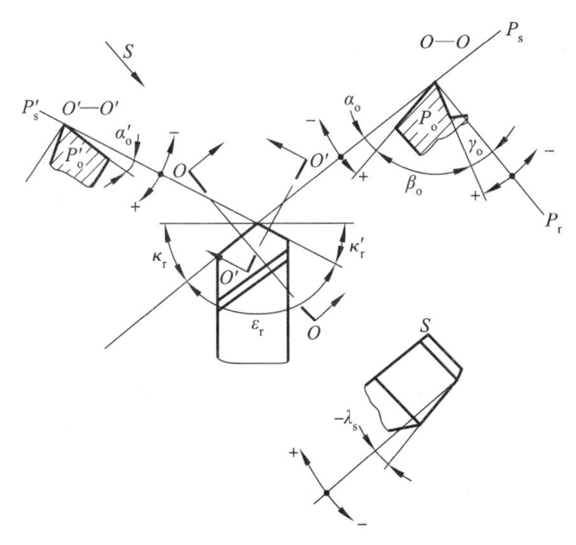

图 1-11　车刀的几何角度

动 画

主副偏角

(四)刀具的工作角度

刀具在工作状态下的切削角度称为刀具的工作角度。刀具的工作角度是在刀具工作参考系下确定的。由于通常的进给速度远小于主运动速度,因此,在一般的安装条件下,刀具的工作角度近似等于标注角度(误差不超过1%),这样,在大多数情况下(如普通车、镗孔、端铣、周铣)不必进行工作角度的计算。只有在角度变化值较大时,如车螺纹或丝杠、铲背和钻孔时,研究钻心附近的切削条件或刀具特殊安装时,才需要计算工作角度。

刀具的安装位置与进给运动都会影响刀具工作角度,下面分别说明。

1. 刀具安装位置对刀具工作角度的影响

1)刀尖安装高低对工作前、后角的影响

当刀尖高于工件中心时,此时工作基面与工作切削面与正常位置相应的平面成 θ 角,由图1-12可以看出,此时工作前角增大 θ 角,而工作后角减小 θ 角,如图1-12所示。

$$\sin\theta=2h/d \tag{1-13}$$

如刀尖低于工件中心,则工作角度变化与之相反。内孔镗削时与加工外表面情况相反。

2)导杆中心与进给方向不垂直对工作主、副偏角的影响

当刀杆中心与正常位置偏 θ 角时,刀具标注工作角度的假定工作平面与现工作平面 P_{fe} 成 θ 角,因而工作主偏角 κ_{re} 增大(或减小),工作副偏角 κ'_{re} 减小(或增大),角度变化值为 θ 角,如图1-13所示,有

$$\kappa_{re}=\kappa_r\pm\theta \qquad \kappa'_{re}=\kappa_r\mp\theta$$

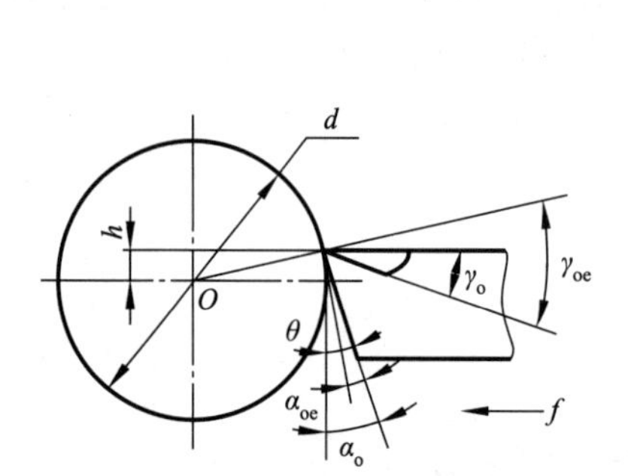

图1-12 刀尖安装高低的影响

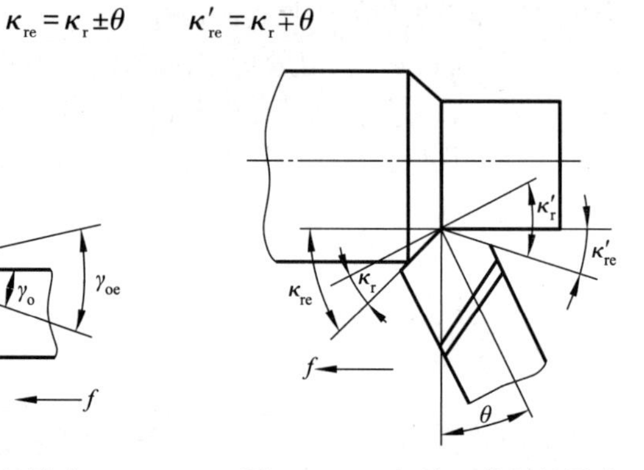

图1-13 刀杆中心偏斜的影响

2. 进给运动对刀具工作角度的影响

1)横向进给对工作角度的影响

车端面或切断时,车刀作横向进给,切削轨迹是阿基米德螺旋线,如图1-14所示,实际基面和切削平面相对于标注参考系都要偏转一个附加的角度 μ(主运动方向与合成切削运动方向之间的夹角),将使车刀的工作前角增大,工作后角减小。

$$\tan\mu=v_f/v_c=\frac{f}{\pi d} \tag{1-14}$$

$$\gamma_{oe}=\gamma_o+\mu \qquad \alpha_{oe}=\alpha_o-\mu$$

2)纵向进给对工作角度的影响

车外圆或车螺纹时,切削合成运动产生的加工表面为螺旋面,如图1-15所示,实际的基面和切削平面相对于标注参考系都要偏转一个附加的角度 μ,将使车刀的工作前角增大,工

作后角减小。μ 与螺旋升角 μ_f 的关系为

$$\tan\mu=\tan\mu_f\sin\kappa_r=f\sin\kappa_r/\pi d \tag{1-15}$$

$$\gamma_{oe}=\gamma_o+\mu \qquad \alpha_{oe}=\alpha_o-\mu$$

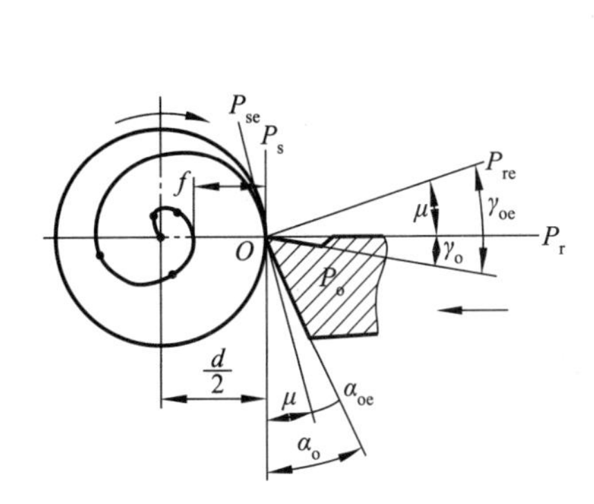

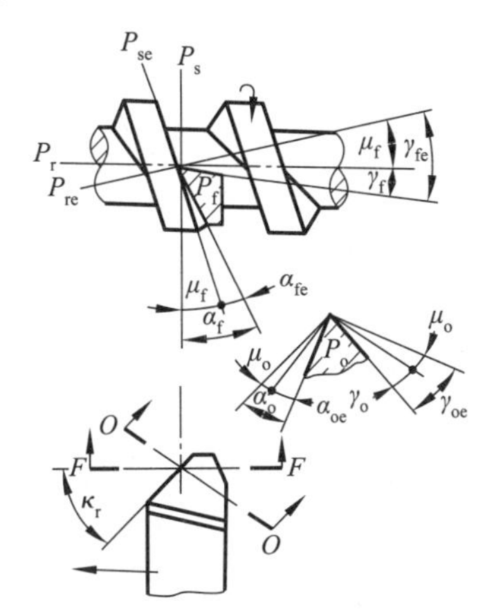

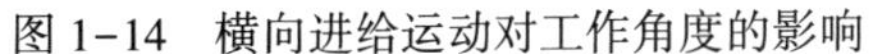

图 1-14　横向进给运动对工作角度的影响　　　　图 1-15　纵向进给运动对工作角度的影响

一般车削时，进给量比工件直径小得多，故角度 μ 很小，对车刀工作角度影响很小，可忽略不计。但若进给量较大时(如加工丝杠、多头螺纹)，则应考虑角度 μ 的影响。车削右旋螺纹时，车刀左侧刃后角应大些，右侧刃后角应小些。或者使用可转角度刀架，将刀具倾斜一个角度 μ 安装，使左右两侧刃工作前后角相同。

(五)切削层参数及切削形式

1. 切削层参数

各种切削加工的切削层参数，可用典型的外圆纵车来说明。如图 1-16 所示，车刀主切削刃上任意一点相对于工件的运动轨迹是一条空间螺旋线。当 $\lambda_s=0$ 时，主切削刃所切出的加工表面为阿基米德螺旋面。工件每转一转，车刀沿工件轴线移动一段距离，即进给量 f(mm/min)。这时，切削刃从加工表面的位置Ⅰ移到相邻加工表面Ⅱ的位置上。于是Ⅰ、Ⅱ之间的金属转变为切屑。由车刀正切削着的这一层金属称为切削层。切削层的大小和形状直接决定了车刀切削部分所受的负荷大小及切下切屑的形状和尺寸。在外圆纵车时，当 $\kappa_r'=0$、$\lambda_s=0$ 时，切削层的表面形状为一个平行四边形；在特殊情况下($\kappa_r=90°$)为矩形，其底边尺寸为 f，高为 a_p。

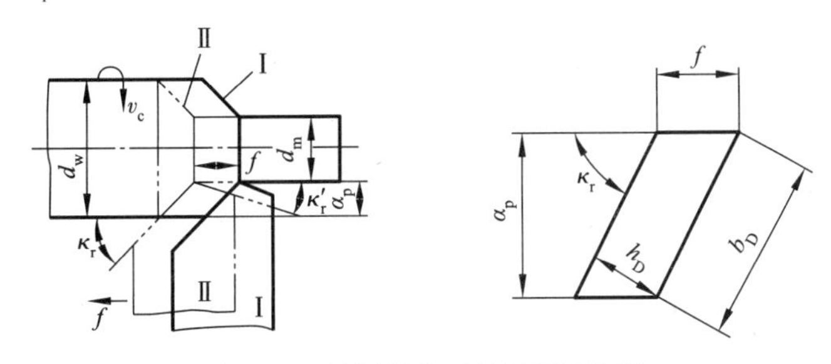

图 1-16　外圆纵车时的切削层参数

为了简化计算工作，切削层的表面形状和尺寸通常都在垂直于切削速度 v_c 的基面 P_r 内观察和度量。切削层参数为：

1)切削厚度 h_D

垂直于加工表面度量的切削层尺寸(见图1-16),称为切削厚度,用 h_D 表示。在外圆纵车($\lambda_s=0$)时

$$h_D=f\sin\kappa_r \tag{1-16}$$

2)切削宽度 b_D

沿加工表面度量的切削层尺寸(见图1-16),称为切削宽度,用 b_D 表示。在外圆纵车($\lambda_s=0$)时

$$b_D=a_p/\sin\kappa_r$$

可见,在 f 与 a_p 一定的条件下,主偏角 κ_r 越大,切削厚度 h_D 也就越大,但切削宽度 b_D 越小;当主偏角 κ_r 越小时,切削厚度 h_D 也就越小,但切削宽度 b_D 越大;当 $\kappa_r=90°$ 时,$h_D=f$。

3)切削面积 A_D

切削层在基面 P_r 的面积,称为切削面积,用 A_D 表示。其计算公式为

$$A_D=h_Db_D \tag{1-17}$$

对于车削来说,不论切削刃形状如何,切削面积均为

$$A_D=h_Db_D=fa_p \tag{1-18}$$

上面所计算的均为名义切削面积。实际切削面积等于名义切削面积减去残留面积。

2. 切削形式

1)正切削与斜切削

切削刃垂直于合成切削方向的切削方式称为正切削或直角切削($\lambda_s=0$)。如果切削刃不垂直于切削方向则称为斜切削或斜角切削($\lambda_s\neq0$)。图1-17所示为刨削时的正切削和斜切削。

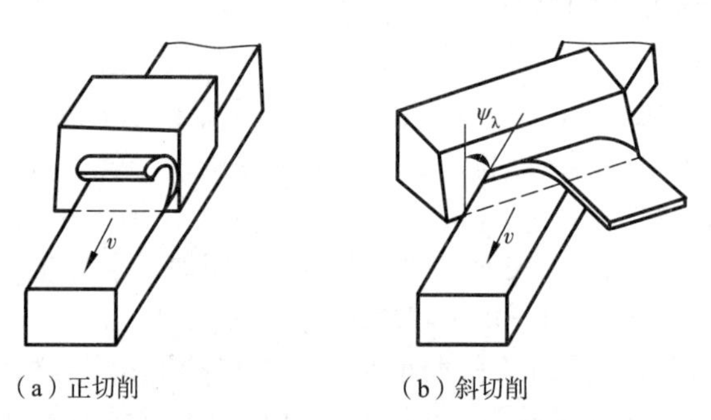

图1-17 刨削时的正切削与斜切削

2)自由切削与非自由切削

只有直线形主切削刃参加切削工作,而副切削刃不参加切削工作,称为自由切削。曲线主切削刃或主、副切削刃都参加切削者,称为非自由切削。这是根据切削变形是二维问题或三维问题进行区分的。为了简化研究工作,通常采用自由切削进行切削变形区的观察和研究。

四、夹具的作用及构成

在机械制造过程中,固定工件,使之占有确定位置而加工或检测的工艺装备称为夹具。机床夹具是装在机床上,使工件相对刀具与机床保持正确的位置,并能承受切削力的作用。例如车床上使用的三爪自定心卡盘、铣床上使用的平口钳等都是机床夹具。

(一)夹具的作用

1. 保证加工精度

采用夹具安装,可以准确地确定工件与机床、刀具之间的相互位置,工件的位置精度由夹具保证,不受工人技术水平的影响,其加工精度高且稳定。

2. 提高生产率、降低成本

用夹具装夹工件,无须找正便能使工件迅速地定位和夹紧,显著地减少了辅助工时;用夹具装夹工件提高了工件的刚性,因此可加大切削用量;可以使用多件、多工位夹具装夹工件,并采用高效夹紧机构,这些因素均有利于提高劳动生产率。另外,采用夹具后,产品质量稳定,废品率下降,明显地降低了生产成本。

3. 扩大机床的工艺范围

使用专用夹具可以改变原机床的用途和扩大机床的使用范围,实现一机多能。例如,在车床或摇臂钻床上安装镗模夹具后,就可以对箱体孔系进行镗削加工;通过专用夹具还可将车床改为拉床使用,以充分发挥通用机床的作用。

4. 减轻工人的劳动强度

用夹具装夹工件方便、快速。当采用气动、液压等夹紧装置时,可减轻工人的劳动强度。

(二)夹具的组成

机床夹具的种类和结构虽然繁多,但它们都由以下几部分组成,这些组成部分既相互独立又相互联系。

1. 定位元件

定位元件保证工件在夹具中处于正确的位置。如图 1-18 所示,加工ϕ10 mm 孔,钻夹具如图 1-19 所示。夹具上的圆柱销 5、菱形销 9 和支承板 4 都是定位元件,通过它们使工件在夹具中占据正确的位置。

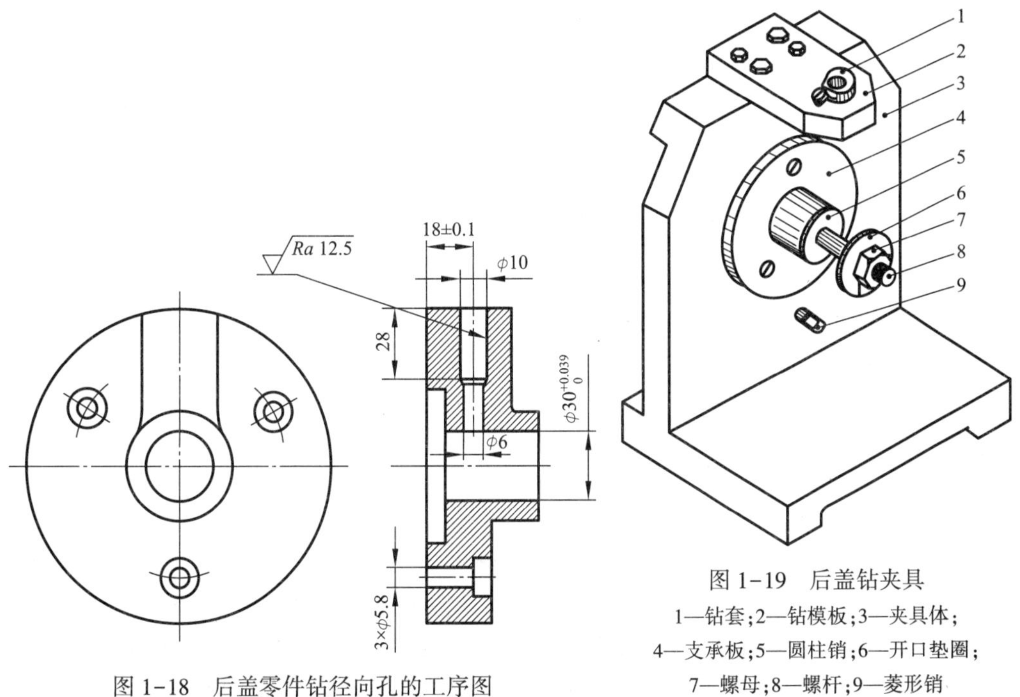

图 1-18　后盖零件钻径向孔的工序图

图 1-19　后盖钻夹具

1—钻套;2—钻模板;3—夹具体;4—支承板;5—圆柱销;6—开口垫圈;7—螺母;8—螺杆;9—菱形销

2. 夹紧装置

夹紧装置的作用是将工件压紧夹牢,保证工件在加工过程中受到外力(切削力等)作用时不离开已经占有的正确位置。图1-19中的螺杆8(与圆柱销合成一个零件)、螺母7和开口垫圈6就起到了上述作用。

3. 对刀或导向装置

对刀或导向装置用于确定刀具相对于定位元件的正确位置。如图1-19中钻套1和钻模板2组成导向装置,确定了钻头轴线相对定位元件的正确位置。

4. 连接元件

连接元件是确定夹具在机床上正确位置的元件。如图1-19中夹具体3的底面为安装基面,保证了钻套1的轴线垂直于钻床工作台以及圆柱销5的轴线平行于钻床工作台。因此,夹具体可兼作连接元件。车床夹具上的过渡盘、铣床夹具上的定位键都是连接元件。

5. 夹具体

夹具体是机床夹具的基础件,如图1-19中的夹具体3,通过它将夹具的所有元件连接成一个整体。

6. 其他装置或元件

它们是指夹具中因特殊需要而设置的装置或元件。若需加工按一定规律分布的多个表面时,常设置分度装置;为了能方便、准确地定位,常设置预定位装置;对于大型夹具,常设置吊装元件等。

(三)夹具的分类

按照机床夹具的通用化程度和使用范围,可将其分为如下几类:

1. 通用夹具

通用夹具一般作为通用机床的附件提供,使用时无须调整或稍加调整就能适应多种工件的装夹。如车床上的三爪卡盘、四爪卡盘、顶尖等;铣床上的平口虎钳、分度头、回转工作台等;平面磨床上的电磁吸盘等。这类夹具通用性强,因而广泛应用于单件小批生产中。

2. 专用夹具

专用夹具是为某一工件的特定工序而专门设计制造的,因而不必考虑通用性。专用夹具可以按照工件的加工要求设计的结构紧凑、操作迅速、方便、省力,以提高生产效率。但专用夹具设计制造周期较长、成本较高,当产品变更时无法继续使用。因而这类夹具适用于产品固定的成批及大量生产中。

3. 通用可调夹具与成组夹具

通用可调夹具与成组夹具的结构比较相似,都是按照经过适当调整可多次使用的原理设计的。在多品种、小批量的生产组织条件下,使用专用夹具不经济,而使用通用夹具不能满足加工质量或生产率的要求,这时应采用这两类夹具。

通用可调夹具与成组夹具都是把加工工艺相似,形状相似、尺寸相近的工件进行分类或分组,然后按同类或同组的工件统筹考虑设计夹具,其结构上应有可供更换或调整的元件,以适应同类或同组内的不同工件。这两种夹具的区别是:通用可调夹具的加工对象不很确定;其可更换或可调整部分的设计应有较大的适应性;而成组夹具是按成组工艺分组,为一组工件而设计的,加工对象较确定,只要范围能适应本组工件即可。采用这两种夹具可以显著减少专用夹具数量,缩短生产准备周期,降低生产成本,因而在多品种、小批量生产中得到广泛应用。

4. 组合夹具

组合夹具是由一套预先制造好的标准元件组装而成的专用夹具。这套标准元件及由其组成的合件包括:基础件、支承件、定位件、导向件、夹紧件、紧固件等。它们是由专业厂生产供应的,具有各种不同形状、尺寸、规格,使用时可以按工件的工艺要求组装成所需的夹具。组合夹具用过之后可方便地拆开、清洗后存放,待组装新的夹具。因此,组合夹具具有缩短生产准备周期,减少专用夹具品种,减少存放夹具的库房面积等优点,很适合新产品试制或单件小批生产。

5. 随行夹具

随行夹具是自动线夹具的一种。自动线夹具基本上可分为两类:一类为固定式夹具,它与一般专用夹具相似;另一类为随行夹具,它除了具有一般夹具所承担的装夹工件的任务外,还担负沿自动线输送工件的任务。所以它是随被加工工件沿着自动线从一个工位移动到下一个工位的,故称为随行夹具。

除了上述分类外,还可按夹具的动力来源不同,分为手动夹具、气动夹具、液压夹具、电动夹具、磁力夹具、真空夹具以及自夹紧夹具等;按照使用的机床不同还可分为车床夹具、铣床夹具、磨床夹具、钻床夹具、镗床夹具等。

五、工件

在机械加工过程中,被加工的对象称为工件。工件是机械加工系统的核心。在机械加工中,一个工件一般需要经过多道工序和多种加工方法才能成为合格零件。各种加工方法都是根据工件被加工表面的类型、材料和完工后零件的技术要求等来确定,机械加工工艺系统中的各种设备和装备都是围绕所加工工件的要求确定的。

任务拓展

一、刀具材料

在金属切削加工中,刀具切削部分起主要作用,故刀具材料一般指刀具切削部分材料。刀具材料决定了刀具的切削性能,直接影响加工效率、刀具耐用度和加工成本,刀具材料的合理选择是切削加工的一项重要内容。

(一)刀具材料的基本要求

金属加工时,刀具受到很大切削压力、摩擦力和冲击力,产生很高的切削温度,刀具在这种高温、高压和剧烈的摩擦环境下工作,刀具材料需满足一些基本要求。

1. 高硬度和耐磨性

刀具从工件上去除材料,一般刀具材料的硬度需高于工件材料的硬度。刀具材料最低硬度应在 60 HRC 以上。对于碳素工具钢材料,在室温条件下硬度应在 62 HRC 以上;高速钢硬度为 63~70 HRC;硬质合金刀具硬度为 89~93 HRC。

刀具耐磨性是指刀具抵抗磨损能力。一般刀具硬度越高,耐磨性越好。刀具金相组织中硬质点(如碳化物、氮化物等)越多,颗粒越小,分布越均匀,则刀具耐磨性越好。

2. 足够的强度和韧性

刀具材料在切削时要受到很大的切削力与冲击力,为了避免崩刃和折断,刀具材料必须具有较高的强度和较强的韧性。一般刀具材料的韧性用冲击韧度表示,刀具材料的强度用抗弯强度表示。

3. 高耐热性(热稳定性)

刀具材料耐热性是衡量刀具切削性能的主要标志,通常用高温下保持高硬度的性能来衡量,又称热硬性。刀具材料高温硬度越高,则耐热性越好,高温抗塑性变形能力、抗磨损能力越强。除高温硬度外,刀具材料还要具有高温下抗氧化能力及良好的抗黏结、抗扩散能力,即具有良好的化学稳定性。

4. 优良导热性和小的线膨胀系数

刀具导热性好,表示切削产生的热量容易传导出去,降低了刀具切削部分温度,减少刀具磨损。线膨胀系数小,可以减少刀具的热变形和对工件尺寸的影响。

5. 良好的工艺性与经济性

刀具不但要有良好的切削性能,本身还应该易于制造,这要求刀具材料有较好的工艺性,如锻造、热处理、焊接、磨削、高温塑性变形等功能。此外,经济性也是刀具材料的重要指标之一,选择刀具时,要考虑经济效果,以降低生产成本。

(二)常用的刀具材料

目前,生产中所用的刀具材料以高速钢和硬质合金居多。碳素工具钢(如 T10A、T12A)、工具钢(如 9SiCr、CrWMn)因耐热性差,仅用于一些手工或切削速度较低的刀具。

1. 高速钢

高速钢是一种加入较多的钨、钼、铬、钒等合金元素的高合金工具钢。高速钢具有良好的热稳定性,在 500~600 ℃的高温仍能切削,和碳素工具钢、合金工具钢相比较,切削速度提高 1~3 倍,刀具耐用度提高 10~40 倍。高速钢具有较高强度和韧性,如抗弯强度为一般硬质合金的 2~3 倍,陶瓷的 5~6 倍,且具有一定的硬度(63~70 HRC)和耐磨性。它的制造工艺简单,容易磨成锋利的切削刃,可锻造,这对于一些形状复杂的工具,如钻头、成形刀具、拉刀、齿轮刀具等尤为重要,是制造这些刀具的主要材料。

高速钢按用途分为普通高速钢、高性能高速钢和低合金高速钢;按制造工艺不同分为常规高速钢和粉末冶金高速钢,具体分组代号见表 1-5。

表 1-5 高速钢的分组代号

生产工艺	名 称	代号	分 组 方 法
常规高速钢	高性能高速钢	HSS-E	含钴量≥4.5%或含钒量≥2.6%或含铝量 0.8%~1.2%的高速钢
	普通高速钢	HSS	含钴量<4.5%或含钒量<2.6%且钨当量≥11.75 的高速钢
	低合金高速钢	HSS-L	钨当量<11.75,且≥6.5 的高速钢
粉末冶金高速钢	高性能粉末冶金高速钢	HSS-E-PM	含钴量≥4.5%或含钒量≥2.6%的粉末冶金高速钢
	普通粉末冶金高速钢	HSS-PM	含钴量<4.5%或含钒量<2.6%的粉末冶金高速钢
钨当量的计算方法:$[W]=W+1.8Mo$,W:钨含量的最低值;Mo:钼含量的最低值。			

1)普通高速钢(HSS)

普通高速钢分为两种,钨系高速钢和钨钼系高速钢。

(1)钨钢。这类钢的典型钢种为 W18Cr4V(简称 W18),含 W18%、Cr4%、V1%。它是应用最普遍的一种高速钢。这种钢综合性能好,通用性强。600 ℃高温硬度 48.5 HRC 左右,常温硬度 63~66 HRC,可以制造各种复杂刀具。淬火时过热倾向小;含钒量小,磨加工性好,碳化物含量高,塑性变形抗力大。此钢的缺点是碳化物分布常不均匀,影响薄刃刀具或小截面刀具的耐用度,强度与韧性不够强,热塑性差,很难用作热成形方法制造的刀具(如热轧钻头)。

(2)钨钼钢。这类钢是将一部分钨用钼代替制成的钢。典型钢种为W6Mo5Cr4V2(简称M2),含W6%、Mo5%、Cr4%、V2%。此种钢的优点是碳化物分布细小均匀,具有良好的机械性能,比W18抗弯强度提高10%~15%,抗冲击韧度提高50%~60%,可做尺寸较小、承受冲击力较大的刀具。热塑性特别好,更适用于制造热轧钻头等;磨加工性也好,目前各国广为应用。此钢的缺点是高温切削性能和W18相比稍差。我国生产的另一种钨钼系钢为W9Mo5Cr4V2(简称W9),它的抗弯强度和冲击韧性都高于M2,而且热塑性、刀具耐用度、磨削加工性和热处理时脱碳倾向性都比M2有所提高。

2)高性能高速钢(HSS-E)

此类钢是在普通高速钢中增加碳、钒含量、添加钴、铝等合金元素而形成的新钢种。此类钢的优点是具有较强的耐热性,在630~650 ℃高温下,仍可保持60 HRC的高硬度,而且刀具耐用度是普通高速钢的1.5~3倍,因此又称高热稳定性高速钢。它适合加工高温合金、钛合金、超高强度钢等难加工材料。此类钢的缺点是强度与韧性较普通高速钢低,高钒高速钢磨削加工性差。典型的钢种有高碳高速钢9W6Mo5Cr4V2、高钒高速钢W6Mo5Cr4V3、钴高速钢W6Mo5Cr4V2Co5及超硬高速钢W2Mo9Cr4VCo8、W6Mo5Cr4V2Al等。

3)粉末冶金高速钢

此类钢是将高频感应炉熔炼的钢水用高压氩气或纯氮气雾化成细小的高速钢粉末,再将这种粉末在高温下压制成致密的钢坯,而后锻压成刀具毛坯。这有效地解决了一般熔炼高速钢时,铸锭产生粗大碳化物共晶偏析的问题,得到细小、均匀的结晶组织,使之具有良好的机械性能。其强度和韧性分别是熔炼高速钢的2倍和2.5~3倍,磨加工性能好;物理机械性能高度各向同性,淬火变形小;耐磨性能提高20%~30%,适合制造切削难加工材料的刀具、大尺寸刀具(如滚刀、插齿刀等)、精密刀具、磨加工量大的复杂刀具、高压动载荷下使用的刀具等。

2. 普通硬质合金

硬质合金是由难熔金属碳化物(如TiC、WC、NbC等)和金属黏结剂(如Co、Ni等)经粉末冶金方法制成。因含有大量熔点高、硬度高、化学稳定性好、热稳定性好的金属碳化物,硬质合金的硬度、耐磨性和耐热性都很高,硬度达到89~93 HRA,在800~1 000 ℃,还能承担切削,耐用度较高速钢高几十倍。耐用度相同时,切削速度比高速钢高4~10倍。硬质合金的缺点是脆性大,抗弯强度和抗冲击韧性不强。

硬质合金力学性能主要取决于组成硬质合金碳化物的种类、数量、粉末颗粒的粗细和黏结剂的含量。碳化物的硬度和熔点越高,硬质合金的热硬性也越好。黏结剂含量大,则强度与韧性好。碳化物粉末越细,而黏结剂含量一定,则硬度高。

硬质合金以其切削性能优良被广泛用作刀具材料(约占50%),如大多数的车刀、端铣刀以及深孔钻、铰刀、拉刀、齿轮刀具等。它还可用于加工高速钢刀具不能切削的淬硬钢等硬材料。国家标准GB/T 2075—2007、GB/T 18376.1—2008对硬质合金的分类和规定见表1-6和表1-7。

表1-6　硬质合金分类代号

字母符号	HW	HF	HT(又称金属陶瓷)	HC
材料组	主要含WC的未涂层硬质合金,粒度≥1 μm	主要含WC的未涂层硬质合金,粒度<1 μm	主要含WC或TiN或两者都有的未涂层硬质合金	上述硬质合金进行了涂层

表 1-7　切削工具用硬质合金作业条件推荐表

组别		作业条件		性能提高方向	
类别基本成分（识别颜色）	分组号	被加工材料	适应的加工条件	切削性能	合金性能
P 以 TiC、WC 为基，以 Co（Ni+Mo、Ni+Co）为黏结剂的合金或涂层合金（蓝色）	P01	钢、铸钢	高切削速度、小切削截面，无振动条件下精车、精镗	↑切削速度　进给量↓	↑耐磨性　韧性↓
	P10	钢、铸钢	高切削速度、中、小切削截面，无振动条件下车削、仿形车削、车螺纹和铣削		
	P20	钢、铸钢、长铁屑可锻铸铁	中等切削速度、中等切削截面条件下的车削、铣削和刨削、小切削截面的刨削		
	P30	钢、铸钢、长铁屑可锻铸铁	中等或低切削速度、中等或大切削截面条件下的车削、铣削和刨削和不利条件*下的加工		
	P40	钢、含沙眼气孔的铸钢件	低切削速度、大切屑角、大切屑截面以及不利条件*下的车削、刨削、切槽和自动机床上加工		
M 以 WC 为基，以 Co 为黏结剂，添加少量的 TiC（TaC、NbC）的合金或涂层合金（黄色）	M01	不锈钢、铁素体钢、铸钢	高切削速度、小载荷，无振动条件下车削	↑切削速度　进给量↓	↑耐磨性　韧性↓
	M10	不锈钢、铸钢、锰钢、合金钢、合金铸铁、可锻铸铁	中、高切削速度，中、小切削截面下的车削、精镗		
	M20	不锈钢、铸钢、锰钢、合金钢、合金铸铁、可锻铸铁	中等切削速度、中等切削截面条件下的车削、铣削		
	M30	不锈钢、铸钢、锰钢、合金钢、合金铸铁、可锻铸铁	中等或高切削速度、中等或大切削截面条件下的车削、铣削和刨削		
	M40	不锈钢、铸钢、锰钢、合金钢、合金铸铁、可锻铸铁	车削、切断、强力铣削加工		
K 以 WC 为基，以 Co 为黏结剂，或添加少量的 TaC、NbC 的合金或涂层合金（红色）	K01	铸铁、冷硬铸铁、短屑可锻铸铁	车削、精车、铣削、镗削、刮削	↑切削速度　进给量↓	↑耐磨性　韧性↓
	K10	布氏硬度高于 220 的灰口铸钢、短切屑的可锻铸铁	车削、铣削、镗削、刮削、拉削		
	K20	布氏硬度低于 220 的灰口铸钢、短切屑的可锻铸铁	用于中等切削速度下、轻载荷的精加工、半精加工的车削、铣削、镗削等		
	K30	铸钢、短切屑的可锻铸铁	用于在不利条件*下可能采用大切削角的车削、刨削、切槽加工，对刀片的韧性有一定的要求		
	K40	铸钢、短切屑的可锻铸铁	用于在不利条件*下的粗加工，采用较低的切削速度、大的进给量		

续上表

组别		作业条件		性能提高方向			
类别基本成分（识别颜色）	分组号	被加工材料	适应的加工条件	切削性能		合金性能	
N 以 WC 为基，以 Co 为黏结剂，或添加少量的 TaC、NbC 或 CrC 的合金或涂层合金（绿色）	N01	有色金属、塑料、木材、玻璃	高切削速度下、有色金属铝、铜、镁、塑料、木材等非金属材料的精加工	↑切削速度	进给量↓	↑耐磨性	韧性↓
	N10	有色金属、塑料、木材、玻璃	较高切削速度下有色金属铝、铜、镁、塑料、木材等非金属材料精加工或半精加工				
	N20	有色金属、塑料	中等切削速度下有色金属铝、铜、镁、塑料、木材等非金属材料的精加工或粗加工				
	N30	有色金属、塑料	中等切削速度下有色金属铝、铜、镁、塑料、木材等非金属材料的粗加工				
S 以 WC 为基，以 Co 为黏结剂，或添加少量的 TaC、NbC 或 TiC 的合金或涂层合金（褐色）	S01	耐热和优质合金；含镍钴钛的各类合金材料	中等切削速度下、耐热钢和钛合金的精加工	↑切削速度	进给量↓	↑耐磨性	韧性↓
	S10		低切削速度下、耐热钢和钛合金的半精加工或粗加工				
	S20		较低切削速度下、耐热钢和钛合金的半精加工或粗加工				
	S30		较低切削速度下、耐热钢和钛合金的断续切削，适于半精加工或粗加工				
H 以 WC 为基，以 Co 为黏结剂，或添加少量的 TaC、NbC 或 TiC 的合金或涂层合金（灰色）	H01	冷硬钢、冷硬铸铁	低速切削速度下、冷硬钢、冷硬铸铁的连续轻载精加工	↑切削速度	进给量↓	↑耐磨性	韧性↓
	H10		低速切削速度下、冷硬钢、冷硬铸铁的连续轻载精加工、半精加工				
	H20		较低速切削速度下、冷硬钢、冷硬铸铁的连续轻载半精加工、粗加工				
	H30		较低切削速度下、冷硬钢、冷硬铸铁的半精加工、粗加工				

注意：不利条件* 指原材料或铸铁或铸造的零件表面硬度不均匀，加工时的切削深度不均匀，间歇切削以及振动等情况。

表中 P、K、M、N、S、H 分组代号是按被加工材料进行划分的，也适用于其他硬切削材料。代号要和相应材料的字母符号组合使用，如 HW-P20、CA-K10 等。

1）常用硬质合金

我国按硬质合金的成分不同，将硬质合金分为碳化钨基和碳化钛基的硬质合金，碳化钨基分为钨钴类、钨钛钴类、钨钛钽（铌）钴类三类。

（1）钨钴类，合金代号为 YG（相当于国标的 K）类，即 WC-Co 类硬质合金由 WC 和 Co 组成。常用牌号有 YG6、YG8、YG3X、YG6X，含钴量分别为 6%、8%、3%、6%，硬度为 89~91.5 HRA，抗弯强度为 1.1~1.5 GPa，组织结构有粗晶粒、中晶粒、细晶粒之分。一般（如 YG6、YG8）为中晶粒组织，细晶粒硬质合金（如 YC3X、YG6X）在含钴量相同时比中晶粒的硬度、耐磨性要高些，但抗弯强度、韧性则低些。此类合金韧性、磨削性、导热性较好，较适于加工产生崩碎切屑、有冲击切削力作用在刃口附近的脆性材料，如铸铁、有色金属及其合金、导热系数低的不锈钢和对刃口韧性要求高(如端铣)的钢料等。

(2)钨钛钴类,合金代号为YT(相当于国标的P)类,即WC-TiC-Co类硬质合金。硬质相除WC外,还含有5%~30%的TiC。牌号有YT5、YT14、YT15、YT30,TiC的含量分别为5%、14%、15%、30%,相应的钴含量为10%、8%、6%、4%,硬度为91.5~92.5 HRA,抗弯强度为0.9~1.4 GPa。随着TiC含量提高和Co含量降低,硬度和耐磨性提高,但是冲击韧性显著降低。此类合金有较高的硬度和耐磨性,抗黏结扩散能力和抗氧化能力好;但抗弯强度、磨削性能和导热系数差,低温脆性大、韧性差,适于高速切削钢料。如果含钴量高,抗弯强度和冲击韧性提高,适于粗加工;如果含钴减少,硬度、耐磨性及耐热性增加,适于精加工。应注意,此类合金不适于加工不锈钢和钛合金。因YT中的钛元素和工件中的铁元素之间的亲合力会产生严重的黏刀现象,在高温切削及摩擦系数大的情况下会加剧刀具磨损。

(3)钨钛钽(铌)钴类,对应国标M,合金代号为YW,即WC-TiC-TaC-Co类硬质合金。是在YT类中加入TaC(NbC)可提高其抗弯强度、疲劳强度、冲击韧性、高温硬度、强度和抗氧化能力、耐磨性等。既可用于加工铸铁,也可加工钢,因而又有通用硬质合金之称。常用的牌号为YWI和YW2。

以上三类的主要成分均为WC,所以又称WC基硬质合金。

(4)TiC基硬质合金,是以TiC为主体,加入少量的碳化物,以镍(Ni)、钼(Mo)为黏结剂压制烧结而成,即TiC+Ni+Mo。典型牌号为YN10和YN05,又称金属陶瓷。因TiC在所有碳化物中硬度最高,所以此类合金硬度很高,达90~94 HRA,有较高的耐磨性、抗月牙洼磨损能力,耐热性、抗氧化能力以及化学稳定性好、与工件材料的亲合性小、摩擦系数小、抗黏结能力强,刀具耐用度比WC提高好几倍,可加工钢,也可加工铸铁。牌号YN10与YT30相比较,硬度较接近,焊接性及刃磨性均较好,基本上可代替YT30使用。当前主要用于精加工及半精加工。因其抗塑性变形、抗崩刃性差,所以不适用于重切削及断续切削。

2)新型硬质合金

(1)超细晶粒硬质合金。超细晶粒硬质合金在细化碳化物的同时,增加黏结剂含量,钴质量分数一般为9%~15%,这种合金由于硬质相和黏结相的高度均匀分散,增加了黏结面积,在提高硬度和耐磨性的同时也提高了抗弯强度。平均晶粒尺寸在0.5~1 μm的称为亚微细晶粒合金;平均晶粒尺寸在0.5 μm以下的称为超细晶粒合金,多用于K(YG)类合金,但近年来P、M类合金也向晶粒细化的方向发展。和普通晶粒硬质合金相比,它的硬度和耐磨性得到较大提高,抗弯强度和冲击韧度也得到提高,已接近高速钢。适合做小尺寸铣刀、钻头、切断刀等,并可用于加工高硬度难加工材料。由于晶粒极细,可以磨出非常锋利的刀刃和很小的刀尖圆弧半径,可用于小进给量和小背吃刀量的精细切削。

(2)高速钢基硬质合金。以TiC或WC为硬质相,高速钢为黏结相(占60%~70%),用粉末冶金的方法制成,其性能介于高速钢和硬质合金之间。能够锻造、焊接、切削加工和热处理。常温硬度达70~75 HRC,耐磨性比高速钢提高6~7倍,可用于做钻头、铣刀、拉刀、滚刀等复杂刀具,适用于加工不锈钢、耐热钢及有色金属合金。但其导热性差,容易发热,切削时要求充分冷却,不宜用于高速切削。

(3)涂层硬质合金。它是在韧性较好的硬质合金基体上,涂抹一薄层耐磨性高的难熔金属化合物而获得的。涂层硬质合金一般采用化学气相沉积法(CVD)工艺,沉积温度1 000 ℃左右。常用的涂层材料有TiC、TiN、TiCN、Al_2O_3及其复合材料。TiC的硬度比TiN高,抗磨损性能好。不过TiN与金属亲和力小,在空气中抗氧化能力强。因此,对于摩擦剧烈的刀具,宜采用TiC涂层,而在容易产生黏结的条件下,宜采用TiN涂层刀具。涂层刀具具有较高的抗氧化性能,因而有较高的耐磨性和抗月牙洼磨损能力,有低的摩擦系数,可降低切削时的切削力及切削温度,可提高刀具的耐用度。但也存在着锋利性、韧性、抗剥落性、抗崩刃性及成本昂贵之弊端。由于涂层材料各有优缺点,目前单涂层刀片已很少使用,大多采用TiC-TiN 复合涂层或 TiC- Al_2O_3-TiN 三复合涂层。

(三)其他刀具材料

1. 陶瓷刀具

陶瓷刀具材料主要由硬度和熔点都很高的 Al_2O_3、Si_3N_4 等氧化物、氮化物组成,另外还有少量的金属碳化物、氧化物等添加剂,通过粉末冶金工艺方法制粉,再压制烧结而成。常用的陶瓷刀具有两种:Al_2O_3 基陶瓷和 Si_3N_4 基陶瓷。

陶瓷刀具的优点是有很高的硬度和耐磨性,硬度达 91~95 HRA,耐磨性是硬质合金的5倍;刀具寿命比硬质合金高;具有很好的热硬性,当切削温度为 760 ℃时,具有 87 HRA(相当于 66 HRC)硬度,温度达 1 200 ℃时,仍能保持 80 HRA 的硬度;摩擦系数低,切削力比硬质合金小,用该类刀具加工时能提高表面质量。

陶瓷刀具的缺点是强度和韧性差,热导率低。陶瓷的最大缺点是脆性大,抗冲击性能很差。

国家标准《切削加工用硬切削材料的分类和用途　大组和用途小组的分类代号》(GB/T 2075—2007)对陶瓷分类代号的规定见表 1-8。

表 1-8　陶瓷材料分类代号

字母符号	CA	CM	CN	CR	CC
材料组	主要含 Al_2O_3 的氧化物陶瓷	主要以 Al_2O_3 为基体,含非氧化物的混合陶瓷	主要含 Si_3N_4 的氮化物陶瓷	主要含 Al_2O_3 的增强陶瓷	前述陶瓷涂层

2. 金刚石刀具

金刚石是碳的同素异形体,具有极高的硬度。按照金刚石的形成分为天然的和人造的,天然的一般为单晶的。人造的可根据用途制成单晶或多晶。国家标准规定:聚晶的用 DP 表示,单晶的用 DM 表示。现用的金刚石刀具有三类:天然金刚石刀具、聚晶金刚石刀具、复合金刚石刀具。

金刚石刀具具有如下优点:极高的硬度和耐磨性,人造金刚石硬度达 10 000 HV,耐磨性是硬质合金的 60~80 倍;切削刃锋利,能实现超精密微量加工和镜面加工;具有很高的导热性。

金刚石刀具的缺点是耐热性差,强度低,脆性大,对振动很敏感。

此类刀具主要用于磨料和磨具,对有色金属和非金属材料进行高速精细车削和镗孔,加工铝合金和铜合金时,切削速度可达 800~3 800 m/min。

3. 立方氮化硼刀具

立方氮化硼是氮化硼的同素异形体,分单晶体(CBN)和多晶体(PCBN),单晶体通常是由六方氮化硼(俗称白石墨)为原料在高温高压下加入催化剂转变而成。多晶是由单晶体和结合剂在高温高压下烧结而成。其国标代号见表 1-9。

表 1-9　硬质合金分类代号

字母符号	BL	BH	BC
材料组	含少量立方氮化硼的立方晶体氮化硼	含大量立方氮化硼的立方晶体氮化硼	涂层氮化硼

CBN 刀具的主要优点是硬度高，硬度仅次于金刚石，有比金刚石高得多的热稳定性（1 400 ℃），可用来加工高温合金，但在 1 000 ℃以上高温时，易与水发生化学反应，只适于干切削；化学惰性大，与铁族金属直至 1 300 ℃时也不易起化学反应，可用于加工淬硬钢及冷硬铸铁；较高的导热性和较小的摩擦系数。缺点是强度和韧性较差，抗弯强度仅为陶瓷刀具的 1/5~1/2，不宜加工塑性大的钢件和镍基合金，也不适合加工铝合金和铜合金。

二、工件材料

机械制造中最常用的材料是钢和铸铁，其次是有色金属合金，非金属材料（如塑料、橡胶等）在机械制造中也得到广泛应用。

（一）金属材料

金属材料主要指铸铁和钢，它们都属于铁碳合金，区别是含碳量不同，含碳量小于 2. 11% 的铁碳合金称为钢，含碳量大于 2. 11% 的称为铸铁。

1. 铸铁

常用的铸铁有灰铸铁、球墨铸铁、可锻铸铁、合金铸铁等。其中灰铸铁和球墨铸铁属脆性材料，不能碾压和锻造，不易焊接，但具有适当的易熔性和良好的液态流动性，因而可铸成形状复杂的零件。灰铸铁中，石墨是以片状形式分布于材料基体中，由于石墨强度很低，片状石墨对基体有严重的割裂作用，而导致材料的强度降低，可通过改变石墨的形态改变材料的性能。用 HT 和后续的三个数字表示其牌号，如 HT200、HT250，其后的数字表示最低抗拉强度。灰铸铁的抗压强度高，耐磨性、减振性好，对应力集中的敏感性小，价格便宜，但其抗拉强度较钢差。灰铸铁常用作机架或壳座。可锻铸铁的组织特点是基体上分布有团絮状石墨，对基体的割裂作用减小，因而其性能明显提高，用 KTH（基体为铁素体）、KTZ（基体为珠光体）和其后的两个数字表示，第一个数字表示最低抗拉强度，第二个数字表示伸长率，如 KTH300-06。球墨铸铁的组织特点是基体上分布有球状石墨，用 QT 和其后的两个数字表示，第一个数字表示最低抗拉强度，第二个数字表示伸长率，如 QT500-5。球墨铸铁强度较灰铸铁高，可代替铸钢和锻钢用来制造曲轴、凸轮轴、油泵齿轮、阀体等。

2. 钢

钢的强度较高，塑性较好，可通过轧制锻造、冲压、焊接和铸造方法加工各种机械零件，可用热处理和表面处理方法提高机械性能，因此其应用极为广泛。钢的类型很多，按用途可分为结构钢、工具钢和特殊用途钢。结构钢可用于制造机械零件和各种工程结构。工具钢可用于制造各种刀具、模具等。特殊用途钢（不锈钢、耐热钢、耐腐蚀钢）主要用于特殊的工况条件下。按化学成分分，钢可分为碳素钢和合金钢。碳素钢的性能主要取决于含碳量，含碳量越多，其强度越高，但塑性越低。碳素钢包括普通碳素结构钢、优质碳素结构钢和碳素工具钢。普通碳素结构钢牌号以 Q 和数字组成，数字表示其屈服应力数值，如 Q215、Q235，通常用于不太重要的零件和机械结构中。优质碳素钢牌号以两位数字组成，表示其含碳量的万分之几，对 Mn 含量要求高的钢需标出，如 15Mn。低碳钢的含碳量低于 0. 25%，其强度极限和屈服极限较低，塑性很高，可焊性好，通常用于制作螺钉、垫圈和焊接件等。含碳量在 0. 1% ~0. 2% 的低碳钢零件可通过渗碳淬火使其表面硬而心部韧，一般用于制造齿轮、链轮等要求表面耐磨而且耐冲击的零件。中碳钢的含碳量在 0. 3% ~0. 5% 之间，它的综合力学性能较好，因此可用于制造受力较大的螺栓、螺母、键、齿轮和轴等零件。含碳量在 0. 55% ~0. 7% 的高碳钢，具有高的强度和刚性，通常用于制作普通的板弹簧、螺旋弹簧和钢丝绳。碳素工具钢的牌号由 T 和一组数字构成，数字表示其含碳量的千分之几，如 T7、T8。

合金结构钢是在碳钢中加入某些合金元素冶炼而成，其中各合金元素低于2%或合金元素总量低于5%的称为低合金钢；各合金元素含量为2%～5%或合金元素总含量为5%～10%的称为中合金钢；各合金元素含量高于5%或合金元素总含量高于10%的称为高合金钢。加入不同的合金元素可改变钢的机械性能，并具有各种特殊性质。例如铬能提高钢的硬度，并在高温时防锈耐酸；镍使钢具有良好的淬透性和耐磨性。但合金钢零件一般都需经过热处理才能提高其机械性能。此外合金钢较碳素钢价格高，对应力集中亦较敏感，因此只用于碳素钢不能满足工作要求时，才考虑采用合金钢。浇铸而成的铸件称为铸钢，通常用于制造结构复杂、体积较大的零件，但铸钢的液态流动性比铸铁差，且其收缩率也比铸铁件大，故铸钢的壁厚常大于10 mm，其圆角和不同壁厚的过渡部分应比铸铁件大。

（二）有色金属合金

有色金属合金具有良好的减摩性、跑合性、抗腐蚀性、抗磁性、导电性等特殊性能，在工业中常用的是铝及铝合金、铜合金、轴承合金和轻合金，有色金属合金一般比黑色金属价格贵。纯铝按其纯度分为高纯铝、工业纯铝、工业高纯铝；铝合金按性质和用途分为硬铝、防锈铝、锻铝、超硬铝四类。铜合金有黄铜与青铜之分，黄铜是以锌为主要合金元素的铜合金，它具有很好的塑性和流动性，能碾压和铸造各种机械零件，用两位数表示含铜的百分数，例如H80表示含铜80%的黄铜合金。青铜是除了含锌、镍为主要合金元素外的其他铜合金，有锡青铜和无锡青铜两类，它们的减摩性和抗腐蚀性均较好，编号以Q和主要合金元素及其主加元素的百分含量，如QSn7为含锡7%的青铜合金。轴承合金（简称巴氏合金）为铜、锡、铅、锑的合金，其减摩性、导热性、抗胶合性好，但强度低且较贵，主要用于制作滑动轴承的轴承衬。

（三）非金属材料

非金属材料也是现代工业和高技术领域中不可缺少和占有重要地位的材料。非金属材料包括除金属材料以外几乎所有材料。机械制造中应用的非金属材料种类很多，有塑料、橡胶、陶瓷、木料、毛毡、皮革、棉丝等。橡胶富有弹性，有较好的缓冲、减振、耐热、绝缘等性能，常用来制作联轴器和减振器。橡胶常用作弹性装置、橡胶带及绝缘材料等；塑料是合成高分子材料工业中生产最早、发展最快、应用最广的材料。塑料比重小，易制成形状复杂的零件，而且各种不同塑料具有不同的特点，如耐蚀性、减摩耐磨性、绝热性、抗振性等。常用塑料包括聚氯乙烯、聚烯烃聚苯乙烯、氨基塑料。工程塑料包括聚甲醛、四氟乙烯、聚胺、聚碳酸酯、ABS、尼龙、氢化聚醚等。目前某些齿轮、带轮、滚动轴承的保持架和滑动轴承的轴承衬均有使用塑料制造的，一般工程塑料耐热性能较差，而且易老化而使性能逐渐变差。

（四）复合材料

复合材料是将两种或两种以上不同性质的材料通过不同的工艺方法人工合成多相的材料。复合材料可以保持组成材料各自原有的某些最佳性能又可具有复合后的新性能。

（五）陶瓷

陶瓷材料具有高的熔点，在高温下有较好的化学稳定性，适宜用作高温材料。一般超耐热合金使用的温度界限为950～1 100 ℃陶瓷材料的使用温度界限为1 200～1 600 ℃，因此现代机械装置特别是高温机械部分，使用陶瓷材料将是一个重要的研究方向。

三、热处理方法简介

钢的热处理就是利用钢在固态范围内的加热、保温和冷却，以改变其内部组织，从而获得所需要的物理、化学、机械和工艺性能的一种工艺。

热处理的目的:

(1)提高金属材料的力学性能,充分发挥材料的潜力,节约材料、延长零件使用寿命。

(2)消除材料残余应力,改善金属的切削加工性能。

加热温度、保温时间和冷却方式是热处理最重要的三个基本工艺因素。

(一)退火

将组织偏离平衡状态的金属或合金加热到适当的温度,保持一定时间,然后缓慢冷却以达到接近平衡状态组织的热处理工艺。其目的是降低硬度,均匀化学成分、改善切削加工性能和冷塑性变形性能、消除或减少内应力、为零件最终热处理准备合适的内部组织。可分为球化退火和去应力退火。

(1)球化退火:为使工件中的碳化物球状化而进行的退火。

(2)去应力退火:为去除工件塑性变形加工、切削加工或焊接造成的内应力及铸件内存在的残余应力而进行退火。

(二)正火

将钢材或钢件加热到一定温度,保温适当时间,使之完全奥氏体化,然后在空气中冷却,以得到珠光体组织的热处理工艺。其目的是改善切削性能,消除毛坯内应力,细化晶粒、提高硬度、获得比较均匀的组织和性能。它和退火的区别是对于含碳量相同的工件,正火后的强度和硬度要高于退火的。例如,含碳量大于0.5%的碳钢和合金钢,为降低硬度便于切削加工采用退火处理;含碳量低于0.5%的低碳钢和低合金钢,为避免硬度过低切削时黏刀,而采用正火适当提高硬度。一般用于锻件、铸件和焊接件。正火一般安排在毛坯制造之后,粗加工之前进行。

(三)渗碳

为提高工件表层的含碳量,并在其中形成一定的碳含量梯度,在渗碳炉中将低碳钢在渗碳介质中加热、保温,使碳原子渗入工件表面,然后进行淬火的化学热处理工艺。其目的是使低碳钢的表面层含碳量增加到0.85%~1.10%,然后再经淬火、低温回火处理以消除应力并稳定组织,使钢件表面层具有高硬度(56~62 HRC),增加耐磨性及疲劳强度等。而内部仍保持原有的塑性和韧性。渗碳一般用于15Cr、20Cr等含碳量低的钢种,渗碳层的深度依据零件的要求不同,一般为0.2~2 mm。

(四)淬火

将钢加热到临界温度以上,保温一定时间使其奥氏体化,以大于马氏体临界冷却速度进行冷却的工艺。其目的是提高硬度和耐磨性,如用在刀具、量具、磨具;提高强韧性,如用在轴类、杆件、销、受力件;提高弹性,如用在各类弹簧;提高耐蚀和耐热性,如用在耐热钢和不锈钢。按加热温度,淬火可分为完全淬火、不完全淬火、循环加热淬火;按加热介质及热源条件,可分为盐浴加热淬火、火焰加热淬火、感应加热淬火、高频脉冲淬火、接触电加热淬火等;按淬火部位:整体淬火、局部淬火、表面淬火等;按冷却方式:单液淬火、双液淬火、分级淬火、等温淬火、预冷淬火等。冷却速度是钢在淬火过程中最主要的因素,它直接影响淬火产物和性能。一方面冷却速度要大于临界冷却速度,以保证全部得到马氏体组织;另一方面冷却应尽量缓慢,以减少内应力,避免工件变形和开裂。为了解决上述矛盾,可以采用不同的冷却介质和冷却方法,使淬火工件在奥氏体最不稳定的温度范围内(650~550 ℃)快冷,超过临界冷却速度,以防珠光体类型转变发生;而在马氏体转变区域范围内(300~100 ℃),则冷却减慢,以减少淬火工件产生的应力。在不同淬火温度下的内部组织是不同的。在完全淬火时,钢的淬火组织主要是由马氏体组织;在不完全淬火时,亚共析钢得到马氏体和铁素体组成的组织,当奥氏体中含碳质量分数大于0.5%时,淬火组织为马氏体和残余奥氏体,过共析钢得到马氏体和渗碳体的组织。亚共析钢一般不用不完全淬火,因为这样不能达到最高硬度。而过共析钢常用不完全淬火,这样可使钢获得最高的硬度和耐磨性。

在适宜的加热温度下,淬火后得到的马氏体呈细小的针状;若加热温度过高,其形成粗针状马氏体,使材料变脆甚至可能在钢中出现裂纹。

(五)表面淬火

表面淬火是成本最低的表面硬化处理方法,工艺简单而灵活,适合局部处理,特别适合于提高耐磨性的场合。由于只加热表面层,心部强度保持着淬火前的状态。其目的是提高材料的硬度、强度和耐磨性,而内部保持良好的塑性和韧性。表面淬火后零件表面将产生很大的残余压应力,因而使材料的疲劳强度大大提高。但需要注意的是,表面淬火区域的起始点和终结点处于残余拉应力状态下,此处的疲劳强度因此大大降低。设计时要考虑残余拉应力不可留在齿根处、轴的过渡圆角处等零件应力集中部位,以免工作应力与残余拉应力叠加造成零件裂纹或断裂。表面淬火一般工艺是高频感应加热、中频感应加热或火焰加热,喷水冷却,然后进行低温回火。高频淬火淬硬深度一般是1~2 mm;中频淬火2~6 mm。一般用于中碳以上结构钢和合金钢主轴、齿轮等零件。

(六)回火

回火是将淬火后的钢件加热到指定的回火温度,经过一定时间的保温后,空冷到室温的热处理操作。回火时引起马氏体和残余奥氏体的分解。其目的是减少或消除淬火内应力,防止变形或开裂;获得所需要的力学性能。淬火钢一般硬度高,脆性大,回火可调整硬度、韧性、稳定尺寸;对于某些高淬透性的钢,空冷即可淬火,如采用回火软化既能降低硬度,又能缩短软化周期。钢淬火后都需要进行回火处理,回火温度取决于最终所要求的组织和性能(工厂常根据硬度的要求),通常按加热温度的高低,回火可分为以下三类。

1. 低温回火

加热温度为150~250 ℃。低温回火组织为回火马氏体,马氏体内析出碳化物形成回火马氏体,残余奥氏体也转变为回火马氏体。回火马氏体易受侵蚀,组织呈暗色针状。回火马氏体具有高的强度和硬度,而韧性和塑性较淬火马氏体有明显改善。

其目的主要是降低淬火钢中的内应力,减少钢的脆性,同时保持钢的高硬度和耐磨性。常用于高碳钢制的切削工具、量具和滚动轴承件及渗碳处理后的零件等。

2. 中温回火

加热温度为350~500 ℃。中温回火组织为回火屈氏体,它是由铁素体和粒状渗碳体组成的极细密混合物。回火屈氏体有较好的强度,最高的弹性,较好的韧性。

其目的主要是获得高的弹性极限,同时有高的韧性。主要用于各种弹簧热处理。

3. 高温回火

加热温度为500~650 ℃。高温回火组织的回火索氏体,它是由粒状渗碳体和等轴形铁素体组成混合物。回火索氏体具有强度、韧性和塑性较好的综合机械性能。其目的主要是获得既有一定强度、硬度,又有良好冲击韧性的综合机械性能。通常把淬火后加高温回火的热处理称为调质处理。主要用于处理中碳结构钢,即要求高强度和高韧性的机械零件,如轴、连杆、齿轮等。大部分零件都是通过调质处理来提高材料的综合机械性能,即提高拉伸强度、屈服强度、断面收缩率、延伸率、冲击功。

(七)氮化处理

渗氮是使氮原子渗入金属表面获得一层含氮化合物的处理方法。其目的是提高零件表面的硬度、耐磨性、疲劳强度和抗蚀性。氮化工艺最大的特点是热处理变形小,硬化层浅,特别适用于与调质工艺相结合提高零件的疲劳强度、表面耐磨性、耐蚀性和改善零件的摩擦状态,防止胶合。适用于在周期载荷下工作的零件,如轴等。原则上讲任何钢种都可以进行氮化处理,但是最常用的氮化钢是 45 钢、40Cr、42CrMo 等,氮化后一般可不加工,设计时应尽可能采用整体氮化处理,因为氮化层本身对使用来说只有益处,没必要加工处理掉。氮化是在氮化炉中进行,因此变形小,氮化硬度要根据材质而定。此外,氮化前必须进行调质处理,以提高心部的机械性能,为氮化做组织准备。

项目总结

本项目主要介绍了机械制造的概念及机械加工工艺系统的组成,力图使学生对零件机械加工的概念和机械加工工艺系统中各组成部分的功能有一个总体的认识。重点介绍了机床、夹具、刀具和工件在机械加工中的功能和作用;并介绍了金属切削机床的分类和型号编制方法及金属切削机床的主要技术参数;工件表面的成形方法和机床所需的运动及各种运动之间的联系;刀具的组成及刀具标注角度(前角、后角、主偏角、刃倾角、副偏角、副后角等)与工作角度;夹具的作用、分类和组成部分,材料及热处理简介。

思考与练习题

延伸阅读

发扬爱国精神
矢志科技创新

1.1 什么是切削用量三要素?怎么定义?如何计算?

1.2 机械加工工艺系统由哪几部分组成?各有什么作用?

1.3 画图表示外圆车刀、切断刀和端面车刀的六个角度。

1.4 刀具的参考系有哪几类?各包括哪些参考面?如何定义?

1.5 试简述车刀前、后角及刃倾角正负号的判断规则。

1.6 单选题:

1. 确定刀具标注角度的参考系选用的三个主要基准平面是(　　)。

A. 切削表面、已加工表面和待加工表面

B. 前刀面、主后刀面和副后刀面

C. 基面、切削平面和正交平面(主剖面)

2. 在切削平面内测量的角度有(　　)。

A. 前角和后角　　B. 主偏角和副偏角　　C. 刃倾角

3. 在基面内测量的角度有(　　)。

A. 前角和后角　　B. 主偏角和副偏角　　C. 刃倾角

4. 在正交平面(主剖面)内测量的角度有(　　)。

A. 前角和后角　　B. 主偏角和副偏角　　C. 刃倾角

1.7 多选题:

1. 车削加工中的切削用量包括(　　)。

A. 主轴每分钟转数　　B. 切削层公称宽度

C. 背吃刀量(切削深度)　　D 进给量

E. 切削层公称厚度　　F. 切削速度

2. 下列关于高速钢的说法中正确的有(　　)。

A. 抗弯强度与韧性比硬质合金高

B. 热处理变形小

C. 价格比硬质合金低

D. 加切削液时切削速度比硬质合金高

E. 特别适宜制造形状复杂的刀具

F. 耐热性较好,600 ℃仍可保持良好的切削性能

3. 下列关于硬质合金的说法中正确的有(　　)。

A. 价格比高速钢便宜

B. 脆性较大,怕振动

C. 热处理变形小

D. 耐热性比高速钢好,850 ℃仍能保持良好的切削性能

E. 是现代高速切削的主要刀具材料

F. 用粉末冶金法制造,作形状简单的刀具

1.8 用车床对某外圆进行车削,切削前工件直径为 78 mm,要求切削后工件直径为 75 mm,一次切除余量,假定工件转速为 300 r/min,刀具进给速度为 60 mm/min,试求切削用量三要素及切削层面积。

1.9 在车削加工,切断工件时,进给运动如何影响刀具工作角度?

1.10 刀具材料应具备哪些性能?

1.11 成组技术的原理什么?

1.12 什么是主运动和进给运动?各有什么特点?试列举一种机床说明主运动和进给运动。

轴类零件的加工

教学重点

知识要点	素养培养	相关知识	学习目标
轴的结构特点、工艺特点;金属切削过程基本规律;合理切削条件的选择;轴类零件加工所用主要机床;轴类零件主要技术要求;轴类零件的检验和加工精度及误差分析	通过分析轴类零件误差产生的原因,培养学生精益求精的工匠精神	车床、外圆磨床车削及其刀具;金属切削过程基本规律及应用;生产类型、工序、工步、走刀等基本概念、工艺特征、工艺文件、加工余量的概念及确定方法;影响加工精度及表面质量的因素	掌握轴类零件加工所用机床的特点和切削过程的基本规律及应用,了解影响加工精度的因素和分析方法及改善措施

项目说明

轴类零件是机械结构中用于传递运动和动力的重要零件之一,其加工质量直接影响到机械的使用性能和运动精度。轴类零件的主要表面是外圆,车削是外圆加工的主要方法。对于精度高的轴,需要精密加工。通过本项目的学习,要达到能分析轴类零件的工艺与技术要求;会拟定轴的加工工艺。要实现这些达成度,需要先完成如下任务。

任务一　轴类零件的常用加工设备

任务描述

减速器是机器中常见的机械部件,要加工图 2-1 所示某减速器上的传动轴,主要用到哪些加工设备?

(1)通过本任务的学习,了解轴类零件加工的常用设备,即常用的车床和车刀及外圆磨床和砂轮。

(2)了解磨削原理和外圆磨床。

任务实施

一、认识车床与车刀

(一)车床

车床是加工各种回转表面和回转体端面的机床,有些车床还能加工螺纹面。车床的主运动通常由工件的旋转运动实现,进给运动由刀具的直线移动完成。

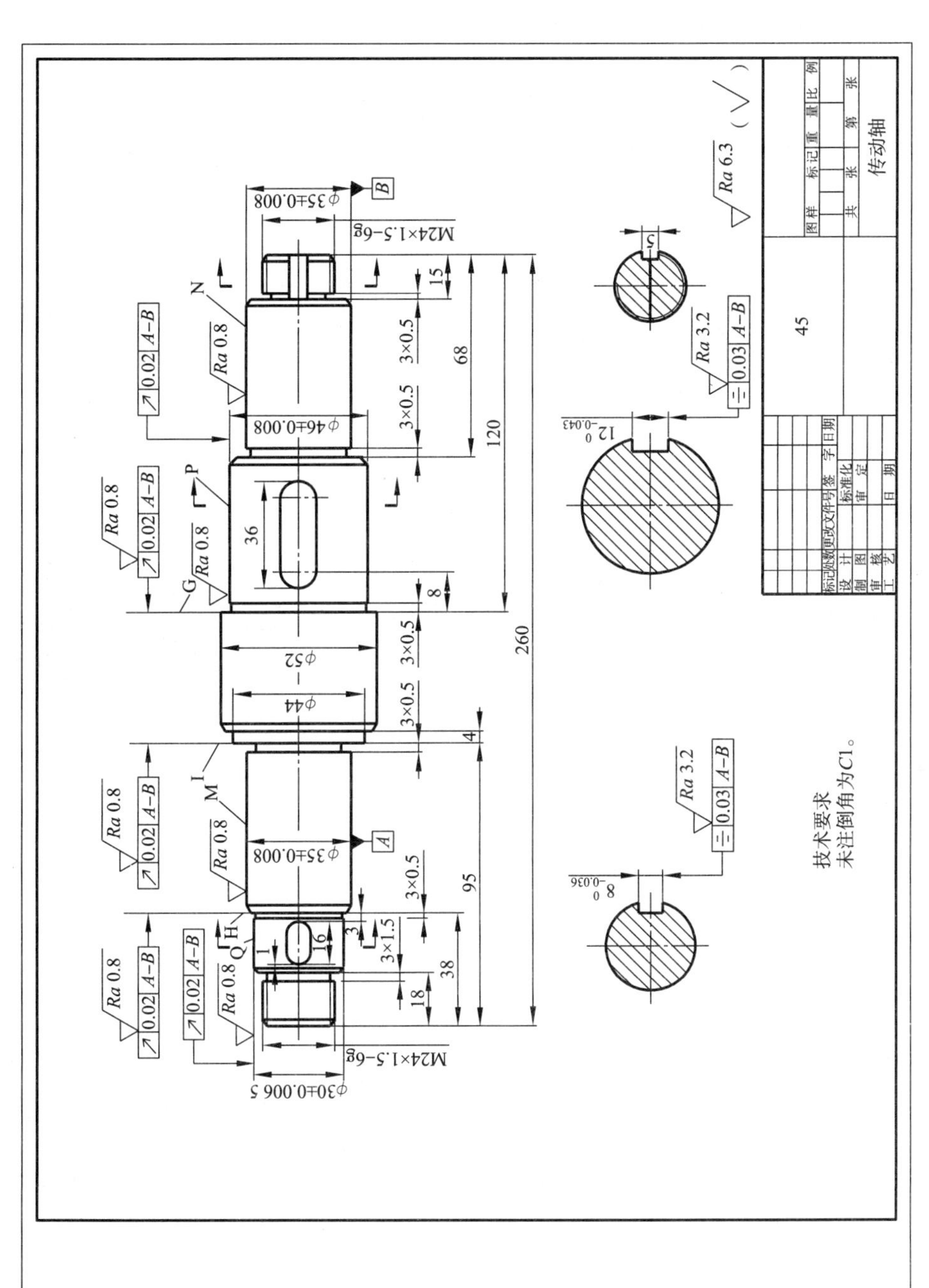
技术要求
未注倒角为C1。
Ra 6.3
45
传动轴
M24×1.5-6g
ϕ35±0.008
ϕ46±0.008
ϕ52
ϕ44
ϕ30±0.006 5
260
120
95
68
38
36
18
15
8
4
3×0.5
3×1.5
Ra 0.8
Ra 3.2
0.02 A–B
0.03 A–B

图 2-1　传动轴

车床的种类繁多,按其用途和结构的不同,主要分为卧式车床及落地车床、立式车床、转塔车床、仪表车床、单轴自动和半自动车床、多轴自动和半自动车床、仿形车床及多刀车床、专门化车床。在大批大量生产中,还使用各种专用车床。近年来,各类数控车床及车削中心也在越来越多地投入使用。CA6140 型卧式车床是最典型的普通车床,下面以它为例介绍车床。

1. CA6140 型卧式车床

1)CA6140 车床的用途

CA6140 型卧式车床的工艺范围很广,它适用于加工各种轴类、套筒类和盘类零件上的回转表面,如车削内外圆柱面、圆锥面、环槽及成形回转表面;车削端面及各种常用螺纹;还可以进行钻孔、镗孔、铰孔和滚花等工艺,如图 2-2 所示。

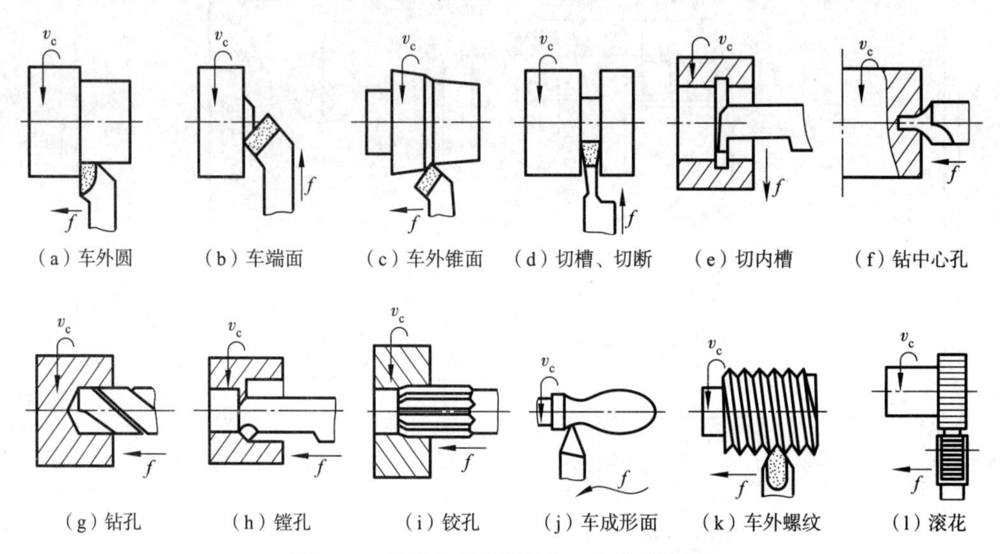

图 2-2 普通车床上所能加工的典型表面

CA6140 型普通车床实质上是一种万能车床,它的加工范围较广,但结构较复杂且自动化程度低,适用于单件、小批生产及修理车间。

2)车床的布局

图 2-3 所示为 CA6140 型卧式车床的外形图,其主要组成部件有主轴箱、进给箱、丝杠与光杠溜板箱、刀架及床鞍、尾架和床身。

(1)主轴箱。主轴箱又称床头箱,它的主要任务是将主电动机传来的旋转运动经过一系列的变速机构使主轴得到所需的正反两种转向的不同转速,同时主轴箱还分出部分动力将运动传给进给箱。主轴箱中的主轴是车床的关键零件。主轴在轴承上运转的平稳性直接影响工件的加工质量,如果主轴的旋转精度降低,则机床的使用价值就会降低。

(2)进给箱。进给箱又称走刀箱,进给箱中装有进给运动的变速机构,调整其变速机构,可得到所需的进给量或螺距,通过光杠或丝杠将运动传至刀架以进行切削。

(3)丝杠与光杠。丝杠与光杠用以连接进给箱与溜板箱,并把进给箱的运动和动力传给溜板箱,使溜板箱获得纵向直线运动。丝杠是专门为车削各种螺纹而设置的,在进行工件的其他表面车削时,只用光杠,不用丝杠。

(4)溜板箱。溜板箱是车床进给运动的操纵箱,内装有将光杠和丝杠的旋转运动变成刀架直线运动的机构,通过光杠传动实现刀架的纵、横向进给运动和快速移动,通过丝杠带动刀架作纵向直线运动,以便车削螺纹。

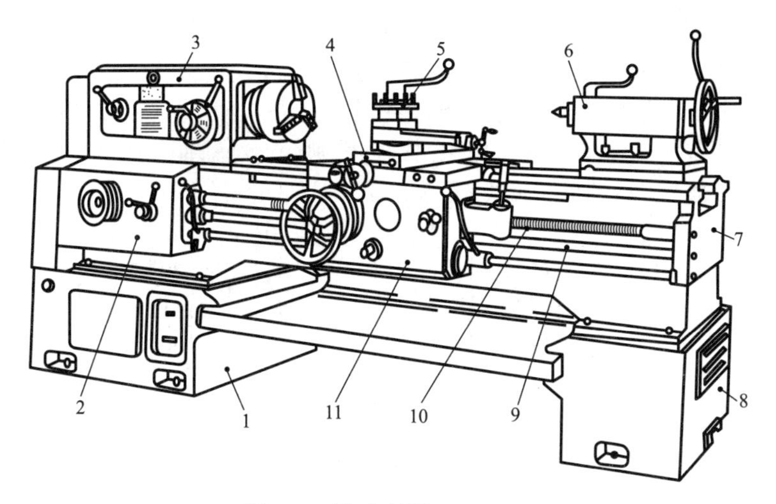

图 2-3　卧式车床

1、8—床腿；2—进给箱；3—主轴箱；4—床鞍；5—刀架；6—尾座；7—床身；
9—光杠；10—丝杠；11—溜板箱

(5)刀架及床鞍。刀架部件用于装夹车刀，并使车刀作纵向、横向、斜向运动，床鞍及刀架部件位于床身的中部，可沿床身上的刀架导轨作纵向移动。

(6)尾架。尾架装在床身的尾架导轨上，并可沿此导轨纵向调整位置。在尾架上装后顶尖可支承工件；在尾架上还可安装钻头等孔加工刀具进行孔的加工。

(7)床身。床身固定在左床腿和右床腿上，是车床的基本支承件，在床身上安装车床的各个主要部件，工作时床身使它们保持准确的相对位置。

3)车床的主要技术性能

床身上最大工件回转直径……400 mm；

最大工件长度……750 mm、1 000 mm、1 500 mm、2 000 mm；

刀架上最大工件回转直径……210 mm；

主轴转速：正转　24 级……10～1 400 r/min；

反转　12 级……14～1 580 r/min；

进给量：纵向　64 级……0.028～6.33 mm/r；

横向　64 级……0.014～3.16 mm/r；

车削螺纹范围：米制螺纹　44 种……P=1～192 mm；

英制螺纹　20 种……α=2～24 扣/in；

模数螺纹　39 种……m=0.25～48 mm；

径节螺纹　37 种……DP=1～96 牙/in；

主电动机功率……7.5 kW。

车削加工分为粗车、半精车、精车和精细车。通常，车削能达到的公差等级为 IT8～IT7，表面粗糙度 Ra 值为 1.6～6.3 μm。

4)CA6140 型卧式车床的传动系统

(1)主运动传动路线：

主运动的动力源是电动机，执行件是主轴。运动由电动机经 V 带轮传动副 ϕ130 mm/ϕ230 mm 传至主轴箱中的轴 Ⅰ。轴 Ⅰ 上装有双向多片摩擦离合器 M_1，离合器左半部接合时,主轴正转;右半部接合时,主轴反转;左右都不接合时,轴Ⅰ空转,主轴停止转动。轴Ⅰ运动经 M_1→轴Ⅱ→轴Ⅲ,然后分成两条路线传给主轴:当主轴Ⅵ上的滑移齿轮($Z=50$)移至左边位置时,运动从轴Ⅲ经齿轮副 63/50 直接传给主轴Ⅵ,使主轴得到高转速;当主轴Ⅵ上的滑移齿轮($Z=50$)向右移,使齿轮式离合器 M_2 接合时,则运动经轴Ⅲ→Ⅳ→Ⅴ传给主轴Ⅵ,使主轴获得中、低转速。主运动传动路线表达如下:

$$\text{电动机}-\frac{\phi130}{\phi230}-\text{Ⅰ}-\left\{\begin{array}{l} M_1\text{左(正转)}-\left\{\begin{array}{c}\frac{56}{38}\\ \frac{51}{43}\end{array}\right\}- \\ M_1\text{右(反转)}-\frac{50}{34}-\text{Ⅶ}-\frac{34}{30}\end{array}\right\}-\text{Ⅱ}-\left\{\begin{array}{c}\frac{39}{41}\\ \frac{30}{50}\\ \frac{22}{58}\end{array}\right\}-\text{Ⅲ}-\left\{\begin{array}{c}\left\{\begin{array}{c}\frac{20}{80}\\ \frac{50}{50}\end{array}\right\}-\text{Ⅳ}-\left\{\begin{array}{c}\frac{20}{80}\\ \frac{51}{50}\end{array}\right\}-\text{Ⅴ}-M_2 \\ ----\frac{63}{50}----\end{array}\right\}-\text{Ⅵ(主轴)}$$

由传动系统图和传动路线表达式可以看出,主轴正转时,轴Ⅱ上的双联滑移齿轮可有两种啮合位置,分别经 56/38 或 51/43 使轴Ⅱ获得两种速度。其中的每种转速经轴Ⅲ的三联滑移齿轮 39/41 或 30/50 或 22/58 的齿轮啮合,使轴Ⅲ获得三种转速,因此轴Ⅱ的两种转速可使轴Ⅲ获得 2×3=6 种转速。经高速分支传动路线时,由齿轮副 63/50 使主轴Ⅵ获得 6 种高转速。经低速分支传动路线时,轴Ⅲ的 6 种转速经轴Ⅳ上的两对双联滑移齿轮,使主轴得到 6×2×2=24 种低转速。因为轴Ⅲ到轴Ⅴ间的两个双联滑移齿轮变速组得到的四种传动比中,有两种重复,即

$$\mu_1=\frac{50}{50}\times\frac{51}{50}\approx1,\quad \mu_2=\frac{50}{50}\times\frac{20}{80}=\frac{1}{4},\quad \mu_3=\frac{20}{80}\times\frac{51}{50}\approx\frac{1}{4},\quad \mu_4=\frac{20}{80}\times\frac{20}{80}=\frac{1}{16}$$

其中,μ_2、μ_3 基本相等,因此经低速传动路线时,主轴Ⅵ获得的实际只有 6×(4-1)= 18 级转速,其中有 6 种重复转速。

同理,主轴反转时,只能获得 3+3×(2×2-1)= 12 级转速。

主轴的转速可按下列运动平衡式计算

$$n_{主}=n_{电}\times\frac{130}{230}\times(1-\varepsilon)\mu_{\text{Ⅰ-Ⅱ}}\times\mu_{\text{Ⅱ-Ⅲ}}\times\mu_{\text{Ⅲ-Ⅳ}} \tag{2-1}$$

式中 ε——V 带轮的滑动系数,可取 $\varepsilon=0.02$;

$\mu_{\text{Ⅰ-Ⅱ}}$——轴Ⅰ和轴Ⅱ间的可变传动比,依此类推。

例如,图 2-4 所示的齿轮啮合情况(离合器 M_2 拨向左侧),主轴的转速为

$$n_{主}=1\ 450\times\frac{130}{230}\times(1-0.02)\times\frac{51}{43}\times\frac{22}{58}\times\frac{63}{50}\approx450(\text{r/min})$$

主轴反转主要用于车螺纹,在不断开主轴和刀架间传动联系的情况下,使刀架退回到起始位置。

(2)进给运动传动链:

进给运动传动链的作用是实现刀具纵向或横向移动及变速与换向。它包括车螺纹进给运动传动链和机动进给运动传动链。

CA6140 型普通车床可以车削米制、英制、模数和径节四种螺纹。车削螺纹时,主轴与刀架之间必须保持严格的传动比关系,即主轴每转一转,刀架应均匀地移动一个导程 P。由此可列出车削螺纹传动链的运动平衡方程式为

$$1_{(主轴)}\times u\times L_{丝}=P \tag{2-2}$$

式中　u——从主轴到丝杠之间全部传动副的总传动比；

$L_{丝}$——机床丝杠的导程，CA6140 型卧式车床 $L_{丝}=12$ mm；

P——被加工工件螺纹的导程(mm)。

改变传动比 u，可获得任一类型的各种导程的螺纹。

图 2-4 所示为 CA6140 卧式车床的传动系统图。

①车削米制螺纹的传动路线。车削米制螺纹时，运动由主轴Ⅵ经齿轮副 58/58 至轴Ⅸ，再经换向机构 33/33(车左螺纹时经 33/25×25/33)传动轴Ⅺ，再经挂轮 63/100×100/75 传递到进给箱中的轴Ⅻ，进给箱中的离合器 M_3 和 M_4 脱开，M_5 接合，再经移换机构的齿轮副 25/36 传到轴ⅩⅢ，由轴ⅩⅢ和ⅩⅣ间的基本变速组 u_j、移换机构的齿轮副 25/36×36/25 将运动传到轴ⅩⅤ，再经增倍变速组 u_b 传至轴ⅩⅦ，最后经齿式离合器 M_5，传动丝杠ⅩⅧ，经溜板箱带动刀架纵向运动，完成米制螺纹的加工。其传动路线表达如下：

$$\text{主轴 VI}-\frac{58}{58}-\text{IX}-\left\{\begin{matrix}\frac{33}{33}(\text{右螺纹})\\ \frac{33}{25}-\text{XI}-\frac{25}{33}(\text{左螺纹})\end{matrix}\right\}-\text{X}-\frac{63}{100}\times\frac{100}{75}-\text{XII}-\frac{25}{36}-\text{XIII}$$

$$-u_j-\text{XIV}-\frac{36}{25}\times\frac{25}{36}-\text{XV}-u_b-\text{XVII}-M_5(\text{啮合})-\text{XVII}(\text{丝杠})-\text{刀架}$$

由传动系统图和传动路线表达式，可以列出车削米制螺纹的运动平衡式

$$P=1_{(\text{主轴})}\times\frac{58}{58}\times\frac{33}{33}\times\frac{63}{100}\times\frac{100}{75}\times\frac{25}{36}\times u_j\times\frac{25}{36}\times\frac{36}{25}\times u_b\times 12(\text{mm}) \tag{2-3}$$

式中　u_j，u_b——基本变速组传动比和增倍变速组传动比。

将式(2-3)化简可得

$$P=7u_ju_b \tag{2-4}$$

进给箱中的基本变速组 u_j 为双轴滑移齿轮变速机构，由轴ⅩⅢ上的 8 个固定齿轮和轴ⅩⅣ上的四个滑移齿轮组成，每个滑移齿轮可分别与邻近的两个固定齿轮相啮合，共有 8 种不同的传动比：

$$u_{j1}=\frac{26}{28}=\frac{6.5}{7},\quad u_{j2}=\frac{28}{28}=\frac{7}{7},\quad u_{j3}=\frac{32}{28}=\frac{8}{7},\quad u_{j4}=\frac{36}{28}=\frac{9}{7},$$

$$u_{j5}=\frac{19}{14}=\frac{9.5}{7},\quad u_{j6}=\frac{20}{14}=\frac{10}{7},\quad u_{j7}=\frac{33}{21}=\frac{11}{7},\quad u_{j8}=\frac{36}{21}=\frac{12}{7}$$

不难看出，除了 u_{j1} 和 u_{j5} 外，其他 6 个传动比组成一个等差数列。改变 u_j 的值，就可以车削出按等差数列排列的导程组。

进给箱中的增倍变速组 u_b 由轴ⅩⅣ到轴ⅩⅦ间的三轴滑移齿轮机构组成，可变换 4 种不同的传动比

$$u_{b1}=\frac{18}{45}\times\frac{15}{48}=\frac{1}{8},\quad u_{b2}=\frac{28}{35}\times\frac{15}{48}=\frac{1}{4}$$

$$u_{b3}=\frac{18}{45}\times\frac{35}{28}=\frac{1}{2},\quad u_{b4}=\frac{28}{35}\times\frac{35}{28}=1$$

它们之间依次相差 2 倍，改变 u_b 的值，可将基本组的传动比成倍地增加或缩小。

把 u_j、u_b 的值代入上式，得到 8×4＝32 种导程值，其中符合标准的有 20 种，见表 2-1。可以看出，表中的每一行都是按等差数列排列的，而行与行之间成倍数关系。

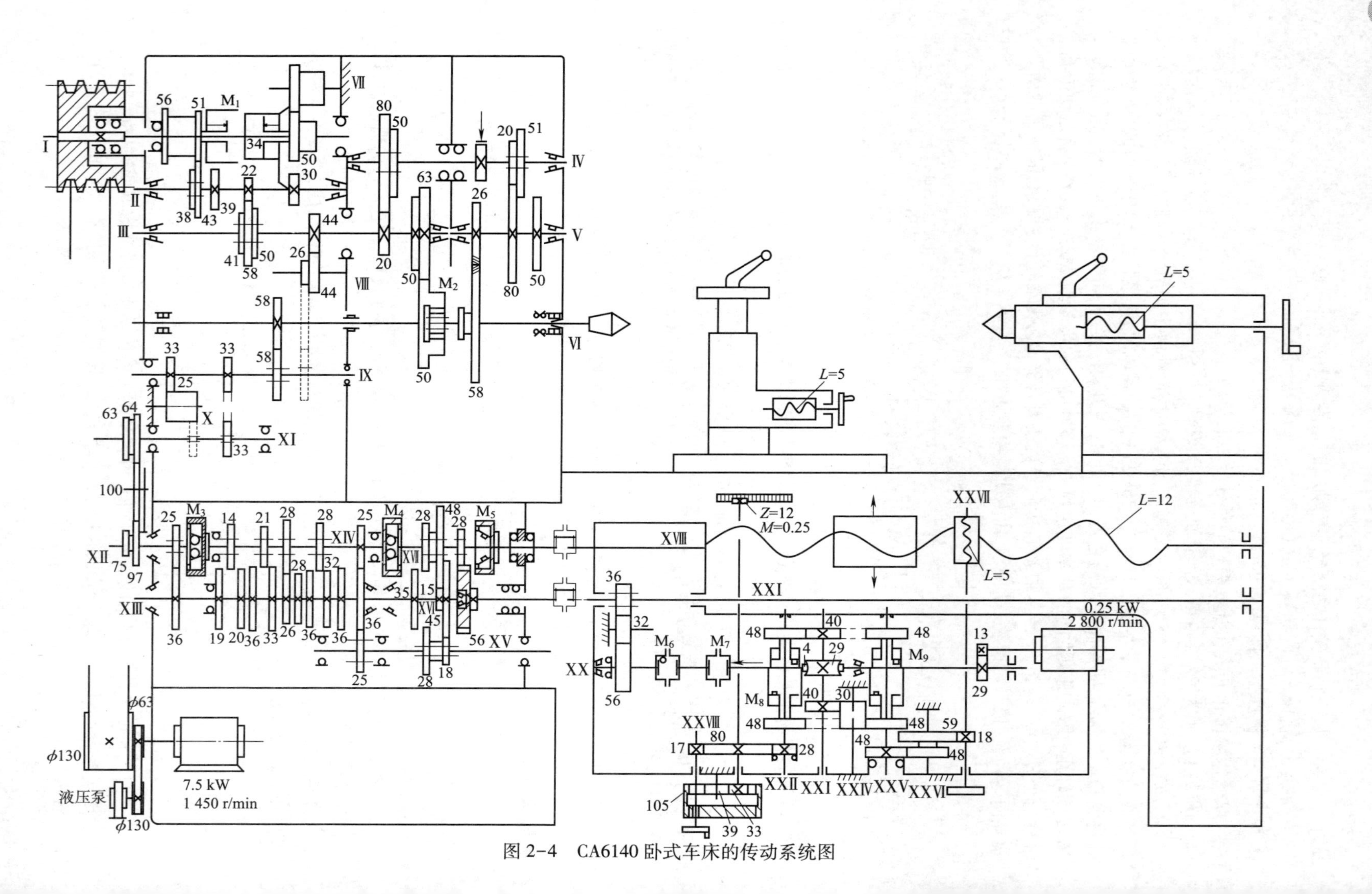

图 2-4　CA6140 卧式车床的传动系统图

表 2-1　CA6140 型卧式车床米制螺纹导程　（单位：mm）

增倍组 u_b	基本组 u_j							
	$\frac{26}{28}$	$\frac{28}{28}$	$\frac{32}{28}$	$\frac{36}{28}$	$\frac{19}{14}$	$\frac{20}{14}$	$\frac{33}{21}$	$\frac{36}{21}$
$u_{b1}=\frac{18}{45}\times\frac{15}{48}=\frac{1}{8}$	—	—	1	—	—	1.25	—	1.5
$u_{b2}=\frac{28}{35}\times\frac{15}{48}=\frac{1}{4}$	—	1.75	2	2.25	—	2.5	—	3
$u_{b3}=\frac{18}{45}\times\frac{35}{28}=\frac{1}{2}$	—	3.5	4	4.5	—	5	5.5	6
$u_{b4}=\frac{28}{35}\times\frac{35}{28}=1$	—	7	8	9	—	10	11	12

从表 2-1 中可以看出，此传动路线能加工的最大螺纹导程是 12 mm。如果需车削导程大于 12 mm 的米制螺纹，应采用扩大导程传动路线。这时，主轴Ⅵ的运动（此时 M_2 接合，主轴处于低速状态）经斜齿轮传动副 58/26 到轴Ⅴ，背轮机构 80/20 与 80/20 或 50/50 至轴Ⅲ，再经 44/44、26/58（轴Ⅸ滑移齿轮 Z_{58} 处于右位与轴ⅧZ_{26} 啮合）传到轴Ⅸ，其传动路线表达式为

$$
\text{主轴Ⅵ}-\left\{\begin{array}{l}
(\text{扩大导程})\dfrac{58}{26}-\text{Ⅴ}-\dfrac{80}{20}-\text{Ⅳ}-\left\{\begin{array}{c}\dfrac{50}{50}\\ \\ \dfrac{80}{20}\end{array}\right\}-\text{Ⅲ}-\dfrac{44}{44}\times\dfrac{26}{58}\\
(\text{正常导程})------\dfrac{58}{58}-------
\end{array}\right\}-\text{Ⅸ}-(\text{接正常导程传动路线})
$$

从传动路线表达式可知，扩大螺纹导程时，主轴Ⅵ到轴Ⅸ的传动比为

当主轴转速为 40～125 r/min 时，$u_1=\dfrac{58}{26}\times\dfrac{80}{20}\times\dfrac{50}{50}\times\dfrac{44}{44}\times\dfrac{26}{58}=4$

当主轴转速为 10～32 r/min 时，$u_2=\dfrac{58}{26}\times\dfrac{80}{20}\times\dfrac{80}{20}\times\dfrac{44}{44}\times\dfrac{26}{58}=16$

而正常螺纹导程时，主轴Ⅵ到轴Ⅸ的传动比为

$$u=\frac{58}{58}=1$$

所以，通过扩大导程传动路线可将正常螺纹导程扩大 4 倍或 16 倍。CA6140 型卧式车床车削大导程米制螺纹时，最大螺纹导程为 $P_{max}=12\times16=192(mm)$。

②车削英制螺纹。英制螺纹是英、美等少数采用英制国家所采用的螺纹标准。我国部分管螺纹也采用英制螺纹。英制螺纹以每英寸长度上的螺纹扣数 α（扣/in）表示，其标准值也按分段等差数列的规律排列。英制螺纹的导程 $P_\alpha=1/\alpha(\text{in})$。由于 CA6140 型卧式车床的丝杠是米制螺纹，被加工的英制螺纹也应换算成以毫米为单位的相应导程值，即

$$P_\alpha=\frac{1}{\alpha}(\text{in})=\frac{25.4}{\alpha}(\text{mm})$$

车削英制螺纹时，对传动路线作如下变动，首先，改变传动链中部分传动副的传动比，使其包含特殊因子 25.4；其次，将基本组两轴的主、被动关系对调，以便使分母为等差级数。其

余部分的传动路线与车削米制螺纹时相同。其运动平衡式为

$$P_\alpha = 1_{(主轴)} \times \frac{58}{58} \times \frac{33}{33} \times \frac{63}{100} \times \frac{100}{75} \times \frac{1}{\mu_j} \times \frac{36}{25} \times \mu_b \times 12$$
$$= \frac{4}{7} \times 25.4 \times \frac{1}{\mu_j} \times \mu_b$$

将 $P_\alpha = 25.4/\alpha$ 代入上式得

$$\alpha = \frac{7}{4} \times \frac{\mu_j}{\mu_b} (扣/in)$$

变换 u_j、u_b 的值，即可得到各种标准的英制螺纹。

③车削模数螺纹。模数螺纹主要用在米制蜗杆中，模数螺纹螺距 $P=\pi m$，P 也是分段等差数列。所以模数螺纹的导程为

$$P_m = k\pi m$$

式中 P_m——模数螺纹的导程(mm)；

k——螺纹的头数；

m——螺纹模数。

模数螺纹的标准模数 m 也是分段等差数列。车削时的传动路线与车削米制螺纹的传动路线基本相同。由于模数螺纹的螺距中含有 π 因子，因此车削模数螺纹时所用的挂轮与车削米制螺纹时不同，需用 $\frac{64}{100} \times \frac{100}{97}$ 引入常数 π，其运动平衡式为

$$P_m = 1_{(主轴)} \times \frac{58}{58} \times \frac{33}{33} \times \frac{64}{100} \times \frac{100}{97} \times \frac{25}{36} \times \mu_j \times \frac{25}{36} \times \frac{36}{25} \times \mu_b \times 12$$

上式中 $\frac{64}{100} \times \frac{100}{97} \times \frac{25}{36} \approx \frac{7\pi}{48}$，其绝对误差为 0.000 04，相对误差为 0.000 09，这种误差很小，一般可以忽略。将运动平衡方程式整理后得

$$m = \frac{7}{4k} \mu_j \mu_b$$

变换 u_j、u_b 的值，就可得到各种不同模数的螺纹。

④车削径节螺纹。径节螺纹主要用于同英制蜗轮相配合，即为英制蜗杆，其标准参数为径节，用 DP 表示，其定义为：对于英制蜗轮，将其总齿数折算到每一英寸分度圆直径上所得的齿数值，称为径节。根据径节的定义可得蜗轮齿距为

$$p = \frac{\pi D}{z} = \frac{\pi}{\frac{z}{D}} = \frac{\pi}{DP} (in) \tag{2-5}$$

式中 z——蜗轮的齿数；

D——蜗轮的分度圆直径(in)。

只有英制蜗杆的轴向齿距 P_{DP} 与蜗轮齿距 π/DP 相等才能正确啮合，而径节制螺纹的导程为英制蜗杆的轴向齿距为

$$P_{DP} = \frac{\pi}{DP} (in) = \frac{25.4k\pi}{DP} (mm)$$

标准径节的数列也是分段等差数列。径节螺纹的导程排列的规律与英制螺纹相同，只是含有特殊因子 25.4π。车削径节螺纹时，可采用英制螺纹的传动路线，但挂轮需换为 $\frac{64}{100} \times$

$\frac{100}{97}$,其运动平衡式为

$$P_{DP}=1_{(主轴)}\times\frac{58}{58}\times\frac{33}{33}\times\frac{64}{100}\times\frac{100}{97}\times\frac{1}{\mu_j}\times\frac{36}{25}\times\mu_b\times12 \tag{2-6}$$

上式中,$\frac{64}{100}\times\frac{100}{97}\times\frac{36}{25}\approx\frac{25.4\pi}{84}$,将运动平衡方程式整理后得

$$DP=7k\frac{\mu_j}{\mu_b}$$

变换 u_j、u_b 的值,可得常用的24种螺纹径节。

⑤车削非标准螺纹和精密螺纹。所谓非标准螺纹是指利用上述传动路线无法得到的螺纹。这时需将进给箱中的齿式离合器 M_3、M_4 和 M_5 全部啮合,被加工螺纹的导程 $L_工$ 依靠调整挂轮的传动比 $\mu_挂$ 来实现。其运动平衡式为

$$L_工=1_{(主轴)}\times\frac{58}{58}\times\frac{33}{33}\times\mu_挂\times12\ (mm) \tag{2-7}$$

所以,挂轮的换置公式为

$$\mu_挂=\frac{a}{b}\times\frac{c}{d}=\frac{L_工}{12}$$

适当地选择挂轮a、b、c及d的齿数,就可车出所需要的非标准螺纹。同时,由于螺纹传动链不再经过进给箱中任何齿轮传动,减少了传动件制造和装配误差对被加工螺纹导程的影响。

(3)机动进给运动传动链:

机动进给传动链主要用来加工圆柱面和端面,为了减少螺纹传动链丝杠及开合螺母磨损,保证螺纹传动链的精度,机动进给是由光杠经溜板箱传动的。

①纵向机动进给传动链。CA6140型卧式车床纵向机动进给量有64种。当运动由主轴经正常导程的米制螺纹传动路线时,可获得正常进给量。这时的运动平衡式为

$$f_纵=1_{(主轴)}\times\frac{58}{58}\times\frac{33}{33}\times\frac{63}{100}\times\frac{100}{75}\times\frac{25}{36}\times u_j\times\frac{25}{36}\times\frac{36}{25}\times u_b\times\frac{28}{56}\times\frac{36}{32}\times\frac{32}{56}$$
$$\times\frac{4}{29}\times\frac{40}{48}\times\frac{28}{80}\times\pi\times2.5\times12(mm/r) \tag{2-8}$$

将上式化简可得　　$f_纵=0.711u_ju_b$

通过改变 u_j、u_b 的值,可得到32种正常进给量(范围为0.08~1.22 mm/r),其余32种进给量可分别通过英制螺纹传动路线和扩大导程传动路线得到。

②横向机动进给传动链。由传动系统图分析可知,当横向机动进给与纵向进给的传动路线一致时,所得到的横向进给量是纵向进给量的一半,横向与纵向进给量的种数相同,都为64种。

③刀架快速机动移动。刀架的纵向和横向快速移动由装在溜板箱右侧的快速移动电动机(0.25 kW,2 800 r/min)驱动,经齿轮副13/29使轴XX高速转动,然后再经溜板箱内与机动工作进给相同的传动路线,使刀架实现纵向或横向的快速移动。快移方向由溜板箱中双向离合器 M_8 和 M_9 控制。其刀架快速纵向右移的速度为

$$v_{纵右(快)}=2\ 800\times\frac{13}{29}\times\frac{4}{29}\times\frac{40}{30}\times\frac{30}{48}\times\frac{28}{80}\times\pi\times2.5\times12=4.76(m/min) \tag{2-9}$$

当快速电动机使传动轴XX高速转动时,依靠齿数为56的齿轮和超越离合器 M_6,避免了

与进给箱传来的慢速运动发生运动干涉。

2. 立式车床(分单柱式和双柱式)

图 2-5 所示为立式车床的外形图,其主轴立式布置,工件装夹在水平的回转工作台上,刀架在横梁或立柱上移动。分单柱和双柱两大类。适用于加工较大、较重、难以在普通车床上安装的工件。由于它的工作台台面是水平面,主轴的轴心线垂直于台面,工件的找正、装夹比较方便,工件和工作台的质量均匀地作用在工作台下面的圆导轨上。

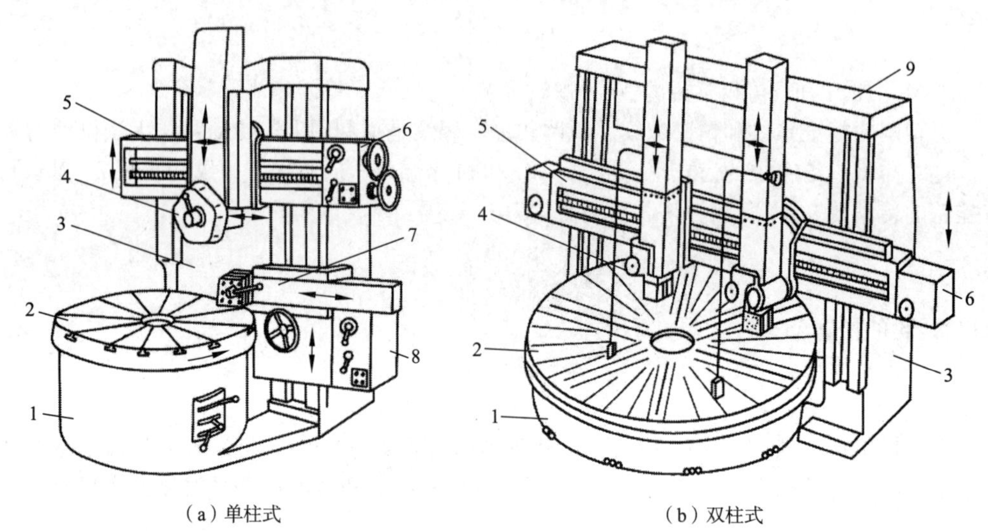

(a)单柱式　　(b)双柱式

图 2-5　立式车床外形图

1—底座;2—工作台;3—立柱;4—垂直刀架;5—横梁;6—垂直刀架进给箱;
7—侧刀架;8—侧刀架进给箱;9—顶梁

3. 转塔车床

图 2-6 所示为转塔车床的外形图,它除了有前刀架(四方刀架)外,还有一个转塔刀架(六角刀架)。转塔刀架有六个装刀位置,可以沿床身导轨做纵向进给,每个刀位加工完毕后,转塔刀架快速返回,转动 60°。更换到下一个刀位进行加工。转塔车床适于成批生产外形较复杂,且具有内孔及螺纹的中小型轴、套类零件。

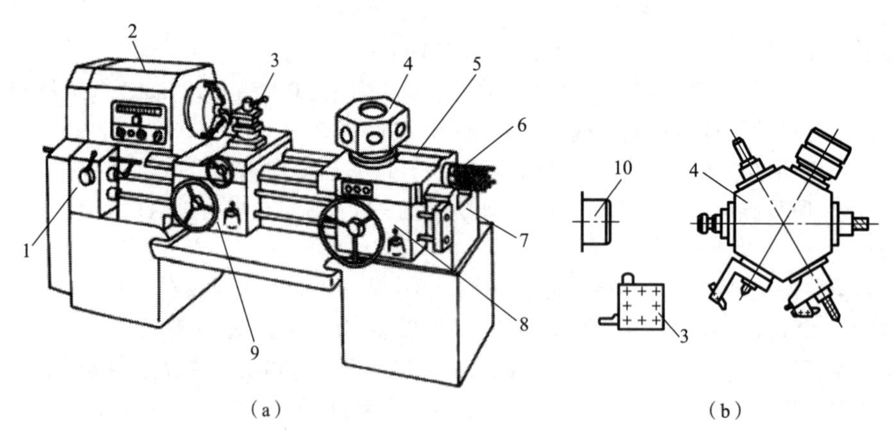

(a)　　(b)

图 2-6　转塔车床外形图

1—进给箱;2—主轴箱;3—前刀架;4—转塔刀架;5—转塔刀架滑板;
6—定程装置;7—床身;8—转塔溜板箱;9—前刀架溜板箱;10—工件

(二)车刀

按结构不同,车刀大致可分为整体式高速钢车刀、焊接式硬质合金车刀和机夹式硬质合金车刀(又分为机夹可重磨式车刀和可转位式机夹车刀)。按车刀的用途可分为普通车刀和成形车刀两大类。

1. 普通车刀

普通车刀按用途又可分为外圆车刀、内孔车刀、螺纹车刀、端面车刀等。

1)外圆车刀

外圆车刀用于粗车或精车外回转表面(圆柱面或圆锥面)。如图2-7所示为常见的外圆车刀。

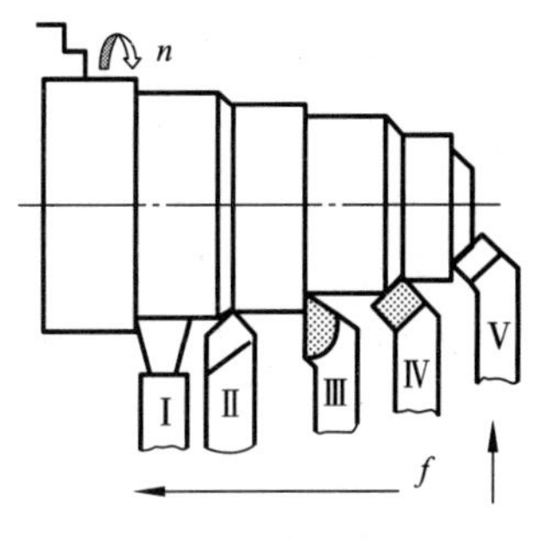

图2-7　外圆车刀

(1)宽刃精车刀Ⅰ:切削刃宽度大于进给量,可以获得表面粗糙度较低的已加工表面,但由于其副偏角为90°,径向力较大,易振动,故不适用于工艺系统刚度低的场合。

(2)直头外圆车刀Ⅱ:结构简单,制造较为方便,通用性差,一般仅适用于车削外圆。

(3)90°偏刀Ⅲ:由于主偏角为90°,径向力较小,故适用于加工阶梯轴或细长轴零件的外圆面和肩面。

(4)弯头车刀Ⅳ、Ⅴ:不仅可车削外圆,还可车削端面及倒角,通用性较好。一般主、副偏角均做成45°。

2)内孔车刀

图2-8所示为常见的内孔车刀。

(1)内孔车刀Ⅰ:用于车削通孔和倒角。

(2)内孔车刀Ⅱ:用于车削盲孔。

(3)内孔车刀Ⅲ:用于切割凹槽。

内孔车刀的工作条件较外圆车刀差。这是由于内孔车刀的刀杆悬伸长度和刀杆截面尺寸都受孔的尺寸限制,当刀杆伸出较长而截面较小时,刚度低,容易引起振动。

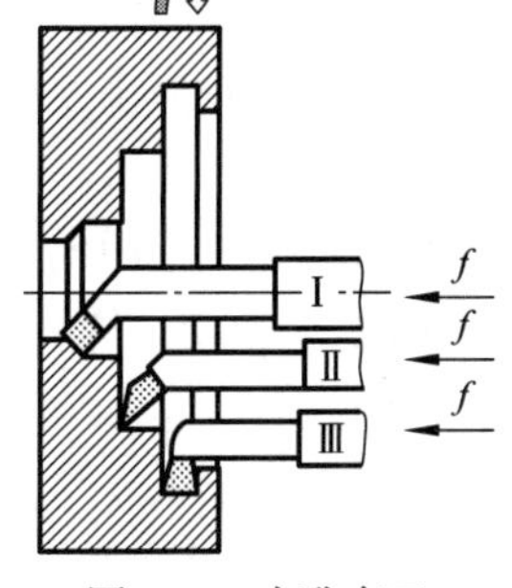

图2-8　内孔车刀

3)端面车刀

端面车刀专门用于车削垂直于轴线的平面。一般端面车刀都从外缘向中心进给,如图2-9(a)所示,这样便于在切削时测量工件已加工面的长度。若端面上已有孔,则可采用由工件中心向外缘进给的方法,如图2-9(b)所示,这种进给方法可使工件表面粗糙度降低。端面车刀的主偏角一般不要大于90°,否则易引起“扎刀”现象,使加工出的工件端面内凹,如图2-9(c)所示。

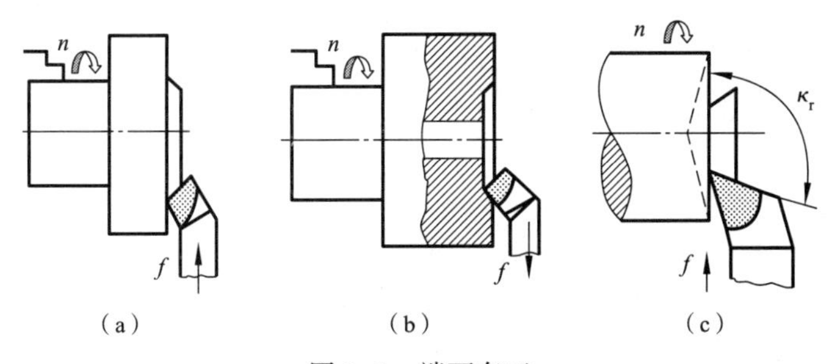

图2-9　端面车刀

4）螺纹车刀

图 2-10 中的Ⅰ所示为螺纹车刀，它是用来车螺纹的，螺纹车刀实质上是一种成形车刀，其切削刃与被加工螺纹的轮廓母线相符合，其刀尖角等于牙形角，加工一般螺纹的车刀，其前角 $\gamma_o=5°\sim15°$，后角 $\alpha_o=5°\sim12°$，精加工螺纹时，为了保证螺纹牙形准确，取前角 $\gamma_o=0°$。

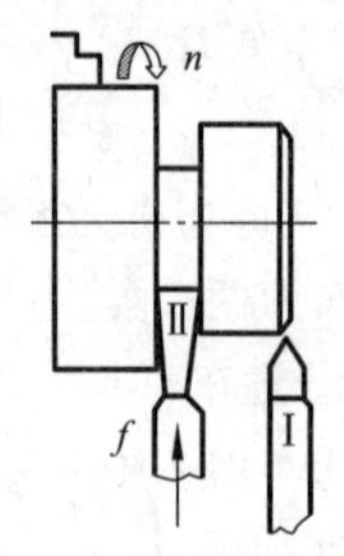

图 2-10　切断刀和螺纹车刀

5）切断刀

切断刀用于从棒料上切下已加工好的零件，或切断较小直径的棒料，也可以切窄槽。图 2-10 中的Ⅱ所示为切断刀。

2. 成形车刀

成形车刀用在各类车床上加工内、外回转体成形表面，其刃形根据工件轮廓设计。只要刀具设计、制造、安装正确，就可保证加工表面形状、尺寸的一致性、互换性，基本不受操作工人技术水平的影响，并以很高的生产率加工出精度达 IT10～IT9 级、表面粗糙度值 *Ra*10～2.5 μm 的成形零件。但是成形车刀的设计和制造比较复杂，成本也较高，一般适于大批量生产的场合。由于成形车刀的刃形比较复杂，并且用硬质合金作为刀具材料时制造比较困难，一般以高速钢作为刀具材料，随着数控机床的应用，许多成形表面用数控车床进行车削，成形车刀的应用逐渐减少。

常见的沿工件径向进给的成形车刀有平体、棱体、圆体三种形式。平体成形车刀除了切削刃具有一定的形状要求外，结构上和普通车刀相同，螺纹车刀和铲齿车刀即属此种刀具。这种车刀只能用来加工外成形表面，并且沿前刀面的可重磨次数不多。棱体成形车刀的外形是棱柱体，可重磨次数比平体成形车刀多，但也只能用来加工外成形表面。圆体成形车刀的外形是回转体，切削刃在圆周表面上分布，由于重磨时磨的是前刀面，故可重磨次数更多，且可用来加工内外成形表面。这种成形车刀制造比较方便，因此一般用得较多。

车削加工精度一般为 IT8～IT7，表面粗糙度值为 *Ra*6.3～1.6 μm。金刚石车削时，可达 IT6～IT5，粗糙度值可达 *Ra*0.04～0.01 μm。车削的生产率较高，切削过程比较平稳，刀具较简单。

二、认识外圆磨床与砂轮

磨削以砂轮或其他磨具对工件进行加工，其主运动是砂轮的旋转。砂轮的磨削过程实际上是磨粒对工件表面的滑擦、刻画和切削三种作用的综合效应。磨削中，磨粒本身也由尖锐逐渐磨钝，使切削作用变差，切削力变大。当切削力超过黏结剂强度时，圆钝的磨粒脱落，露出一层新的磨粒，形成砂轮的“自锐性”。但切屑和碎磨粒仍会将砂轮阻塞。因而，磨削一定时间后，需用金刚石车刀等对砂轮进行修整。

磨削时，由于刀刃很多，所以加工时平稳、精度高。磨床是精加工机床，磨削精度可达 IT6～IT4，表面粗糙度值可达 *Ra*1.25～0.01 μm，甚至可达 *Ra*0.1～0.008 μm。磨削的另一特点是可以对淬硬的金属材料进行加工。因此，往往作为最终加工工序。磨削时，产生热量大，需有充分的切削液进行冷却。按功能不同，磨削还可分为外圆磨、内孔磨、平磨等。外圆磨削的方法有横磨法、纵磨法和综合磨法，如图 2-11 所示。

（一）外圆磨床

外圆磨床可以磨削 IT7～IT6 级精度的内、外圆柱和圆锥表面，表面粗糙度值为 *Ra*1.25～

0.08 μm。外圆磨床的主要类型有普通外圆磨床、万能外圆磨床、无心外圆磨床、宽砂轮外圆磨床和端面外圆磨床等,其主参数是最大磨削直径。图 2-12 所示为万能外圆磨床典型加工示意图,图 2-13 所示为万能外圆磨床外形圆。

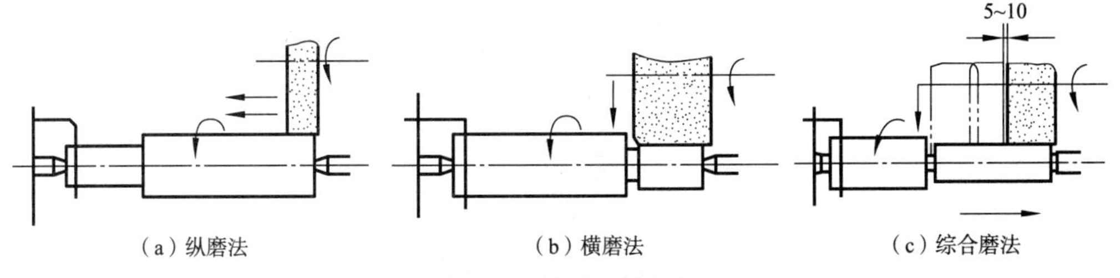

(a)纵磨法　(b)横磨法　(c)综合磨法

图 2-11　外圆磨削方法

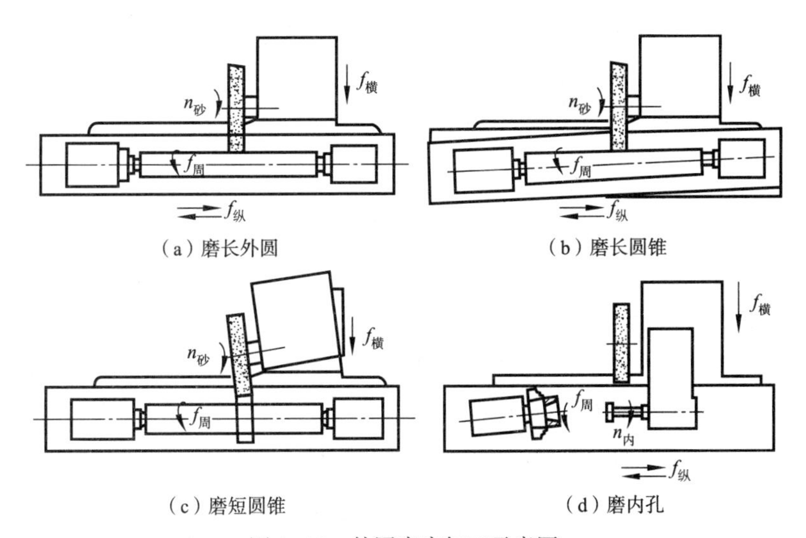

(a)磨长外圆　(b)磨长圆锥

(c)磨短圆锥　(d)磨内孔

图 2-12　外圆磨床加工示意图

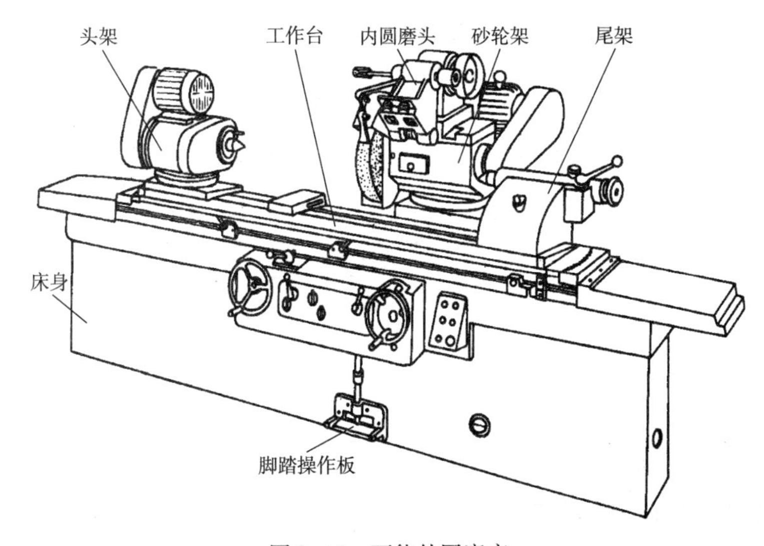

图 2-13　万能外圆磨床

(二)内圆磨床

内圆磨床主要用于磨削圆柱孔和圆锥孔,其主参数是最大磨削内孔直径。它的主要类型有普通内圆磨床(见图2-14)、无心内圆磨床、行星内圆磨床及专用内圆磨床。

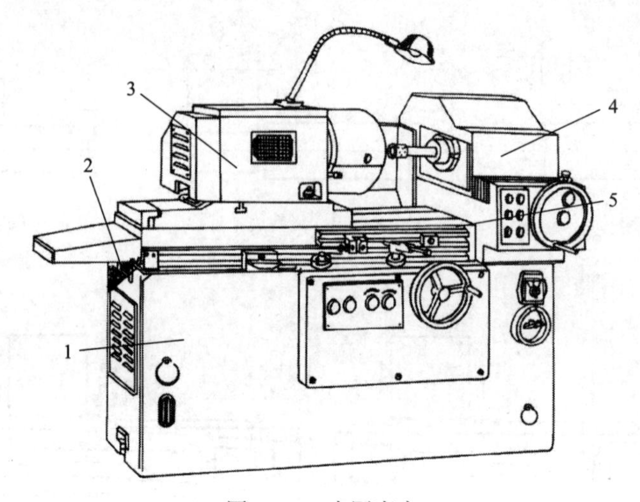

图2-14 内圆磨床

1—床身;2—工作台;3—工件头架;4—砂轮架;5—滑鞍

(三)无心外圆磨床

由于磨削时工件不用顶尖定心和支承,而由工件的被磨削外圆面定位,用托板支承进行磨削,所以称为无心外圆磨床(见图2-15)。

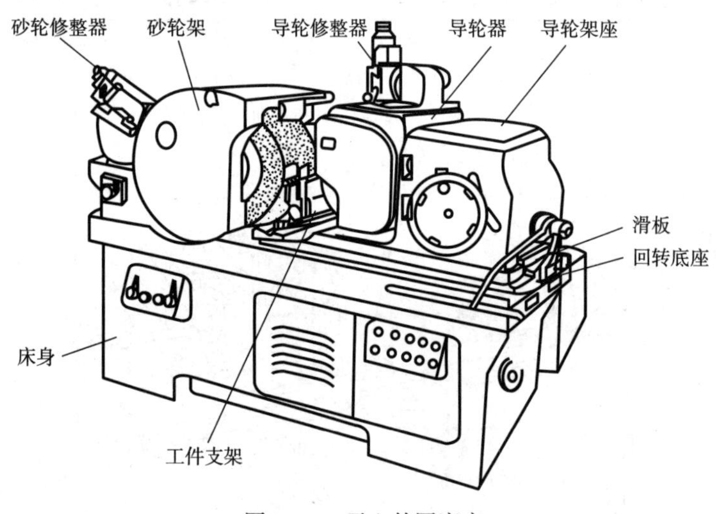

图2-15 无心外圆磨床

动画

无心磨

与外圆磨床相比,无心外圆磨床有下列优点:生产率高,因工件省去了打中心孔的工序,且装夹省时,导轮和托板沿全长支承工件(见图2-16),因此能磨削刚度较差的细长工件,并可用较大的切削用量;磨削表面的尺寸精度、几何形状精度较高,表面粗糙度值小;容易实现自动化生产。

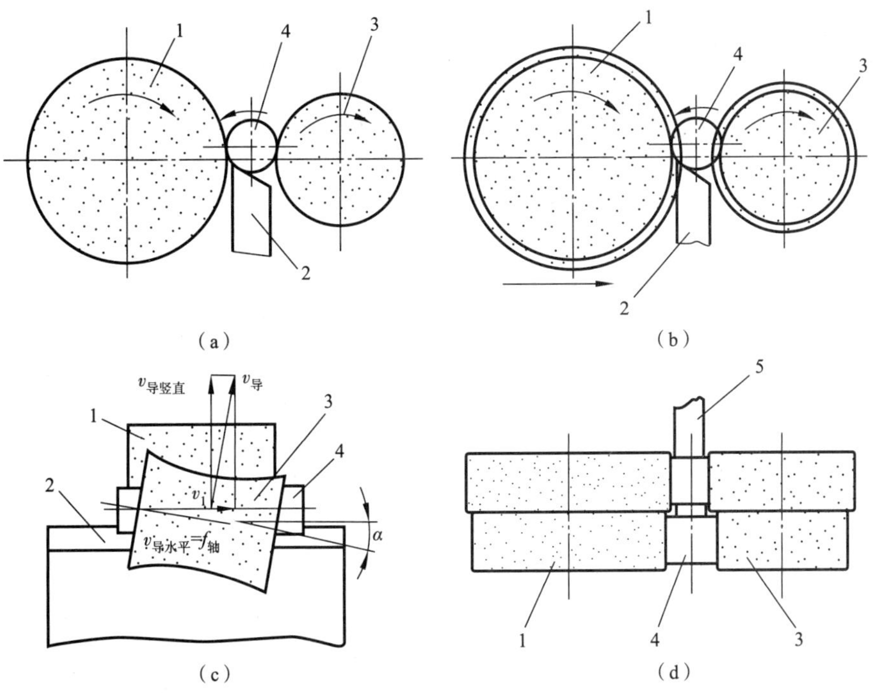

图 2-16　无心外圆磨削的加工示意图

1—磨削砂轮;2—托板;3—导轮;4—工件;5—挡板

三、砂轮

磨削使用的切削工具是砂轮,它是由磨料和黏结剂构成、并经烧结后得到的多孔物体。其特性由砂轮的磨料、粒度、黏结剂、硬度和组织五个因素来表征。

(一)磨料

磨料是制造砂轮的主要原料,它担负着磨削时的主要切削工作,一般情况下,磨削硬的材料时,应选用硬度高的磨料,反之,选用硬度低的磨料,常用磨料代号及应用范围见表 2-2。

表 2-2　常用磨料的代号、特点及应用范围

类别	磨料种类	代号	主要特点	主要应用范围
刚玉类	棕刚玉	A	棕褐色,抗破碎能力强,抗氧化、抗腐蚀,韧性强	适于磨削抗张强度大的金属材料,如普通碳素钢等
	白刚玉	WA	洁白的刚玉晶体,有微刃结构,硬度比棕刚玉高,但脆性大,韧性低,切削能力强	主要用于淬火钢、合金钢的细磨精磨,及磨螺纹及齿轮
	铬刚玉	PA	玫瑰红色,硬度与白刚玉接近,但韧性高,加工效率高,且加工表面精度高	适用于精密刃具、量具、仪表零件
	微晶刚玉	MA	灰色,呈微刃破碎状态,有较好的自锐性,韧性、强度较高	适于重负荷磨削,可以磨不锈钢、碳素钢、轴承钢等,也用于精密磨削

续上表

类别	磨料种类	代号	主要特点	主要应用范围
刚玉类	单晶刚玉	SA	单晶体,浅玫瑰色或白色,硬度韧性都比白刚玉高,抗破碎能力、切削能力强,但造价很高,有污染	适于加工韧性大硬度高的难磨材料,如工具钢、合金钢及高钒钢等
	锆刚玉	ZA	灰白色,韧性大,强度高,耐磨性好	适于高速重负荷磨削,特别适宜加工钛合金及耐热合金
碳化硅类	黑碳化硅	C	蓝黑色,硬度高,脆性大,韧性低	适宜抗拉强度低的金属材料及非金属合金,如铸铁黄铜
	绿碳化硅	GC	绿色透明,纯度高,硬度高,脆性大	适宜加工硬而脆的材料,如硬质合金、玻璃等
高硬类	碳化硼	BC	黑色,高温易氧化分解,不易做磨具,单独使用	研磨或抛光硬材料
	立方氮化硼	CBN	硬度、韧性略低于金刚石,但热稳定性好,化学惰性高,导热性能好,磨削效率高	对各种材料都有十分优良的磨削效果
	金刚石	D	硬度高,磨削能力强,导热性好,磨削力大,磨削热少,但易发生化学磨损,耐热性差	根据不同牌号(主要有 RVD、MBD、SCD、SMD、DMD)加工不同材料

(二)粒度

粒度是指磨料颗粒尺寸的大小。磨粒尺寸较大时,磨粒的粒度用筛分法分类,它的粒度号是以一英寸长度内的筛网上能通过的孔眼数来表示,粒度号越大,则磨粒越细。

小的磨粒即微粉,F 系列微粉用 X 射线重力沉降法和电阻法测量分级,分 13 个粒度号,中值粒径为 53~1.2 μm,粒度号越小,则微粉的颗粒越细,见表 2-3。

表 2-3　常用磨粒粒度、尺寸及应用范围

粗磨粒粒度标记	基本粒筛孔尺寸/μm	应用范围
F7 F8 F12 F14 F16	2 800 2 360 1 700 1 400 1 180	粗磨、荒磨毛坯、打磨铸件毛刺
F22 F24 F30 F40	850 710 600 425	打磨铸件毛刺、切断钢坯、粗磨
F46 F60	355 250	内外面、平面、工具磨、无心磨等粗磨
F80 F100 F120	180 125 106	内外面、平面、工具磨、无心磨等半精磨或精磨
F150 F180 F220	75 75.63 63.53	半精磨、精磨、成形磨、刀具刃磨、珩磨

微粉粒粒度标记	中值粒径尺寸/μm	应用范围
F230 F240 F280 F320 F360	53 44.5 36.5 29.2 22.8	精磨、超精磨、螺纹磨、珩磨
F400 F500 F600	17.3 12.8 9.3	精磨、精细磨、超精磨、镜面磨
F800 F1000 F1200 F1500 F2000	6.5 4.5 3.0 2.0 1.2	超精磨、镜面磨、制作用于研磨和抛光的研磨膏

粗磨时，磨削余量较大，要求的表面粗糙度值也较大，以提高生产率为主要目标，应选用粒度号小的较粗磨粒进行磨削，以提高磨削生产率。而精磨时，余量小，要求的表面粗糙度值也较小，应以表面粗糙度值小为主要目标，一般来说，应选用粒度号较大的细磨粒来进行磨削，以保证工件磨削后获得较低的表面粗糙度值。

工件材料塑性大或磨削接触面积大时，为避免磨削温度过高，使工件表面烧伤，宜选用小粒度号的磨粒。

工件材料较软时，为避免砂轮气孔堵塞，也应选用小粒度号；反之选用大粒度号。

成形磨削时，为保持砂轮轮廓精度，宜选用大粒度号的细粒度。

（三）黏结剂

砂轮中用以黏结磨料的物质称为黏结剂。黏结剂的作用是将磨料黏结成具有一定强度和各种形状及其尺寸的砂轮。砂轮的强度、抗冲击性、耐热性及抗腐蚀能力，主要决定于黏结剂的性能。常用的黏结剂有：陶瓷、树脂、橡胶、青铜，各黏结剂的用途见表2-4。

表2-4　黏结剂的种类、性能和用途

种类		主要成分	性能	用途
无机类	陶瓷	黏土、生长石、滑石、硼玻璃、硅石等	化学稳定性好、耐酸碱、耐高温，但脆性大、易碎裂	磨削厚度大、轴向力小、速度小于35 m/s
	金属	青铜	强度高、韧性好，但自锐性差	金刚石砂轮
有机类	树脂	酚醛、环氧	弹性好，但化学稳定性差，不耐酸碱，温度不能超过200 ℃	磨狭窄的沟槽、切割磨片、热敏材料的磨具
	橡胶	人造橡胶	弹性好，但化学稳定性差，不耐酸碱，气孔少，耐热性差，温度不能超过200 ℃	磨狭窄的沟槽、切割磨片、热敏材料的磨具、导轮、抛光轮

（四）硬度

砂轮的硬度是指砂轮表面上的磨粒在外力作用下从砂轮上脱落的能力。或者是指磨粒受力后从砂轮表层脱落的难易程度。磨粒容易脱落的砂轮软；磨粒不容易脱落的砂轮硬。

砂轮的硬度与磨料的硬度不同，它主要决定于黏结剂的性能、数量以及砂轮的制造工艺，而与磨料的硬度无关。

磨削硬金属时，为了能使磨钝的磨粒及时脱落，从而露出具有尖锐棱角的新磨粒，以保持砂轮的磨削性能，应选用软砂轮；磨削软金属时，为了使磨粒不过早脱落，以延长砂轮使用寿命，应选用硬砂轮；精磨和成形磨削时，为了保证精度和表面粗糙度以及砂轮的形状应选用稍硬的砂轮；工件材料的导热性差，易产生烧伤和裂纹时，选用的砂轮应软一些。砂轮的硬度选择原则见表2-5。

表2-5　砂轮的硬度选择原则

磨削条件	工件硬度		工件种类		加工接触面		磨削种类		砂轮粒度	
	高	低	有色金属、橡胶、树脂	淬火钢	大	小	精磨、成形磨	粗磨	细	粗
砂轮硬度	软	硬	软	硬	软	硬	硬	软	软	硬

（五）组织

砂轮的组织是指磨粒、黏结剂和气孔三者体积的比例关系，用来表示砂轮结构紧密或疏松的程度，选用原则见表2-6。

表2-6 砂轮组织的分类及选用

组织	组织号	选　用
紧密类	0、1、2、3	重压力磨削、成形磨削、精密磨削
中等类	4、5、6、7	一般情况下的磨削
疏松类	8、9、10、11、12	接触面较大的磨削、热敏材料的磨削、薄壁件磨削、软质材料磨削

任务二　金属切削过程的基本规律

任务描述

在金属切削过程中，随着刀具和工件的相互作用，会有切削变形、切削力、切削温度和刀具磨损等现象发生，这些现象会严重影响生产的进行和产品的质量及成本，通过本任务的学习，了解轴类零件在车床上怎么安装？掌握金属切削基本规律，使其达到满足零件加工要求的前提下，成本最低、效率最高的切削加工状况。

任务实施

一、工件在车床上的安装

(一)三爪卡盘上安装工件

三爪卡盘装夹能自动定心，但其定心准确度不高。装夹时，把工件直接夹持在三爪卡盘上，根据工件的一个或几个表面用划针或指示表找正工件准确位置后再进行夹紧。

(二)一夹一顶安装工件

一夹一顶即轴的一端外圆用卡盘夹紧，另一端用尾座顶尖顶住工件中心孔的安装方式。这种安装方式可提高轴的装夹刚度，此时轴的外圆和中心孔同作为定位基面，常用于长轴加工及粗车加工中。

(三)在双顶尖间安装工件

在实心轴两端钻中心孔，在空心轴两端安装带中心孔的锥堵或锥套心轴，用车床主轴和尾座顶尖顶两端中心孔的工件安装方式。此时定位基准与设计基准统一，能在一次装夹中加工多处外圆和端面，并可保证各外圆轴线的同轴度以及端面与轴线的垂直度要求，是车削、磨削加工中常用的工件安装方法。

二、金属切削变形

金属切削过程是通过切削运动，刀具从工件表面切除多余的金属层、形成已加工表面的过程，也是工件的切削层在刀具切削刃和前刀面的推挤作用下产生塑性变形、形成切屑被切下来的过程。在金属切削过程中会出现许多现象，如切削变形、切削力、切削热、刀具磨损、积屑瘤、振动现象等。这些现象将直接或间接地影响加工质量和劳动生产率。

(一)金属切削层的变形

为使问题简化和便于观察分析,在对金属切削过程进行实验研究时,常用的切削模型是直角自由切削,这时主切削刃与主运动方向垂直,而且只有一个直线切削刃参加切削,下面以塑性材料进行直角自由切削时切屑的形成过程为例,说明金属切削层的变形。

根据切削实验时制作的金属切削层变形图片,可绘制出图 2-17 所示的金属切削过程中的滑移线和流线示意图。图 2-18 所示为金属的滑移过程。为了便于进一步分析切削层变形的特殊规律,通常把被切削刃作用部位的金属层划分为三个变形区。

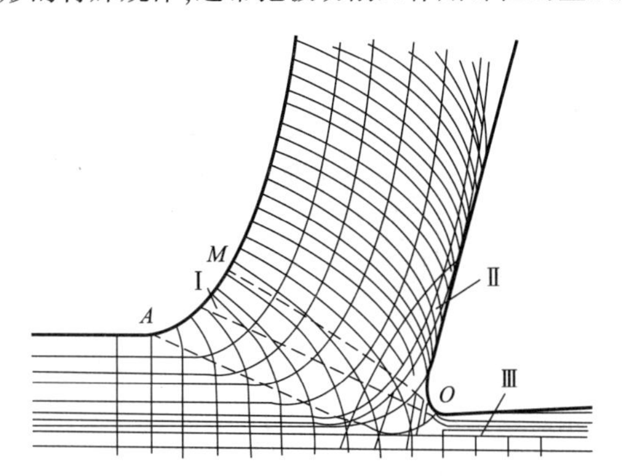

图 2-17　金属切削过程中滑移线与流线示意图

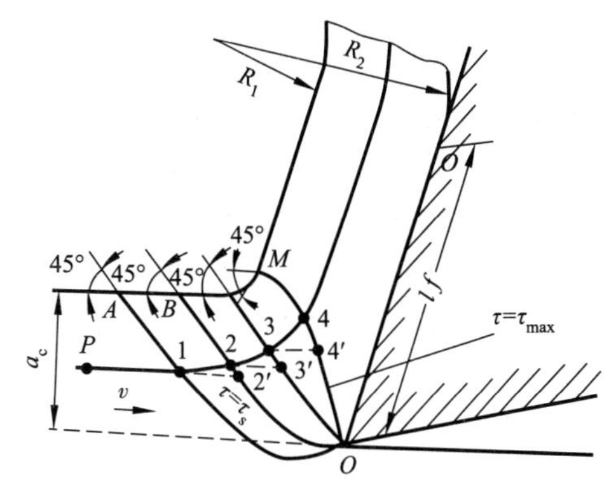

图 2-18　第一变形区金属的滑移

1. 第一变形区

切削层金属从开始塑性变形到剪切滑移基本完成,这一过程区域称为第一变形区。在这一变形区,切削层金属在刀具的挤压下首先产生弹性变形,当最大剪切应力超过材料的屈服极限时,发生塑性变形,如图 2-17 所示,金属会沿 *OA* 线剪切滑移,*OA* 称为始滑移线。随着刀具的移动,这种塑性变形将逐步增大,当进入 *OM* 线时,这种滑移变形停止,*OM* 称为终滑移线。如图 2-18 所示,在金属切削过程中,切削层金属中一点 *P* 不断向刀具切削刃移动,当此点进入 *OA* 线时,剪切应力达到材料的屈服极限 τ_s,发生剪切滑移,*P* 点在向前移动的同时,也向 *OA* 滑移,其合成运动使点 1 流动到点 2,2′-2 就是其滑移量。随着滑移的产生,剪应力逐渐增加,也就是 *P* 点向 1、2、3 等点流动时,它的剪应力不断增加,直到点 4 位置,此时其流动方向与前刀面平行,不再沿 *OM* 滑移。*OA* 与 *OM* 之间的整个区域称为第一变形区,其变形特征是沿滑移线的剪切变形,以及随之产生的加工硬化。

第一变形区是金属切削变形中变形最大的区域,在这个区域内,金属将产生大量的切削热,并消耗大部分功率。在切削速度较高时,这一变形区较窄,宽度仅 0.02~0.2 mm。

2. 第二变形区

产生塑性变形的金属切削层材料经过第一变形区后沿刀具前刀面流出,在靠近前刀面处形成第二变形区。

在这个变形区域,由于切削层材料受到刀具前刀面的挤压和摩擦,变形进一步加剧,材料在此处纤维化,流动速度减慢,甚至停滞在前刀面上。而且,切屑与前刀面的压力很大,高达 2~3 GPa,由此摩擦产生的热量也使切屑与刀具面温度上升到几百摄氏度的高温,切屑底部与刀具前刀面发生黏结现象。发生黏结现象后,切屑与前刀面之间的摩擦就不是一般的外摩擦,而变成黏结层与其上层金属的内摩擦。这种内摩擦与外摩擦不同,它与材料的流动应力特性和黏结面积有关,黏结面积越大,内摩擦力也越大。图 2-19 显示了发生黏结现象时的摩擦状况。由图可知，根据摩擦状况，切屑接触面分为两部分：黏结部分为内摩擦，这部分的单位切向应力等于材料的屈服强度 τ_s；黏结部分以外为外摩擦部分，也就是滑动摩擦部分，此部分的单位切向应力由 τ_s 减小到零。图 2-19 中也显示了整个接触区域内正应力 σ_γ 的分布情况，刀尖处，正应力最大，逐步减小到零。

3. 第三变形区

金属切削层在已加工表面受刀具刀刃钝圆部分的挤压与摩擦而产生塑性变形部分的区域。

第三变形区的形成与刀刃钝圆有关。因为刀刃不可能绝对锋利，不管采用何种方式刃磨，刀刃总会有一钝圆半径 γ_n，刀刃切削后就会产生磨损，增加刀刃钝圆。图 2-20 所示为考虑刀刃钝圆情况下已加工表面的形成过程。当切削层以一定的速度接近刀刃时，会出现剪切与滑移，金属切削层绝大部分金属，经过第二变形区的变形沿终滑移层 OM 方向流出，由于刀刃钝圆的存在，在钝圆 O 点以下有一少部分厚为 Δa 的金属切削层不能沿 OM 方向流出，被刀刃钝圆挤压过去，该部分经过刀刃钝圆 B 点后，受到后刀面 BC 段的挤压和摩擦，经过 BC 段后，这部分金属开始弹性恢复，恢复高度为 Δh，在恢复过程中又与后刀面 CD 部分产生摩擦，这部分切削层在 OB、BC、CD 段的挤压和摩擦后，形成了已加工表面，其中 VB 形成了刀具主后刀面的磨损带。所以说第三变形区对工件加工表面质量产生很大影响。

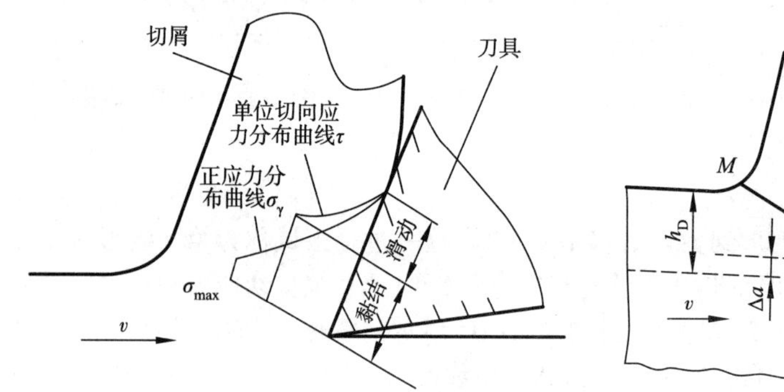

图 2-19　切屑与前刀面的摩擦

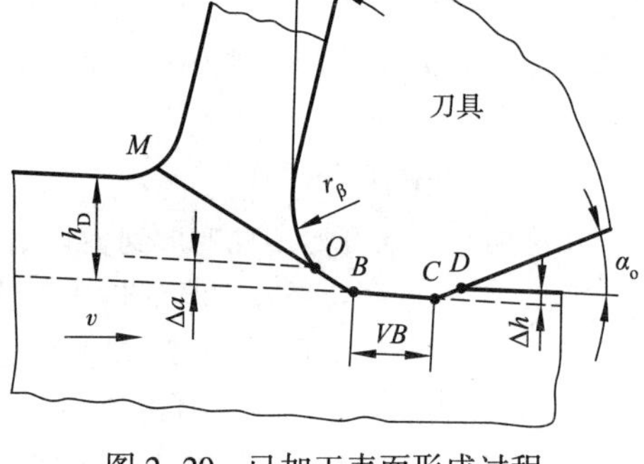

图 2-20　已加工表面形成过程

如果将这三个区域综合起来，可以看作图 2-21 所示的过程。当金属切削层进入第一变形区时，金属发生剪切滑移，并且金属纤维化，该切削层接近刀刃时，金属纤维更长并包裹在切削刃周围，最后在 O 点断裂成两部分，一部分沿前刀面流出成为切屑，另一部分受到刀刃钝圆部分的挤压和摩擦，造成这层金属表面金属纤维化与加工硬化，具有与基体组织不同的性质。

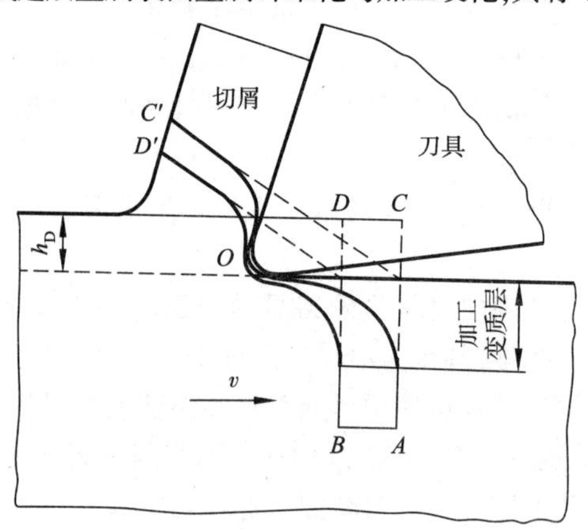

图 2-21　刀具的切削完成过程

(二)切屑的种类

由于工件材料及切削条件的不同,切削变形的程度也就不同,因而所产生的切屑形态也就多种多样。切屑形态一般分为带状切屑、节状切屑、单元切屑和崩碎切屑四种基本类型,如图 2-22 所示。

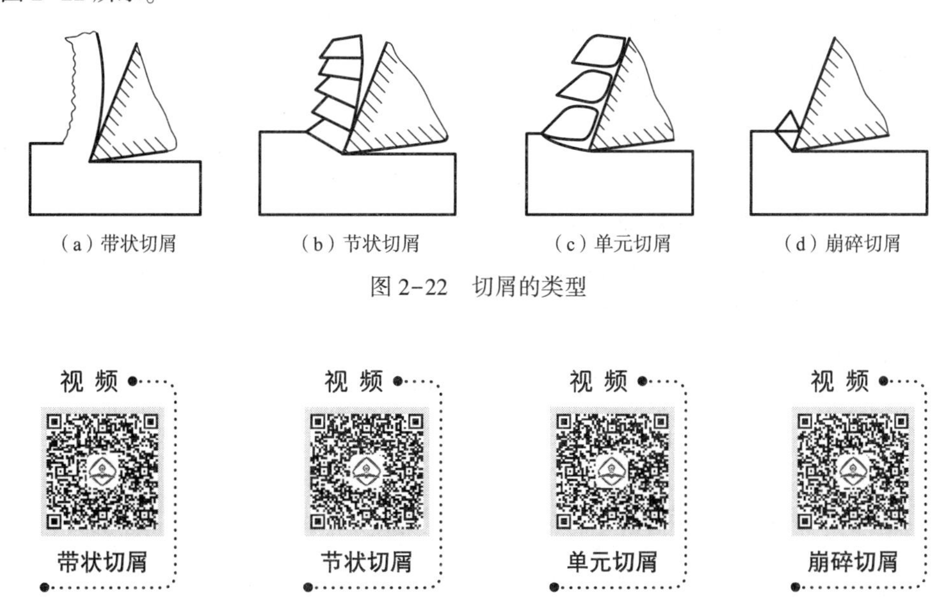

(a)带状切屑　(b)节状切屑　(c)单元切屑　(d)崩碎切屑

图 2-22　切屑的类型

1. 带状切屑

带状切屑是最常见的一种切屑。它的形状像一条连绵不断的带子,它的内表面是光滑的,外表面是毛茸状的。但每个单元很薄,肉眼看来大体是平整的。加工塑性材料,当切削厚度较小、切削速度较高、刀具前角较大时,一般常常得到这类切屑。出现带状切屑时,切削过程平稳,切削力波动较小,已加工表面粗糙度值较小。

2. 节状切屑

节状切屑又称挤裂切屑。切屑上各滑移面大部分被剪断,尚有小部分连在一起,犹如节骨状。这类切屑与带状切屑不同之处是它的外表面呈锯齿形,内表面有时有裂纹。其原因在于它的第一变形区较宽,在剪切滑移过程中滑移量较大。由滑移变形所产生的加工硬化使剪切力增加,在局部地方达到材料的破裂强度。这种切屑大都在切削速度较低、切削厚度较大、刀具前角较小的情况下产生。但在切削速度高于一定限度后,由于变形速度很高,对加工材料起一定的强化作用,也可能连续出现挤裂切削。出现挤裂切屑时,切削过程不平稳,切削力有波动,已加工表面粗糙度值较大。

3. 单元切屑(粒状切屑)

如果在挤裂切屑的剪切面上,裂纹扩展到整个面,切屑沿剪切面完全断开,切屑呈梯形的单元状(粒状),这种切屑称单元切屑。当切削塑性材料、在切削速度极低时产生这种切屑。出现单元切屑时切削力波动大,已加工表面粗糙度值大。

以上三种切屑中,只有在加工塑性材料时才可能得到。生产中最常见的是带状切屑,有时得到挤裂切屑,单元切屑则很少见。在形成挤裂切屑的情况下,若减小刀具前角,降低切削速度或加大切削厚度,就可以得到单元切屑;反之,则可得到带状切屑。这说明切屑的形态是随切削条件的改变而转化的。

4. 崩碎切屑

这属于脆性材料的切屑。它的形状和前三种切屑不同，这种切屑的形状是不规则的，所加工的表面凸凹不平。从切削过程看，切屑在断裂之前变形很小，它的脆断主要是由于材料所受应力超过了它的抗拉极限。这类切屑发生于加工脆硬材料，如高硅铸铁、白口铁等。特别是当切削厚度较大时，由于它的切削过程很不平稳，容易损坏刀具，对机床也不利，加工表面又粗糙，在生产中应力求避免。

在切削加工中，针对不同情况采取相应的措施控制切屑的卷曲、流出与折断，使形成“可接受”的良好屑形。在生产中，应用最广的切屑控制方法是在前刀面上磨出断屑槽或使用压块式断屑器。

(三)积屑瘤的形成及其对切削过程的影响

在一定切削速度和保持连续切削的情况下，加工塑性材料时，在刀具前刀面常常黏结一块剖面呈三角状的硬块，这块金属称为积屑瘤。

1. 积屑瘤的形成原因

积屑瘤的形成可以根据第二变形区的特点来解释。当金属切削层从终滑移面流出时，受到刀具前刀面的挤压和摩擦，切屑与刀具前刀面接触面温度升高，挤压力和温度达到一定的程度时，就产生黏结现象，也就是常说的“冷焊”。切屑流过与刀具黏附的底层时，产生内摩擦，这时底层上面金属出现加工硬化，并与底层黏附在一起，逐渐长大，成为积屑瘤，如图 2-23 所示。

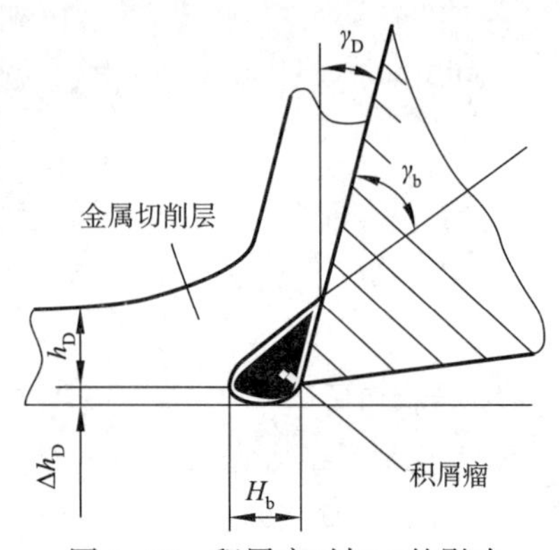

图 2-23　积屑瘤对加工的影响

积屑瘤的产生不但与材料的加工硬化有关，而且也与刀刃前区的温度和压力有关。一般材料的加工硬化性越强，越容易产生积屑瘤；温度与压力太低不会产生积屑瘤，温度太高也不会产生积屑瘤。与温度相对应，切削速度太低不会产生积屑瘤，切削速度太高，积屑瘤也不会发生，因为切削速度对切削温度有较大的影响。

2. 积屑瘤对切削过程的影响

积屑瘤硬度很高，是工件材料硬度的 2~3 倍，能同刀具一样对金属进行切削。它对金属切削过程会产生如下影响。

1)实际刀具前角增大

如图 2-23 所示，由于积屑瘤的黏附，刀具前角增大了一个 γ_b 角度，如把切屑瘤看成是刀具一部分的话，无疑实际刀具前角增大，现为 $\gamma_D+\gamma_b$，刀具前角增大可减小切削力，对切削过程有积极的作用。而且，切削瘤的高度 H_b 越大，实际刀具前角也越大，切削更容易。

2)实际切削厚度增大

由图 2-23 可以看出，当积屑瘤存在时，实际的金属切削层厚度比无积屑瘤时增加了一个 Δh_D，显然，这对工件切削尺寸的控制是不利的。值得注意的是这个厚度 Δh_D 的增加并不是固定的，因为切削瘤在不停地变化，它是一个产生、长大、脱落的周期性变化过程，这样可能在加工中产生振动。

3)加工后表面粗糙度增大

积屑瘤的底部一般比较稳定，而它的顶部极不稳定，经常会破裂，然后再形成。破裂的一部分随切屑排出，另一部分留在加工表面上，使加工表面变得非常粗糙。可以看出，如果想提高表面加工质量,必须控制积屑瘤的发生。

4)切削刀具的耐用度降低

从积屑瘤在刀具上的黏附来看,积屑瘤应该对刀具有保护作用,它代替刀具切削,减少了刀具磨损。但积屑瘤的黏附是不稳定的,它会周期性地从刀具上脱落,当它脱落时,可能使刀具表面金属剥落,从而使刀具磨损加大。对于硬质合金刀具这一点表现尤为明显。

3. 避免产生积屑瘤的措施

根据积屑瘤产生的原因可以知道,积屑瘤是切屑与刀具前刀面摩擦,摩擦温度达到一定程度,切屑与前刀面接触层金属发生加工硬化时产生的,因此可以采取以下几个方面的措施来避免积屑瘤的发生。

(1)从加工前的热处理工艺阶段解决。通过热处理,提高零件材料的硬度,降低材料的加工硬化。

(2)调整刀具角度,增大前角,从而减小切屑对刀具前刀面的压力。

(3)调低切削速度,使切削层与刀具前刀面接触面温度降低,避免黏结现象的发生。

(4)采用较高的切削速度,增加切削温度,因为温度高到一定程度,积屑瘤也不会发生。

(5)更换切削液,采用润滑性能更好的切削液,减少切削摩擦。

(四)影响切削变形的主要因素

切削变形是个复杂的过程,一般用变形系数 ξ 度量,由切屑的厚度和切削层的厚度之比表示,一般大于1,影响切削变形的因素很多,主要有工件材料、刀具几何参数、切削速度、进给量。

1. 工件材料

通过试验,可以发现工件材料强度和切屑变形有密切的关系。图2-24所示为材料强度和切屑变形系数之间的关系曲线,横坐标 σ 表示工件材料的强度,纵坐标 ξ 表示材料的变形系数,从图中可以看出,随着工件材料强度的增大,切屑的变形越来越小。

2. 刀具几何参数

在刀具几何参数中,刀具前角是影响切屑变形的重要参数,刀具前角影响切屑流出方向。由图2-25可以看到,当刀具前角 γ_o 增大时,金属切削层将沿刀面比较平缓地流出,金属切屑的变形也会变小。如图2-25所示,以工件材料30Cr为例,在 $a_p=4$ mm,$f=0.49$ mm/r,$v_c=0.02\sim140$ m/min的条件下,通过作切削试验也证明了这一点。在同样的切削速度下,刀具前角 γ_o 愈大,材料变形系数愈小。

此外刀尖圆弧半径对切削变形也有影响,刀尖圆弧半径越大,表明刀尖越钝,对加工表面挤压也越大,表面的切削变形也越大。

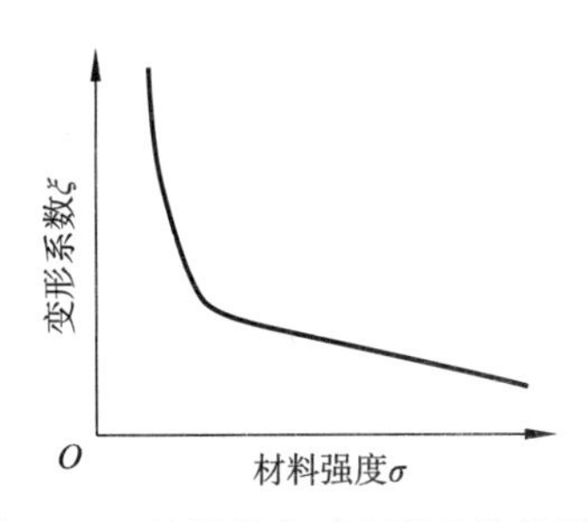

图2-24　材料强度对变形系数的影响

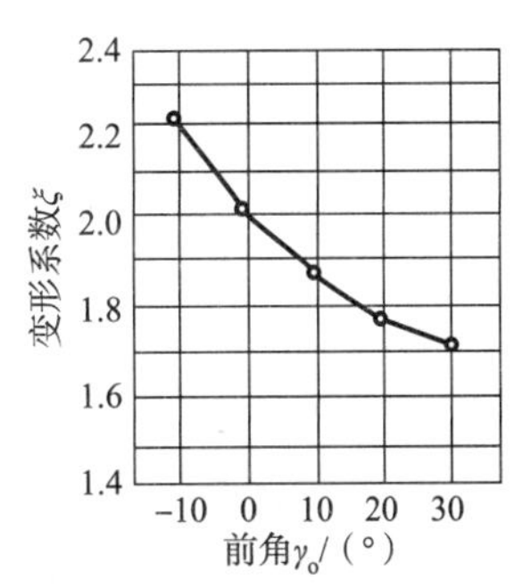

图2-25　前角对变形系数的影响

3. 切削速度

切削速度主要是通过积屑瘤和切削温度使剪切角变化而影响切削变形的。在切削碳钢等塑性金属时,变形系数ζ随切削速度增大呈波形变化。这是因为,在较宽的切削速度范围内,中间有一部分区域会产生积屑瘤,而高速端和低速端却没有积屑瘤。如图2-26所示,以工件材料30钢为例,在$a_p=4$ mm,$f=0.39$ mm/r,$\gamma_o=-5°$,$\kappa_r=90°$的条件下做实验可得:当切削速度增加而使积屑瘤增大(v_c在8~22 m/min范围)时,刀具实际工作前角增大,切屑变形减小;当切削速度再增加(v_c在22~55 m/min范围)时,积屑瘤减小,刀具实际工作前角减小,切屑变形增大。在无积屑瘤的切削速度区域,切屑变形程度只与切削速度有关。在$v_c>$ 55 m/min条件时,当切削速度增大时,切屑通过变形区的时间极短,来不及充分地剪切滑移即被排出切削区外,故切屑变形随切削速度的增加而减小。

4. 进给量

切屑底层的金属,经过第一、第二变形区的两次塑性变形,其变形程度比切屑上层要剧烈得多。进给量越大,切屑层公称厚度也越大,第一变形区的影响相对小一些。所以,进给量越大,切屑平均变形系数ζ越小,以工件材料40钢为例,在$a_p=4$ mm,$v_c=100$ m/min,$\gamma_0=-10°$,$k_r=60°$,$\lambda_s=0°$的条件下做实验,可得其影响如图2-27所示。

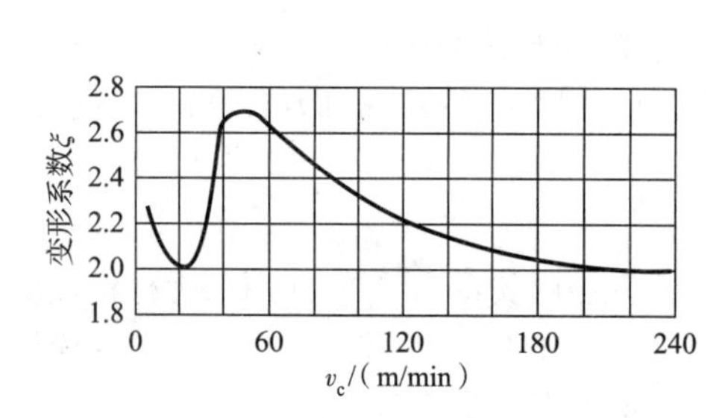

图2-26 切削速度对变形系数的影响

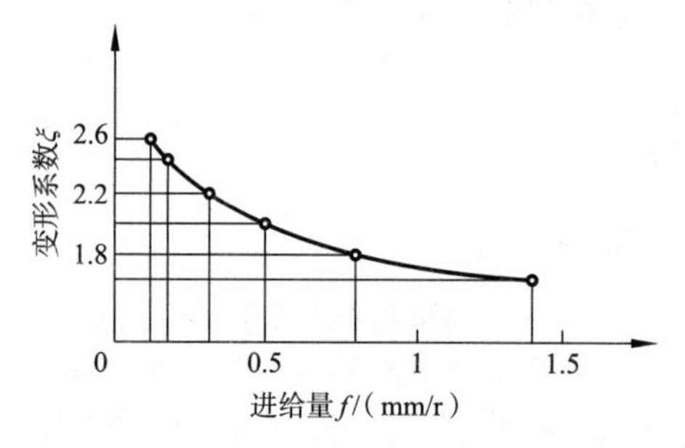

图2-27 进给量对变形系数的影响

三、切削力

在切削过程中,刀具施加于工件使工件材料产生变形,并使多余材料变为切屑所需的力称为切削力;工件抵抗变形施加于刀具上的力称为切削抗力。了解切削力对于计算功率消耗,刀具、机床、夹具的设计,制定合理的切削用量,确定合理的刀具几何参数都有重要的意义。

(一)切削力的产生

在切削过程中,被切削层金属、切屑和已加工表面层金属都要产生弹性变形和塑性变形。图2-28所示为直角自由切削,作用于刀具上的切削抗力:作用于前刀面的法向力$F_{n\gamma}$和刀屑之间的摩擦力$F_{f\gamma}$,F_γ为二者的合力;作用于后刀面的法向力$F_{n\alpha}$和刀屑之间的摩擦力$F_{f\alpha}$,F_α为二者的合力,F就是作用在刀具上的总切削抗力。对于锋利的刀具,作用在前刀面上的力是主要的,作用于后刀面的法向力$F_{n\alpha}$和刀屑之间的摩擦力$F_{f\alpha}$很小,分析问题时可以忽略不计。综上所述,要使切削顺利进行,切削力必须克服上述抗力。切削力来源于两种

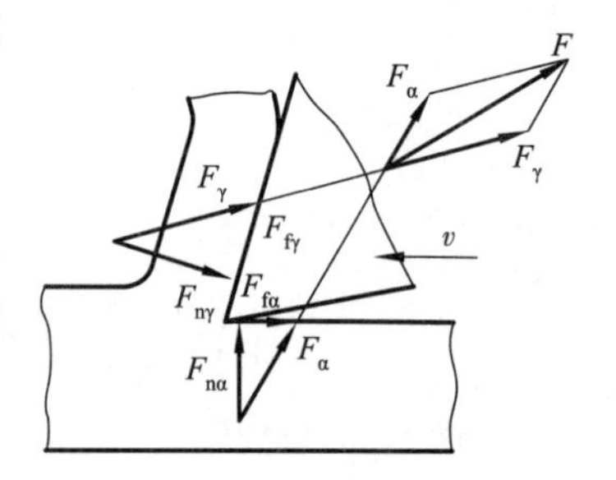

图2-28 作用在刀具上的切削力

切削抗力:一是切削层金属、切屑和工件表层金属的弹性变形抗力和塑性变形抗力;二是刀具、切屑和工件之间的摩擦阻力。

(二)总切削力及其分解

为了克服工件对变形的抗力和摩擦阻力,刀具对工件施加一个力 F 称为总切削力。为了机床、工艺装备设计和工艺分析等各种实际应用的需要,通常对总切削力 F 分解为图 2-29 所示的三个垂直方向的分力 F_x、F_y、F_z。

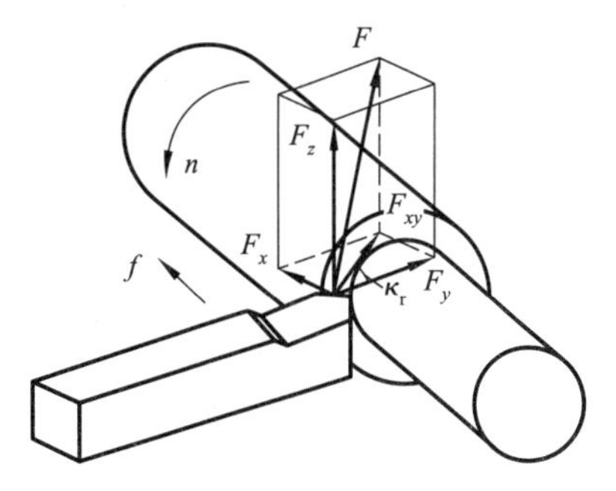

图 2-29　切削力的分解

进给力 F_x——又称走刀力。它是总切削力在进给方向的分力。它是设计走刀机构,计算车刀进给功率的依据。对于车削加工,又称轴向力。

背向力 F_y——又称吃刀力。它是总切削力在垂直工作平面方向的分力。此力的反力使工件发生弯曲变形,影响工件的加工精度,并在切削过程中产生振动。对于车削加工,又称径向力。

主切削力 F_z——是总切削力在主运动方向上的分力。是计算车刀强度,设计机床零件,确定机床功率的依据。对于车削加工,又称切向力。

由图 2-29 可知

$$F=\sqrt{F_{xy}^2+F_z^2}=\sqrt{F_x^2+F_y^2+F_z^2} \tag{2-10}$$

F_{xy} 为总切削力在切削层尺寸平面上的投影,是进给力 F_x 与背向力 F_y 的合力。

$$F_x=F_{xy}\sin\kappa_r,F_y=F_{xy}\cos\kappa_r \tag{2-11}$$

主偏角 κ_r 的大小,直接影响 F_x 和 F_y 的配置,采用大主偏角,可以使背向力明显较少,这可用于细长轴和丝杠等较长工件的加工。以防止工件由于弯曲变形而导致直线度误差。在刀具主偏角 $\kappa_r=45°$,刀具刃倾角 $\lambda_s=0$,刀具前角 $\gamma_o=15°$时,根据试验 F_x、F_y、F_z 三力之间有如下的近似关系

$$F_y=(0.4\sim0.5)F_z$$

$$F_x=(0.3\sim0.4)F_z$$

$$F=(1.12\sim1.18)F_z,\quad F_z\approx(0.85\sim0.89)F$$

(三)切削力的计算

在生产实际中,切削力的大小一般采用由实验结果建立起来的经验公式计算。在需要较为准确地知道某种切削条件下的切削力时,还需实际测量。随着测试手段的现代化,切削力的测量方法有了很大的发展,在很多场合下已经能很精确地测量切削力。切削力的测量成了研究切削力的行之有效的手段。

1. 目前采用的切削力测量手段

(1)测定机床功率,计算切削力用功率表测出机床电动机在切削过程中所消耗的功率 P_e 后,可按式(2-12)计算出切削功率 P_m。

$$P_m=P_e\eta_m \tag{2-12}$$

在切削速度 v 为已知的情况下,利用 P_m 即可求出切削力 F。这种方法只能粗略估算切削力的大小,不够精确。当要求精确地知道切削力的大小时,通常采用测力仪直接测量。

(2)用测力仪测量切削力。测力仪的测量原理是利用切削力作用在测力仪的弹性元件上所产生的变形,或作用在压电晶体上产生的电荷经过转换后,读出 F_z、F_x、F_y 的值。在自

动化生产中,还可利用测力传感装置产生的信号优化和监控切削过程。

按测力仪的工作原理可以分为机械、液压和电气测力仪。目前常用的是电阻应变片式和压电式测力仪。

(3)切削力的经验公式和切削力估算。计算切削力的经验公式是通过大量实验,用测力仪测得各向分力后,对所得数据进行数学处理而获得的。计算切削力的经验公式如下

主切削力 $$F_z=C_{F_z}a_p^{x_{F_z}}f^{y_{F_z}}v_c^{n_{F_z}}K_{F_z} \tag{2-13}$$

背向力 $$F_y=C_{F_y}a_p^{x_{F_y}}f^{y_{F_y}}v_c^{n_{F_y}}K_{F_y} \tag{2-14}$$

进给力 $$F_x=C_{F_x}a_p^{x_{F_x}}f^{y_{F_x}}v_c^{n_{F_x}}K_{F_x} \tag{2-15}$$

式中 C_{F_z},C_{F_y},C_{F_x}——与工件材料、刀具材料有关的影响系数,其大小与实验条件有关;

x_{F_x},x_{F_y},x_{F_z}——背吃刀量 a_p 对切削各分力的影响指数;

y_{F_x},y_{F_y},y_{F_z}——进给量 f 对切削各分力的影响指数;

n_{F_x},n_{F_y},n_{F_z}——切削速度 v 对切削各分力的影响指数;

K_{F_z},K_{F_x},K_{F_y}——实验条件与计算条件不同时的修正系数。

以上系数和指数可以通过资料查表得到。对于最常见的外圆车削、镗孔等,$x_{F_z}=1$,$y_{F_z}=0.75$,$n_{F_z}=0$,这是一组最典型的值,不仅用于计算切削力,还可用于分析切削中的一些现象。

2. 单位切削力、切削功率

通过单位切削力和单位切削功率可计算切削力。

1)单位切削力

单位切削力指单位切削面积上的切削力。

$$p=\frac{F_z}{A_D}=\frac{F_z}{a_p f}=\frac{F_z}{h_D b_D}(\text{N/mm}^2) \tag{2-16}$$

式中,F_z 切削力(N);A_D 切削面积(mm^2);a_p 背吃刀量(mm);f 进给量(mm/r);h_D、b_D 分别为切削厚度和切削宽度。根据式(2-16)也能求出切削力,然后根据背向力和进给力与切削力的比例关系估出其余两力。单位切削力还可以通过资料查表得到。

2)切削功率

切削过程中所消耗的功率称为切削功率 P_m。背向力 F_y 在力的方向无位移,不做功,因此切削功率为进给力 F_x 与切削力 F_z 所做的功。根据功率公式:

切削功率 $$P_m=(F_z v_c+F_x v_f/1\,000)\times10^{-3}(\text{kW}) \tag{2-17}$$

式中,F_z 为主切削力(N);v_c 为主切削速度(m/s);F_x 为进给力(N);v_f 为进给速度(mm/s)。

由于 F_x 消耗功率一般为1%~2%,可以忽略不计,因此功率公式可简化为

$$P_m=F_z v_c\times10^{-3}(\text{kW}) \tag{2-18}$$

按上式求得切削功率后,还应考虑到机床传动效率

$$P_e\geqslant P_m/\eta_m \tag{2-19}$$

式中,η_m 是机床的传动效率,一般取值为0.75~0.85,大值适用于新机床,小值适用于旧机床,根据机床电动机的功率(P_e)可选择机床电动机。

(四)影响切削力的因素

实践证明,切削力的影响因素很多,主要有工件材料、切削用量、刀具几何参数、刀具材料、刀具磨损状态和切削液等。

1. 工件材料

工件材料通过剪切屈服强度、塑性变形和切屑与刀具间的摩擦系数等方面影响切削力的,其中影响较大的因素是工件材料的强度、硬度和塑性。材料的强度、硬度越高,则屈服强度越高,切削力越大。在强度、硬度相近的情况下,材料的塑性(伸长率)、韧性越大,则刀具前刀面上的平均摩擦系数越大,切削力也就越大。例如,不锈钢 1Cr18Ni9Ti 的强度、硬度与45 钢相近,但其伸长率是 45 钢的 4 倍,加工硬化程度显著。切削不锈钢要比切削 45 钢的切削力大 25% 左右。铝、铜等有色金属虽然塑性很大,但其加工硬化能力差,所以切削力小。加工铸铁时,由于其强度和塑性均比钢小很多,而且产生的崩碎切屑与前刀面的接触面积小,摩擦抗力小,所以切削力比钢小。

2. 切削用量的影响

背吃刀量 a_p 与进给量 f 的增大都将增大切削面积($A_D = a_p f$)。切削面积的增大将使变形力和摩擦力增大,切削力也将增大,但两者对切削力影响不同。进给量 f 增大时,切削层宽度 b_D 不变,切削层厚度 h_D 增大,平均变形减小,故切削力有所增加;而背吃刀量 a_p 增大时,切削层厚度 h_D 不变,切削层宽度 b_D 增大,切削刃上的切削负荷也随之增大,即切削变形抗力和刀具前刀面上的摩擦力均成正比地增加。

在生产中,如机床消耗功率相等,为提高生产效率,一般采用提高进给量而不是背吃刀量的措施。

切削速度的影响:用 YT 硬质合金车刀加工 45 钢时,切削速度对切削力的影响如图 2-30 所示。由图可见,切削速度对切削力的影响与对变形系数的影响一样,都有马鞍形变化,在积屑瘤产生阶段,由于刀具实际前角增大,切削力减小,在积屑瘤消失阶段,切削力逐渐增大,积屑瘤消失时,切削力 F_z 达到最大,以后又开始减小。

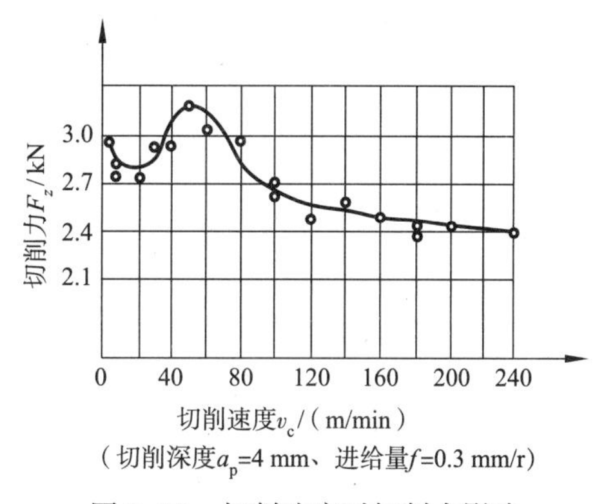

图 2-30　切削速度对切削力影响

加工铸铁时,由于形成的是崩碎切屑,其塑性变形小,切屑对前刀面的摩擦力小,所以切削速度对切削力的影响不大。

3. 刀具几何参数

在刀具几何参数中,前角 γ_o 对切削力影响最大。用 YT 硬质合金车刀加工 45 钢时,前角对切削力的影响如图 2-31 所示,由图可知:切削力随着前角的增大而减小;增大前角,使三个分力 F_z、F_y、F_x 减小的程度不同。这是因为前角的增大,切削变形与摩擦力减小,切削力相应减小。实践证明,加工脆性金属(如铸铁、青铜等)时,由于切削变形和加工硬化很小,所以前角对切削力的影响不显著。

刀具主偏角 κ_r 对切削力 F_z 的影响不大,图 2-32 所示为用 YT 硬质合金车刀加工 45 钢时的情形,$\kappa_r=60°\sim75°$时,F_z最小,因此,主偏角$\kappa_r=75°$的车刀在生产中应用较多。主偏角κ_r的变化对背向力F_y与进给力F_x影响较大,背向力F_y随主偏角的增大而减小,进给力F_x随主偏角的增大而增大。在切削灰铸铁等脆性材料时,背向力F_y与进给力F_x与主偏角的关系与图2-32相似,主偏角对主切削力F_z的影响很小,在大于45°时,与主偏角无关。

刀尖圆弧半径增大,圆弧刀刃参加切削工作的比例增加,切削变形和摩擦力增大,切削力也增大。此外由于圆弧刀刃上主偏角是变化的,使参加工作刀刃上主偏角的平均值减小,使背向力F_y增大,所以当刀尖圆弧半径由0.25 mm增加到1 mm时,背向力F_y可增大20%左右,并较易引起振动。

试验表明,刃倾角λ_s的变化对切削力F_z影响不大,但对背向力F_y影响较大。当刃倾角由正值向负值变化时,背向力F_y逐渐增大,因此工件弯曲变形增大,机床振动也增大。

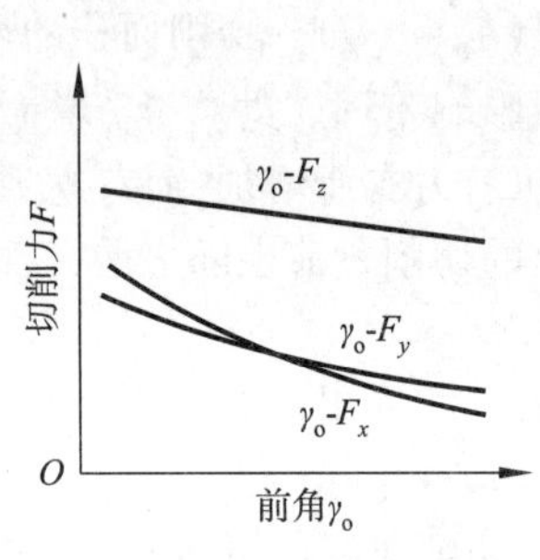

图2-31 前角对切削力影响

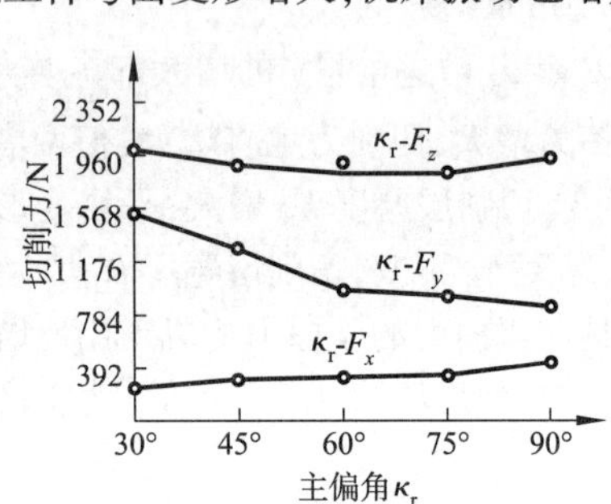

图2-32 主偏角对切削力影响

4. 刀具材料与切削液

刀具材料影响到它与被加工材料摩擦力的变化,因此影响切削力的变化。同样的切削条件,陶瓷刀切削力最小,硬质合金次之,高速钢刀具切削力最大。切削液的正确应用,可以降低摩擦力,减小切削力。

5. 刀具磨损

刀具后刀面磨损后,作用在后刀面上的法向力和摩擦力都增大,故切削力F_z、背向力F_y增大。

四、切削热与切削温度

金属的切削加工中将会产生大量切削热,切削热又影响到刀具前刀面的摩擦系数,积屑瘤的形成与消退,加工精度与加工表面质量、刀具寿命等。

(一)切削热的产生与传导

在金属切削过程中,切削层发生弹性与塑性变形,这是切削热产生的一个重要原因,另外,切屑、工件与刀具的摩擦也产生了大量的热量。因此,切削过程中切削热由以下三个区域产生:剪切面、切屑与刀具前刀面的接触区,刀具后刀面与工件过渡表面接触区。

切屑产生的热量主要由切屑、刀具、工件和周围介质(空气或切削液)传出,外圆车削时,切削形成后迅速脱离车刀落入机床的容屑槽中,切削的热传给刀具的不多。钻削和其他半封闭式容屑的切削加工,切屑形成后还与刀具及工件接触,切屑将所带的切削热再次传给工件和刀具,如不考虑切削液,切削热由切屑、刀具、工件和周围介质传出的比例大致如下:

(1)车削加工。切屑带走的切削热为50%~86%;刀具传出10%~40%;工件传出3%~9%;空气传出1%。切削速度越高,切削厚度越大,切屑传出的热量越多。

(2)钻削加工。切屑带走的切削热 28%;刀具传出 14.5%;工件传出 52.5%;空气传出 5%。

(二)切削温度的分布

切削低碳易切钢,干切削,预热 611 ℃,画出的主剖面内切削温度的分布情况如图 2-33 所示,切削温度有以下分布特点:

(1)切削最高温度并不在刀刃,而是离刀刃有一定距离。对于 45 钢,约在离刀刃 1 mm 处前刀面的温度最高。

(2)后刀面温度的分布与前刀面类似,最高温度也在切削刃附近,不过比前刀面的温度低。

(3)终剪切面后,沿切屑流出的垂直方向温度变化较大,越靠近刀面,温度越高,这说明切屑在刀面附近被摩擦升温,而且切屑在前刀面的摩擦热集中在切屑底层。

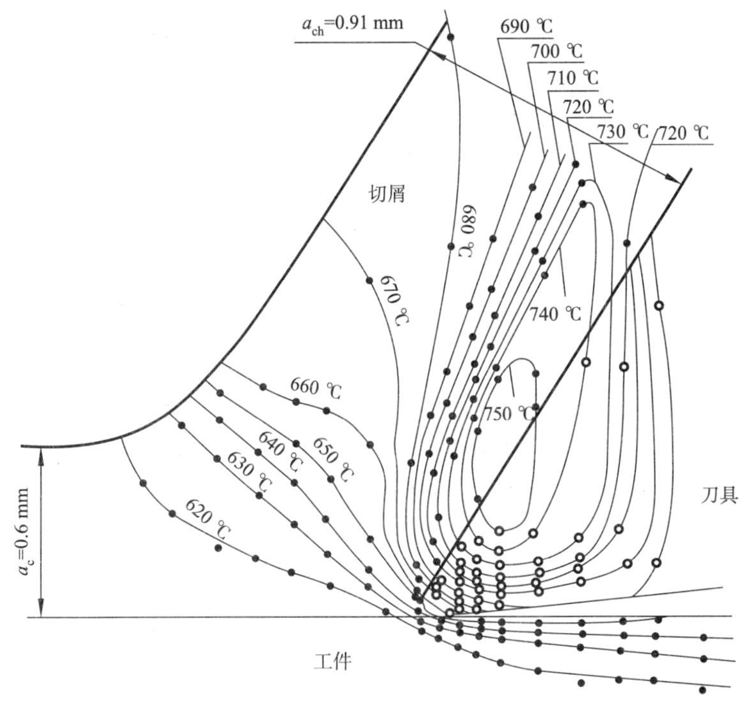

图 2-33　切削温度的分布

(三)切削温度的计算

尽管切削热是切削温度上升的根源,但直接影响切削过程的却是切削温度,切削温度一般指切削区域的平均温度 θ。

通过切削区域产生的变形功、摩擦功和热传导,可以近似推算出切削温度值。切削温度是由切削时消耗总功率形成的热量引起的。单位时间内产生的热 q 等于消耗的切削功率 P_m。即

$$q=\frac{F_z v_c}{60}(\mathrm{W}) \tag{2-20}$$

式中,F_z 为主切削力(N);v_c 为切削速度(m/min)。

由热量 q 引起的温度升高 $\Delta\theta$ 与材料的密度 ρ、比热容 c 有关,其关系式为

$$\Delta\theta=\frac{F_z v_c}{c\rho v_c h_D b_D}=\frac{p}{c\rho}(℃) \tag{2-21}$$

式中,ρ 为密度(kg/m^3);p 为单位切削力(N/m^2);c 为比热容[$J/(kg\cdot K)$]。

通过理论计算或利用测量的方法可确定切削温度在切屑、刀具和工件中的分布。测量切削温度的方法有热电偶法、热辐射法、涂色法和红外线法等。其中热电偶法测温虽较近似,但装置简单、测量方便,是较为常用的测温方法。

(1)自然热电偶法。自然热电偶法主要是用于测定切削区域的平均温度。

(2)人工热电偶法。人工热电偶法是用于测量刀具、切屑和工件上指定点的温度,用它可求得温度分布场和最高温度的位置。

(四)影响切削温度的因素

1. 切削用量

据实验得到车削时切削用量三要素 v_c、a_p、f 和切削温度 θ 之间关系的经验公式:

高速钢刀具(加工材料45钢):$\theta=(140\sim170)a_p^{0.08\sim0.1}f^{0.2\sim0.3}v_c^{0.35\sim0.45}$ (2-22)

硬质合金刀具(加工材料45钢):$\theta=320a_p^{0.05}f^{0.15}v_c^{0.26\sim0.41}$ (2-23)

上式表明,切削用量三要素 v_c、a_p、f 中,切削速度 v_c 对温度的影响最显著,因为指数最大,切削速度增加一倍,温度约增加32%;其次是进给量 f,进给量增加一倍,温度约升高18%,背吃刀量 a_p 影响最小,约7%。主要原因是速度增加,使摩擦热增多,又来不及排出,造成热积聚;f 增加,切削变形减小,切屑带走的热量也增多,所以热量增加不多;背吃刀量的增加,使切削宽度增加,显著增加热量的散热面积。

2. 刀具的几何参数

影响切削温度的主要几何参数为前角 γ_o 与主偏角 κ_r。前角 γ_o 增大,切削温度降低。因前角增大时,单位切削力下降,切削热减少,切削温度下降。但前角增加到15°左右,由于楔角减小而使刀具散热变差,切削温度略有上升。

主偏角 κ_r 减小,使切削宽度 b_D 增大,切削厚度 h_D 减小,因此切削变形和摩擦增大,切削温度升高,但当切削宽度 b_D 增大后,散热条件改善。由于散热起主要作用,故随主偏角 κ_r 减小,切削温度下降。

由此可见,当工艺系统刚性足够时,用小的主偏角切削,对于降低切削温度、提高刀具耐用度能起到一定作用,尤其是在切削难加工材料时效果更明显。

在刀具几何参数中,除前角 γ_o 和主偏角 κ_r 外,其余参数对切削温度影响较少。对于前角 γ_o 来说,前角 γ_o 增大,虽能使切削温度降低,但考虑到刀具强度和散热效果,γ_o 不能太大,主偏角 κ_r 减少后,既能使切削温度降低的幅度较大,又能提高刀具强度,因此,在加工刚性允许条件下,减小主偏角是提高刀具耐用度的一个重要措施。

3. 工件材料

工件材料的强度、硬度和导热系数对切削温度影响比较大。材料的强度与硬度增大时,单位切削力增大,因此切削热增多,切削温度升高。导热系数影响材料的传热,因此导热系数大,产生的切削温度高。例如,低碳钢的强度、硬度低,导热系数大,因此产生热量少、热量传导快,故切削温度低;高碳钢的强度、硬度高,但导热系数接近中碳钢,因此,生热多,切削温度高;40Cr钢的硬度接近中碳钢,但强度略高,且导热系数小,故切削温度高。对于加工导热性差的合金钢,产生的切削温度可高于45钢30%;不锈钢(1Cr18Ni9Ti)的强度、硬度虽较低,但它的导热系数是45钢的1/3,因此,切削温度很高,比45钢约高40%;脆性材料切削变形和摩擦小，生热少，故切削温度低，比 45 钢约低 25%。

4. 其他因素的影响

刀具磨损后，会引起切削温度升高。干切削也会引起切削温度的升高，浇注切削液是降低切削温度的一个有效措施。切削液对切削温度的影响，与切削液的导热性能、比热、流量、浇注方式以及本身的温度都有很大关系。切削液的导热性越好，温度越低，则切削温度也越低。从导热性能方面来看，水基切削液优于乳化液，乳化液优于油类切削液。

五、刀具磨损与耐用度

在切削过程中，工件与切屑和刀具相互接触，产生剧烈摩擦，在接触区有相当高的温度和压力，因此使刀具磨损。刀具严重磨损，会缩短刀具使用时间，降低工件表面精度，使切削力增大，切削温度升高，甚至产生振动，不能继续正常切削。因此刀具磨损是影响生产效率、加工质量和成本的一个重要因素。

(一) 刀具的磨损形式

刀具损坏的形式主要有磨损和破损两类。前者是连续的逐渐磨损，属正常磨损；后者包括脆性破损（如崩刃、碎断、剥落、裂纹破损等）和塑性破损（卷刃等）两种，属非正常磨损。刀具正常磨损的形式有以下三种：前刀面磨损，后刀面磨损，前、后刀面同时磨损。

1. 前刀面磨损

前刀面磨损的特点是在前刀面上离切削刃一小段距离处有一月牙洼，随着磨损的加剧，主要是月牙洼逐渐加深，洼宽变化并不是很大。但当洼宽发展到棱边较窄时，刀刃强度降低，会发生破损。磨损程度用洼深 KT 表示，如图 2-34 所示。

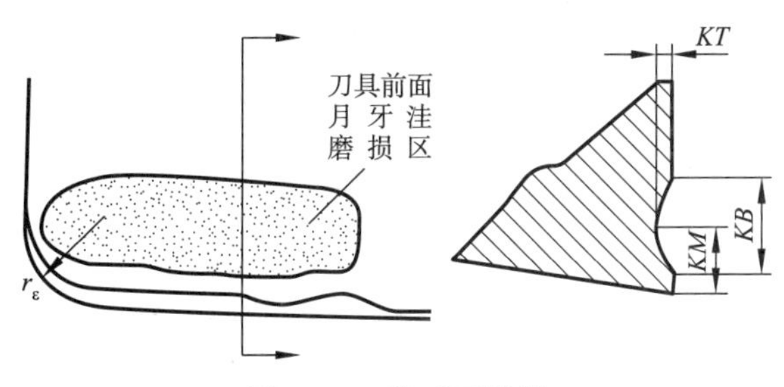

图 2-34　前刀面磨损

2. 后刀面磨损

后刀面磨损的特点是在刀具后刀面上出现与加工表面基本平行的磨损带。如图 2-35 所示，它分为 C、B、N 三个区：C 区是刀尖区，由于散热差，强度低，磨损严重，最大值为 VC；B 区处于磨损带中间，磨损均匀，最大磨损量为 VB_{max}；N 区处于切削刃与待加工表面的相交处，磨损严重，磨损量以 VN 表示，此区域的磨损又称边界磨损，加工铸件、锻件等外皮粗糙的工件时，这个区域容易磨损。

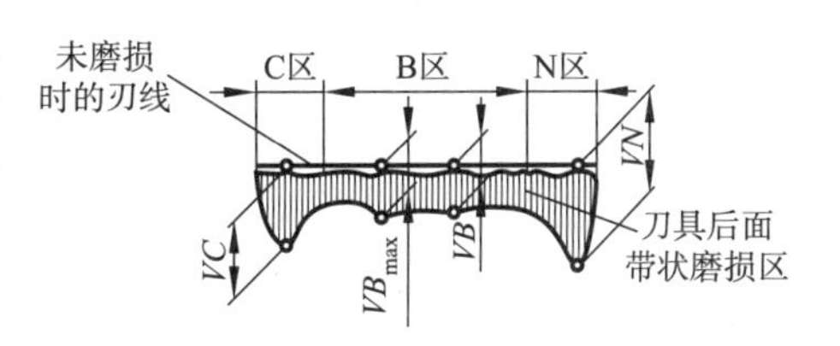

图 2-35　后刀面磨损

以较小的切削用量切削塑性材料时，主要产生后刀面磨损。切削脆性材料时，通常产生崩碎切削，所以刀具也是以后刀面磨损为主。

3. 前、后刀面同时磨损

这种磨损多出现在以中等切削用量切削塑性材料的时候。

(二)刀具的磨损原因

刀具的磨损原因主要有以下几种:

1. 硬质点磨损(又称磨粒磨损、机械磨损)

因为工件材料中含有一些碳化物、氮化物、积屑瘤残留物等硬质点杂质,在金属加工过程中,会将刀具表面划伤,造成机械磨损。硬质点磨损对高速钢作用较明显。因为高速钢在高温时的硬度,较有些硬质点(SiO、Al_2O_3、TiC、Si_2N_4)低,耐磨性差。此外,硬质合金中黏结相的钴也易被硬质点磨损。为此,在生产中常采用细晶粒碳化物的硬质合金或减小钴的含量来提高抗磨损能力。硬质点磨损在各种切削速度下都存在,但在低速下硬质点磨损是刀具磨损的主要原因。

2. 黏结磨损

前刀面与切屑之间,后刀面与工件之间存在剧烈的挤压和摩擦造成刀具和工件材料之间会发生黏结。黏结磨损就是由于接触面滑动在黏结处产生剪切破坏造成的。黏结磨损的程度与压力、温度和材料间亲和程度有关。例如,在低速切削时,由于切削温度低,故黏结是在压力作用下接触点处产生塑性变形所致,亦称为冷焊;在中速时由于切削温度较高,促使材料软化和分子间运动,更易造成黏结。用 YT 硬质合金加工钛合金或含钛不锈钢,在高温作用下钛元素之间的亲和作用,也会产生黏结磨损。所以,低、中速切削时,黏结磨损是硬质合金刀具的主要磨损原因。

3. 扩散磨损

在切削区由于高温高压的作用,硬质合金刀具中的 C、W、Co 等元素会向切屑和工件扩散;而工件中的 Fe 元素则向刀具扩散,致使硬质合金刀具中的硬质相(WC、TiC)的黏结强度降低,而且扩散到硬质合金中的 Fe 将形成低硬度高脆性的复合碳化物,使刀具的磨损过程加快,这种固态下元素之间的相互迁移而造成的磨损称为扩散磨损。扩散磨损的速度随切削温度的提高而增大。硬质合金刀具和金刚石刀具切削钢件温度较高时,常发生扩散磨损。高速钢的切削温度较低,发生扩散磨损的概率远小于硬质合金。在硬质合金中 YG 类与钢产生显著扩散作用的温度为 850~900 ℃;YT 则为 900~950 ℃,这是切削钢料时,YT 类硬质合金较 YG 类耐磨的原因之一。在硬质合金中添加 TaC、NbC、VC 等化合物,可提高其与工件的扩散温度,从而减少刀具的扩散磨损。

4. 氧化磨损

硬质合金刀具切削温度达到 700~800 ℃时,刀具中一些 Co、WC 等被空气氧化,在刀具表层形成一层硬度较低的氧化膜,该膜受到了工件表面中氧化皮、硬化层等摩擦和冲击作用,形成了边界磨损,称为氧化磨损。

5. 相变磨损

当刀具上最高温度超过材料相变温度时,刀具表面金相组织发生变化。如马氏体组织转变为奥氏体,使硬度下降,磨损加剧。因此,工具钢刀具在高温时均属此类磨损,它们的相变温度为:合金工具钢 300~350 ℃;高速钢 550~600 ℃。相变磨损造成了刀面塌陷和刀刃卷曲。

总的来说,刀具磨损可能是其中的一种或几种。对一定的刀具和工件材料,起主导作用的是切削温度。图 2-36 所示为硬质合金刀具切削钢及合金时各种磨损在总磨损中所占比例。高温时扩散磨损、相变磨损和氧化磨损强度较高;在中低温时,黏结磨损占主导地位;硬质点磨损则在不同切削温度下都存在。

相对磨损量

切削温度/℃

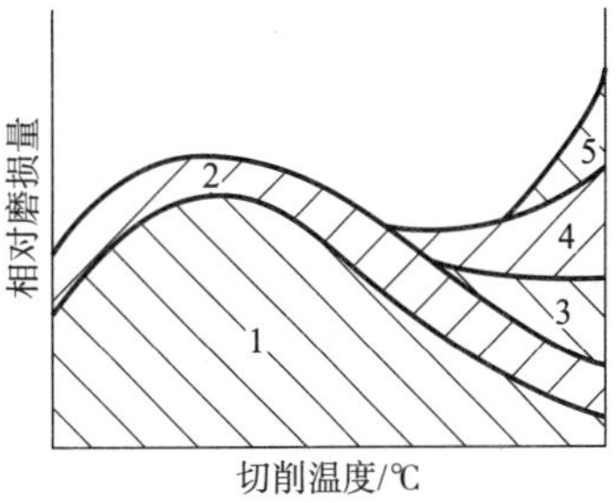

图 2-36　温度对磨损的影响

1—黏结磨损；2—硬质点磨损；3—扩散磨损；4—相变磨损；5—氧化磨损

(三)刀具磨钝标准

1. 刀具的磨损过程

以切削时间 t 和后刀面磨损量 VB 两个参数为坐标，则磨损过程可以用图 2-37 所示的一条磨损曲线来表示。磨损过程分为三个阶段。

1)初期磨损阶段

本阶段的特点是，在极短的时间内 VB 上升很快。由于新刃磨后的刀具表面存在微观不平度，后刀面与工件之间为凸峰点接触，故磨损很快。所以，初期磨损量的大小与刀具刃磨质量有很大的关系，通常 $VB=0.05\sim0.1$ mm。经过研磨的刀具，初期磨损量小，而且比较耐用。

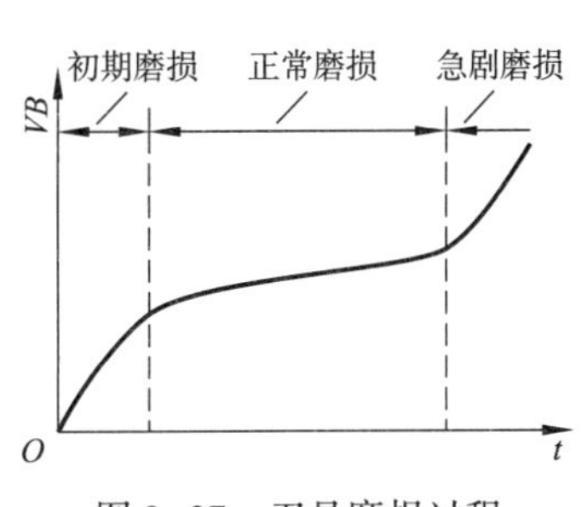

图 2-37　刀具磨损过程

2)正常磨损阶段

随着切削时间增加，磨损量以较均匀的速度加大。这是由于刀具表面磨平后，接触面增大，压强减少所致。单位时间内磨损量称为磨损强度，该磨损强度近似为常数。正常情况下，此阶段最长。

3)急剧磨损

本阶段的特点是，在相对很短的时间内 VB 猛增，刀具因而完全失效。刀具经过正常磨损阶段后，切削刃变钝，切削力增大，切削温度升高，这时刀具的磨损情况发生了质的变化而进入急剧磨损阶段。这一阶段磨损强度很大。此时，如刀具继续工作，不但不能保证加工质量，反而消耗刀具材料，经济上不合算。因此，刀具在进入急剧磨损阶段前必须换刀或重新刃磨。

2. 刀具磨钝标准

刀具磨损将影响切削力、切削温度、切削质量，根据加工情况规定的一个最大允许磨损值称为磨钝标准。因为刀具后刀面的磨损容易测量，所以国际标准中规定以 1/2 背吃刀量处后刀面上测量的磨损带宽 VB 作为刀具磨钝标准。具体标准可参考相关手册。

国际标准化组织(ISO)推荐的硬质合金外圆车刀和高速钢耐用度的磨钝标准可以是下列任何一种：

(1)如果后刀面为均匀磨损，$VB=0.3$ mm；

(2)如果后刀面为非均匀磨损，取 $VB_{max}=0.6$ mm；

(3)前刀面磨损量标准 $KT=0.06+0.3f$(f 为进给量，单位 mm/r)。

根据生产实践中的调查资料，把硬质合金车刀的磨钝标准推荐值列于表 2-7，供选用时参考。

表 2-7　硬质合金车刀磨钝标准 *VB* 值　　(单位：mm)

加工方式	加工条件			
	刚性差	钢件	铸铁件	钢、铸铁大件
粗车	0.4~0.5	0.6~0.8	0.8~1.2	1.0~1.5
精车	0.1~0.3			

实际生产中，考虑到不影响生产，一般根据切削中发生的一些现象判断刀具是否磨钝。例如是否出现振动与异常噪声等。

(四)刀具耐用度

从刀具刃磨后开始切削,一直到磨损量达到刀具磨钝标准所用的总切削时间称为刀具耐用度,单位为分钟。刀具耐用度还可以用达到磨钝标准所经过的切削路程 L_m 或加工出的零件数 N 表示。刀具耐用度高低是衡量刀具切削性能好坏的重要标志。利用刀具耐用度来控制磨损量 VB 值,比用测量 VB 判别是否达到磨钝标准要简便。

(五)影响刀具耐用度的主要因素

分析刀具耐用度影响因素的目的是调节各因素的相互关系,以保持刀具耐用度的合理数值。各因素变化对刀具耐用度的影响,主要是通过它们对切削温度的影响而起作用的。

1. 切削用量

切削速度对切削温度的影响最大,因而对刀具磨损的影响也最大。通过耐用度试验,可以作出图 2-38 所示的 v_c-T 对数曲线,由图 2-38 看出,速度与耐用度的对数成正比关系,进一步通过直线方程求出切削速度与刀具耐用度之间有如下数学关系。

$$v_c T^m = A \tag{2-24}$$

式中,v_c 为切削速度(m/min);T 为刀具耐用度(min);m 为指数,表示 v_c-T 之间影响指数;A 是与刀具、工件材料和切削条件有关的系数。

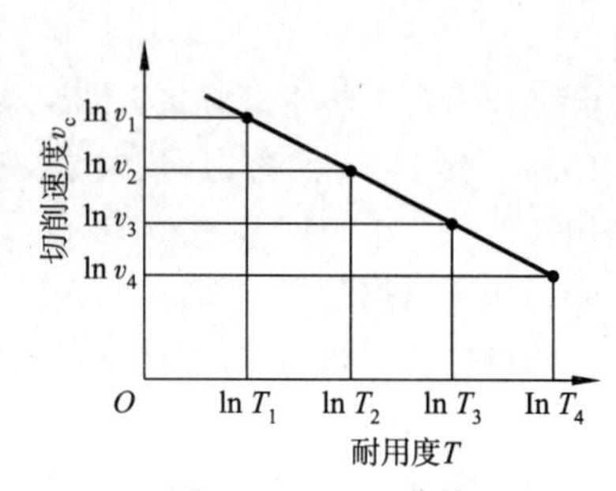

图 2-38　v_c-T 曲线

指数 m 表示图 2-37 中直线的斜率,从图中可看出,m 越大,速度对刀具耐用度影响也越大。高速钢刀具,一般 m=0.1~0.125;硬质合金刀具 m= 0.2~0.3;陶瓷刀具 m=0.4。用求 v_c-T 关系式的方法,同样求得 a_p-T、f-T 的关系如下:$a_p T^p = B$、$fT^n = C$。综合 $v_c T^m = A$、$a_p T^p = B$、$f T^n = C$ 三个关系式,可得刀具耐用度方程式,即

$$T = \frac{C_T}{v_c^x f^y a_p^z} \tag{2-25}$$

式中,C_T 为耐用度系数,与工件材料、刀具材料、切削条件有关;x、y、z 分别表示切削用量三要素 v_c、f、a_p 对刀具耐用度的影响程度。

当用硬质合金车刀车削 δ_b=0.637 GPa 的中碳钢时,f>0.7 mm/r,刀具耐用度方程式则为

$$T = \frac{C_T}{v_c^5 f^{2.25} a_p^{0.75}} \tag{2-26}$$

从上式可知:切削速度 v_c 对刀具的耐用度影响最大,进给量 f 次之,背吃刀量 a_p 最小。

2. 刀具几何参数

增大前角 γ_o,切削力减小,切削温度降低,刀具耐用度提高。不过前角太大,刀具强度变低,散热变差,刀具寿命反而下降。

减小主偏角 κ_r 与增大刀尖圆弧半径 r_ε,能增加刀具强度,降低切削温度,从而提高刀具耐用度。

此外,适当减小副偏角 κ_r' 也能提高刀具强度,改善散热条件,提高刀具耐用度。

3. 工件材料

工件材料的硬度、强度和韧性越高,刀具在切削过程中产生的温度也越高,刀具耐用度越低。工件材料的导热系数越低,越不容易散热,刀具耐用度也越低。

4. 刀具材料

刀具材料是影响刀具耐用度的重要因素。一般情况下,刀具材料热硬性越高,则刀具耐

用度就越高。刀具耐用度的高低在很大程度上取决于刀具材料的合理选择。如加工合金钢，在切削条件相同时，陶瓷刀具耐用度比硬质合金刀具高。采用涂层刀具材料和使用新型刀具材料，能有效提高刀具耐用度。

任务拓展

一、刀具几何参数的合理选择

所谓刀具几何参数的合理选择是指在保证加工质量的前提下，选择能提高切削效率，降低生产成本，获得最高刀具耐用度的刀具几何参数。

刀具几何参数包括刀具几何角度（如前角、后角、主偏角等）、刀面形式（如平面前刀面、倒棱前刀面等）和切削刃形状（如直线形、圆弧形等）等。

选择刀具考虑的因素很多，主要有工件材料、刀具材料、切削用量、工艺系统刚性等工艺条件以及机床功率等。以下所述是在一定切削条件下的基本选择方法，要选择好刀具几何参数，必须在生产实践中不断总结、提炼、摸索才能掌握。

（一）前角和前刀面形状的选择

1. 刀具前角的选择

前角是一个重要的刀具几何参数。选择刀具前角时，首先应保证刀刃锋利，同时也要兼顾刀刃的强度与耐用度。但两者又是一对矛盾，需要根据生产现场的条件，考虑各种因素，以达到一平衡点。

刀具前角增大，刀刃变锋利，可以减小切削的变形，减小切屑流出刀前面的摩擦阻力，从而减小切削力和切削功率，切削时产生的热量也减小，提高刀具耐用度。但由于刀刃锋利，楔角过小，刀刃的强度也自然会降低。而且，刀具前角增大到一定程度时，刀头散热体积减小，这种因素变大时，又将使切削温度升高，刀具耐用度降低。刀具前角的合理选择，主要由刀具材料和工件材料的种类与性质决定。

1）刀具材料

刀具前角增大，将降低刀刃强度，因此在选择刀具前角时，应考虑刀具材料的性质。刀具材料的不同，其强度和韧性也不同，强度和韧性大的刀具材料可以选择大的前角，而脆性大的刀具甚至取负的前角。如高速钢前角可比硬质合金刀具大 $5°\sim10°$；陶瓷刀具，前角常取负值，其值一般为 $-15°\sim0°$。图 2-39 表示了不同刀具材料韧性的变化。

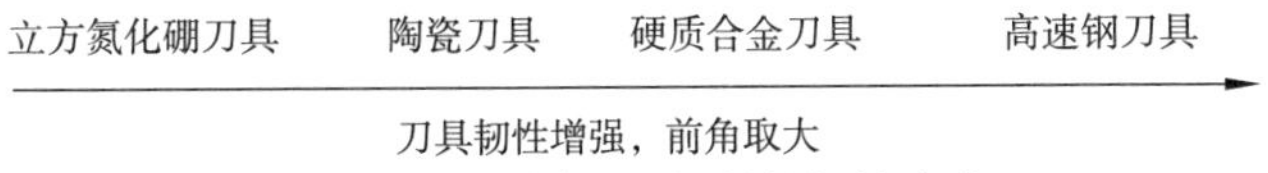

立方氮化硼刀具　　陶瓷刀具　　硬质合金刀具　　高速钢刀具

→

刀具韧性增强，前角取大

图 2-39　不同刀具材料的韧性变化

2）工件材料

工件材料的性质也是前角选择考虑的因素之一。加工钢件等塑性材料时，切屑沿前刀面流出时和前刀面接触长度长，压力与摩擦较大，为减小变形和摩擦，一般采用选择大的前角。如加工铝合金取 $\gamma_o=25°\sim35°$，加工低碳钢取 $\gamma_o=20°\sim25°$，正火高碳钢取 $\gamma_o=10°\sim15°$，当加工高强度钢时，为增强切削刃，前角取负值。

加工脆性材料时，切屑为碎状，切屑与前刀面接触短，切削力主要集中在切削刃附近，受冲击时易产生崩刃，因此刀具前角相对塑性材料取得小些或取负值，以提高刀刃的强度。如加工灰铸铁，取较小的正前角。加工淬火钢或冷硬铸铁等高硬度的难加工材料时，宜取负前角。一般用正前角的硬质合金刀具加工淬火钢时,刚开始切削就会发生崩刃。

3)加工条件

刀具前角选择与加工条件也有关系。粗加工时,因加工余量大,切削力大,一般取较小的前角;精加工时,宜取较大的前角,以减小工件变形与表面粗糙度;带有冲击性的断续切削比连续切削前角取得小。机床工艺系统好,功率大,可以取较大的前角。但用数控机床加工时,为使切削性能稳定,宜取较小的前角。

4)其他刀具参数

前角的选择还与刀具其他参数和刀面形状有关系,特别是与刃倾角有关。如负倒棱[见图 2-40(b)中角度 γ_{o1}]的刀具可以取较大的前角。大前角的刀具常与负刃倾角相匹配以保证切削刃的强度与抗冲击能力。一些先进的刀具就是针对某种加工条件改进而设计的。

总之,前角选择的原则是在满足刀具耐用度的前提下,尽量选取较大前角。

刀具的合理前角参考值见表 2-8 和表 2-9。

表 2-8 硬质合金刀具合理前角参考值

工件材料		合理前角/(°)
碳钢 σ_b/GPa	≤0.445	20~25
	≤0.558	15~20
	≤0.784	12~15
	≤0.98	5~10
40Cr	正火	13~18
	调质	10~15
灰铸铁	≤220 HBS	10~15
	>200 HBS	5~10
铜	纯铜	25~35
	黄铜	15~35
	青铜(脆黄铜)	5~15
铝及铝合金		25~35
软橡胶		50~60

工件材料		合理前角/(°)
不锈钢	奥氏体	15~30
	马氏体	15~-5
淬硬钢	≥HRC 40	-5~-10
	≥HRC 50	-10~-15
高强度钢		8~-10
钛及钛合金		5~15
变形高温合金		5~15
铸造高温合金		0~10
高锰钢		8~-5
铬锰钢		-2~-5

2. 前刀面形状、刃区形状及其参数的选择

1)前刀面形状

前刀面形状的合理选择,对防止刀具崩刃、提高刀具耐用度和切削效率、降低生产成本都有重要意义。图 2-40 所示为几种前刀面形状及刃区剖面形式。

(1)正前角锋刃平面型[见图 2-40(a)]。特点是刃口较锋利,但强度差,γ_o 不能太大,不易折屑。主要用于高速钢刀具,精加工铸铁、青铜等脆性材料。

表 2-9 不同刀具材料加工钢时的前角

σ_b/GPa	刀具材料		
	高速钢	硬质合金	陶瓷
≤0.784	25°	12°~15°	10°
>0.784	20°	10°	5°

(2)带倒棱的正前角平面型[见图 2-40(b)]。特点是切削刃强度及抗冲击能力强，同样条件下可以采用较大的前角，提高了刀具耐用度。主要用于硬质合金刀具和陶瓷刀具，加工铸铁等脆性材料。

(3)负前角平面型[见图 2-40(c)]。特点是切削刃强度较好，但刀刃较钝，切削变形大。主要用于硬脆刀具材料。加工高强度高硬度材料，如淬火钢。

图示类型负前角后部加有正前角，有利于切屑流出，许多刀具并无此角，只有负角。

(4)曲面型[见图 2-40(d)]。特点是有利于排屑、卷屑和断屑，而且前角较大，切削变形小，所受切削力也较小。在钻头、铣刀、拉刀等刀具上都有曲面前面。

(5)钝圆切削刃型[见图 2-40(e)]。特点是切削刃强度和抗冲击能力增加，具有一定的消振作用。适用于陶瓷等脆性材料。

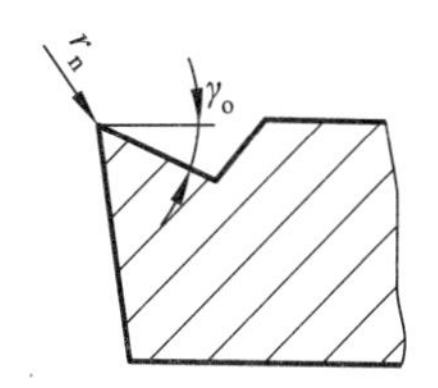

(a) 正前角锋刃平面型

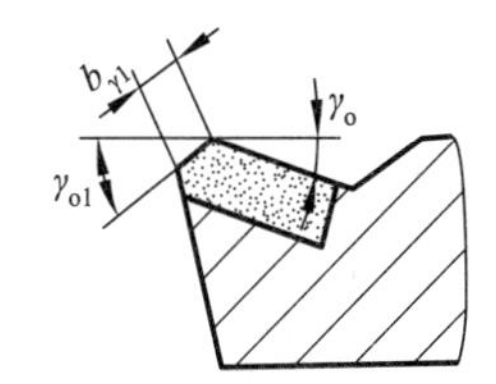

(b) 带倒棱的正前角平面型

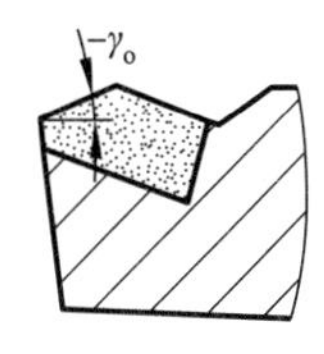

(c) 负前角平面型

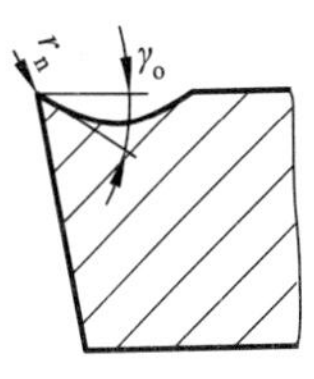

(d) 曲面型

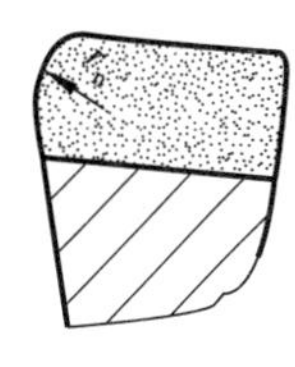

(e) 钝圆切削刃型

图 2-40　前刀面形状及刃区剖面形式

2)刃区形状

倒棱是沿切削刃研磨出很窄的负前角棱面。当倒棱选择合理时，棱面将形成滞留金属三角区。切屑仍沿正前角面流出，切削力增大不明显，而切削刃加强并受到三角区滞留金属的保护，同时散热条件改善，刀具寿命明显提高。特别对于硬质合金和陶瓷等脆性刀具，粗加工时，效果更显著，可提高刀具耐用度 1~5 倍。另外，倒棱也使切削力的方向发生变化，在一定程度上改善刀片的受力状况，减小对切削刃产生的弯曲应力分量，从而提高刀具耐用度。

倒棱参数的最佳值与进给量有密切关系。通常取 $b_{\gamma 1}=0.2\sim1$ mm 或 $b_{\gamma 1}=(0.3\sim0.8)f$。粗加工时取大值，精加工时取小值。加工低碳钢、灰铸铁、不锈钢时，$b_{\gamma 1}\leqslant0.5f$，$\gamma_{o1}=-10°\sim-5°$。加工硬皮的锻件或铸钢件，机床刚度与功率允许的情况下，倒棱负角可减小到$-30°$，高速钢倒棱前角 $\gamma_{o1}=0°\sim5°$，硬质合金刀具 $\gamma_{o1}=-10°\sim-5°$。冲击比较大，负倒棱宽度可取 $b_{\gamma 1}=(1.5\sim2)f$。

对于进给量很小($f\leqslant0.2$ mm/r)的精加工刀具，为使切削刃锋利和减小刀刃钝圆半径，一般不磨倒棱。加工铸铁、铜合金等脆性材料的刀具，一般也不磨倒棱。

钝圆切削刃是在负倒棱的基础上进一步修磨而成，或直接钝化处理成。切削刃钝圆半径比锋刃增大了一定的值，在切削刃强度方面获得与负倒棱一样的效果，但比负倒棱更有利于消除刃区微小裂纹，使刀具获得较高耐用度。而且刃部钝圆对加工表面有一定的整轧和消振作用，有利于提高加工表面质量。

钝圆半径 r_n 有小型($r_n=0.025\sim0.05$ mm)，中型($r_n=0.05\sim0.1$ mm)和大型($r_n=0.1\sim0.15$ mm)三种。需要根据刀具材料、工件材料和切削条件三方面选择。

刀具材料强度和韧性影响钝圆半径选择。高速钢刀具一般采用正前角锋刃或小型切削刃，陶瓷刀片一般要求负倒棱且带大型钝圆切削刃。WC 基硬质合金刀具一般采用中型钝圆刀刃。TiC 基硬质合金刀具在中型与大型之间。

工件材料的性质也影响钝圆半径的选择。易切削金属的加工，一般采用锋刃或小型钝圆半径；切削灰铸铁和球墨铸铁等材质分布不均而容易产生冲击的加工材料，通常采用中型钝圆半径刀具加工；切削高硬度合金材料，一般采用中型或大型钝圆半径刀具加工。

综上所述，根据刀具和工件材料及加工阶段等具体情况，可以采用一些前刀面和刃部形状的修形相结合的措施，提高刀具的切削性能。

(二)后角及形状的选择

1. 后角的选择

从前面的切削变形规律可知，在第三变形区，加工表面在后刀面有一个被挤压然后又弹性恢复的过程，使刀具与加工表面产生摩擦，刀具后角越小，则与加工表面接触的挤压和摩擦面越长，摩擦越大。因此，后角的主要作用是减小刀具后刀面与加工表面的摩擦，另外当前角固定时，后角的增大与减小能增大和减小刀刃的锋利程度，改变刀刃的散热，从而影响刀具的耐用度。

后角的选择主要考虑因素是切削厚度和切削条件。

1)切削厚度

试验表明，合理的后角值与切削厚度有密切关系。当切削厚度 h_D(和进给量 f)较小时，切削刃要求锋利，因而后角 α_o 应取大些。如高速钢立铣刀，每齿进给量很小，后角取到16°。车刀后角的变化范围比前角小，粗车时，切削厚度 h_D 较大，为保证切削刃强度，取较小后角，$\alpha_o=4°\sim8°$；精车时，为保证加工表面质量，$\alpha_o=8°\sim12°$。车刀合理后角在 $f\leqslant0.25$ mm/r 时，可选 $\alpha_o=10°\sim12°$；在 $f>0.25$ mm/r 时，$\alpha_o=5°\sim8°$。

2)工件材料

工件材料强度或硬度较高时，为加强切削刃，一般采用较小后角。对于塑性较大材料，已加工表面易产生加工硬化时，后刀面摩擦对刀具磨损和加工表面质量影响较大时，一般取较大后角。如加工高温合金时，$\alpha_o=10°\sim15°$。

选择后角的原则是，在不产生摩擦的条件下，应适当减小后角。

2. 后刀面形状的选择

为减少刃磨后面的工作量，提高刃磨质量，在硬质合金刀具和陶瓷刀具上通常把后面做成双重后面，如图2-41(a)所示。沿主切削刃和副切削刃磨出的窄棱面称为刃带。对定尺寸刀具磨出刃带的作用是为制造刃磨刀具时有利于控制和保持尺寸精度，同时在切削时提高切削的平稳性和减小振动。一般刃带宽在 $b_{a1}=0.1\sim0.3$ mm 范围，超过一定值将增大摩擦，降低表面加工质量。如当工艺系统刚性较差，容易出现振动时，可以在车刀后面磨出 $b_{a1}=0.1\sim0.3$ mm，$\alpha_o=-10°\sim-5°$的消振棱，如图2-41(b)所示。

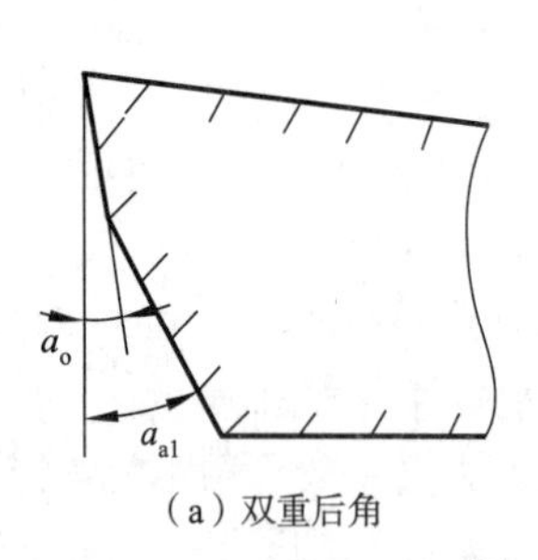

(a) 双重后角

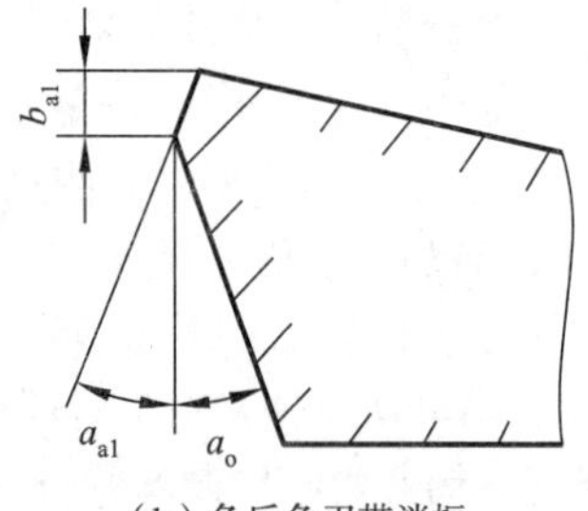

(b) 负后角刃带消振

图2-41 后面形状

(三)主偏角、副偏角的选择

1. 主偏角的选择

主偏角的选择对刀具耐用度影响很大。因为根据切削层参数内容可知,在背吃刀量 a_p 与进给量 f 不变时,主偏角 κ_r 减小将使切削厚度 h_D 减小,切削宽度 b_D 增加,参加切削的切削刃长度也相应增加,切削刃单位长度上的受力减小,散热条件得到改善。而且,主偏角 κ_r 减小时,刀尖角增大,刀尖强度提高,刀尖散热体积增大。所以,主偏角 κ_r 减小,能提高刀具耐用度。但主偏角的减小也会产生不良影响。因为根据切削力分析可以得知,主偏角 κ_r 减小,将使背向力 F_p 增大,从而使切削时产生的挠度增大,降低加工精度。同时背向力的增大将引起振动,因此对刀具耐用度和加工精度产生不利影响。

由上述分析可知,主偏角 κ_r 的增大或减小对切削加工既有有利的一面,也有不利的一面,在选择时应综合考虑。其主要选择原则有以下几点:

(1)工艺系统刚性较好时(工件长径比 $l_w/d_w<6$),主偏角 κ_r 可以取小值。如当在刚度好的机床上加工冷硬铸铁等高硬度高强度材料时,为减轻刀刃负荷,增加刀尖强度,提高刀具耐用度,一般取比较小的值,$\kappa_r=10°\sim30°$。

(2)工艺系统刚性较差时(工件长径比 $l_w/d_w=6\sim12$),或带有冲击性的切削,主偏角 κ_r 可以取大值,一般 $\kappa_r=60°\sim75°$,甚至主偏角 κ_r 可以大于 90°,以避免加工时振动。硬质合金刀具车刀的主偏角多为 60°~75°。

(3)根据工件加工要求选择。当车阶梯轴时,$\kappa_r=90°$;同一把刀具加工外圆、端面和倒角时,$\kappa_r=45°$。

2. 副偏角的选择

副偏角κ_r' 的大小将对刀具耐用度和加工表面粗糙度产生影响。副偏角的减小,可降低残留物面积的高度,提高理论表面粗糙度值,同时刀尖强度增大,散热面积增大,提高刀具耐用度。但副偏角太小又会使刀具副后刀面与工件的摩擦增大,使刀具耐用度降低,另外引起加工中振动。

因此,副偏角的选择也需综合各种因素。

(1)工艺系统刚性好时,加工高强度高硬度材料,一般$\kappa_r'=5°\sim10°$;加工外圆及端面,能中间切入,$\kappa_r'=45°$。

(2)工艺系统刚度较差时,粗加工、强力切削时,$\kappa_r'=10°\sim15°$;车台阶轴、细长轴、薄壁件,$\kappa_r'=5°\sim10°$。

(3)切断切槽,$\kappa_r'=1°\sim2°$。

副偏角的选择原则是,在不影响摩擦和振动的条件下,应选取较小的副偏角。

3. 刀尖形状的选择

主切削刃与负切削刃连接的地方称为刀尖。该处是刀具强度和散热条件都很差的地方。切削过程中,刀尖切削温度较高,非常容易磨损,因此增强刀尖,可以提高刀具耐用度。刀尖对已加工表面粗糙度有很大影响。

通过前面讲述的主偏角与副偏角的选择可知,主偏角 κ_r 和副偏角κ_r' 的减小,都可以增强刀尖强度,但同时也增大了背向力 F_p,使得工件变形增大并引起振动。但如在主、副切削刃之间磨出倒角刀尖。则既可增大刀尖角,又不会使背向力 F_p 增加多少,如图 2-42(a)所示。

倒角刀尖的偏角一般取$\kappa_{r\varepsilon}=\dfrac{1}{2}\kappa_r$,$b_\varepsilon=\left(\dfrac{1}{5}\sim\dfrac{1}{4}\right)a_p$。刀尖也可修成圆弧状,如图 2-42(b)所示。对于硬质合金车刀和陶瓷车刀,一般 $r_\varepsilon=0.5\sim1.5$ mm,对高速钢刀具,$r_\varepsilon=1\sim3$ mm。

增大r_ε，刀具的磨损和破损都可减小，不过，此时背向力 F_p 也会增大，容易引起振动。考虑到脆性大的刀具对振动敏感因素，一般硬质合金刀具和陶瓷刀具的刀尖圆弧半径r_ε 值较小；精加工r_ε 选取比粗加工小。精加工时，还可修磨出$\kappa_{r\varepsilon}=0°$，宽度$b'_\varepsilon=(1.2\sim1.5)f$，与进给方向平行的修光刃，切除掉残留面积，如图 2-42(c)所示。这种修光刃在进给量较大时，还能获得较高的表面加工质量。如用阶梯端铣刀精铣平面时，采用 1~2 个带修光刃的刀齿，既简化刀齿调整，又提高加工效率和加工表面质量。

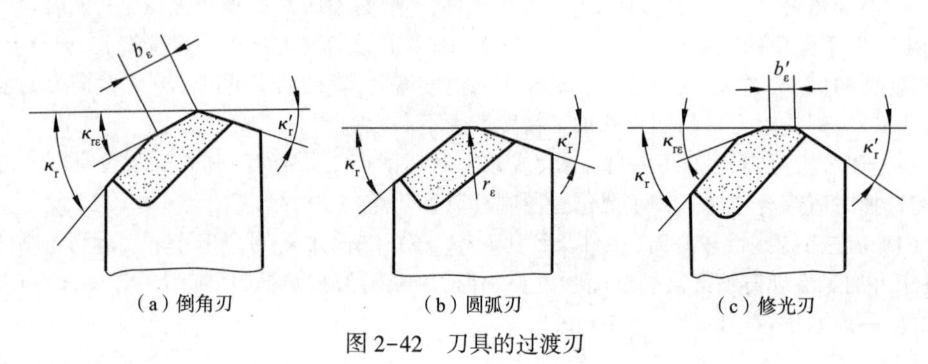

图 2-42　刀具的过渡刃

(四)刃倾角的选择

刃倾角 λ_s 是在主切削平面 p_s 内，主切削刃与基面 p_r 的夹角。因此，主切削刃的变化，能控制切屑的流向，如图 2-43 所示。当 λ_s 为负值时，切屑将流向已加工表面，并形成长螺卷屑，容易损害加工表面。但切屑流向机床尾座，不会对操作者产生大的影响。如当 λ_s 为正值，切屑将流向机床床头箱，影响操作者工作，并容易缠绕机床的转动部件，影响机床的正常运行。但精车时，为避免切屑擦伤工件表面，λ_s 可采用正值。当 λ_s 为 0 时，切屑沿近似垂直于主切削刃的方向流出。另外，刃倾角 λ_s 的变化能影响刀尖的强度和抗冲击性能。当 λ_s 取负值时，刀尖在切削刃最低点，切削刃切入工件时，切入点在切削刃或前刀面，保护刀尖免受冲击，增强刀尖强度。所以，一般大前角刀具通常选用负的刃倾角，既可以增强刀尖强度，又避免刀尖切入时产生的冲击。

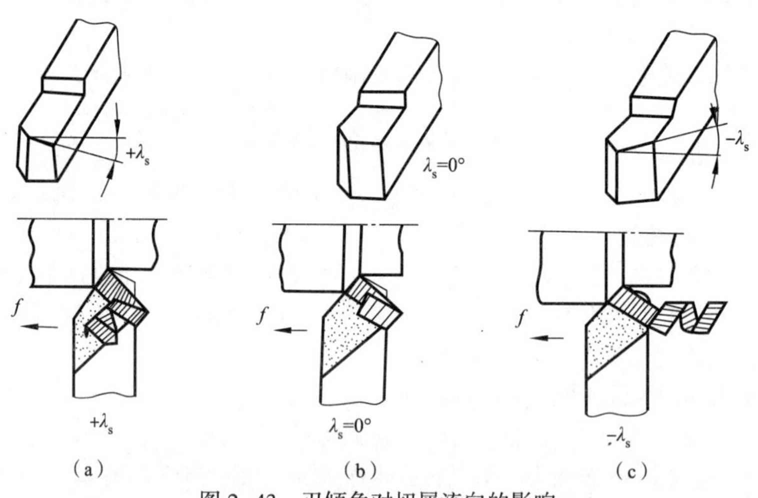

图 2-43　刃倾角对切屑流向的影响

车削刃倾角主要根据刀尖强度和流屑方向选择，其合理数值见表 2-10。

表 2-10　车削刃倾角合理参考值

适用范围	精车细长轴	精车有色金属	粗车一般钢和铸铁	粗车余量不均、淬硬钢等	冲击较大的断续车削	大刃倾角薄切屑
λ_s值	0°~5°	5°~10°	-5°~0°	-10°~-5°	-15°~-5°	45°~75°

以上各种刀具参数的选择原则只是单独针对该参数而言,必须注意的是,刀具各个几何角度之间是互相联系互相影响的。在生产过程中,应根据加工条件和加工要求,综合考虑各种因素,合理选择刀具几何参数。如在加工硬度较高的工件材料时,为增加切削刃强度,一般取较小后角,但加工淬硬钢等特硬材料时,常常采用负前角,此时楔角较大,如适当增加后角,则既有利于切削刃切入工件,又提高了刀具耐用度。下面通过例 2-1 详细讲解某刀具各种刀具参数的选用。

【例 2-1】　图 2-44 所示为大切深强力车刀,刀具材料为 YT15,一般用于中等刚性车床上,加工热轧和锻制的中碳钢。切削用量为:背吃刀量 $a_p=15\sim20$ mm,进给量 $f=0.25\sim0.4$ mm/r。试对该刀具的几何参数进行分析。

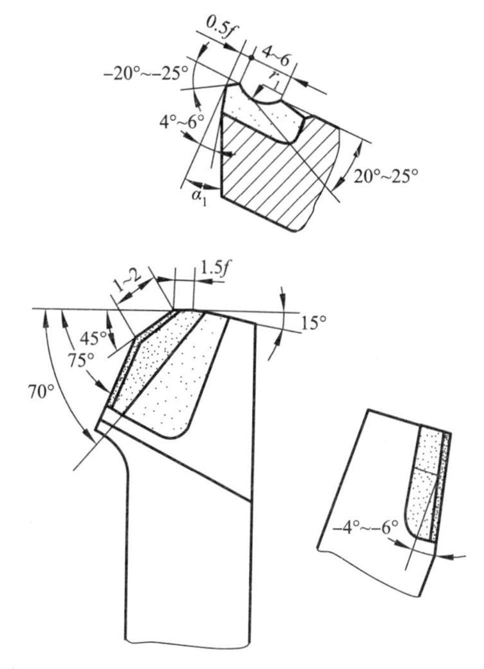

图 2-44　75° 大切深强力车刀

解　此刀具主要几何参数及作用如下:

(1)取较大前角,$\gamma_o=20°\sim25°$,能减小切削变形,减小切削力和切削温度。主切削刃采用负倒棱,$b_{r1}=0.5f$,$\gamma_{o1}=-20°\sim-25°$,提高切削刃强度,改善散热条件。

(2)后角值较小,$\alpha_o=4°\sim6°$,而且磨制成双重后角,主要是为提高刀具强度,提高刀具的刃磨效率和允许刃磨次数。

(3)主偏角较大,$\kappa_r=70°$,副偏角也较大,$\kappa_r'=15°$,以降低切削力 F_z 和背向力 F_y,避免产生振动。

(4)刀尖形状采用倒角刀尖加修光刃,倒角 $\kappa_{r\varepsilon}=45°$,$b_\varepsilon=1\sim2$ mm,修光刃$b_\varepsilon'=1.5f$,主要是提高刀尖强度,增大散热体积。修光刃目的是修光加工表面残留面积,提高加工表面的质量。

(5)刃倾角取负值,$\lambda_s=-4°\sim-6°$,提高刀具强度,避免刀尖受冲击。

二、切削用量的选择

切削用量是切削加工过程中切削速度、进给量和背吃刀量的总称。切削用量的选择,对加工效率、加工成本和加工质量都有重大的影响。切削用量的选择需要考虑机床、刀具、工件材料和工艺等多种因素。

(一)切削用量的选择原则

所谓合理的切削用量是指充分发挥机床和刀具的性能,并在保证加工质量的前提下,获得高的生产率与低加工成本的切削用量。在切削生产率方面,在不考虑辅助工时情况下,有生产率公式 $P=A_o vf a_p$,其中 A_o 为与工件尺寸有关的系数,从中可以看出,切削用量三要素 v、f、a_p 任何一个参数增加一倍,生产率相应提高一倍。但从刀具寿命与切削用量三要素之间的关系式 $T=C_T/(v^{1/m}f^{1/n}a_p^{1/p})$,当刀具寿命一定时,切削速度 v 对生产率影响最大,进给量 f 次之,背吃刀量 a_p 最小。因此,在刀具耐用度一定,从提高生产率角度考虑,对于切削用量的选择有一个总的原则:首先选择最大的背吃刀量,其次选择尽量大的进给量,最后选择合理的切削速度。当然,切削用量的选择还要考虑各种因素,最后才能得出一种比较合理的最终方案。

数控机床主轴自动换刀或装刀所需时间较多时,选择切削用量要保证刀具加工完一个零件,或保证刀具耐用度不低于一个工作班,最少不低于半个工作班。

(二)切削用量三要素选择方法

1. 背吃刀量的选择

背吃刀量的选择根据加工余量确定。切削加工一般分为粗加工、半精加工和精加工几道工序,各工序有不同的选择方法。

粗加工时(表面粗糙度 Ra50~12.5 μm),在允许的条件下,尽量一次切除该工序的全部余量。中等功率机床,背吃刀量可达 8~10 mm。但对于加工余量大,一次走刀会造成机床功率或刀具强度不够;或加工余量不均匀,引起振动;或刀具受冲击严重出现打刀这几种情况,需要采用多次走刀。如分两次走刀,则第一次背吃刀量尽量取大,一般为加工余量的 2/3~3/4。第二次背吃刀量尽量取小些,第二次背吃刀量可取加工余量的 1/3~1/4。

半精加工时(表面粗糙度 Ra6.3~3.2 μm),背吃刀量一般为 0.5~2 mm。精加工时(表面粗糙度 Ra1.6~0.8 μm),背吃刀量为 0.1~0.4 mm。

2. 进给量的选择

粗加工时,进给量主要考虑工艺系统所能承受的最大进给量,如机床进给机构的强度、刀具强度与刚度、工件的装夹刚度等。

精加工和半精加工时,最大进给量主要考虑加工精度和表面粗糙度。另外,还要考虑工件材料,刀尖圆弧半径、切削速度等。如当刀尖圆弧半径增大,切削速度提高时,可以选择较大的进给量。

在生产实际中,进给量常根据经验选取。粗加工时,根据工件材料、车刀刀杆直径、工件直径和背吃刀量可参阅表 2-11 进行选取,表中数据是经验所得,其中包含了刀杆的强度和刚度、工件的刚度等工艺系统因素。

表 2-11　硬质合金车刀粗车外圆及端面的进给量参考值

工件材料	车刀刀杆尺寸/mm	工件直径/mm	背吃刀量 a_p/mm				
			≤3	3~5	5~8	8~12	12
			进给量 f/(mm/r)				
碳素结构钢、合金结构钢耐热钢	16×25	20	0.3~0.4	—	—	—	—
		40	0.4~0.5	0.3~0.4	—	—	—
		60	0.5~0.7	0.4~0.6	0.3~0.5	—	—
		100	0.6~0.9	0.5~0.7	0.5~0.6	0.4~0.5	—
		400	0.8~1.2	0.7~1.0	0.6~0.8	0.5~0.6	—
碳素结构钢、合金结构钢耐热钢	20×30	20	0.3~0.4	—	—	—	—
		40	0.4~0.5	0.3~0.4	—	—	—
		60	0.6~0.7	0.5~0.7	0.4~0.6	—	—
	25×25	100	0.8~1.0	0.7~0.9	0.5~0.7	0.4~0.7	—
		400	1.2~1.4	1.0~1.2	0.8~1.0	0.6~0.9	0.4~0.6
铸铁及合金钢	16×25	40	0.4~0.5	—	—	—	—
		60	0.6~0.8	0.5~0.8	0.4~0.6	—	—
		100	0.8~1.2	0.7~1.0	0.6~0.8	0.5~0.7	—
		400	1.0~1.4	1.0~1.2	0.8~1.0	0.6~0.8	—
	20×30	40	0.4~0.5	—	—	—	—
		60	0.6~0.9	0.5~0.8	0.4~0.7	—	—
	25×25	100	0.9~1.3	0.8~1.2	0.7~1.0	0.5~0.78	—
		400	1.2~1.8	1.2~1.6	1.0~1.3	0.9~1.0	0.7~0.9

从表 2-11 中可以看到，在背吃刀量一定时，进给量随着刀杆尺寸和工件尺寸的增大而增大。加工铸铁时，切削力比加工钢件时小，所以铸铁可以选取较大的进给量。精加工与半精加工时，可根据加工表面粗糙度要求按表 2-12 选取，同时考虑切削速度和刀尖圆弧半径因素。有必要的话，还要对所选进给量参数进行强度校核，最后要根据机床说明书确定。

表 2-12　按表面粗糙度选择进给量的参考值

工件材料	表面粗糙度/μm	切削速度范围/(m/min)	刀尖圆弧半径 r_ε/mm		
			0.5	1.0	2.0
			进给量 f/(mm/r)		
铸铁、青铜、铝合金	Ra10~5	不限	0.25~0.40	0.40~0.50	0.50~0.60
	Ra5~2.5		0.15~0.25	0.25~0.40	0.40~0.60
	Ra2.5~1.25		0.10~0.15	0.15~0.20	0.20~0.35
碳钢及合金钢	Ra10~5	<50	0.30~0.50	0.45~0.60	0.55~0.70
		>50	0.40~0.55	0.55~0.65	0.65~0.70
	Ra5~2.5	<50	0.18~0.25	0.25~0.30	0.30~0.40
		>50	0.25~0.30	0.30~0.35	0.35~0.50
	Ra2.5~1.25	<50	0.10	0.11~0.15	0.15~0.22
		50~100	0.11~0.16	0.16~0.25	0.25~0.35
		>100	0.16~0.20	0.20~0.25	0.25~0.35

在加工中最大进给量受机床刚度和进给系统的性能限制。此外，还应充分考虑切削的自然断屑问题，通过选择刀具几何形状和对切削用量的调整，使排屑处于最顺畅状态，严格避免长屑缠绕刀具而引起故障。

3. 切削速度的选择

确定了背吃刀量 a_p，进给量 f 和刀具耐用度 T，则可按式(2-27)计算或由表确定切削速度 v_c 和机床转速 n。

$$v_c = \frac{C_V}{60T^m a_p^{x_v} f^{y_v}} k_v \tag{2-27}$$

公式中各指数和系数可以由表 2-13 选取，修正系数 k_v 为一系列修正系数乘积，各修正系数可以通过表 2-14 选取。此外，切削速度也可通过表 2-15 得出。

半精加工和精加工时，切削速度 v_c，主要受刀具耐用度和已加工表面质量限制，在选取切削速度 v_c 时，要尽可能避开积屑瘤的速度范围。

表 2-13 车削速度计算式中的系数与指数

工件材料	刀具材料	进给量 f/(mm/r)	系数与指数值			
			C_v	x_v	y_v	m
外圆纵车碳素结构钢	YT15（干切）	$f \leq 0.3$	291	0.15	0.20	0.2
		$f \leq 0.7$	242	0.15	0.35	0.2
		$f > 0.7$	235	0.15	0.45	0.2
	W18Cr4V（加切削液）	$f \leq 0.25$	67.2	0.25	0.33	0.125
		$f > 0.25$	43	0.25	0.66	0.125
外圆纵车灰铸铁	YG6（干切）	$f \leq 0.4$	189.8	0.15	0.20	0.2
		$f > 0.4$	158	0.15	0.40	0.2
	W18Cr4V（干切）	$f \leq 0.25$	24	0.15	0.30	0.1
		$f > 0.25$	22.7	0.15	0.40	0.1

表 2-14 车削速度计算修正系数

<table>
<tr><td rowspan="2">工件材料 $K_M v_c$</td><td colspan="7">加工钢：硬质合金 $K_M v_c = 0.637/\sigma_b$ 高速钢 $K_M v_c = C_M(0.637/\sigma_b)^{n_{v_c}}$ $C_M = 1.0$；$n_{v_c} = 1.75$；当 $\sigma_b \leq 0.441$ GPa 时，$n_{v_c} = 1.0$</td></tr>
<tr><td colspan="7">加工灰铸铁：硬质合金 $K_M v_c = (190/\text{HBS})^{1.25}$ 高速钢 $K_M v_c = (190/\text{HBS})^{1.7}$</td></tr>
<tr><td rowspan="3">毛坯状况 $K_S v_c$</td><td rowspan="2">无外皮</td><td rowspan="2">棒料</td><td rowspan="2">锻件</td><td colspan="2">铸钢、铸铁</td><td rowspan="2" colspan="2">Cu-Al 合金</td></tr>
<tr><td>一般</td><td>带砂皮</td></tr>
<tr><td>1.0</td><td>0.9</td><td>0.8</td><td>0.8~0.85</td><td>0.5~0.6</td><td colspan="2">0.9</td></tr>
<tr><td rowspan="4">刀具材料 $K_T v_c$</td><td rowspan="2">钢</td><td>YT5</td><td>YT14</td><td>YT15</td><td>YT30</td><td colspan="2">YG8</td></tr>
<tr><td>0.65</td><td>0.8</td><td>1</td><td>1.4</td><td colspan="2">0.4</td></tr>
<tr><td rowspan="2">灰铸铁</td><td colspan="2">YG8</td><td colspan="2">YG6</td><td colspan="2">YG3</td></tr>
<tr><td colspan="2">0.83</td><td colspan="2">1.0</td><td colspan="2">1.15</td></tr>
<tr><td rowspan="3">主偏角 $K_{\kappa_r v_c}$</td><td>κ_r</td><td>30°</td><td>45°</td><td>60°</td><td>75°</td><td colspan="2">90°</td></tr>
<tr><td>钢</td><td>1.13</td><td>1</td><td>0.92</td><td>0.86</td><td colspan="2">0.81</td></tr>
<tr><td>灰铸铁</td><td>1.2</td><td>1</td><td>0.88</td><td>0.83</td><td colspan="2">0.73</td></tr>
<tr><td rowspan="2">副偏角 $K_{\kappa_r' v_c}$</td><td>κ_r'</td><td>30°</td><td>30°</td><td>30°</td><td>30°</td><td colspan="2">30°</td></tr>
<tr><td>$K_{\kappa_r' v_c}$</td><td>1</td><td>0.97</td><td>0.94</td><td>0.91</td><td colspan="2">0.87</td></tr>
<tr><td rowspan="2">刀尖半径 $K_{r_\varepsilon v_c}$</td><td>r_ε</td><td>1 mm</td><td>2</td><td>3</td><td colspan="3">4</td></tr>
<tr><td>$K_{r_\varepsilon v_c}$</td><td>0.94</td><td>1.0</td><td>1.03</td><td colspan="3">1.13</td></tr>
<tr><td rowspan="2">刀杆尺寸 $K_{BH} v_c$</td><td>$B \times H$</td><td>12×20
16×16</td><td>16×25
20×20</td><td>20×30
25×25</td><td>25×40
30×30</td><td>30×45
40×40</td><td>40×60</td></tr>
<tr><td>$K_{BH} v_c$</td><td>0.93</td><td>0.97</td><td>1</td><td>1.04</td><td>1.08</td><td>1.12</td></tr>
</table>

表 2-15　车削加工常用钢材的切削速度参考数值

加工材料		硬度 HBS	背吃刀量 a_p /mm	高速钢刀具		硬质合金刀具						陶瓷（超硬材料）刀具		
						未涂层				涂层				
				v /(m/min)	f /(mm/r)	v/(m/min) 焊接式	v/(m/min) 可转位	f /(mm/r)	材料	v /(m/min)	f /(mm/r)	v /(m/min)	f /(mm/r)	说明
易切碳钢	低碳	100~200	1	55~90	0.18~0.2	185~240	220~275	0.18	TY15	320~410	0.18	550~700	0.13	切削条件较好时可用冷压 Al_2O_3 陶瓷，切削条件较差时宜用 Al_2O_3+TiC 热压混合陶瓷
			4	41~70	0.40	135~185	160~215	0.50	TY14	215~275	0.40	425~580	0.25	
			8	34~55	0.50	110~145	130~170	0.75	TY5	170~220	0.50	335~490	0.40	
	中碳	175~225	1	52	0.2	165	200	0.18	TY15	305	0.18	520	0.13	
			4	40	0.40	125	150	0.50	TY14	200	0.40	395	0.25	
			8	30	0.50	100	120	0.75	TY5	160	0.50	305	0.40	
碳钢	低碳	125~225	1	43~46	0.18	140~150	170~195	0.18	TY15	260~290	0.18	520~580	0.13	
			4	34~33	0.40	115~125	135~150	0.50	TY14	170~190	0.40	365~425	0.25	
			8	27~30	0.50	88~100	105~120	0.75	TY5	135~150	0.50	275~365	0.40	
	中碳	175~275	1	34~40	0.18	115~130	150~160	0.18	TY15	220~240	0.18	460~520	0.13	
			4	23~30	0.40	90~100	115~125	0.50	TY14	145~160	0.40	290~350	0.25	
			8	20~26	0.50	70~78	90~100	0.75	TY5	115~125	0.50	200~260	0.40	
	高碳	175~275	1	30~37	0.18	115~130	140~155	0.18	TY15	215~230	0.18	460~520	0.13	
			4	24~27	0.40	88~95	105~120	0.50	TY14	145~150	0.40	275~335	0.25	
			8	18~21	0.50	69~76	84~95	0.75	TY5	115~120	0.50	185~245	0.40	
合金钢	低碳	125~225	1	41~46	0.18	135~150	170~185	0.18	TY15	220~235	0.18	520~580	0.13	
			4	32~37	0.40	105~120	135~145	0.50	TY14	175~190	0.40	365~395	0.25	
			8	24~27	0.50	84~95	105~115	0.75	TY5	135~145	0.50	275~335	0.40	
	中碳	175~275	1	34~41	0.18	105~115	130~150	0.18	TY15	175~200	0.18	460~520	0.13	
			4	26~32	0.40	85~90	105~120	0.40~0.50	TY14	135~160	0.40	280~360	0.25	
			8	20~24	0.50	67~73	82~95	0.50~0.75	TY5	105~120	0.50	220~265	0.40	
	高碳	175~275	1	30~37	0.18	105~115	135~145	0.18	TY15	175~190	0.18	460~520	0.13	
			4	24~27	0.40	84~90	105~115	0.50	TY14	135~150	0.40	275~335	0.25	
			8	18~21	0.50	66~72	82~90	0.75	TY5	105~120	0.50	215~245	0.40	
高强度钢		225~350	1	20~26	0.18	90~105	115~135	0.18	TY15	150~185	0.18	380~440	0.13	>300 HBS 时宜用 W12Cr4V5Co5 及 W2MoCr4VCo8
			4	15~20	0.40	69~84	90~105	0.40	TY14	120~135	0.40	205~265	0.25	
			8	12~15	0.50	53~66	69~84	0.50	TY5	90~105	0.50	145~205	0.40	

切削速度的选取原则是:粗车时,因背吃刀量和进给量都较大,应选较低的切削速度,精加工时选择较高的切削速度;加工材料强度硬度较高时,选较低的切削速度,反之取较高切削速度;刀具材料的切削性能越好,切削速度越高。

任务三　生产类型及工艺文件

任务描述

为了能多快好省地制造出机器来,产品的产量不一样,匹配的机械加工装备和相关的技术文件也会有区别,通过本任务的学习,了解生产类型及其工艺文件,掌握机械加工工艺过程的组成及各工艺文件的应用,才能制定出合适的零件加工工艺规程。

任务实施

一、机械加工生产类型

(一)生产纲领

生产纲领是指企业在计划期内应当生产的产品产量和进度计划。计划期通常为1年,所以生产纲领又称年产量。

对于零件而言,产品的产量除了制造机器所需要的数量之外,还要包括一定的备品和废品,因此零件的生产纲领应按下式计算

$$N=Qn(1+a\%)(1+b\%) \tag{2-28}$$

式中,N为零件的年产量(件/年);Q为产品的年产量(台/年);n为每台产品中该零件的数量(件/台);$a\%$为该零件的备品率;$b\%$为该零件的废品率。

(二)生产类型

生产类型是指企业生产专业化程度的分类。人们按照产品的生产纲领、投入生产的批量,可将生产分为:单件生产、批量生产和大量生产三种类型。

1. 单件生产

单个生产不同结构和尺寸的产品,很少重复甚至不重复,这种生产称为单件生产。如新产品试制、维修车间的配件制造和重型机械制造等都属此种生产类型。其特点是:生产的产品种类较多,而同一产品的产量很小,工作地点的加工对象经常改变。

2. 大量生产

同一产品的生产数量很大,大多数工作地点,经常按一定节拍重复进行某一零件的某一工序的加工,这种生产称为大量生产。如自行车制造和一些链条厂、轴承厂等专业化生产即属此种生产类型。其特点是:同一产品的产量大,工作地点较少改变,加工过程重复。

3. 批量生产

一年中分批轮流制造几种不同的产品,每种产品均有一定的数量,工作地点的加工对象周期性地重复,这种生产称为成批生产。如一些通用机械厂、某些农业机械厂、陶瓷机械厂、造纸机械厂、烟草机械厂等的生产即属这种生产类型。其特点是:产品的种类较少,有一定的生产数量,加工对象周期性地改变,加工过程周期性地重复。

同一产品(或零件)每批投入生产的数量称为批量。根据批量的大小又可分为大批量生产、中批量生产和小批量生产。小批量生产的工艺特征接近单件生产,大批量生产的工艺特征接近大量生产。三种生产类型关系如图2-45所示。

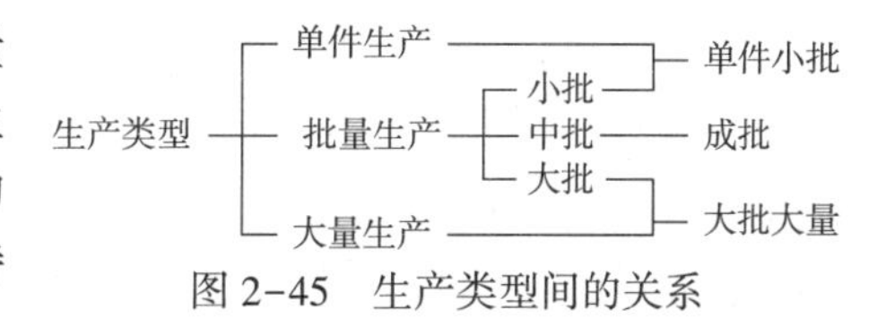

图2-45　生产类型间的关系

根据式(2-28)计算的零件生产纲领,生产类型的划分除了与生产纲领有关外,还应考虑产品的大小及复杂程度。参考表2-16即可确定生产类型。不同生产类型的制造工艺有不同特征,各种生产类型的工艺特征见表2-17。

表2-16　生产类型和生产纲领的关系

生产类型		生产纲领(件/年或台/年)		
		重型(30 kg以上)	中型(4~30 kg)	轻型(4 kg以下)
单件生产		5以下	10以下	100以下
批量生产	小批量生产	5~100	10~200	100~500
	中批量生产	100~300	200~500	500~5 000
	大批量生产	300~1 000	500~5 000	5 000~50 000
大量生产		1 000以上	5 000以上	50 000以上

表2-17　各种生产类型的工艺特点

工艺特点	单件生产	批量生产	大量生产
毛坯的制造方法	铸件用木模手工造型,锻件用自由锻	铸件用金属模造型,部分锻件用模锻	铸件广泛用金属模机器造型,锻件用模锻
零件互换性	无须互换、互配零件可成对制造,广泛用修配法装配	大部分零件有互换性,少数用修配法装配	全部零件有互换性,某些要求精度高的配合,采用分组装配
机床设备及其布置	采用通用机床;按机床类别和规格采用"机群式"排列	部分采用通用机床,部分专用机床;按零件加工分"工段"排列	广泛采用生产率高的专用机床和自动机床;按流水线形式排列
夹具	很少用专用夹具,由划线和试切法达到设计要求	广泛采用专用夹具,部分用划线法进行加工	广泛用专用夹具,用调整法达到精度要求
刀具和量具	采用通用刀具和万能量具	较多采用专用刀具和专用量具	广泛采用高生产率的刀具和量具
对技术工人要求	需要技术熟练的工人	各工种需要一定熟练程度的技术工人	对机床调整工人技术要求高,对机床操作工人技术要求低
对工艺文件的要求	只有简单的工艺过程卡	有详细的工艺过程卡或工艺卡,零件的关键工序有详细的工序卡	有工艺过程卡、工艺卡和工序卡等详细的工艺文件

二、机械加工工艺过程

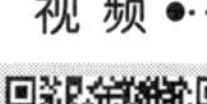

磨床主轴加工

工艺过程是指改变生产对象的形状、尺寸、相对位置和性质等,使其成为半成品或成品的过程。它是生产过程的一部分。工艺过程可分为毛坯制造、机械加工、热处理和装配等工艺过程。

(一)机械加工工艺过程的概念

机械加工工艺过程是指用机械加工的方法直接改变毛坯的形状、尺寸和表面质量,使之成为零件或部件的那部分生产过程,它包括机械加工工艺过程和机器装配工艺过程。本书所称工艺过程均指机械加工工艺过程,以下简称工艺过程。

(二)工艺过程的组成

在机械加工工艺过程中,针对零件的结构特点和技术要求,要采用不同的加工方法和装备,按照一定的顺序进行加工,才能完成由毛坯到零件的过程。组成机械加工工艺过程的基本单元是工序。工序又由安装、工位、工步和走刀等组成。

1. 工序

一个或一组工人,在一个工作地点对同一个或同时对几个工件进行加工所连续完成的那部分工艺过程,称为工序。由定义可知,判别是否为同一工序的主要依据是:工作地点是否变动和加工是否连续。

生产规模不同,加工条件不同,其工艺过程及工序的划分也不同。

2. 安装

在加工前,应先使工件在机床上或夹具中占有正确的位置,这一过程称为定位;工件定位后,将其固定,使其在加工过程中保持定位位置不变的操作称为夹紧;将工件在机床或夹具中每定位、夹紧一次所完成的那一部分工序内容称为安装。一道工序中,工件可能被安装一次或多次。

3. 工位

为了完成一定的工序内容,一次安装工件后,工件与夹具或设备的可动部分一起相对刀具或设备的固定部分所占据的每一个位置称为工位。为了减少由于多次安装带来的误差和时间损失,加工中常采用回转工作台、回转夹具或移动夹具,使工件在一次安装中,先后处于几个不同的位置进行加工,称为多工位加工。图 2-46 所示为一利用回转工作台,在一次安装中依次完成装卸工件、钻孔、扩孔、铰孔四个工位加工的例子。采用多工位加工方法,既可以减少安装次数,提高加工精度,并减轻工人的劳动强度;又可以使各工位的加工与工件的装卸同时进行,提高劳动生产率。

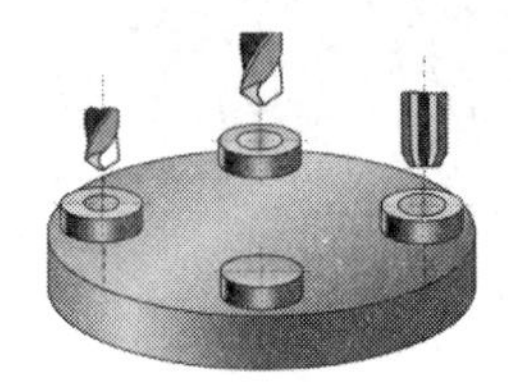

图 2-46　多工位加工

4. 工步

工序又可分成若干工步。加工表面不变、切削刀具不变、切削用量中的进给量和切削速度基本保持不变的情况下所连续完成的那部分工序内容,称为工步。以上三个不变因素中只要有一个因素改变,即成为新的工步。一道工序包括一个或几个工步。

为简化工艺文件,对于那些连续进行的几个相同的工步,通常可看作一个工步。用几把不同刀具或复合刀具同时加工一个零件几个表面的工步,也可看作一个工步,称为复合工步。为了提高生产率,常将几个待加工表面用几把刀具同时加工,这种由刀具合并起来的工步,称为复合工步,如图 2-47 所示。复合工步在工艺规程中也写作一个工步。

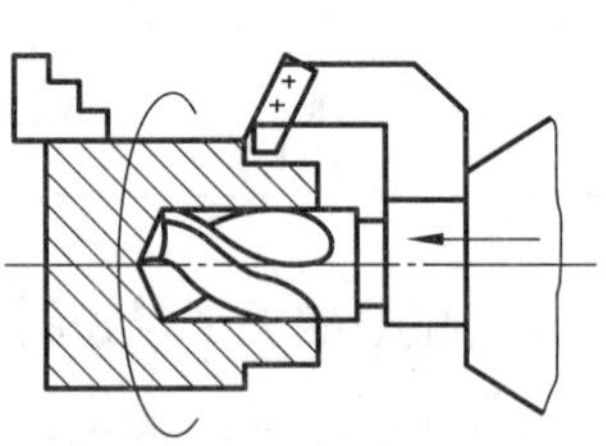

图 2-47　复合工步

5. 走刀

在一个工步中,若需切去的金属层很厚,则可分为几次切削。则每进行一次切削就是一次走刀。一个工步可以包括一次或几次走刀。

三、机械加工工艺文件

(一)机械加工工艺规程的概念

机械加工工艺规程是将产品或零部件的制造工艺过程和操作方法按一定格式固定下来的技术文件。它是在具体生产条件下,本着最合理、最经济的原则编制而成的,经审批后用来指导生产的法规性文件。

机械加工工艺规程包括零件加工工艺流程、加工工序内容、切削用量、采用设备及工艺装备、工时定额等。

(二)机械加工工艺规程的作用

机械加工工艺规程是机械制造工厂最主要的技术文件,是工厂规章制度的重要组成部分,其作用主要有:

(1)它是组织和管理生产的基本依据。工厂进行新产品试制或产品投产时,必须按照工艺规程提供的数据进行技术准备和生产准备,以便合理编制生产计划,合理调度原材料、毛坯和设备,及时设计制造工艺装备,科学地进行经济核算和技术考核。

(2)它是指导生产的主要技术文件。工艺规程是在结合本厂具体情况,总结实践经验的基础上,依据科学的理论和必要的工艺实验后制订的,它反映了加工过程中的客观规律,工人必须按照工艺规程进行生产,才能保证产品质量,才能提高生产效率。

(3)它是新建和扩建工厂的原始资料。根据工艺规程,可以确定生产所需的机械设备、技术工人、基建面积以及生产资源等。

(4)它是进行技术交流,开展技术革新的基本资料。典型和标准的工艺规程能缩短生产的准备时间,提高经济效益。先进的工艺规程必须广泛吸取合理化建议,不断交流工作经验,才能适应科学技术的不断发展。工艺规程则是开展技术革新和技术交流必不可少的技术语言和基本资料。

(三)工艺文件格式

为了适应工业发展的需要,加强科学管理和便于交流,《工艺规程格式》(JB/T 9165.2—1998)标准规定,属于机械加工工艺规程的有:

(1)机械加工工艺过程卡片:主要列出零件加工的整个工艺路线以及工装设备和工时等内容,多供生产管理使用。

(2)机械加工工序卡片:用来具体指导工人操作的一种最详细的工艺文件,卡片上要画出工序简图,注明该工序的加工表面及应达到的尺寸精度和粗糙度要求、工件的安装方式、切削用量、工装设备等内容。

(3)标准零件或典型零件工艺过程卡片。

(4)单轴自动车床调整卡片。

(5)多轴自动车床调整卡片。

(6)机械加工工序操作指导卡片。

(7)检验卡片等。

常用的工艺文件格式见表 2-18 至表 2-20。

表 2-18　机械加工工艺过程卡片

	机械加工工艺过程卡片	产品型号		零件图号			
		产品名称		零件名称		共　页	第　页

材料牌号	(1)	毛坯种类	(2)	毛坯外形尺寸	(3)	每毛坯可制件数	(4)	每台件数	(5)	备注	(6)

工序号	工序名称	工序内容	车间	工段	设备	工艺装备	工时 准终	工时 单件
(7)	(8)	(9)	(10)	(11)	(12)	(13)	(14)	(15)

										设计(日期)	审核(日期)	标准化(日期)	会签(日期)	
标记	处数	更改文件号	签字	日期	标记	处数	更改文件号	签字	日期					

表 2-19　机械加工工序卡片

	机械加工工序卡片	产品型号		零件图号			
		产品名称		零件名称		共　页	第　页

（工序简图）				
	车　间	工序号	工序名称	材料牌号
	毛坯种类	毛坯外形尺寸	每毛坯可制件数	每台件数
	设备名称	设备型号	设备编号	同时加工件数

夹具编号	夹具名称	切削液	
工位器具编号	工位器具名称	工序工时	
		准终	单件

工步号		工步内容	工艺设备	主轴转速/（r/min）	切削速度/（m/min）	进给量/（mm/r）	背吃刀量/mm	进给次数	工步工时	
									机动	辅助

										设计（日期）	审核（日期）	标准化（日期）	会签（日期）	
标记	处数	更改文件号	签字	日期	标记	处数	更改文件号	签字	日期					

表 2-20　机械加工工艺卡片

<table>
<tr><td colspan="3" rowspan="2">工厂</td><td colspan="2" rowspan="2">机械加工工艺卡片</td><td>产品型号</td><td colspan="2"></td><td colspan="2">零件图号</td><td colspan="2"></td><td colspan="4">共　页</td></tr>
<tr><td>产品名称</td><td colspan="2"></td><td colspan="2">零件名称</td><td colspan="2"></td><td colspan="4">第　页</td></tr>
<tr><td colspan="3">材料牌号</td><td></td><td>毛坯种类</td><td></td><td>毛坯外形尺寸</td><td></td><td>每毛坯件数</td><td colspan="2"></td><td>每台件数</td><td></td><td colspan="2">备注</td><td></td></tr>
<tr><td rowspan="2">工序</td><td rowspan="2">装夹</td><td rowspan="2">工步</td><td rowspan="2">工序内容</td><td rowspan="2">同时加工工件数</td><td colspan="4">切削用量</td><td rowspan="2">设备名称及编号</td><td colspan="3">工艺装备名称及编号</td><td rowspan="2">技术等级</td><td colspan="2">工时定额</td></tr>
<tr><td>背吃刀量/mm</td><td>切削速度/（m/min）</td><td>主轴转速或往复次数</td><td>进给量/（mm 或 mm/双行程）</td><td>夹具</td><td>刀具</td><td>量具</td><td>单件</td><td>准终</td></tr>
<tr><td></td><td></td><td></td><td></td><td></td><td></td><td></td><td></td><td></td><td></td><td></td><td></td><td></td><td></td><td></td><td></td></tr>
<tr><td></td><td></td><td></td><td></td><td></td><td></td><td></td><td></td><td></td><td></td><td></td><td></td><td></td><td></td><td></td><td></td></tr>
<tr><td></td><td></td><td></td><td></td><td></td><td></td><td></td><td></td><td></td><td></td><td colspan="2">编制（日期）</td><td>审核（日期）</td><td>会签（日期）</td><td></td><td></td></tr>
<tr><td></td><td></td><td></td><td></td><td></td><td></td><td></td><td></td><td></td><td></td><td colspan="2" rowspan="2"></td><td rowspan="2"></td><td rowspan="2"></td><td rowspan="2"></td><td rowspan="2"></td></tr>
<tr><td>标记</td><td>处数</td><td>更改文件号</td><td>签字</td><td>日期</td><td>标记</td><td>处数</td><td>更改文件号</td><td>签字</td><td>日期</td></tr>
</table>

(四)加工余量

1. 加工余量的概念

加工余量是指加工过程中所切去的金属层厚度。余量有总加工余量和工序余量之分。由毛坯转变为零件的过程中,在某加工表面上切除金属层的总厚度,称为该表面的总加工余量(又称毛坯余量)。一般情况下,总加工余量并非一次切除,而是分在各工序中逐渐切除,故每道工序所切除的金属层厚度称为该工序加工余量(简称工序余量)。工序余量是相邻两工序的工序尺寸之差,毛坯余量是毛坯尺寸与零件图样的设计尺寸之差。

由于工序尺寸有公差,故实际切除的余量大小不等。

图 2-48 所示为工序余量与工序尺寸的关系。

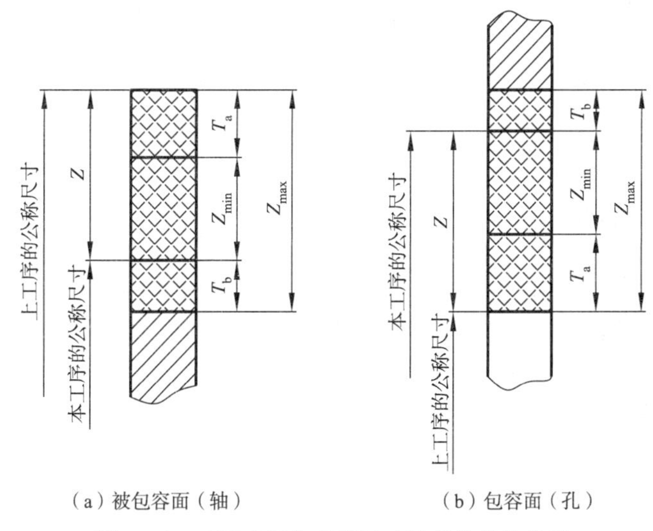

图 2-48　工序余量与工序尺寸及其公差的关系

由图 2-48 可知,工序余量的公称尺寸 Z 可按下式计算

对于被包容面:　　　Z=上工序公称尺寸-本工序公称尺寸

对于包容面:　　　Z=本工序公称尺寸-上工序公称尺寸

为了便于加工,工序尺寸都按“入体原则”标注极限偏差,即被包容面的工序尺寸取上偏差为零;包容面的工序尺寸取下偏差为零。毛坯尺寸则按双向布置上、下偏差。

工序余量和工序尺寸及其公差的计算公式

$$Z=Z_{min}+T_a$$

$$Z_{max}=Z+T_b=Z_{min}+T_a+T_b$$

式中,Z_{min} 为最小工序余量;Z_{max} 为最大工序余量;T_a 为上工序尺寸的公差;T_b 为本工序尺寸的公差。

由于毛坯尺寸、零件尺寸和各道工序的工序尺寸都存在误差,所以无论是总加工余量,还是工序加工余量都是一个变动值,出现了最大和最小加工余量,它们与工序尺寸及其公差的关系可用图 2-49 说明。

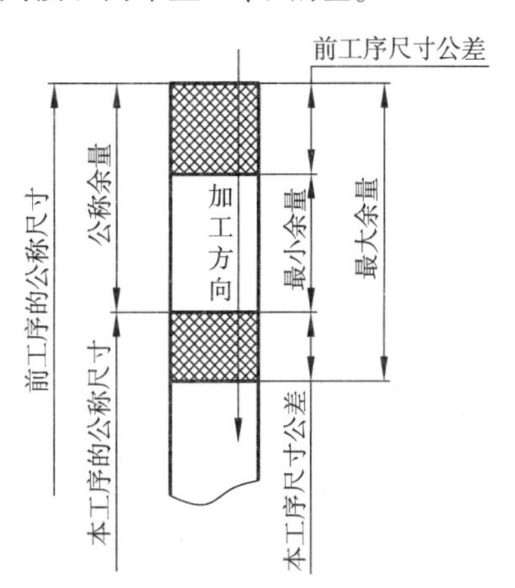

图 2-49　工序加工余量及其公差

由图 2-49 可以看出,公称加工余量为前工序和本工序尺寸之差,最小加工余量为前工序尺寸的最小值和本工序尺寸的最大值之差;最大加工余量为前工序尺寸的最大值和本工序尺寸的最小值之差。工序加工余量

的变动范围(最大加工余量与最小加工余量之差)等于前工序与本工序的工序尺寸公差之和。

2. 影响加工余量的因素

在确定工序的具体内容时,其工作之一就是合理地确定工序加工余量。加工余量的大小对零件的加工质量和制造的经济性均有较大的影响。加工余量过大,必然增加机械加工的劳动量、降低生产率;增加原材料、设备、工具及电力等的消耗。加工余量过小,又不能确保切除上工序形成的各种误差和表面缺陷,影响零件的质量,甚至产生废品。由图 2-49 可知,工序加工余量(公称值,以下同)除可用相邻工序的工序尺寸表示外,还可以用另外一种方法表示,即工序加工余量等于最小加工余量与前工序的工序尺寸公差之和。因此,在讨论影响加工余量的因素时,应首先研究影响最小加工余量的因素。

影响最小加工余量的因素较多,现将主要影响因素分单项介绍如下。

(1)前工序形成的表面粗糙度(Rz)和缺陷层深度(Ha)。为了使工件的加工质量逐步提高,一般每道工序都应切到待加工表面以下的正常金属组织,将上道工序形成的表面粗糙度和缺陷层切掉。

(2)前工序留下的形状误差(Δx)和位置误差(Δw)等因素,导致的各表面间的空间误差 ρ_a。当形状公差、位置公差和尺寸公差之间的关系是独立原则时,尺寸公差不控制形位公差。此时,最小加工余量应保证将前工序形成的形状和位置误差切掉。

以上影响因素中的误差及缺陷,有时会重叠在一起,如图 2-50 所示,图中的 Δx 为平面度误差、Δw 为平行度误差,但为了保证加工质量,可对各项进行简单叠加,以便彻底切除。

上述各项误差和缺陷都是前工序形成的,为能将其全部切除,还要考虑本工序的装夹误差 ε_b 的影响。如图 2-51 所示,由于三爪自定心卡盘定心不准,使工件轴线偏离主轴旋转轴线 e 值,造成加工余量不均匀,为确保将前工序的各项误差和缺陷全部切除,直径上的余量应增加 $2e$。装夹误差 ε_b,可在求出定位误差、夹紧误差和夹具的对定误差后求得。

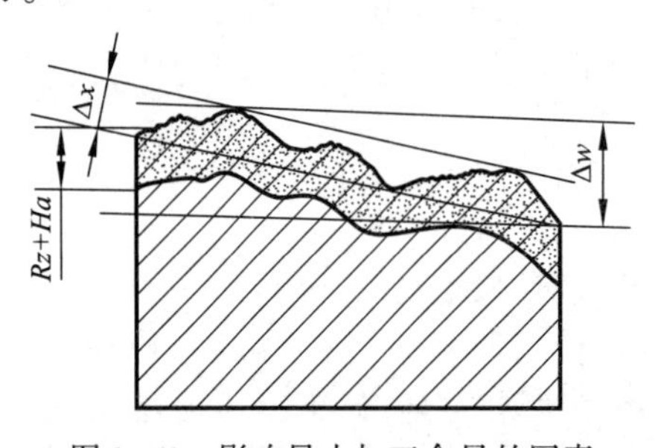

图 2-50 影响最小加工余量的因素

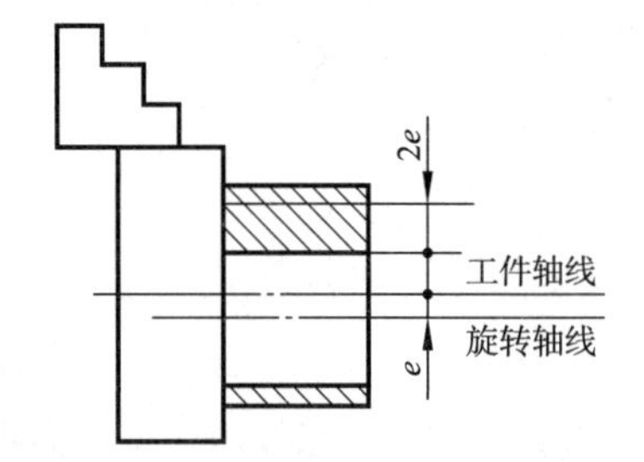

图 2-51 装夹误差对加工余量的影响

上工序的空间偏差和本工序的装夹误差是有不同方向的,二者对加工余量的影响应该是向量和。

综上所述,影响工序加工余量的因素可归纳为下列几点:

①前工序的工序尺寸公差(T_a)。

②前工序形成的表面粗糙度和表面缺陷层深度($Rz+Ha$)。

③前工序各表面相互位置空间误差 ρ_a。

④本工序的装夹误差(ε_b)。

3. 确定加工余量的方法

确定加工余量的方法有以下三种。

1)查表修正法

根据生产实践和试验研究,已将毛坯余量和各种工序的工序余量数据汇编于手册。确定加工余量时,可从手册中获得所需数据,然后结合工厂的实际情况进行修正。查表时应注意表中的数据为公称值,对称表面(轴孔等)的加工余量是双边余量,非对称表面的加工余量是单边的。这种方法目前应用最广。

2)经验估计法

该方法是根据实践经验确定加工余量。为防止加工余量不足而产生废品,往往估计的数值总是偏大,因而这种方法只适用于单件、小批生产。

3)分析计算法

是根据加工余量影响因素和一定的试验资料,通过计算分析确定加工余量的一种方法。采用这种方法确定的加工余量比较经济合理,但必须有比较全面可靠的试验资料及先进的计算手段方可进行,故目前应用较少。

在确定加工余量时,总加工余量和工序加工余量要分别确定。总加工余量的大小与选择的毛坯制造精度有关。用查表法确定工序加工余量时,粗加工工序的加工余量不应查表确定,而是用总加工余量减去各工序余量求得,同时要对求得的粗加工工序余量进行分析,如果过小,要增加总加工余量;过大,应适当减少总加工余量,以免造成浪费。

任务四 传动轴的工艺规程设计

任务描述

学习了轴类零件所用的加工设备和有关的机械加工过程的概念,试编制图2-1所示某减速器上传动轴的加工工艺。

任务实施

拟定加工工艺

从结构上看,该传动轴是一个典型的阶梯轴,工件材料为45钢,生产纲领为小批生产,调质处理220~350 HBS。

(一)分析传动轴的结构和技术要求

该轴为普通的实心阶梯轴,属于轴类零件,轴类零件一般只有一个主视图和几个断面图来表达,主视图主要标注相应的尺寸和技术要求,而其他要素(如退刀槽、键槽等)的尺寸和技术要求标注在相应的断面图中。

轴颈和装配传动零件的配合表面,一般是轴类零件的重要表面,其尺寸精度、形状精度(圆度、圆柱度等)、位置精度(同轴度、与端面的垂直度等)及表面粗糙度要求均较高,是轴类零件机械加工时,要重点考虑的几何要素。

该传动轴,轴颈M和N处是安装轴承的,各项精度要求均较高,其尺寸为ϕ35js6(±0.008),且是其他表面的基准,因此是主要表面。配合表面Q和P处是安装传动零件的,与基准轴颈的径向圆跳动公差为0.02(实际上是与M、N的同轴度),公差等级为IT6,轴肩H、G和I端面为轴向定位面,其要求较高,与基准轴颈的端面圆跳动公差为0.02,也是较重要的表面,同时还有键槽、螺纹等结构要素。

(二)明确毛坯状况

一般阶梯轴类零件材料常选用45钢;对于中等精度而转速较高的轴可用40Cr;对于高

速、重载荷等条件下工作的轴可选用 20Cr、20CrMnTi 等低碳合金钢进行渗碳淬火,或用 38CrMoAIA 超高强度钢(氮化钢)。阶梯轴类零件的毛坯最常用的是圆棒料和锻件。

(三)拟定工艺路线

1. 确定加工方案

轴类在进行外圆加工时,会因切除大量金属后引起残余应力重新分布而变形。应将粗精加工分开,先粗加工,再进行半精加工和精加工,主要表面精加工放在最后进行。传动轴大多是回转面,主要采用车削和外圆磨削。由于该轴的 Q、M、P、N 段公差等级较高,表面粗糙度值较小,应采用磨削加工。其他外圆面采用粗车、半精车、精车加工的加工方案。

2. 划分加工阶段

该轴加工划分为三个加工阶段,即粗车(粗车外圆、钻中心孔)、半精车(半精车各处外圆、轴肩和修研中心孔等),粗精磨 Q、M、P、N 段外圆。各加工阶段大致以热处理为界。

3. 选择定位基准

轴类零件各表面的设计基准一般是轴的中心线,其加工的定位基准,最常用的是两中心孔。在粗加工外圆和加工长轴类零件时,为了提高工件刚度,常采用一夹一顶的方式,即轴的一端外圆用卡盘夹紧,一端用尾座顶尖顶住中心孔,此时是以外圆和中心孔同作为定位基面。

4. 热处理工序安排

该轴需进行调质处理。它应放在粗加工后,半精加工前进行。如采用锻件毛坯,必须首先安排退火或正火处理。该轴毛坯为热轧钢,可不必进行正火处理。

5. 加工工序安排

应遵循加工顺序安排的一般原则,如先粗后精、先主后次等。另外还应注意:

外圆表面加工顺序应为:先加工大直径外圆,然后加工小直径外圆,以免一开始就降低了工件的刚度。

轴上的花键、键槽等表面的加工应在外圆精车或粗磨之后、外圆精磨之前。这样既可保证花键、键槽的加工质量,也可保证精加工表面的精度。

轴上的螺纹一般有较高的精度,其加工应安排在工件局部淬火之前进行,避免因淬火后产生的变形而影响螺纹的精度。该轴的加工工艺路线为:毛坯及其热处理→预加工→车削外圆→铣键槽等→热处理→磨削。

(四)确定工序尺寸

毛坯下料尺寸:$\phi60\times264$。

粗车时,各外圆及各段尺寸按图纸加工尺寸均留余量 2 mm。

半精车时,螺纹大径车到$\phi24^{-0.1}_{-0.2}$,$\phi44$ 及$\phi62$ 台阶车到图纸规定尺寸,其余台阶均留 0.5 mm 余量。

铣加工:止动垫圈槽加工到图纸规定尺寸,键槽铣到比图纸尺寸多 0.25 mm,作为磨削的余量。

精加工:螺纹加工到图纸规定尺寸 M24×1.5-6g,各外圆车到图纸规定尺寸。

(五)选择设备工装

外圆加工设备:普通车床 CA6140。

磨削加工设备:万能外圆磨床 M1432A。

铣削加工设备:铣床 X52。

(六)填写工艺卡片

阶梯轴加工工艺见表 2-21。

表 2-21　阶梯轴加工工艺

工序号	工种	工序内容	工序简图	设备
5	下料	ϕ60×264		锯床 GB 4320
10	车	三爪卡盘夹持工件，车端面见平，钻中心孔，用尾架顶尖顶住，粗车 P、N 及螺纹段三个台阶，直径、长度均留余量 2 mm	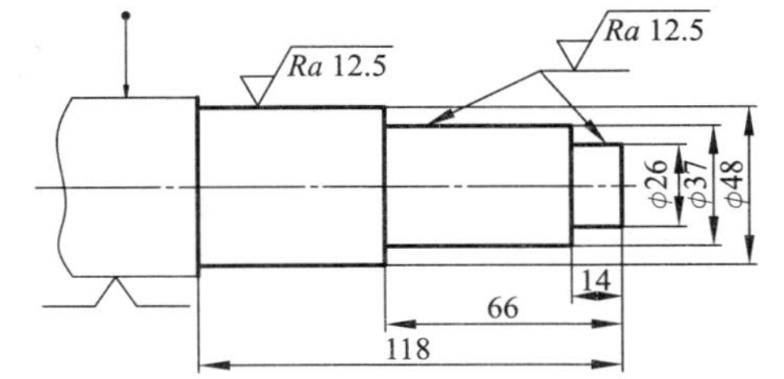	CA6140
		调头，三爪卡盘夹持工件另一端，车端面保证总长 260 mm，钻中心孔，用尾架顶尖顶住，粗车另外四个台阶，直径均留余量 2 mm	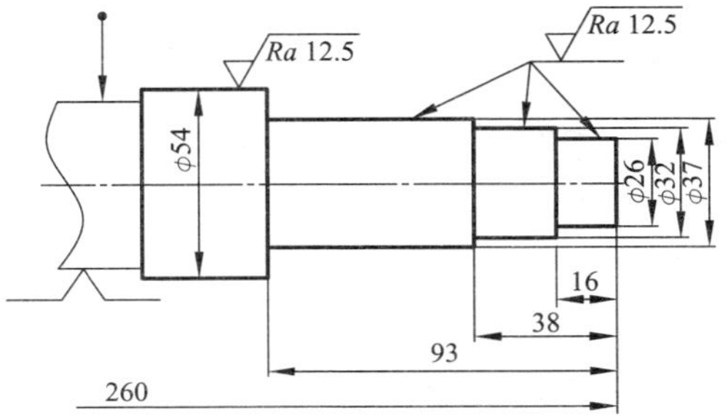	CA6140
15	热	调质处理 24～28 HRC		井式加热炉、淬火池
20	钳	修研两端中心孔	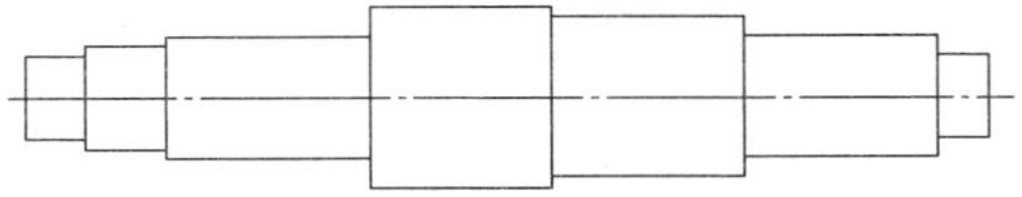	CA6140

续上表

工序号	工种	工 序 内 容	工 序 简 图	设 备
25	车	双顶尖装夹。半精车三个台阶，螺纹大径车到$\phi 24_{-0.2}^{-0.1}$，P、N 两个台阶直径上留余量 0.5 mm，车槽三个，倒角三个	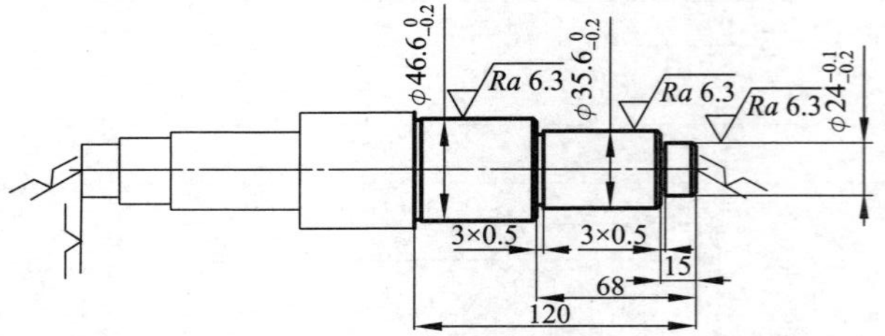	CA6140
		调头，双顶尖装夹，半精车余下的五个台阶，$\phi 44$ 及$\phi 52$ 台阶车到图纸规定的尺寸。螺纹大径车到$\phi 24_{-0.2}^{-0.1}$，其余两个台阶直径上留余量 0.5mm，车槽三个，倒角四个	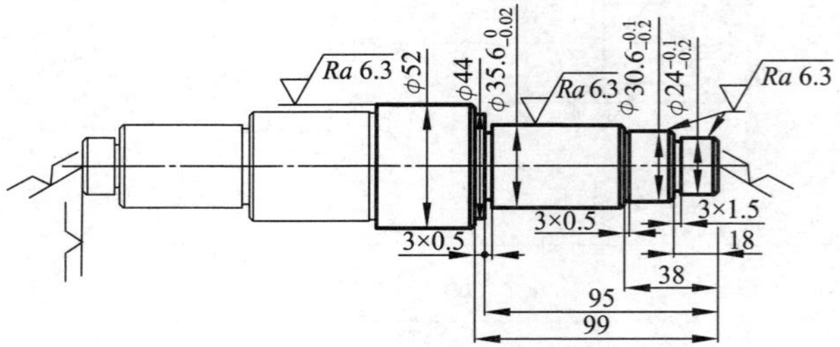	CA6140
30	车	双顶尖装夹，车一端螺纹 M24×1.5-6g，调头，双顶尖装夹，车另一端螺纹 M24×1.5-6g	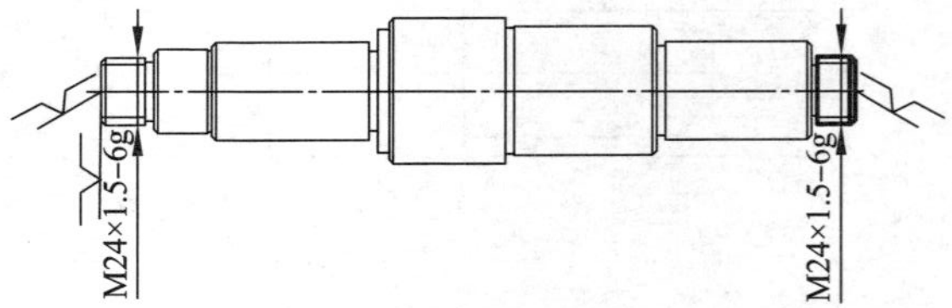	CA6140
35	钳	划键槽及一个止动垫圈槽加工线		钳工台

续上表

工序号	工种	工序内容	工序简图	设备
40	铣	铣两个键槽及一个止动垫圈槽，键槽深度比图纸规定尺寸多铣 0.25 mm，作为磨削的余量	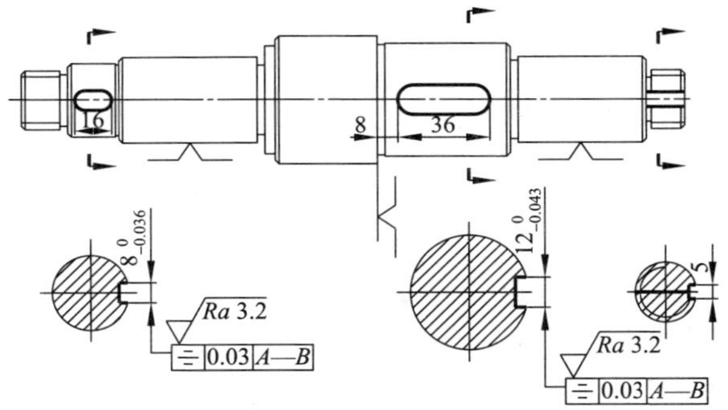 16　8　36　$8^{0}_{-0.036}$　Ra 3.2　0.03 A—B　$12^{0}_{-0.043}$　Ra 3.2　0.03 A—B　5	X52
45	钳	修研两端中心孔	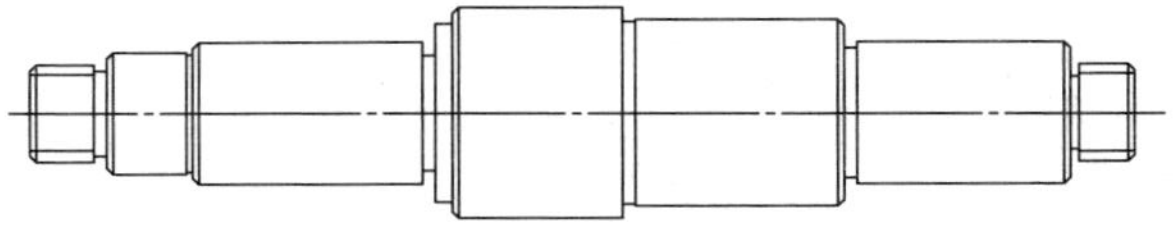	CA6140
50	磨	磨外圆 N 和 P，靠磨台肩 G。调头，磨外圆 Q 和 M，并用砂轮端面靠磨台 H 和 I	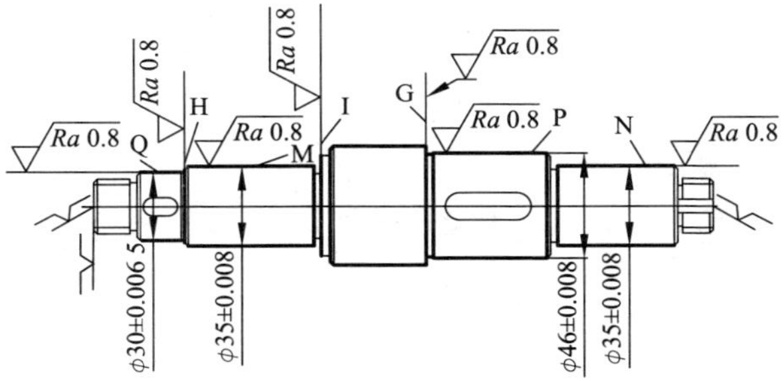 Ra 0.8　Q　Ra 0.8　H　Ra 0.8　M　Ra 0.8　I　G　Ra 0.8　Ra 0.8　P　N　Ra 0.8　ϕ30±0.006 5　ϕ35±0.008　ϕ46±0.008　ϕ35±0.008	M1432
55	检	检验		

任务五　轴类零件的加工质量检验与误差分析

任务描述

零件质量直接影响产品的性能、寿命、效率、可靠性等指标。而零件的质量由零件毛坯的制造方法、机械加工、热处理等工艺来保证。机械加工质量包括机械加工精度和机械加工表面质量两个方面。轴类零件的加工质量主要包括圆度、同轴度、跳动等几何精度和尺寸精度及表面粗糙度。在影响机械加工精度的诸多误差因素中,机床的几何误差、工艺系统的受力变形和受热变形占有突出的位置,应了解这些误差因素是如何影响加工误差的。

在影响机械加工表面质量的诸多因素中,切削用量、刀具几何角度以及工件、刀具材料等占主要作用,应了解这些因素对加工表面质量的影响规律。

通过本任务的学习,了解轴的检测项目及影响加工质量的因素,学会分析加工误差产生的物理原因,从而找出控制加工误差的方法。同时还要学会运用统计学方法对加工误差进行统计分析,以从加工误差的统计特征,确定出加工误差的变化规律及可能采取的控制方法,提高加工质量。

任务实施

一、加工精度与表面质量

(一)加工精度

任何加工方法所得到的实际参数都不会绝对准确,加工精度是加工后零件表面的实际尺寸及几何参数与图纸要求的理想几何参数的符合程度。加工误差是零件加工后的实际几何参数与理想几何参数的偏离程度。加工精度与加工误差都是评价加工表面几何参数的术语。加工精度用公差等级衡量,等级值越小,其精度越高;加工误差用数值表示,数值越大,其误差越大。加工精度高,就是加工误差小,反之亦然。从零件的功能看,只要加工误差在零件图要求的公差范围内,就认为保证了加工精度。

在机械加工过程中,刀具和工件加工表面之间位置关系合理时,加工表面精度就能达到加工要求,否则就不能达到加工要求,加工精度分析就是分析和研究加工精度不能满足要求时各种因素,即各种原始误差产生的可能性,并采取有效的工艺措施进行克服,从而提高加工精度。

在机械加工中,由于工艺系统本身的结构和状态、操作过程以及加工过程中的物理力学现象而产生刀具和工件之间的相对位置关系发生偏移的各种因素称为原始误差。它可以原样、放大或缩小地反映到被加工工件上,使工件产生加工误差而影响零件加工精度。一部分原始误差与切削过程有关;一部分原始误差与工艺系统本身的初始状态有关。这两部分误差又受环境条件、操作者技术水平等因素的影响。

(二)表面质量

机械零件的加工质量,除了加工精度外,还包含表面质量(表面完整性)。了解影响机械加工表面质量的主要工艺因素及其变化规律,对保证产品质量具有重要意义。

机械加工表面质量,是指零件在机械加工后表面层的微观几何形状误差和物理、化学及力学性能。产品的工作性能、可靠性、寿命在很大程度上取决于主要零件的表面质量。

机器零件的损坏，在多数情况下都是从表面开始的，这是由于表面是零件材料的边界，常常承受工作负荷所引起的最大应力和外界介质的侵蚀，表面上有着引起应力集中而导致破坏的根源，所以这些表面直接与机器零件的使用性能有关。在现代机器中，许多零件是在高速、高压、高温、高负荷下工作的，对零件的表面质量，提出了更高的要求。

1. 机械加工表面质量含义

任何机械加工方法所获得的加工表面都不可能是绝对理想的表面，总存在着表面粗糙度、表面波纹度等微观几何形状误差。表面层的材料在加工时还会发生物理、力学性能变化，以及在某些情况下发生化学性质的变化。图 2-52(a)所示为加工表层沿深度方向的变化情况。在最外层生成氧化膜或其他化合物，并吸收、渗进了气体、液体和固体的粒子，称为吸附层，其厚度一般不超过 8 μm。压缩层即为表面塑性变形区，由切削力造成，厚度约为几十至几百微米，随加工方法的不同而变化。其上部为纤维层，是由被加工材料与刀具之间的摩擦力所造成的。另外，切削热也会使表面层产生各种变化，如同淬火、回火一样使材料产生相变以及晶粒大小的变化等。因此，表面层的物理力学性能不同于基体，产生了如图 2-52(b)、(c)所示的显微硬度和残余应力变化。

由于机械加工中切削力和切削热的综合作用，加工表面层金属的物理、力学和化学性能发生一定的变化，主要表现在以下三个方面：

(1)表面层加工硬化(冷作硬化)。

(2)表面层金相组织变化及由此引起的表层金属强度、硬度、塑性及耐腐蚀性的变化。

(3)表面层产生残余应力或造成原有残余应力的变化。

2. 加工表面质量对零件使用性能的影响

1)表面质量对零件耐磨性的影响

零件的耐磨性与摩擦副的材料、润滑条件和零件的表面加工质量等因素有关。特别是在前两个条件已确定的前提下，零件的表面加工质量就起着决定性的作用。表面层从外往里依次为吸附层、压缩层、基本材料层，其加工表面层硬度和残余应力沿深度方向的变化情况如图 2-52 所示。零件的磨损可分为三个阶段，初期磨损阶段、正常磨损阶段和急剧磨损阶段。表面粗糙度对摩擦副的初期磨损影响很大，但也不是表面粗糙度参数值越小越耐磨。图 2-53 所示为表面粗糙度对初期磨损量影响的实验曲线。从图中看到，在一定工作条件下，摩擦副表面总是存在一个最佳表面粗糙度参数值，最佳表面粗糙度值为 Ra0. 32~1. 25 μm。

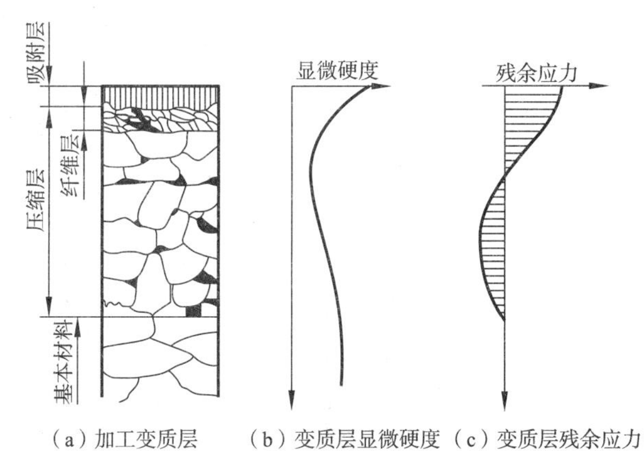

(a) 加工变质层　(b) 变质层显微硬度　(c) 变质层残余应力

图 2-52　加工表面层沿深度方向的变化情况

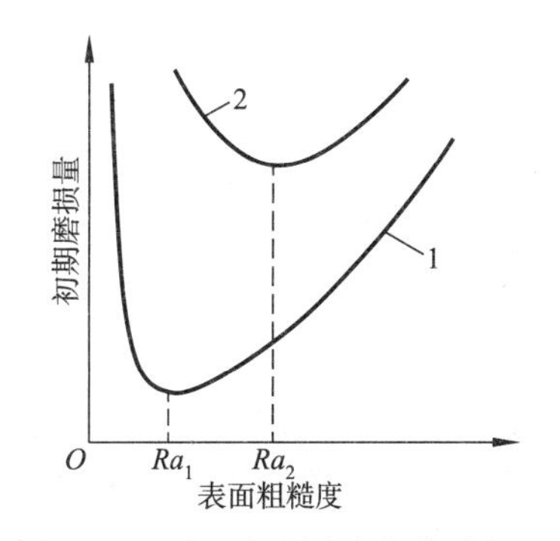

图 2-53　表面粗糙度与初期磨损量

1—轻载；2—重载

表面纹理方向对耐磨性也有影响,这是因为它能影响金属表面的实际接触面积和润滑液的存留情况。轻载时,两表面的纹理方向与相对运动方向一致时,磨损最小;当两表面纹理方向与相对运动方向垂直时,磨损最大。但是在重载情况下,由于压强、分子亲和力和润滑液的储存等因素的变化,其规律与上述有所不同。

表面层的加工硬化,一般能提高耐磨性 0.5~1 倍。这是因为加工硬化提高了表面层的强度,减少了表面进一步塑性变形和咬焊的可能。但过度的加工硬化会使金属组织疏松,甚至出现疲劳裂纹和产生剥落现象,从而使耐磨性下降。所以零件的表面硬化层必须控制在一定的范围之内。

2)表面质量对零件疲劳强度的影响

零件在交变载荷的作用下,其表面微观不平的凹谷处和表面层的缺陷处容易引起应力集中而产生疲劳裂纹,造成零件的疲劳破坏。试验表明,减小零件表面粗糙度值可以使零件的疲劳强度有所提高。因此,对于一些承受交变载荷的重要零件,如曲轴的曲拐与轴颈交界处,精加工后常进行光整加工,以减小零件的表面粗糙度值,提高其疲劳强度。

加工硬化对零件的疲劳强度影响也很大。表面层的适度硬化可以在零件表面形成一个硬化层,它能阻碍表面层疲劳裂纹的出现,从而使零件疲劳强度提高。但零件表面层硬化程度过大,反而易于产生裂纹,故零件的硬化程度与硬化深度也应控制在一定的范围之内。

表面层的残余应力对零件疲劳强度也有很大影响,当表面层为残余压应力时,能延缓疲劳裂纹的扩展,提高零件的疲劳强度;当表面层为残余拉应力时,容易使零件表面产生裂纹而降低其疲劳强度。

3)表面质量对零件耐腐蚀性的影响

零件的表面粗糙度在一定程度上影响零件的耐腐蚀性。零件表面越粗糙,越容易积聚腐蚀性物质,凹谷越深,渗透与腐蚀作用越强烈。因此,减小零件表面粗糙度值,可以提高零件的耐腐蚀性能。

零件表面残余压应力使零件表面紧密,腐蚀性物质不易进入,可增强零件的耐腐蚀性,而表面残余拉应力则降低零件的耐腐蚀性。

4)表面质量对配合性质及零件其他性能的影响

相配零件间的配合关系是用过盈量或间隙值来表示的。在间隙配合中,如果零件的配合表面粗糙,则会使配合件很快磨损而增大配合间隙,改变配合性质,降低配合精度;在过盈配合中,如果零件的配合表面粗糙,则装配后配合表面的凸峰被挤平,配合件间的有效过盈量减小,降低配合件间连接强度,影响配合的可靠性。因此对有配合要求的表面,必须限定较小的表面粗糙度参数值。

零件的表面质量对零件的使用性能还有其他方面的影响。例如,对于液压缸和滑阀,较大的表面粗糙度值会影响密封性;对于工作时滑动的零件,恰当的表面粗糙度值能提高运动的灵活性,减少发热和功率损失;零件表面层的残余应力会使加工好的零件因应力重新分布而变形,从而影响其尺寸和形状精度等。

总之,提高加工表面质量,对保证零件的使用性能、提高零件的使用寿命是很重要的。

3. 加工表面粗糙度及其影响因素

加工表面几何特性包括表面粗糙度、表面波纹度、表面加工纹理几个方面。表面粗糙度是构成加工表面几何特征的基本单元。

用金属切削刀具加工工件表面时,表面粗糙度主要受几何因素、物理因素和机械加工工艺因素三个方面的作用和影响。

1)几何因素

从几何的角度考虑,刀具的形状和几何角度,特别是刀尖圆弧半径、主偏角、副偏角和切削用量中的进给量等对表面粗糙度有较大的影响。

2)物理因素

从切削过程的物理实质考虑,刀具的刃口圆角及后面的挤压与摩擦使金属材料发生塑性变形,严重恶化了表面粗糙度。在加工塑性材料而形成带状切屑时,在前刀面上容易形成硬度很高的积屑瘤。它可以代替前刀面和切削刃进行切削,使刀具的几何角度、背吃刀量发生变化。积屑瘤的轮廓很不规则,因而使工件表面上出现深浅和宽窄都不断变化的刀痕。有些积屑瘤嵌入工件表面,更增加了表面粗糙度。切削加工时的振动,使工件表面粗糙度参数值增大。

3)工艺因素

从工艺的角度考虑其对工件表面粗糙度的影响,主要有与切削刀具有关的因素、与工件材质有关的因素和与加工条件有关因素等。

(三)轴类零件的检验项目

根据零件图上所标的技术要求,要进行尺寸和几何公差及表面质量要求的检测。根据具体情况一般分为加工前、加工中检验及终检。

1. 尺寸检验

(1)标注公差尺寸检验方法及标准。用游标卡尺、高度尺、角度尺、百分表、平台、投影仪、高度测量仪或检测夹具等进行检验。检验标准为实测尺寸偏差应符合图纸公差要求。

(2)未标注公差尺寸检验方法及标准。用游标卡尺、高度尺、角度尺、百分表、平台、投影仪、高度测量仪或检测夹具等进行检验。标准为实测尺寸偏差应符合未注公差要求。

(3)螺纹检验方法及标准。使用符合精度公差要求的外螺纹或内螺纹要求的螺纹规。检验标准为符合通止规要求。

2. 几何公差检验

(1)跳动或同轴度的简单测量。把轴类零件相同尺寸的部位(基准圆)放在一个或两个V形槽内,与带百分表或千分表的高度规一起放在平板上,把表头对准被测部位,慢慢转动零件,读出表上的指针变动量就可得到圆跳动或同轴度。

(2)对称度的简单测量。轴上键槽的对称度一般是放在平台上,使用V形铁和百分表(带座),先测一边的槽面,固定表头,然后旋转180°再测另外的一边,差值即是对称度。

(3)垂直度的简单测量。把工件基准面朝下压住紧贴在平板上,用高度计的百分表(千分表)对到被测垂面并使指针偏摆过半圈左右,摇动高度计的手柄,使百分表头在工件被测垂面上下移动,从百分表(千分表)上读出指针变动量。

(4)螺纹位置度的简单测量。螺纹孔相对于外径的位置度。因为是螺纹孔,所以很难测量,可在螺纹加工前,即测量加工光孔的位置度。

除此外,各几何公差测量可利用投影仪、高度仪、检测工装等进行准确测量。

3. 表面质量的检测

1)外观检验方法

热处理方法应符合图纸要求,热处理后不应有过烧、氧化、脱碳、热裂、变形、斑点、翘曲及表面晶粒不均不良现象;表面处理方法应符合有效版本图纸要求,处理后表面光滑平整、无斑点、烧焦、起泡、水纹、镀层脱落、镀层不全以及电镀酸性渗渣物等。

2)表面粗糙度检验

表面粗糙度可用千分表借助V形铁测量,也可用粗糙度样板进行检验;要求较高时则用光学显微镜或电动轮廓仪(又称表面粗糙度检查仪)测量表面粗糙度进行检验。

二、产生加工误差的主要原因

(一)系统的几何误差

1. 加工原理误差

加工原理误差是由于采用了近似的加工运动方式或者近似的刀具轮廓而产生的误差,因在加工原理上存在误差,故称加工原理误差。例如,用齿轮滚刀滚齿就有两种原理误差:一种是为了滚刀制造方便,采用了阿基米德蜗杆或法向直廓蜗杆代替渐开线蜗杆而产生的近似造型误差;另一种是由于齿轮滚刀刀齿数有限,使实际加工出的齿形是一条由微小折线段组成的曲线,而不是一条光滑的渐开线。又如车削模数蜗杆时,由于蜗杆的螺距等于蜗轮的周节(即 $m\pi$),其中 m 是模数,而 π 是一个无理数,但是车床的配换齿轮的齿数是有限的,选择配换齿轮时只能将 π 化为近似的分数值($\pi=3.141\ 5$)计算,这就将引起刀具对于工件成形运动(螺旋运动)的不准确,造成螺距误差。采用近似的加工方法或近似的刀刃轮廓,虽然会带来加工原理误差,但往往可简化工艺过程及机床和刀具的设计和制造,提高生产率,降低成本。因此,只要原理误差在允许范围内,这种加工方式仍是可行的。

2. 机床的几何误差

机床的制造误差、安装误差以及使用中的磨损,都直接影响工件的加工精度。其中主要是机床主轴回转运动、机床导轨直线运动和机床传动链传动误差。

机床主轴是用来安装工件或刀具,并将运动和动力传递给工件或刀具的重要零件,它是工件或刀具的位置基准和运动基准,它的回转精度是机床精度的主要指标之一,其误差直接影响着工件精度的高低。

1)主轴回转误差

为了保证加工精度,机床主轴回转时其回转轴线的空间位置应是固定不变的,但实际上由于受主轴部件结构、制造、装配、使用等种种因素的影响,主轴在每一瞬时回转轴线的空间位置都是变动的,即存在着回转误差。

主轴回转轴心线的运动误差表现为纯径向跳动、轴向窜动和角度摆动三种形式,如图2-54所示。

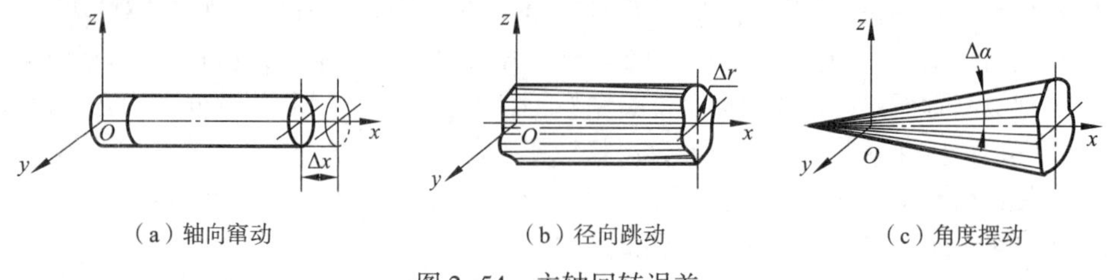

(a)轴向窜动　(b)径向跳动　(c)角度摆动

图2-54　主轴回转误差

2)导轨误差

床身导轨既是装配机床各部件的基准件,又是保证刀具与工件之间导向精度的导向件,因此导轨误差对加工精度有直接影响。导轨误差分为:

(1)在水平面内的直线度。导轨在水平面内的直线度误差 Δy,这项误差使刀具产生水平位移，使工件表面产生的半径误差为 ΔR_y，$\Delta R_y=\Delta y$，使工件表面产生圆柱度误差（鞍形或鼓形），如图 2-55 所示。

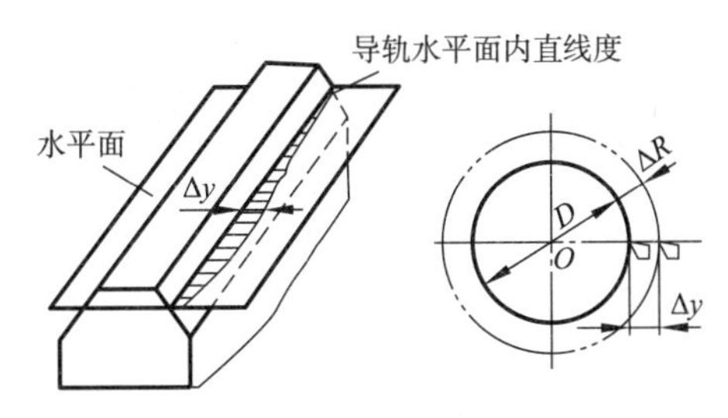

图 2-55　水平平面内垂直度误差

(2) 在垂直面内的直线度。导轨在垂直平面内的直线度误差 Δz，这项误差使刀具产生垂直位移，使工件表面产生的半径误差为 ΔR_z，$\Delta R_z \approx \Delta z^2/(2R_0)$，其值甚小，对加工精度的影响可以忽略不计；但若在龙门刨这类机床上加工薄长件，由于工件刚性差，如果机床导轨为中凹形，则工件也会是中凹形，如图 2-56 所示。

(3) 前后导轨的平行度（扭曲）：当前后导轨不平行，存在扭曲时，刀架产生倾倒，刀尖相对于工件在水平和垂直两个方向上发生偏移，从而影响加工精度，如图 2-57 所示。

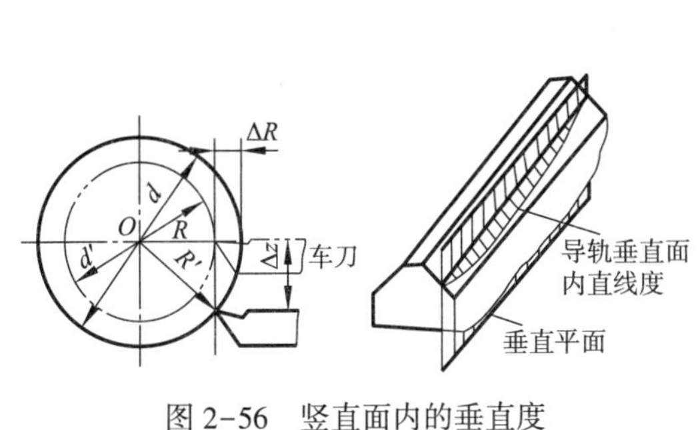

图 2-56　竖直面内的垂直度

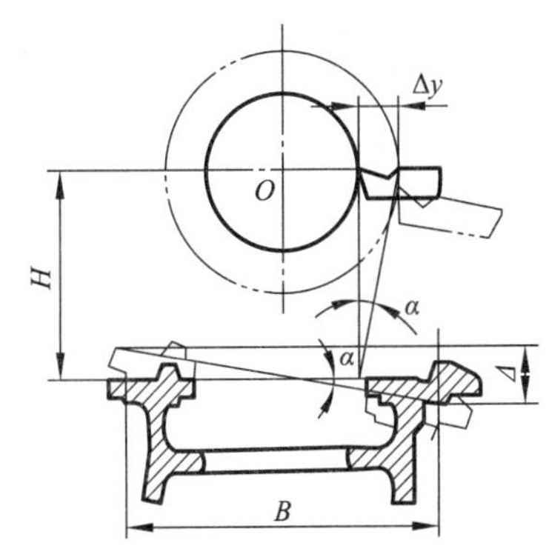

图 2-57　前后导轨扭曲度

3) 传动链传动误差

传动链传动误差是指机床内联系传动链始末两端传动元件之间相对运动的误差。它是影响螺纹、齿轮、蜗轮蜗杆以及其他按展成原理加工的零件加工精度的主要因素。传动链始末两端的联系是通过一系列的传动元件实现的，当这些传动元件存在加工误差、装配误差和磨损时，就会破坏正确的运动关系，使工件产生加工误差，这些误差即传动链误差。为了减少机床的传动链误差对加工精度的影响，可尽量缩短传动链。

3. 刀具制造误差与磨损

刀具的制造误差对加工精度的影响，根据刀具种类不同而异。当采用定尺寸刀具如钻头、铰刀、拉刀、键槽铣刀等加工时，刀具的尺寸精度将直接影响工件的尺寸精度；当采用成形刀具如成形车刀、成形铣刀等加工时，刀具的形状精度将直接影响工件的形状精度；当采用展成刀具（如齿轮滚刀、插齿刀等）加工时，刀刃的形状必须是加工表面的共轭曲线，因此刀刃的形状误差会影响加工表面的形状精度；当采用一般刀具（如车刀、镗刀、铣刀等）的制造误差对零件的加工精度并无直接影响，但其磨损对加工精度、表面粗糙度有直接影响。

任何刀具在切削过程中都不可避免地要产生磨损,并由此引起工件尺寸和形状误差。例如,用成形刀具加工时,刀具刃口的不均匀磨损将直接复映到工件上造成形状误差;在加工较大表面(一次走刀时间长)时,刀具的尺寸磨损也会严重影响工件的形状精度;用调整法加工一批工件时,刀具的磨损会扩大工件尺寸的分散范围,使同一批工件的尺寸前后不一致。

4. 夹具的制造误差与磨损

夹具的制造误差与磨损包括三个方面:

定位元件、刀具导向元件、分度机构、夹具体等的制造误差;夹具装配后,定位元件、刀具导向元件、分度机构等元件工作表面间的相对尺寸误差;夹具在使用过程中定位元件、刀具导向元件工作表面的磨损。

这些误差将直接影响工件加工表面的位置精度或尺寸精度。一般来说,夹具误差对加工表面的位置误差影响最大,在设计夹具时,凡影响工件精度的尺寸应严格控制其制造误差,一般可取工件上相应尺寸或位置公差的 1/5~1/2 作为夹具元件的公差。

5. 工件的安装误差、调整误差以及度量误差

工件的安装误差是由定位误差、夹紧误差和夹具误差等三项组成。其中,夹具误差如上所述,定位误差这部分内容将在叉架类零件加工中介绍,此处不再赘述。夹紧误差是指工件在夹紧力作用下发生的位移,其大小是工件基准面至刀具调整面之间距离的最大与最小尺寸之差。它包括工件在夹紧力作用下的弹性变形、夹紧时工件发生的位移或偏转而改变了工件在定位时所占有的正确位置、工件定位面与夹具支承面之间的接触部分的变形。

机械加工过程中的每一道工序都要进行各种各样的调整工作,由于调整不可能绝对准确,因此必然会产生误差,这些误差称为调整误差。调整误差的来源随调整方式的不同而不同:

采用试切法加工时,引起调整误差的因素有:由于量具本身的误差和测量方法、环境条件(如温度、振动等)、测量者主观因素(如视力、测量经验等)造成的测量误差;在试切时,由于微量调整刀具位置而出现的进给机构的爬行现象,导致刀具的实际位移与刻度盘上的读数不一样造成的微量进给加工误差;精加工和粗加工切削时切削厚度相差很大,造成试切工件时尺寸不稳定,引起尺寸误差。

采用调整法加工时,除上述试切法引起调整误差的因素对其也同样有影响外,还有在成批生产中,常用定程机构如行程挡块、靠模、凸轮等来保证刀具与工件的相对位置,定程机构的制造和调整误差以及它们的受力变形和与它们配合使用的电、液、气动元件的灵敏度等会成为调整误差的主要来源;若采用样件或样板来决定刀具与工件间相对位置时,则它们的制造误差、安装误差和对刀误差以及它们的磨损等都对调整精度有影响;工艺系统调整时由于试切工件数不可能太多,不能完全反映整批工件加工过程的各种随机误差,故其平均尺寸与总体平均尺寸不可能完全符合而造成加工误差。

为了保证加工精度,任何加工都少不了测量,但测量精度并不等于加工精度,因为有些精度测量仪器分辨不出,有时测量方法不合适,均会产生测量误差。引起测量误差的原因主要有:量具本身的制造误差;测量方法、测量力、测量温度引起,如读数有误、操作不当,测量力过大或过小等。

减少或消除度量误差的措施主要是:提高量具精度,合理选择量具;注意操作方法;注意测量条件,精密零件应在恒温中测量。

(二)工艺系统受力变形对加工精度的影响

1. 工艺系统受力变形对加工精度的影响

1)受力点位置变化产生形状误差

在切削过程中,工艺系统的刚度会随着切削力作用点位置的变化而变化,因此使工艺系统受力变形也随之变化,引起工件形状误差。例如,车削加工时,由于工艺系统沿工件轴向方向各点的刚度不同,因此会使工件各轴向截面直径尺寸不同,使车出的工件沿轴向产生形状误差(出现鼓形、鞍形、锥形)。例如,车削细长轴时(见图2-58),在切削力的作用下,工件因弹性变形而出现“让刀”现象。随着刀具的进给,在工件的全长上切削深度将会由多变少,然后再由少变多,结果使零件产生腰鼓形。

2)切削力变化引起加工误差

在切削加工中,由于工件加工余量和材料硬度不均将引起切削力的变化,从而造成加工误差。例如,车削图2-59所示的毛坯时,由于它本身有圆度误差(椭圆)背吃刀量 a_p 将不一致($a_{p1}>a_{p2}$),当工艺系统的刚度为常数时,切削分力 F_y 也不一致($F_{y1}>F_{y2}$),从而引起工艺系统的变形不一致($y_1>y_2$),这样在加工后的工件上仍留有较小的圆度误差。这种在加工后的工件上出现与毛坯形状相似的误差的现象称为“误差复映”。

由于工艺系统具有一定的刚度,因此在加工表面上留下的误差比毛坯表面的误差数值上已大大减小了。也就是说,工艺系统刚度愈高,加工后复映到被加工表面上的误差愈小,当经过数次走刀后,加工误差也就逐渐缩小到所允许的范围内了。

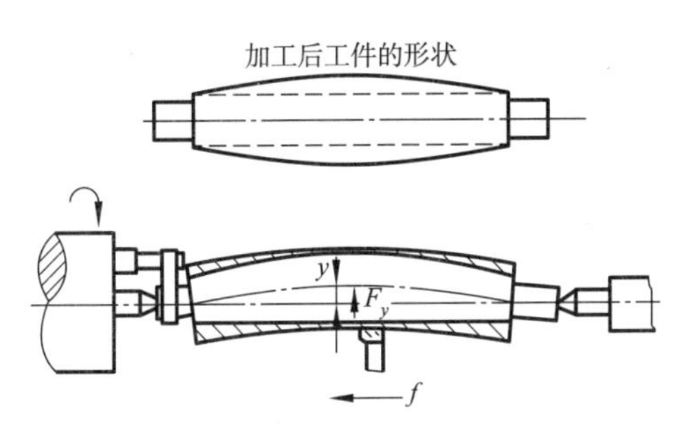

图2-58　细长轴车削时受力变形

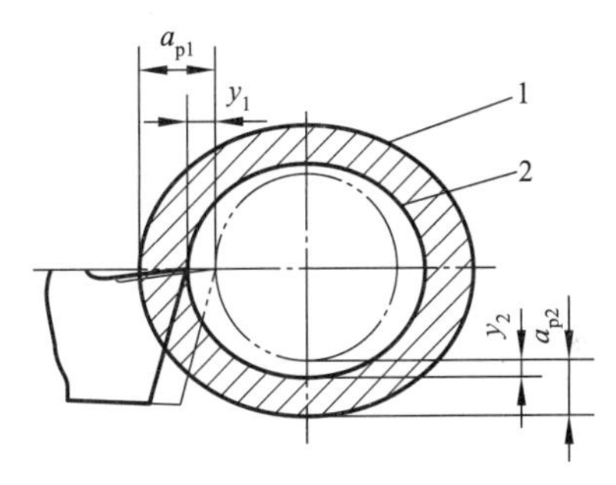

图2-59　毛坯布形状误差复映

3)其他作用力引起的加工误差

(1)传动力和惯性力引起的加工误差。当在车床上用单爪拨盘带动工件回转时,传动力在拨盘的每一转中不断改变其方向;对高速回转的工件,如其质量不平衡,将会产生离心力,它和传动力一样在工件的转动中不断地改变方向。这样,工件在回转中因受到不断变化方向力的作用而造成加工误差。

(2)重力所引起的误差。在工艺系统中,有些零部件在自身重力作用下产生的变形也会造成加工误差。例如,龙门铣床、龙门刨床横梁在刀架自重下引起的变形将造成工件的平面度误差。对于大型工件,因自重而产生的变形有时会成为引起加工误差的主要原因,所以在安装工件时,应通过恰当地布置支承的位置或通过平衡措施减少自重的影响。

(3)夹紧力所引起的加工误差。工件在安装时,由于工件刚度较低或夹紧力作用点和方向不当,会引起工件产生相应的变形,造成加工误差。

2. 减少工艺系统受力变形的主要措施

减少工艺系统受力变形是保证加工精度的有效途径之一。生产实际中常采取如下措施:

1)提高接触刚度

所谓接触刚度就是互相接触的两表面抵抗变形的能力。提高接触刚度是提高工艺系统刚度的关键。常用方法是改善工艺系统主要零件接触面的配合质量,使配合面的表面粗糙度和形状精度得到改善和提高,实际接触面积增加,微观表面和局部区域的弹性、塑性变形减少,从而有效地提高接触刚度。

2)提高工件定位基面的精度和表面质量

工件的定位基面如存在较大的尺寸、形位误差和表面质量差,在承受切削力和夹紧力时可能产生较大的接触变形,因此精密零件加工用的基准面需要随着工艺过程的进行逐步提高精度。

3)设置辅助支承,提高工件刚度,减小受力变形

切削力引起的加工误差往往是因为工件本身刚度不足或工件各个部位刚度不均匀而产生的。当工件材料和直径一定时,工件长度和切削分力是影响变形的决定性因素。为了减少工件的受力变形,常采用中心架或跟刀架,以提高工件的刚度,减小受力变形。

4)合理装夹工件,减少夹紧变形

当工件本身薄弱、刚性差时,夹紧时应特别注意选择适当的夹紧方法,尤其是在加工薄壁零件时,为了减少加工误差,应使夹紧力均匀分布。缩短切削力作用点和支承点的距离,提高工件刚度。

5)对相关部件预加载荷

例如,机床主轴部件在装配时通过预紧主轴后端面的螺母给主轴滚动轴承以预加载荷,这样不仅能消除轴承的配合间隙,而且在加工开始阶段就使主轴与轴承有较大的实际接触面积,从而提高了配合面间的接触刚度。

6)合理设计系统结构

在设计机床夹具时,应尽量减少组成零件数,以减少总的接触变形量;选择合理的结构和截面形状;并注意刚度的匹配,防止出现局部环节刚度低。提高夹具、刀具刚度;改善材料性能。

7)控制负载及其变化

适当减少进给量和背吃刀量,可减少总切削力对零件加工精度的影响;此外,改善工件材料性能以及改变刀具几何参数(如增大前角等)都可减少受力变形;将毛坯合理分组,使每次调整中加工的毛坯余量比较均匀,能减小切削力的变化,减小误差复映。

(三)工艺系统受热变形对加工精度的影响

在机械加工中,工艺系统在各种热源的影响下会产生复杂的变形,使得工件与刀具间的正确相对位置关系遭到破坏,造成加工误差。

1. 工艺系统热变形的热源

引起工艺系统热变形的热源主要来自两个方面:一是内部热源,指轴承、离合器、齿轮副、丝杠螺母副、高速运动的导轨副、镗模套等工作时产生的摩擦热,以及液压系统和润滑系统等工作时产生的摩擦热;切削和磨削过程中由于挤压、摩擦和金属塑性变形产生的切削热;电动机等工作时产生的电磁热、电感热。二是外部热源,指由于室温变化及车间内不同位置、不同高度和不同时间存在的温度差别,以及因空气流动产生的温度差等;日照、照明设备以及取暖设备等的辐射热等。工艺系统在上述热源的作用下,温度逐渐升高,同时其热量也通过各种传导方式向周围散发。

2. 工艺系统热变形对加工精度的影响

1)机床热变形对加工精度的影响

机床在运转与加工过程中受到各种热源的作用,温度会逐步上升,由于机床各部件受热程度的不同,温升存在差异,因此各部件的相对位置将发生变化,从而造成加工误差。车、铣、镗床这类机床主要热源是床头箱内的齿轮、轴承、离合器等传动副的摩擦热,它使主轴分别在垂直面内和水平面内产生位移与倾斜,也使支承床头箱的导轨面受热弯曲;床鞍与床身导轨面的摩擦热会使导轨受热弯曲,中间凸起。磨床类机床都有液压系统和高速砂轮架,故其主要热源是砂轮架轴承和液压系统的摩擦热;轴承的发热会使砂轮轴线产生位移及变形,如果前、后轴承的温度不同,砂轮轴线还会倾斜;液压系统的发热使床身温度不均产生弯曲和前倾,影响加工精度。大型机床如龙门铣床、龙门刨床、导轨磨床等,这类机床的主要热源是工作台导轨面与床身导轨面间的摩擦热及车间内不同位置的温差。

2)工件热变形及其对加工精度的影响

在加工过程中,工件受热将产生热变形,工件在热膨胀的状态下达到规定的尺寸精度,冷却收缩后尺寸会变小,甚至可能超出公差范围。工件的热变形可能有两种情况:一是比较均匀受热,如车、磨外圆和螺纹,镗削棒料的内孔等;二是不均匀受热,如铣平面和磨平面等。

3)刀具热变形对加工精度的影响

在切削加工过程中,切削热传入刀具会使得刀具产生热变形,虽然传入刀具的热量只占总热量的很小部分,但是由于刀具的体积和热容量小,所以由于热积累引起的刀具热变形仍然是不可忽视的。例如,在高速车削中刀具切削刃处的温度可达 850 ℃,此时刀杆伸长,可能使加工误差超出公差带。

3. 环境温度变化对加工精度的影响

除了工艺系统内部热源引起的变形以外,工艺系统周围环境的温度变化也会引起工件的热变形。一年四季的温度波动,有时昼夜之间的温度变化可达 10 ℃以上,这不仅影响机床的几何精度,还会直接影响加工和测量精度。

4. 对工艺系统热变形的控制

可采用如下措施减少工艺系统热变形对加工精度的影响:

1)隔离热源

为了减少机床的热变形,将能从主机分离出去的热源(如电动机、变速箱、液压泵和油箱等)应尽可能放到机外;也可采用隔热材料将发热部件和机床大件(如床身、立柱等)隔离开。

2)强制和充分冷却

对既不能从机床内移出,又不便隔热的大热源,可采用强制式的风冷、水冷等散热措施;对机床、刀具、工件等发热部位采取充分冷却措施,吸收热量,控制温升,减少热变形。

3)采用合理的结构减少热变形

如在变速箱中,尽量让轴、轴承、齿轮对称布置,使箱壁温升均匀,减少箱体变形。

4)减少系统的发热量

对于不能和主机分开的热源(如轴承、丝杠、摩擦离合器和高速运动导轨之类的部件),应从结构、润滑等方面加以改善,以减少发热量;提高切削速度(或进给量),使传入工件的热量减少;保证切削刀具锋利,避免其刃口钝化增加切削热。

5)使热变形指向无害加工精度的方向

例如,车细长轴时,为使工件有伸缩的余地,可将轴的一端夹紧,另一端架上中心架,使热变形指向尾端;又如,外圆磨削,为使工件有伸缩的余地,采用弹性顶尖等。

(四)工件内应力对加工精度的影响

1. 产生内应力的原因

内应力又称残余应力,是指外部载荷去除后仍残存在工件内部的应力。有残余应力的工件处于一种很不稳定的状态,它的内部组织有要恢复到稳定状态的强烈倾向,即使在常温下这种变化也在不断地进行,直到残余应力完全消失为止。在这个过程中,零件的形状逐渐变化,从而逐渐丧失原有的加工精度。残余应力产生的实质原因是金属内部组织发生了不均匀的体积变化,而引起体积变化的原因主要有以下方面:

1)毛坯制造中产生的残余应力

在铸、锻、焊接以及热处理等热加工过程中,由于工件各部分厚度不均,冷却速度和收缩程度不一致,以及金相组织转变时的体积变化等,都会使毛坯内部产生残余应力,而且毛坯结构越复杂、壁厚越不均,散热的条件差别越大,毛坯内部产生的残余应力也越大。具有残余应力的毛坯暂时处于平衡状态,当切去一层金属后,这种平衡便被打破,残余应力重新分布,工件就会出现明显变形,直至达到新的平衡为止。

2)冷校直带来的残余应力

某些刚度低的零件,如细长轴、曲轴和丝杠等,由于机加工产生弯曲变形不能满足精度要求,常采用冷校直工艺进行校直。校直的方法是在弯曲的反方向加外力,如图 2-60(a)所示。在外力 F 的作用下,工件的内部残余应力的分布如图 2-60(b)所示,在轴线以上产生压应力(用负号表示),在轴线以下产生拉应力(用正号表示)。在轴线和两条双点画线之间是弹性变形区域,在双点画线之外是塑性变形区域。当外力 F 去除后,外层的塑性变形区域阻止内部弹性变形的恢复,使残余应力重新分布,如图 2-60(c)所示。这时,冷校直虽然减小了弯曲,但工件却处于不稳定状态,如再次加工,又将产生新的变形。因此,高精度丝杠的加工,不允许冷校直,而是用多次人工时效来消除残余应力。

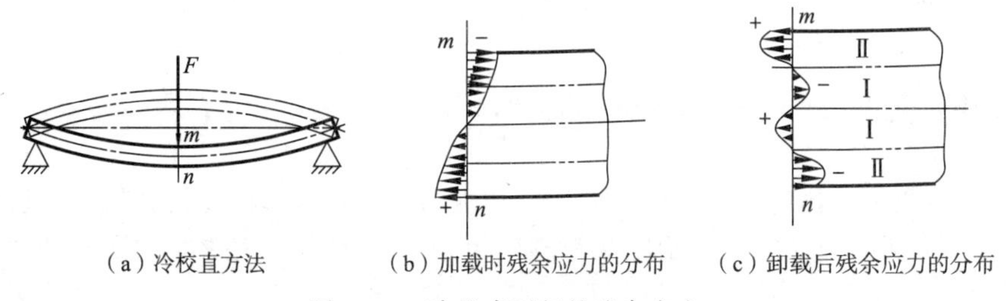

(a)冷校直方法　(b)加载时残余应力的分布　(c)卸载后残余应力的分布

图 2-60　冷校直引起的残余应力

切削加工产生的残余应力:加工表面在切削力和切削热的作用下,会出现不同程度的塑性变形和金相组织的变化,同时也伴随有金属体积的改变,因而必然产生内应力,并在加工后引起工件变形。

2. 消除或减少内应力的措施

1)合理设计零件结构

在零件结构设计中应尽量简化结构,保证零件各部分厚度均匀,以减少铸、锻件毛坯在制造中产生的内应力。

2)增加时效处理工序

一是对毛坯或在大型工件粗加工之后,让工件在自然条件下停留一段时间再加工,利用温度的自然变化使之多次热胀冷缩,进行自然时效。二是通过热处理工艺进行人工时效,例如对铸、锻、焊接件进行退火或回火;零件淬火后进行回火;对精度要求高的零件,如床身、丝杠、箱体、精密主轴等,在粗加工后进行低温回火,甚至对丝杠、精密主轴等在精加工后进行冰冷处理等。三是对一些铸、锻、焊接件以振动的形式将机械能加到工件上,进行振动时效处理,引起工件内部晶格蠕变,使金属内部结构状态稳定,消除内应力。

3)合理安排工艺过程

将粗、精加工分开在不同工序中进行,使粗加工后有足够的时间变形,让残余应力重新分布,以减少对精加工的影响。对于粗、精加工需要在一道工序中来完成的大型工件,也应在粗加工后松开工件,让工件的变形恢复后,再用较小的夹紧力夹紧工件,进行精加工。

三、提高加工精度的工艺措施

保证和提高加工精度的方法,大致可概括为以下几种:减小原始误差法、补偿原始误差法、转移原始误差法、均分原始误差法、均化原始误差法、就地加工法。

1. 减少原始误差法

这种方法是生产中应用较广的一种基本方法。它是在查明产生加工误差的主要因素之后,设法消除或减少这些因素。例如,细长轴的车削,现在采用了大走刀反向车削法,基本消除了轴向切削力引起的弯曲变形。若辅之以弹簧顶尖,则可进一步消除热变形引起的热伸长的影响。

2. 补偿原始误差法

补偿原始误差法,是人为地造出一种新的误差,去抵消原来工艺系统中的原始误差,或用一种原始误差去抵消另一种原始误差,尽量使两者大小相等,方向相反,从而达到减少加工误差,提高加工精度的目的。

3. 转移原始误差法

实质上是转移工艺系统的几何误差、受力变形和热变形等。转移原始误差法的实例很多。如当机床精度达不到零件加工要求时,常常不是一味地提高机床精度,而是从工艺上或夹具上想办法,创造条件,使机床的几何误差转移到不影响加工精度的方面去。如磨削主轴锥孔保证其和轴颈的同轴度,不是靠机床主轴的回转精度来保证,而是靠夹具保证。当机床主轴与工件之间用浮动连接以后,机床主轴的原始误差就被转移掉了。

4. 均分原始误差法

在加工中,由于毛坯或上道工序误差(以下统称"原始误差")的存在,往往造成本工序的加工误差,或者由于工件材料性能改变,或者上道工序的工艺改变(如毛坯精化后,把原来的切削加工工序取消),引起原始误差发生较大的变化,这种原始误差的变化,对本工序的影响主要有两种情况:

(1)误差复映,引起本工序误差。

(2)定位误差扩大,引起本工序误差。

解决这个问题,最好是采用分组调整均分误差的办法。这种办法的实质就是把原始误差按其大小均分为 n 组,每组毛坯误差范围就缩小为原来的 $1/n$,然后按各组分别调整加工。

5. 均化原始误差法

对配合精度要求很高的轴和孔,常采用研磨工艺。研具本身并不要求具有高精度,但它能在和工件作相对运动过程中对工件进行微量切削,高点逐渐被磨掉(当然,模具也被工件磨去一部分)最终使工件达到很高的精度。这种表面间的摩擦和磨损的过程,就是误差不断减少的过程。这就是误差均化法。它的实质就是利用有密切联系的表面相互比较,相互检查从对比中找出差异,然后进行相互修正或互为基准加工,使工件被加工表面的误差不断缩小和均化。例如三块一组的精密标准平板,其平面度达几微米,就是利用三块平板对研,配刮的方法获得。

6. 就地加工法

在加工和装配中有些精度问题,牵涉零件或部件间的相互关系,相当复杂,如果一味地提高零、部件本身精度,有时不仅困难,甚至不可能,若采用就地加工法(又称自身加工修配法)的方法,就可能很方便地解决看起来非常困难的精度问题。例如,六角转塔车床转塔刀架的六个安装刀架的大孔,其中心线必须保证和主轴回转中心线重合,而六个面又必须和主轴中心线垂直。如果把转塔作为单独零件进行加工,要保证六个大孔轴线和主轴轴线重合及六个面与主轴轴线垂直,这很难满足要求,因而在生产实际中,采用就地加工法,就容易保证,即这些表面装配前不进行精加工,装配好后,在主轴上安装镗杆和能自动径向进给的刀架,镗和车削六个大孔和六个端面,如图 2-61 所示。

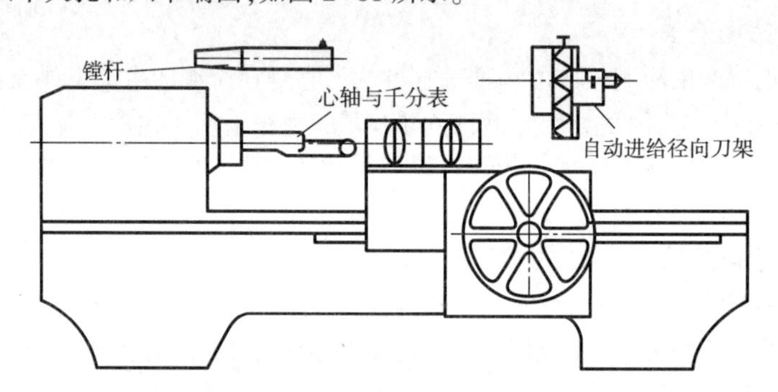

图 2-61　六角车床上六个大孔和六个端面加工和检验示意图

四、加工误差的统计分析

前面讨论了各种工艺因素产生加工误差的原因,在生产实际中,影响加工精度的工艺因素是错综复杂的。对于某些加工误差问题,不能仅用单因素分析法来解决,而需要用概率统计方法进行综合分析,找出产生加工误差的原因,加以消除。

(一)加工误差的性质

根据一批工件加工误差出现的规律,可将影响加工精度的误差因素按其性质分为两类:

1. 系统误差

在顺序加工的一批工件中,若加工误差的大小和方向都保持不变或按一定规律变化,这类误差统称为系统误差。前者称为常值系统误差,后者称为变值系统误差。例如,加工原理误差,机床、刀具、夹具的制造误差,工艺系统的受力变形,调整误差等引起的加工误差均与加工时间无关,其大小和方向在一次调整中也基本不变,因此都属于常值系统误差。机床、夹具、量具等磨损速度很慢,在一定时间内也可看作常值系统误差。机床、刀具和夹具等在尚未达到热平衡前的热变形误差和刀具的磨损等,都是随加工时间而规律变化的,属于变值系统误差。

2. 随机误差

在顺序加工的一批工件中,其加工误差的大小和方向的变化是无规律的,称为随机误差。例如,毛坯误差的复映、残余应力引起的变形误差和定位、夹紧误差等都属于随机误差。应注意的是,在不同的场合误差表现出的性质也是不同的。例如,对于机床在一次调整后加工出的一批工件而言,机床的调整误差为常值系统误差;但对多次调整机床后加工出的工件而言,每次调整时产生的调整误差就不可能是常值的,因此对于经多次调整所加工出来的大批工件,调整误差为随机误差。

(二)加工误差的数理统计方法

通过加工误差统计分析方法的目的是将系统误差和随机误差分开,找出加工误差产生的主要原因,以便采取措施,提高零件加工精度。主要有分布曲线法和点图法。分布曲线法是将数理统计中,分析随机误差的正态分布曲线法用于机械加工误差的分析;点图法是根据实测尺寸,画点图进行分析。

1. 实际分布曲线

在加工过程中,对某工序的加工尺寸抽取有限样本数据进行分析处理,用直方图表示出来,以便于分析加工质量和稳定程度的方法称为分布图分析法。

任务中传动轴在加工中,对右侧磨削后的中间轴径$\phi46\pm0.008$ mm进行抽检,获得尺寸轴径的实测值见表2-22,抽取的这批零件称为样本,其件数称为容量。由于存在各种误差,加工尺寸或偏差在一定范围内变动,称为尺寸分散。样本尺寸或偏差x的最大值与最小值之间的差称为极差R,即尺寸的分散范围。将尺寸或偏差按大小顺序排列,分成k个组,组距为h,则$h=R/(K-1)$,同一组内的零件数称为频数m_i,若零件总数为n,则频率为m_i/n;频率密度为频率/组距,即$m_i/(nh)$。以频数或频率或频率密度为纵坐标,以零件尺寸为横坐标,画出直方图,进而画成一条折线或曲线,即为实际分布曲线图,如图2-62(b)所示。该分布图能直观地反映加工精度的分布状况。组数和组距选择不好,会对分布图有一定的影响,组距过大,会把分布特征掩盖;组距过小,分布曲线会被频数的随机波动歪曲,可参照以下样本容量选择组数:50以下,组数为6~7;50~100,组数为6~10;100~250,组数为7~12;250以上,组数为10~20。本次抽检中,实测的轴径最大值为46.005 mm,最小值为49.995 mm,取组数为6,计算组距为0.002 mm,根据频数和组距计算频率密度,以频数为纵坐标,直径值为横坐标,画出的直方图如图2-62(a)所示。

表2-22　轴径实测值　(单位:mm)

1~10	11~20	21~30	31~40	41~50	51~60	61~70	71~80	81~90	91~100
45.998	46.003	46.002	46.001	46.003 5	46.001	46.000 5	45.999	45.999 5	46
45.999 6	45.995	46.001	46.002 5	46	46.002	46.000 5	45.999	46.002	46.002
45.999 7	45.997	46.002 5	46.004	46	46.001 3	46.002	46.005	46.003	45.999
45.995	46.003	46.001	46.004	46.003 5	46.001 5	46.000 5	46.002	45.997	46.003
45.999 5	46.001	46.005	46.001	46.003	46.001 5	46.001 5	46.001 5	46.005	46
46.003	45.998	45.998	46.001	46	46.001 5	46.000 5	45.997 5	46.002	45.998
45.999 5	46.003	46.002	46.003 5	46.001	46.002 5	46.001 5	45.998	45.997 5	46.002
46	45.999	46.002	46.000 5	46.001	46.002	46.002	46.003	46.002	46
45.999 2	45.998	46.003	46.000 5	46.001 5	46.002 5	46.000 5	46.002	46.001 5	45.999
46.001	46.004	46.002 5	46	46.001 5	46.000 5	46.000 5	46.005	46.005	46.003 5

2. 理论分布曲线(正态分布曲线)

实践证明,当被测量的一批零件(机床上用调整法一次加工出来的一批零件)的数目足够大而尺寸间隔非常小时,则所绘出的分布曲线非常接近"正态分布曲线"。

正态分布曲线方程(表达式)为

$$y=\frac{1}{\sigma\sqrt{2\pi}}e^{\frac{-(x-\bar{x})^2}{2\sigma^2}} \tag{2-29}$$

式中,y 为某尺寸的概率密度;x 为实际尺寸;$\bar{x}$ 为全部实际尺寸的算术平均值;σ 为标准差。

利用正态分布曲线可以分析产品质量;可以判断加工方法是否合适;可以判断废品率的大小,从而指导下一批的生产。

正态分布曲线的特性如下:

曲线关于 $x=\bar{x}$ 对称,分布范围为$\pm3\sigma$。其中靠近$\bar{x}$ 的工件尺寸出现的概率大,远离$\bar{x}$ 的工件尺寸出现的概率较小。

曲线的形状取决于 σ,σ 大,曲线平坦,σ 小,曲线陡,σ 的值由随机误差决定,随机误差大,σ 值也大,随机误差小,σ 值也小,反映了尺寸的分散程度。对分布函数求积分,即

$$F(x)=\int_{-\infty}^{x}y\mathrm{d}x=\frac{1}{\sigma\sqrt{2\pi}}\int_{-\infty}^{x}e^{\frac{-(x-x)^2}{2\sigma^2}}\mathrm{d}x \tag{2-30}$$

$F(x)$表征了随机变量即实际尺寸 x 落在区间$(-\infty,x)$上的概率。令$\frac{x-\bar{x}}{\sigma}=z$,则

$$F(z)=\frac{1}{\sqrt{2\pi}}\int_{0}^{z}e^{-\frac{z^2}{z}}\mathrm{d}z \tag{2-31}$$

查正态分布曲线下的面积函数,可知当 $z=\pm3$,$2F(3)=99.73\%$,即$\frac{x-\bar{x}}{\sigma}=3$,$x-\bar{x}=\pm3\sigma$,这说明随机变量即实际尺寸 x 落在区间$\pm3\sigma$ 上的概率为 99.73%,落在此范围之外的概率为 0.27%,此值很小。因此一般认为正态分布的随机变量的分布范围为 6σ,这就是 6σ 原则。6σ 表示了某加工方法所能达到的加工精度。

正态分布曲线的应用:

(1)利用正态分布曲线,实际分布曲线分析废品率。曲线的分布范围 6σ 是否在零件的公差范围内,可判别工艺过程中是否存在废品。废品率可利用曲线下分布的部分面积来计算。

(2)工艺能力系数 $C_p=\frac{T}{6\sigma}$,工艺能力等级见表 2-23。

表 2-23 工艺等级

工艺能力系数值	工艺等级	说明
$C_p>1.67$	特级工艺	工艺能力很高,可以允许有异常波动,不一定经济
$1.67\geqslant C_p>1.33$	一级工艺	工艺能力足够,可以有一定的异常波动
$1.33\geqslant C_p>1.00$	二级工艺	工艺能力勉强,必须密切注意
$1.00\geqslant C_p>0.67$	三级工艺	工艺能力不足,可能产生少量的不合格产品
$0.67\geqslant C_p$	四级工艺	工艺能力很差,必须加以改进

本次抽检中,轴的直径平均值 $\bar{x}=46.001\ 07$,标准差 $\sigma=0.002\ 053$。根据图上标的尺寸公差 $T=0.008-(-0.008)=0.016$。那么 $C_p=\frac{T}{6\sigma}=\frac{0.016}{6\times0.002\ 053}=1.208\ 9$。工艺等级为二级,说明工艺能力勉强,必须密切注意,画出的直方分布图如图 2-62(a)所示,进一步绘制的分

布曲线图如图 2-62(b)所示。

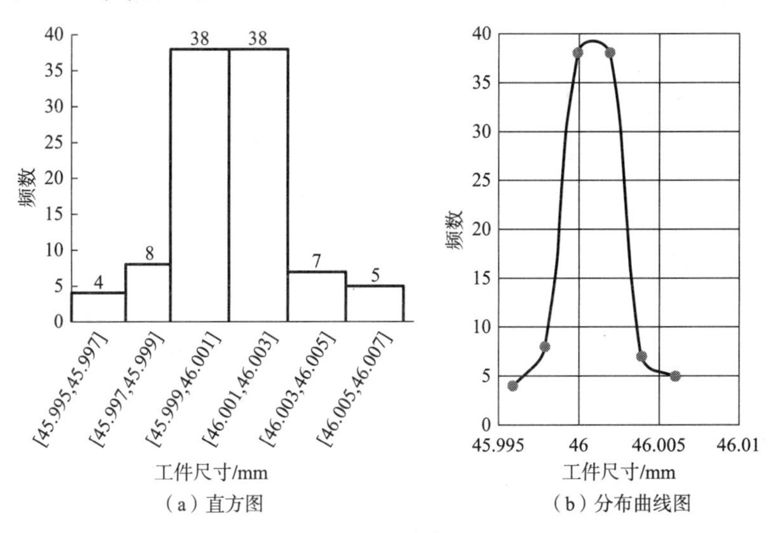

（a）直方图　（b）分布曲线图

图 2-62　分布图

由分布图可知：该批零件尺寸偏大偏小的很少，尺寸分布范围 6σ 为 0.012 32，略小于公差值 T=0.008-(-0.008)=0.016，说明加工精度基本能满足要求，分散中心和公差中心基本重合，表明机床的调整误差很小。

分布曲线图是一定生产条件下加工精度的客观标志，大批量生产经常采用这种方法，分析判断关键工序加工误差的性质，分析产生废品的原因。但其没有考虑零件的加工先后顺序，不能反映出系统误差的变化规律及发展趋势；而且只有一批零件加工完后才能画出，不能在加工进行过程中提供工艺过程是否稳定的必要信息；发现问题后，对本批零件已无法补救。采用点图法可弥补上述缺点。

(3)个值点图。点图是按加工顺序做出的各瞬间工件的尺寸变化图，能揭示整个加工过程误差变化规律，利用点图可分析工艺过程稳定性，以便及时调整机床，防止废品产生。个值点图是点图的一种。本例中，按工件的加工顺序，依次测量其尺寸，做出的个值点图如图 2-63 所示。从图中可以看出，尺寸稍微有一点增大趋势，据调查是由于环境温差引起的，基本上变化不明显，大体上看是由于随机误差引起的尺寸波动。

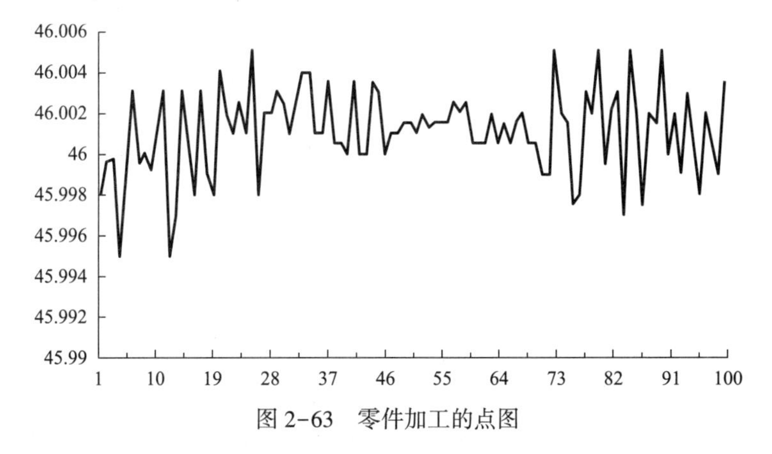

图 2-63　零件加工的点图

任务拓展

数控机床产生误差的独特性

数控机床与普通机床的最主要差别有两点：一是数控机床具有“指挥系统”——数控系统；二是数控机床具有执行运动的驱动系统——伺服系统。

在数控机床上所产生的加工误差，与在普通机床上产生的加工误差，其来源有许多共同之处，但也有独特之处，例如伺服进给系统的跟踪误差、检测系统中的采样延滞误差等，这些都是普通机床加工时所没有的。所以在数控加工中，除了要控制在普通机床上加工时常出现的那一类误差源以外，还要有效地抑制数控加工时才可能出现的误差源。这些误差源对加工精度的影响及抑制的途径主要有以下几个方面：

(一)机床重复定位精度的影响

数控机床的定位精度是指数控机床各坐标轴在数控系统的控制下运动的位置精度，引起定位误差的因素包括数控系统的误差和机械传动的误差。而数控系统的误差则与插补误差、跟踪误差等有关。机床重复定位精度是指重复定位时坐标轴的实际位置和理想位置的符合程度。

(二)检测装置的影响

检测反馈装置又称反馈元件，通常安装在机床工作台或丝杠上，相当于普通机床的刻度盘和人的眼睛，检测反馈装置将工作台位移量转换成电信号，并且反馈给数控装置，如果与指令值比较有误差，则控制工作台向消除误差的方向移动。数控系统按有无检测装置可分为开环、闭环与半闭环系统。开环系统精度取决于步进电动机和丝杠精度，闭环系统精度取决于检测装置精度。检测装置是高性能数控机床的重要组成部分。

(三)刀具误差的影响

在加工中心上，由于采用的刀具具有自动交换功能，因而在提高生产率的同时，也带来了刀具交换误差。用同一把刀具加工一批工件时，由于频繁重复换刀，致使刀柄相对于主轴锥孔产生重复定位误差而降低加工精度。

抑制数控机床产生误差的途径有硬件补偿和软件补偿。过去一般多采用硬件补偿的方法。如加工中心采用螺距误差补偿功能。随着微电子、控制、监测技术的发展，出现了新的软件补偿技术。它的特征是应用数控系统通信的补偿控制单元和相应的软件，以实现误差的补偿，其原理是利用坐标的附加移动来修正误差。

项目总结

轴类零件是机器中经常遇到的典型零件之一。它主要用来支承传动零部件，传递扭矩和承受载荷。轴类零件是旋转体，其长度大于直径，一般由相同回转轴线的外圆柱面、圆锥面、内孔和螺纹及相应的端面所组成。轴类零件按结构形式不同，可分为阶梯轴、锥度心轴、光轴、空心轴、曲轴、凸轮轴、偏心轴、各种丝杠等。其主要加工面为圆柱面及端面等，主要用到的机床为车床、外圆和内孔磨床。

1. 外圆表面各种加工方法的加工经济精度和表面粗糙度

各种加工方法所能达到的加工经济精度和表面粗糙度都有一定的范围。任何一种方法，只要精心操作、细心调整、选择合适的切削用量，其加工精度和表面粗糙度会有一定的提高，但所耗费的时间和成本也会随之增加。实际上，每种加工方法会有一个加工经济精度的问题。所谓加工经济精度是指在正常的加工条件下(采用符合质量标准的设备、工艺装备和标准技术等级的工人、不延长加工时间)，所能保证的加工精度和表面粗糙度。另外，随生产技术的发展和工艺水平的提高，加工经济精度也会不断提高。表2-24为外圆表面加工中，各种加工方法的加工经济精度及表面粗糙度。

表2-24　外圆表面加工方案及其经济精度

加工方案	经济精度	表面粗糙度 Ra/μm	适用范围
粗车	IT12~IT13	50~100	除淬火钢外的其他金属
粗车→半精车	IT8~IT9	3.2~6.3	
粗车→半精车→精车	IT7~IT8	0.8~1.6	
粗车→半精车→精车→抛光(或滚压)	IT6~IT7	0.08~2.0	
粗车→半精车→磨削	IT6~IT7	0.4~0.8	除有色金属外，主要用于淬火钢
粗车→半精车→粗磨→精磨	IT5~IT7	0.2~0.4	
粗车→半精车→粗磨→精磨→超精磨	IT5	0.012~0.1	
粗车→半精车→精车→金刚石车	IT5~IT6	0.025~0.4	主要用于有色金属
粗车→半精车→粗磨→精磨→镜面磨	IT5以上	0.025~0.2	主要用于高精度要求的钢件加工
粗车→半精车→精车→精磨→研磨	IT5以上	0.0.25~0.1	
粗车→半精车→精车→粗研→抛光	IT5以上	0.025~0.4	

2. 轴类零件的常见检验项目

(1)表面粗糙度；

(2)表面硬度；

(3)尺寸精度；

(4)相互位置精度；

(5)表面几何形状精度。

根据用途不同，其检验项目也不尽相同。检验顺序为几何精度→尺寸精度→位置精度。大多数情况下，轴类零件相互位置的主要检验项目包括重要柱面的同轴度、圆的径向跳动、重要端面对回转轴线的垂直度、端面间的平行度等，主要是由轴在机械中的位置和功用决定的。通常装配传动件的轴颈对支承轴颈有同轴度要求，否则会影响传动件(如齿轮等)的传动精度，并产生噪声。普通精度的轴，其配合轴段对支承轴颈的径向跳动一般为0.01~0.03 mm，高精度轴(如主轴)通常为0.001~0.005 mm；轴的几何形状精度主要指轴颈表面、外圆锥面、锥孔等重要表面的圆度、圆柱度。其误差一般应限制在尺寸公差范围内，对于精密轴，需在零件图上另行规定其几何形状精度。轴的加工表面一般都有粗糙度的要求，根据加工的可能性和经济性来确定。一般与传动件相配合的轴径表面粗糙度为 Ra2.5~0.63 μm，与轴承相配合的支承轴径的表面粗糙度为 Ra0.63~0.16 μm；对于起支承作用的轴颈，为了准确确定轴的位置，通常对其尺寸精度要求较高(IT5~IT7)。装配传动件的轴颈尺寸精度一般要求较低(IT6~IT9)。

3. 检验方法

检验轴类尺寸精度可选用常规检验仪器(万能量具,如千分尺、卡尺);孔、槽类可选用塞规、块规、塞尺。测量硬度选用硬度计。几何公差检验可选用千分表、百分表配合其他工具或用专用检验量具。表面粗糙度可用触针式表面粗糙度轮廓仪或样板比较法。锥孔可用着色法。

1)加工中的检验

自动测量装置,作为辅助装置安装在机床上。这种检验方式能在不影响加工的情况下,根据测量结果,主动地控制机床的工作过程,如改变进给量,自动补偿刀具磨损,自动退刀、停车等,使之适应加工条件的变化,防止产生废品,故又称主动检验。主动检验属在线检测,即在设备运行,生产不停顿的情况下,根据信号处理的基本原理,掌握设备运行状况,对生产过程进行预测预报及必要调整。在线检测在机械制造中的应用越来越广。

2)加工后的检验

单件小批生产中,尺寸精度一般用外径千分尺检验;大批大量生产时,常采用光滑极限量规检验,长度大而精度高的工件可用比较仪检验。表面粗糙度可用粗糙度样板进行检验;要求较高时则用光学显微镜或轮廓仪检验。圆度误差可用千分尺测出的工件同一截面内直径的最大差值之半来确定,也可用千分表借助V形架测量,若条件许可,可用圆度仪检验。圆柱度误差通常用千分尺测出同一轴向剖面内最大与最小值之差的方法来确定。主轴相互位置精度检验一般以轴两端顶尖孔或工艺锥堵上的顶尖孔为定位基准,在两支承轴颈上方分别用千分表测量。

4. 加工后的数据分析

利用分布曲线可以进行如下分析:

1)判别加工误差的性质

若加工过程中没有变值系统性误差,其尺寸分布与正态分布基本相符;若分布范围中心与公差带中心重合,则表明不存在常值系统性误差;若分布范围大于公差带宽度,则随机误差的影响很大。

2)测定加工精度

由于6σ的大小代表了某一种加工方法在规定条件下所能达到的加工精度,所以,可在大量统计分析的基础上,求出每一种加工方法的σ值。而在确定公差时,为使加工不出废品,至少应使公差带宽度T等于其分布范围6σ,再考虑到各种误差因素使加工过程不稳定,实际应使公差带宽度大于其分布范围,即$T>6\sigma$。

思考与练习题

延伸阅读

产品质量与工匠精神

2.1 轴类零件有哪些特点?加工时主要用到哪些加工设备?

2.2 车床由哪几部分构成?车刀有哪几种?如何选择?

2.3 可转位车刀有何特点?使用时如何选择?

2.4 在车床上用两顶尖装夹,车削细长轴时,会出现哪几种误差,原因是什么?分别可采用什么办法减少或消除?

2.5 车削一批轴的外圆,其尺寸为$\phi 25\pm 0.05$ mm,已知此工序的加工误差分布曲线是正态分布,其标准差 $\sigma=0.025$ mm,曲线的顶峰位置偏于公差带中值的左侧。试求零件的合格率、废品率。工艺系统经过怎样的调整可使废品率降低?

2.6 自己在自动机上加工一批尺寸为$\phi 8\pm 0.09$ mm 的工件,机床调整完后试车 50 件,试绘制分布曲线图、直方图,计算工序能力系数和废品率,并分析误差产生原因。

2.7 采用粒度为 F36 的砂轮磨削钢件外圆,其表面粗糙度要求为 $Ra1.6$ μm;在相同的磨削用量下,采用粒度为 F80 的砂轮可以使 Ra 减小 0.2 μm,这是为什么?

2.8 多选题:

1. 车削加工中的切削用量包括(　　)。

A. 主轴每分钟转数　　B. 切削层公称宽度

C. 背吃刀量(切削深度)　　D. 进给量

E. 切削层公称厚度 F. 切削速度

2. 对刀具前角的作用和大小,正确的说法有(　　)。

A. 控制切屑流动方向　　B. 使刀刃锋利,减少切屑变形

C. 影响刀尖强度及散热情况　　D. 影响各切削分力的分配比例

E. 减小切屑变形,降低切削力　　F. 受刀刃强度的制约,其数值不能过大

3. 对于刀具主偏角的作用,正确的说法有(　　)。

A. 影响刀尖强度及散热情况　　B. 减少刀具与加工表面的摩擦

C. 控制切屑的流动方向　　D. 使切削刃锋利,减小切屑变形

E. 影响切削层参数及切削分力的分配　　F. 影响主切削刃的平均负荷与散热情况

4. 确定车刀前角大小的主要依据是(　　)。

A. 加工钢材时的前角比加工铸铁时大　　B. 高速钢刀具的前角比硬质合金刀具大

C. 高速钢刀具前角比硬质合金刀具小　　D. 粗加工时的前角比精加工小

E. 粗加工时的前角比精加工大　　F. 加切削液时前角应加大

5. 确定车刀主偏角大小的主要依据是(　　)。

A. 工件材料越硬,主偏角应大些　　B. 工件材料越硬,主偏角应小些

C. 工艺系统刚度好时,主偏角可以小些　　D. 工艺系统刚度差时,主偏角可以小些

E. 高速钢刀具主偏角可比硬质合金大些　　F. 粗加工时主偏角应大些

6. 当车刀主偏角减小时,所引起的下列影响中,正确的是(　　)。

A. 使切屑变得宽而薄　　B. 进给力加大,易引起振动

C. 背向力(吃刀抗力)加大,工件弹性变形加大　D. 刀尖强度降低

E. 刀具主切削刃的平均负荷减小　　F. 改善散热条件,使切削温度降低

7. 确定车刀后角大小的主要依据是(　　)。

A. 精加工时应取较大后角　　B. 高速切削时应取较小后角

C. 加工塑性材料应取较大后角　　D. 工艺系统刚度差时应取较小后角

E. 工件材料硬时应取较大后角　　F. 硬质合金刀具应取较大后角

8. 车削加工中,减小残留面积的高度,减小表面粗糙度值,正确方法有(　　)。

A. 加大前角　　B. 减小主偏角

C. 提高切削速度　　D. 减小背吃刀量(切削深度)

E. 减小副偏角　　F. 减小进给量

9. 产生于切削变形区的切削热的主要来源是(　　)。

A. 工件、刀具材料的导热性差　　B. 切削层金属剪切滑移变形

C. 未充分浇注切削液　　D. 切屑与刀具前刀面的摩擦

E. 刀具后刀面与工件的摩擦

10. 确定车刀前角大小的主要依据是(　　)。

A. 加工钢材的前角比加工铸铁时大　B. 工件材料硬度强度高时前角取大值

C. 粗加工或有冲击时的前角比精加工时小　D. 工艺系统刚性较差时前角取小值

E. 高速钢刀具的前角比硬质合金刀具大

11. 确定车刀主偏角大小的主要依据是(　　)。

A. 工件材料越硬,主偏角应大些　B. 工件材料越硬,主偏角应小些

C. 工艺系统刚性好时,主偏角可取大值　D. 工艺系统刚性差时,主偏角宜取大值

E. 有时要考虑工件形状

12. 加工塑性材料出现带状切屑时会对切削加工造成(　　)影响。

A. 切削力波动小　B. 切削过程平稳性好

C. 切削力波动大　D. 加工表面粗糙度数值小

E. 断屑效果差

13. 确定车刀后角大小的主要依据是(　　)。

A. 精加工应取较大后角　B. 定尺寸刀具应取较小后角

C. 加工塑料材料应取较小后角　D. 工艺系统刚度差时应取较小后角

E. 工件材料硬时应取较大后角

2.9 单选题:

1. 影响切削层参数、切削分力的分配、刀尖强度及散热情况的刀具角度是(　　)。

A. 主偏角　B. 前角

C. 副偏角　D. 刃倾角

E. 后角

2. 刀具上能使主切削刃的工作长度增大的几何要素是(　　)。

A. 增大前角　B. 减小后角

C. 减小主偏角　D. 增大刃倾角

E. 减小副偏角

3. 刀具上能减小工件已加工表面粗糙度 Ra 值的几何要素是(　　)。

A. 增大前角　B. 减小后角

C. 减小主偏角　D. 增大刃倾角

E. 减小副偏角

4. 当工艺系统刚度较差时,如车削细长轴的外圆,应该使用(　　)。

A. 尖头车刀　B. 45°弯头刀

C. 90°右偏刀　D. 圆弧头车刀

5. 下列(　　)因素会增大切削力,使加工硬化严重。

A. 减小刀具前角　B. 增大刀具前角

C. 减小进给量　D. 减小切削深度

6. 在车削长轴时,只考虑刀具的热变形,则工件加工完毕后的几何形状误差为(　　)。

A. 锥形　B. 腰鼓形

C. 鞍形　D. 喇叭形

7. 工艺系统刚度定义中的法向位移是指(　　)作用下工艺系统变形的结果。

A. 法向力　B. 切向力

C. 轴向力　D. 总切削力

8. 零件的加工精度应包括(　　)内容。

A. 尺寸精度、形状精度和位置精度　　B. 尺寸精度和形状精度

C. 尺寸精度、形状精度和表面粗糙度　　D. 尺寸精度

9. 切削铸铁工件时,刀具的磨损部位主要发生在(　　)。

A. 前刀面　　B. 后刀面

C. 前、后刀面　　D. 前面三种情况都可能

10. 影响刀头强度和切屑流出方向的刀具角度是(　　)。

A. 主偏角　　B. 前角

C. 副偏角　　D. 刃倾角

11. 粗车碳钢工件时,刀具的磨损部位主要发生在(　　)。

A. 前刀面　　B. 后刀面

C. 前、后刀面　　D. 前面三种情况都可能

12. 车削时切削热传出途径中所占比例最大的是(　　)。

A. 刀具　　B. 工件

C. 切屑　　D. 空气介质

13. ISO 标准规定刀具的磨钝标准是控制(　　)。

A. 沿工件径向刀具的磨损量　　B. 后刀面上平均磨损带的宽度 *VB*

C. 前刀面月牙洼的深度 *KT*　　D. 前刀面月牙洼的宽度

14. 一般当工件的强度、硬度、塑性越高时,刀具耐用度(　　)。

A. 不变　　B. 有时高,有时低

C. 越高　　D. 越低

15. 下列刀具材料中,适宜制造形状复杂的机用刀具的材料是(　　)。

A. 碳素工具钢　　B. 人造金刚石

C. 高速钢　　D. 硬质合金

16. 精车碳钢工件时,刀具的磨损部位主要发生在(　　)。

A. 前刀面　　B. 后刀面

C. 前、后刀面　　D. 前面三种情况都可能

17. 下列切削分力中,不消耗功率的是(　　)。

A. 主切削力　　B. 背向力

C. 进给力　　D. 轴向力

2.10 判断题:

1. 工艺系统的刚度 K_{xt} 定义为:工件和刀具的法向切削分力 F_y 与在该力的作用下,它们在该方向上的相对位移 y_{xt} 的比值。(　　)

2. 车削细长轴时,容易出现马鞍形的圆柱度误差。(　　)

3. 工艺系统的原始误差是由零件的加工误差直接引起的。(　　)

4. 一般地讲,工件材料的塑性越大,越不容易得到较小的表面粗糙度值。(　　)

5. 零件的表面粗糙度值越小,零件的耐磨性越好。(　　)

6. 当前角一定时,后角越大,刀刃越锋利,越容易切入工件,塑性变形小,有利于减小表面粗糙度值。(　　)

7. 主轴的纯径向跳动对工件圆柱表面的加工精度没有影响。(　　)

8. 平面磨床的床身导轨在铅垂平面内的直线度要求较高,普通车床的床身导轨在水平面内的直线度要求较高。(　　)

9. 零件表面层的加工硬化能减小表面的弹塑性变形,从而提高了耐磨性,所以表面硬化程度越高越耐磨。 ( )

10. 切削塑性材料时,若切削速度和切削厚度较大,最容易出现后刀面磨损。 ( )

11. 切削用量、刀具材料、刀具几何角度、工件材料和切削液等因素对刀具耐用度都有一定的影响,其中切削速度影响最大。 ( )

12. 切削用量三要素对切削力的影响程度不同,背吃刀量(切削深度)影响最大,进给量次之,切削速度影响最小。 ( )

13. 在刀具角度中,对切削温度有较大影响是前角和主偏角。 ( )

14. 积屑瘤在加工中没有好处,应设法避免。 ( )

15. 刀具前角增加,切削变形也增加。 ( )

16. 切削热只是来源于切削层金属的弹、塑变形所产生的热。 ( )

17. 为减轻磨削烧伤,可加大磨削深度。 ( )

18. 加大进给量比加大背吃刀量有利于减小切削力。 ( )

19. 切削用量三要素中,对切削热影响最大的是切削速度。 ( )

20. 刀具前刀面磨损对工件加工表面粗糙度影响最大,而后刀面磨损对加工精度影响最大。 ( )

2.11 简述表面质量对零件使用性能的影响。

2.12 在车床两顶尖上车光轴,试分别示意画出(1)两顶尖刚度不足时,(2)工件的刚度不足时,加工工件的形状误差。

2.13 影响表面粗糙度的三项因素,具体指的是什么?

2.14 何谓刀具耐用度?它与刀具寿命有何不同?

2.15 简述各切削分力分别对加工过程的影响。

2.16 粗、精加工时,为何所选用的切削液不同?

2.17 简述前角的大小对切削过程的影响。

2.18 简述后角的大小对切削过程的影响。

2.19 从刀具使用寿命的角度分析刀具前、后的合理选择?

2.20 简述影响切削温度的因素。

2.21 高速钢与硬质合金的性能比较。

2.22 减小和避免积屑瘤的措施。

箱体类零件的加工

教学重点

知识要点	素养培养	相关知识	学习目标
箱体类零件的结构特点、工艺特点；箱体类零件加工所用主要机床；箱体类零件安装与定位；箱体类零件定位基准的选择与工艺路线的安排	通过分析各国各类加工设备的精度问题，剖析其深层次原因，培养学生的爱国情怀，激发学生奋发图强的意志；通过尺寸链的分析计算，培养学生一丝不苟的工匠精神；通过分析在加工时，会正确选用切削液，引导学生环保和安全健康意识，树立地球是人类共同家园的观念，培养保护环境意识	铣床、铣刀、刨床、刨刀、钻床、镗床、镗铣床及其刀具；六点定位原理、定位基准、粗精基准的选择原则、工艺路线的安排原则、典型表面的工艺路线、工序尺寸及其公差、尺寸链及其计算	掌握箱体类零件加工所用主要机床的特点；掌握工艺路线的确定方法；理解并掌握六点定位原理、粗精基准选择方法、尺寸链的计算和工序尺寸的确定方法

项目说明

箱体类零件是将机器和部件中的轴、套、齿轮等有关零件连接成一个整体，并使之保持正确的相互位置，以传递转矩或改变转速来实现规定的运动。该类零件的加工特点是结构复杂，壁薄且不均匀；加工部位多，加工难度大，且多为铸件。其主要技术要求是：轴颈支承孔孔径精度及相互之间的位置精度，定位销孔的精度与孔距精度；主要平面的精度；表面粗糙度等。该类零件的主要加工表面是平面和孔，铣削和孔加工是箱体类零件的主要加工方法。箱体类零件的加工质量对机器的工作精度、使用性能和寿命都有直接的影响。通过本项目的学习，要达到能分析箱体类零件的工艺与技术要求；会拟定箱体类零件的加工工艺。要实现这些目标达成度，需要先完成如下任务。

任务一 认识铣床与刨插床及其刀具

任务描述

减速器是常见的机械，要加工图 3-1 所示的某减速器的箱体，主要用到哪些加工设备呢？

通过本任务的学习，了解箱体类零件平面加工的常用设备，即常用的铣床和刨床及其刀具，掌握这些加工的特点。

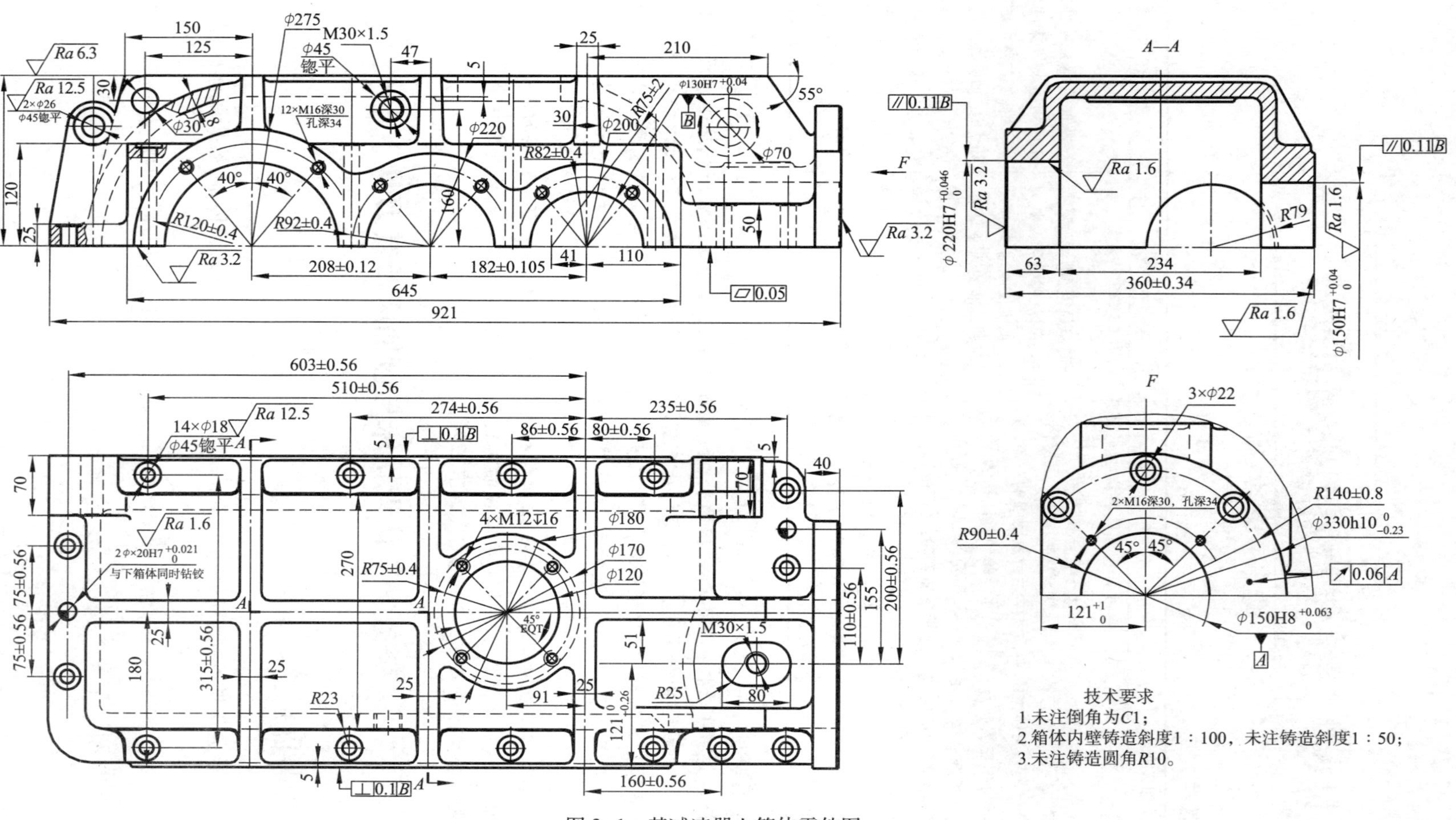

图 3-1　某减速器上箱体零件图

任务实施

一、铣削加工概述

铣刀是多齿刀具，每个刀齿间歇工作，冷却条件好，切削速度可以提高。铣床是用铣刀进行铣削的机床。铣刀旋转为主运动，进给运动是由工作台在三个互相垂直方向的直线运动实现的。铣削加工切削速度高，而且是多刃连续切削，生产率高，可用来加工平面（如水平平面、垂直面等），如图3-2所示；沟槽（如键槽、T形槽、燕尾槽等），如图3-3所示；多齿零件的齿槽（如齿轮、链轮、棘轮、花键轴等）；螺纹形表面（如螺纹和螺旋槽）及各种曲面，如图3-4所示。铣床的类型很多，主要类型有卧式升降台铣床、立式升降台铣床、工作台不升降铣床、龙门铣床、工具铣床。此外，还有仿形铣床、仪表铣床和各种专门化铣床（如键槽铣床、曲轴铣床）等。随着机床数控技术的发展，数控铣床、镗铣加工中心的应用也越来越普遍。

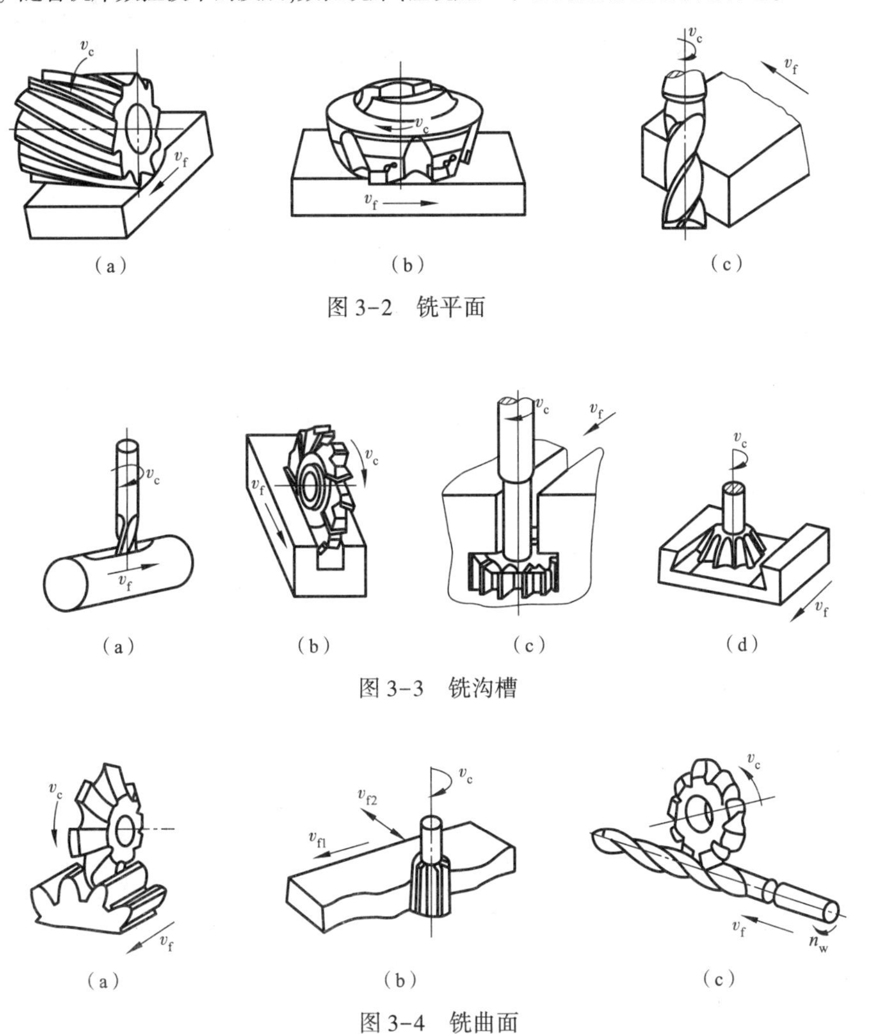

图3-2　铣平面

图3-3　铣沟槽

图3-4　铣曲面

视　频

各种铣削加工

二、万能卧式升降台铣床

万能卧式升降台铣床的主轴轴线是水平的,工作台可以作纵向、横向和垂直运动,并可在水平平面内调整一定角度的铣床。图 3-5 所示为一种应用最为广泛的万能卧式升降台铣床外形图。加工时,铣刀装夹在刀杆上,刀杆一端安装在主轴 3 的锥孔中,另一端由悬梁 4 右端的刀杆支架 5 支承,以提高其刚度。驱动铣刀作旋转主运动的主轴变速机构 1 安装在床身 2 内。加工螺旋槽等表面时,工作台 6 沿回转盘 7 上的燕尾导轨作纵向运动,回转盘 7 相对于床鞍 8 绕垂直轴线调整至一定角度(±45°)。床鞍 8 可沿升降台 9 上的导轨作平行于主轴轴线的横向运动,升降台 9 则可沿床身 2 侧面导轨作垂直运动。进给变速机构 10 及其操纵机构都置于升降台内。这样,用螺栓、压板或机床用平口台虎钳或专用夹具装夹在工作台 6 上的工件,便可以随工作台一起在三个方向实现任一方向的位置调整或进给运动。

卧式升降台铣床结构与万能卧式升降台铣床基本相同,但卧式升降台铣床在工作台和床鞍之间没有回转盘,因此工作台不能在水平面内调整角度。这种铣床除了不能铣削螺旋槽外,可以完成和万能卧式升降台铣床一样的各种铣削加工。万能卧式升降台铣床及卧式升降台铣床的主参数是工作台面宽度。它们主要用于中、小零件的加工。

三、其他类型的铣床

(一)立式升降台铣床

立式铣床适用于加工较大平面、加工沟槽,生产率比卧式铣床高。图 3-6 所示为常见的一种立式升降台铣床外形图,其工作台 3、床鞍 4 及升降台 5 与卧式升降台铣床相同。铣头 1 可在垂直平面内旋转一定的角度,以扩大加工范围,主轴 2 可沿轴线方向进行调整或作进给运动。立式升降台铣床与卧式升降台铣床的主要区别仅在于它的主轴是垂直安置的,可用各种端铣刀(又称面铣刀)或立铣刀加工平面、斜面、沟槽、台阶、齿轮、凸轮以及封闭的轮廓表面等。

视 频

铣床结构

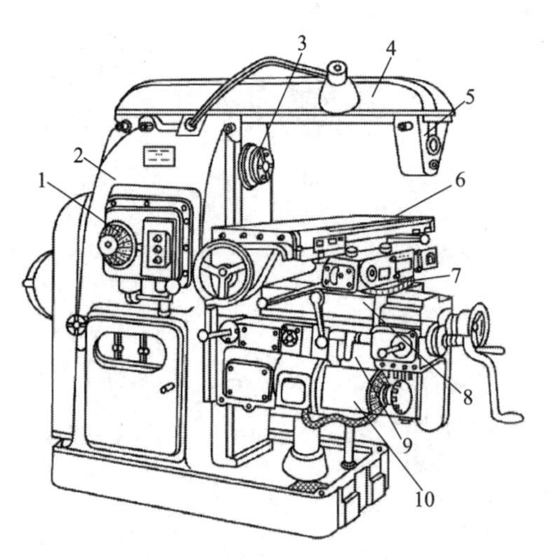

图 3-5 万能卧式升降台铣床

1—主轴变速机构;2—床身;3—主轴;4—悬梁;5—刀杆支架;6—工作台;7—回转盘;8—床鞍;9—升降台;10—进给变速机构

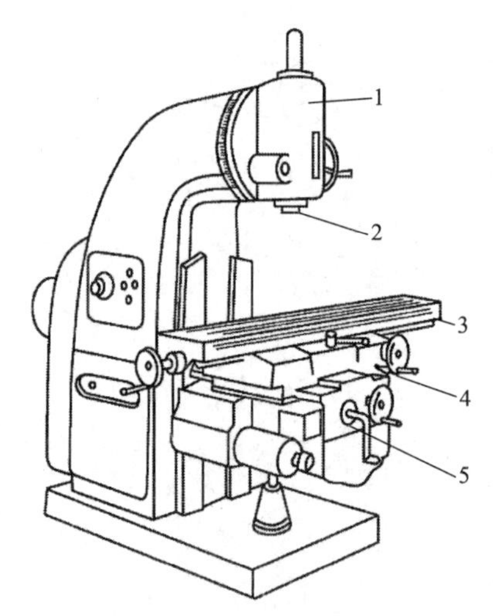

图 3-6 立式升降台铣床

1—铣头;2—主轴;3—工作台;4—床鞍;5—升降台

(二)龙门铣床

龙门铣床主轴箱带动铣刀旋转为主运动,工作台纵向往复运动是进给运动。图3-7所示为具有四个铣头的中型龙门铣床。四个铣头分别安装在横梁和立柱上,并可单独沿横梁或立柱的导轨作调整位置的移动。每个铣头是一个独立的主运动部件,又能由铣头主轴套筒带动铣刀主轴沿轴向实现进给运动和调整位置的移动,根据加工需要每个铣头还能旋转一定的角度。加工时,工作台带动工件作纵向进给运动,其余运动均由铣头实现。主要用于加工各类大型工件上的平面、沟槽,它不仅可以对工件进行粗铣、半精铣,也可以进行精铣加工。龙门铣床的主参数是工作台面宽度。由于龙门铣床的刚性和抗振性较好,它允许采用较大切削用量,并可用几个铣头同时从不同方向加工几个表面,机床生产效率高,在成批和大量生产中得到广泛应用。

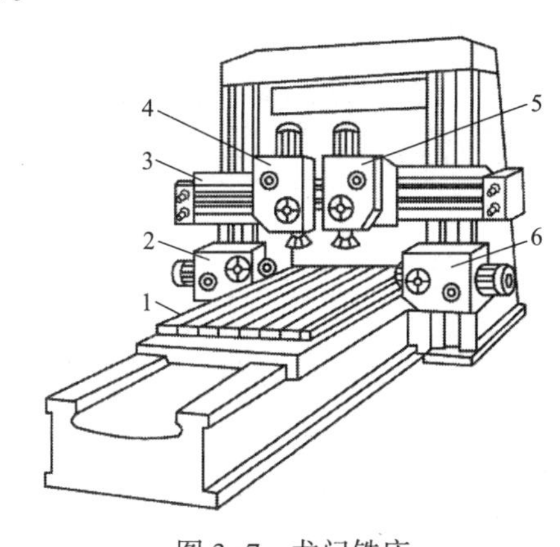

图3-7　龙门铣床

1—工作台;2、6—水平铣头;3—横梁;4、5—垂直铣头

四、铣刀的类型及应用

铣刀为多齿回转刀具,其每一个刀齿都相当于一把车刀固定在铣刀的回转面上。铣刀刀齿的几何角度和切削过程,都与车刀基本相同。铣刀的类型很多,结构不一,应用范围很广,是金属切削刀具中种类最多的刀具之一。通用规格的铣刀已标准化,一般均由专业工具厂制造。

(一)铣刀的类型

铣刀按其用途可分为圆柱铣刀、端铣刀、立铣刀、三面刃铣刀、锯片铣刀等类型。

1. 圆柱铣刀

如图3-8(a)所示,圆柱铣刀一般都是用高速钢整体制造,直线或螺旋线切削刃分布在圆周表面上,没有副切削刃。螺旋形的刀齿切削时是逐渐切入和脱离工件的,所以切削过程较平稳。主要用于卧式铣床铣削宽度小于铣刀长度的狭长平面。

2. 面铣刀(端铣刀)

面铣刀主切削刃分布在圆柱或圆锥面上,端面切削刃为副切削刃。按刀齿材料可分为高速钢和硬质合金两大类,多制成套式镶齿结构,如图3-8(b)所示。镶齿面铣刀刀盘直径一般为75~300 mm,最大可达600 mm,主要用在立式或卧式铣床上铣削台阶面和平面,特别适合较大平面的铣削加工。用面铣刀加工平面,同时参加切削刀齿较多,又有副切削刃的修光作用,使加工表面粗糙度值小。硬质合金镶齿面铣刀可实现高速切削(100~150 m/min),

生产效率高,应用广泛。

3. 立铣刀

图3-7(c)所示为立铣刀,它一般由3~4个刀齿组成,圆柱面上的切削刃是主切削刃,端面上分布着副切削刃,工作时只能沿着刀具的径向进给,不能沿着铣刀轴线方向作进给运动。它主要用于铣削凹槽、台阶面和小平面,还可以利用靠模铣削成形表面。

4. 三面刃铣刀

图3-7(d)所示为三面刃铣刀,它主要用在卧式铣床上铣削台阶面和凹槽。三面刃铣刀除圆周具有主切削刃外,两侧面也有副切削刃,从而改善了两端面切削条件,提高了切削效率,减小了表面粗糙度值。错齿三面刃铣刀,圆周上刀齿呈左右交错分布,和直齿三面刃铣刀相比,它切削较平稳、切削力小、排屑容易,故应用较广。

5. 锯片铣刀

图3-7(e)所示为锯片铣刀,它很薄,只有圆周上有刀齿,侧面无切削刃,用于铣削窄槽和切断工件。为了减小摩擦和避免夹刀,其厚度由边缘向中心减薄,使两侧面形成副偏角。

6. 键槽铣刀

键槽铣刀的外形与立铣刀相似,但在圆周上只有两个螺旋刀齿,其端面刀齿的刀刃延伸至中心,因此在铣两端不通的键槽时,可作适量的轴向进给,如图3-7(f)所示。它主要用于加工圆头封闭键槽。铣削加工时,先轴向进给达到槽深,然后沿键槽方向铣出键槽全长。

其他还有角度铣刀、成形铣刀、T形槽铣刀、燕尾槽铣刀及头部形状根据加工需要可以是圆锥形、圆柱形球头和圆锥形球头的模具铣刀等。

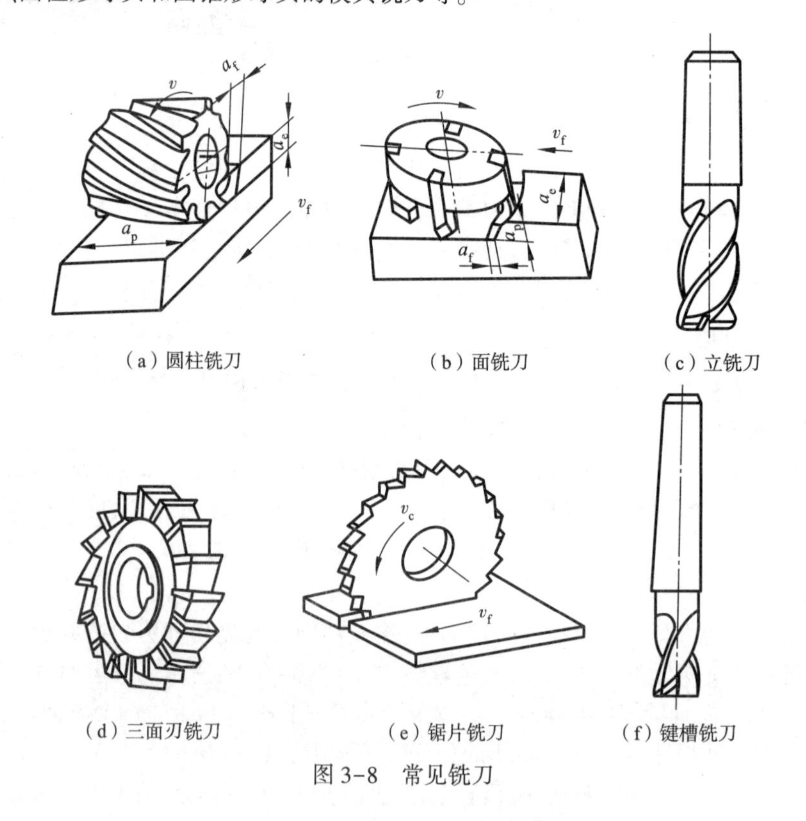

(a)圆柱铣刀　(b)面铣刀　(c)立铣刀

(d)三面刃铣刀　(e)锯片铣刀　(f)键槽铣刀

图3-8　常见铣刀

铣刀按齿背加工形式分为尖齿铣刀和铲齿铣刀。尖齿铣刀的齿背是经铣制而成，并在切削刃后面磨出窄的后刀面，铣刀用钝后只需刃磨后刀面；铲齿铣刀的齿背经铲制而成。铣刀用钝后仅刃磨前刀面，适用于切削刃廓形复杂的铣刀，如成形铣刀。

(二)铣削方式

1. 圆周铣削方式

圆周铣削方式是切削刃在圆周上，用圆柱铣刀的圆周齿进行铣削的方式。按照铣削时主运动速度方向与工件进给方向相同或相反，又分为顺铣和逆铣两类。

1)逆铣

铣削时，铣刀每一刀齿在工件切入处的速度方向与工件进给方向相反，这种铣削方式称为逆铣。逆铣时，刀齿的切削厚度从零逐渐增大至最大值。刀齿在开始切入时，由于刀齿刃口有圆弧，刀齿在工件表面打滑，产生挤压与摩擦，使这段表面产生冷硬层，至滑行一定程度后，刀齿方能切下一层金属层。下一个刀齿切入时，又在冷硬层上挤压、滑行，这样不仅加速了刀具磨损，同时也使工件表面粗糙值增大。由于铣床工作台纵向进给运动是用丝杠螺母副实现的，螺母固定，由丝杠带动工作台移动，如图 3-9(a)所示，逆铣时，铣削力 F 的纵向铣削分力 F_x 与驱动工作台移动的纵向力方向相反，这样使得工作台丝杠螺纹的左侧与螺母齿槽左侧始终保持良好接触，工作台不会发生窜动现象，铣削过程平稳。但在刀齿切离工件的瞬时，铣削力 F 的垂直铣削分力 F_z 是向上的，对工件夹紧不利，易引起振动。

2)顺铣

铣削时，铣刀每一刀齿在工件切入处的速度方向与工件进给方向相同，这种切削方式称为顺铣，如图 3-9(b)所示。顺铣时，刀齿的切削厚度从最大逐步递减至零，没有逆铣时的滑行现象，已加工表面的加工硬化程度大为减轻，表面质量较高，铣刀的耐用度比逆铣高。同时铣削力 F 的垂直分力 F_z 始终压向工作台，避免了工件的振动。顺铣时，切削力 F 的纵向分力 F_z 始终与驱动工作台移动的纵向力方向相同。如果丝杠螺母副存在轴向间隙，当纵向切削力 F_x 大于工作台与导轨之间的摩擦力时，会使工作台带动丝杠出现左右窜动，造成工作台进给不均匀，严重时会出现打刀现象。粗铣时，如果采用顺铣方式加工，则铣床工作台进给丝杠螺母副必须有消除轴向间隙的机构。否则宜采用逆铣方式加工。

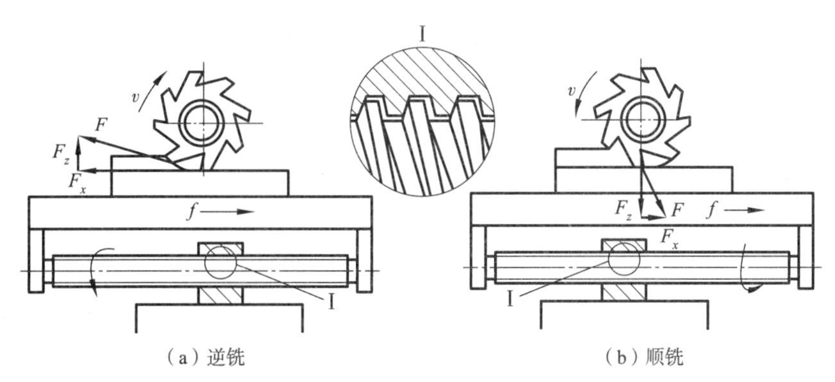

(a) 逆铣　　(b) 顺铣

图 3-9　周铣方式

2. 端铣

用端铣刀的端面齿进行铣削的方式称为端铣。如图 3-10 所示，铣削加工时，根据铣刀与工件相对位置的不同，端铣分为对称铣和不对称铣两种。不对称铣又分为不对称逆铣和不对称顺铣。

对称铣如图3-10(a)所示,铣刀轴线位于铣削弧长的对称中心位置,铣刀每个刀齿切入和切离工件时切削厚度相等,称为对称铣。对称铣削具有最大的平均切削厚度,可避免铣刀切入时对工件表面的挤压、滑行,铣刀耐用度高。对称铣适用于工件宽度接近面铣刀的直径,且铣刀刀齿较多的情况。

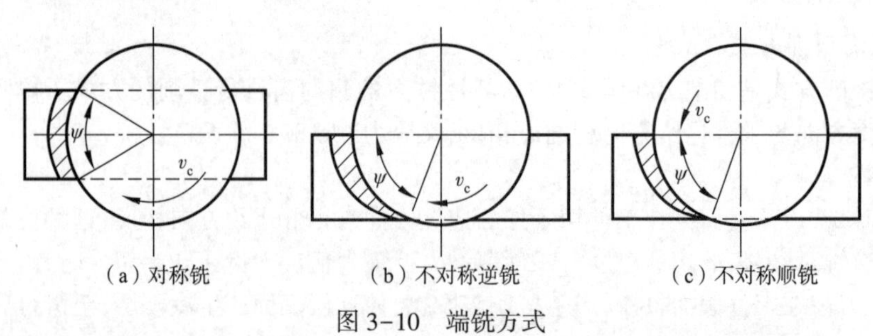

图3-10 端铣方式

不对称逆铣如图3-10(b)所示,当铣刀轴线偏置于铣削弧长的对称位置,且逆铣部分大于顺铣部分的铣削方式,称为不对称逆铣。不对称逆铣切削平稳,切入时切削厚度小,减小了冲击,从而使刀具耐用度和加工表面质量得到提高。适合于加工碳钢及低合金钢及较窄的工件。

不对称顺铣如图3-10(c)所示,其特征与不对称逆铣正好相反。这种切削方式一般很少采用,但用于铣削不锈钢和耐热合金钢时,可减少硬质合金刀具剥落磨损。

上述的周铣和端铣,是由于在铣削过程中采用不同类型的铣刀所产生的不同铣削方式,两种铣削方式相比,端铣具有铣削较平稳,加工质量及刀具耐用度均较高的特点,且端铣用的面铣刀易镶硬质合金刀齿,可采用大的切削用量,实现高速切削,生产率高。但端铣适应性差,主要用于平面铣削。周铣的铣削性能虽然不如端铣,但周铣能用多种铣刀,铣平面、沟槽、齿形和成形表面等,适应范围广,因此生产中应用较多。铣削的加工精度一般可达IT8~IT7,表面粗糙度为Ra6.3~1.6 μm。

五、刨插床及其刀具

(一)刨床

用于刨削各种平面和沟槽,主要类型有牛头刨床和龙门刨床。刨削的特点是机床刀具简单,通用性好;生产率较低;加工精度较低。常见的有牛头刨床、龙门刨床。

1. 牛头刨床

牛头刨床主要由床身、滑枕、刀架、转盘、工作台等部件组成。因其滑枕刀架形似“牛头”而得名。图3-11所示为牛头刨床,与工作台相连的滑板可沿床身4的竖直导轨作上、下方向的移动,以调整工件与刨刀的相对位置。调整转盘2,可以使刀架左右回旋,以便加工斜面和斜槽。刀架可沿刀架座上的导轨上、下移动,以调整刨削深度。其特点是主运动速度不能太高(因为滑枕换向时有大的惯性力),加之只能单刀加工,且在反向运动时不加工,所以牛头刨床效率和生产效率低。主要适用于单件、小批量生产或机修车间,在大批量生产中被铣床代替。

2. 龙门刨床

龙门刨床主要用于加工大型或重型零件上的各种平面、沟槽和各种导轨面。图3-12所示为龙门刨床,它由床身、横梁、工作台、立柱、顶梁、立刀架、侧刀架等组成。龙门刨床因有一个“龙门”式的框架结构而得名。加工时，工件装夹在工作台 9 上，工作台的往复直线运动是主运动，刀架 5、6 在横梁 2 的导轨上间歇地移动是横向进给运动，以刨削工件的水平平面。刀架上的滑板可使刨刀上下移动，作切入运动或刨削竖直平面。滑板还能绕水平轴线调整一定的角度，以加工倾斜平面，装在立柱 7 上的侧刀架 8 可沿立柱导轨作间歇移动，以刨削竖直平面。横梁 2 可沿立柱升降，以调整工件与刀具的相对位置。与牛头刨床相比，它具有形体大、动力大、结构复杂、刚性好、工作稳定、工作行程长、适应性强和加工精度高等特点。它主要用来加工大型零件的平直面，尤其是窄而长的平面，在一次装夹中同时能加工数个中、小型工件的平面。

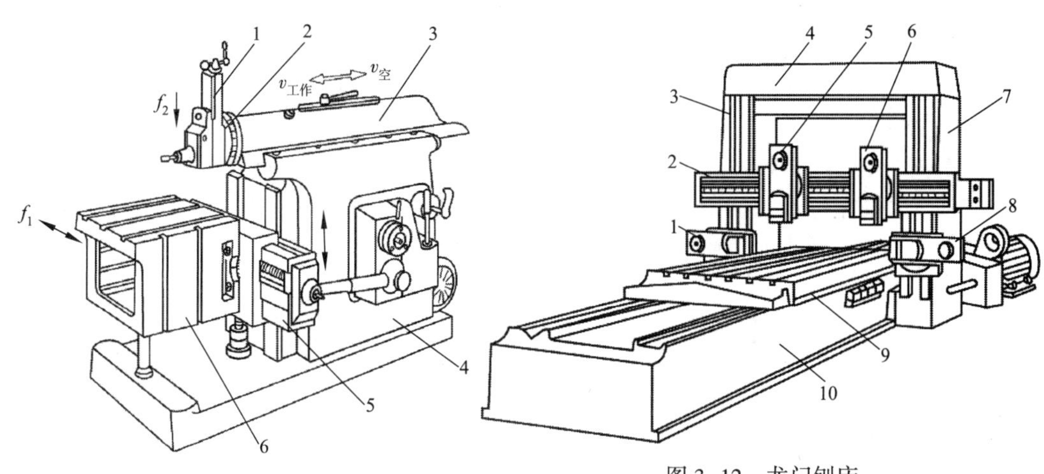

图 3-11　牛头刨床

1—刀架；2—转盘；3—滑枕；4—床身；5—横梁；6—工作台

图 3-12　龙门刨床

1、8—左、右侧刀架；2—横梁；3、7—立柱；4—顶梁床身；5、6—垂直刀架；9—工作台；10—床身

(二) 插床

插床实际上是立式的刨床，主要用于加工工件的内表面，如内孔中键槽及多边形孔等，有时也用于加工成形内表面。图 3-13 所示为插床的外形图。插削加工时，滑枕 2 带动插刀沿垂直方向作直线往复运动，实现切削过程的主运动。工件安装在圆形工作台 1 上，圆形工作台可实现纵向、横向和圆周方向的间歇进给运动。此外，利用分度装置 5，圆形工作台还可进行圆周分度。滑枕导轨座 3 和滑枕一起可以绕销轴 4 在垂直平面内相对立柱倾斜 0°~8°，以便插削加工斜槽和斜面。插床的生产效率较低，通常用于单件、小批生产中插削槽、平面及成形表面等。

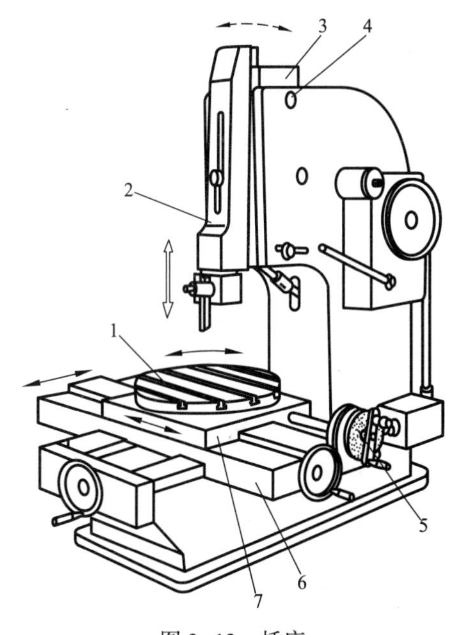

图 3-13　插床

1—圆形工作台；2—滑枕；3—滑枕导轨座；4—销轴；5—分度装置；6—床鞍；7—溜板

(三) 刨刀与插刀

1. 刨刀

其几何形状与车刀相似，但刀杆的截面积比车刀大 1.25~1.5 倍，以承受较大的冲击力。刨刀的形状和种类按加工表面形状不同而有所不

同,如图 3-14 所示。平面刨刀用以加工水平面;偏刀用于加工垂直面、台阶面和斜面;角度偏刀用以加工角度和燕尾槽;切刀用以切断或刨沟槽;弯切刀用以加工 T 形槽及侧面上的槽。

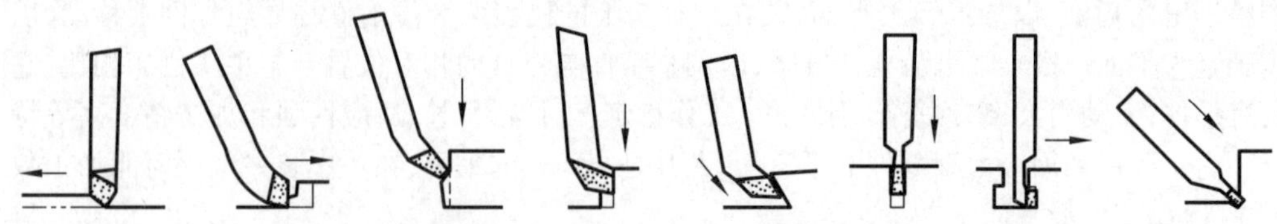

图 3-14　常见刨刀及应用

2. 插刀

把刨刀的水平切削位置转到垂直位置,即为插刀。由于插刀受被加工内表面的限制,刚度较低。若前角过大,容易产生"扎刀"现象;若前角过小,又容易产生"让刀"。因此,插削加工精度不如刨削,表面粗糙度值较大。

任务二　认识孔加工的机床与刀具

任务描述

箱体零件上除了面之外还有孔,孔用不用加工?是怎么加工出来的?用到哪些加工设备?通过本任务的学习,了解箱体类零件孔加工的常用设备,即常用的钻床和镗床及其刀具,掌握这些加工的特点。

任务实施

一、钻床

钻床是用钻头在工件上加工孔的机床。通常用于加工尺寸较小,精度要求不太高的孔。可完成钻孔、扩孔、铰孔及攻螺纹等工作,如图 3-15 所示。加工孔时,工件固定,刀具作旋转主运动,同时沿轴向作进给运动。钻床的主参数为最大钻孔直径。钻床的主要类型有立式钻床、摇臂钻床、台式钻床、深孔钻床等。

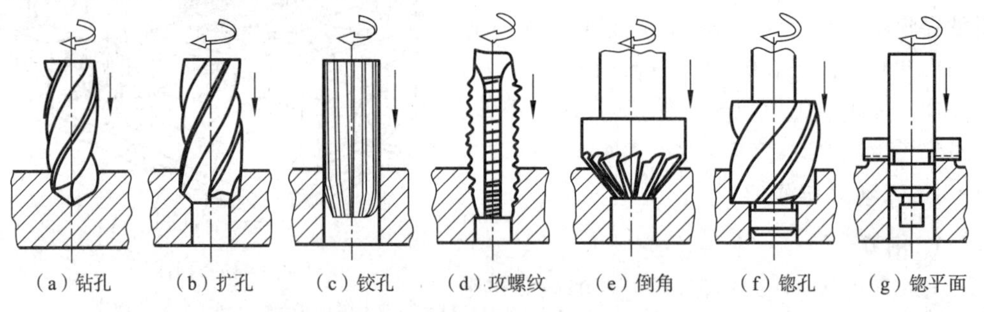

图 3-15　常见钻床的加工方法

(一)立式钻床

图 3-16 所示为立式钻床外形图,立式钻床是应用较广的一种机床,立式钻床的主轴轴线垂直布置,变速箱 4 中装有主运动变速传动机构,进给箱 3 中装有进给运动变速机构及操纵机构。加工时,进给箱 3 固定不动,工作台 1 和进给箱 3 都装在立柱 5 的垂直导轨上,并可上下调整位置,以适应加工不同高度的工件。加工时,转动操纵手柄 6,由主轴 2 随主轴套筒在进给箱 3 中作直线移动完成进给运动,适用于中小工件的单件、小批量生产。其主参数是最大钻孔直径,常用的有 25 mm、35 mm、40 mm 和 50 mm 等几种。

(二)摇臂钻床

图 3-17 所示为摇臂钻床外形图,主轴箱 4 可以在摇臂 3 上水平移动,摇臂 3 既可以绕立柱 2 转动,又可沿立柱 2 垂直升降。加工时,工件在工作台 6 或底座 1 上安装固定,通过调整摇臂 3 和主轴箱 4 的位置,使主轴 5 中心线与被加工孔的中心线重合。此外为了使主轴在加工时保持确定的位置,摇臂钻床还有立柱、摇臂及主轴箱的夹紧机构。它适用于加工一些大而重的工件上的孔。

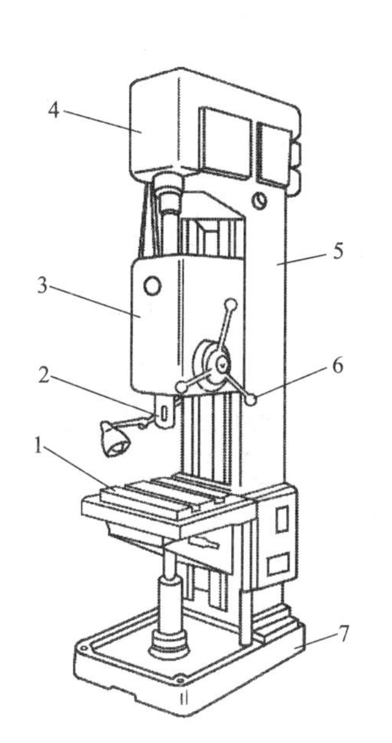

图 3-16　立式钻床

1—工作台;2—主轴;3—进给箱;4—变速箱;
5—立柱;6—操作手柄;7—底座

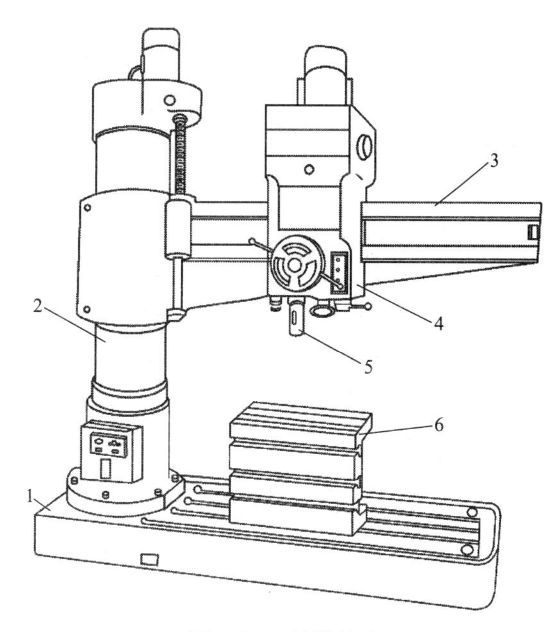

图 3-17　摇臂钻床

1—底座;2—立柱;3—摇臂;4—主轴箱;
5—主轴;6—工作台

(三)台式钻床及其他钻床

台式钻床是小型钻床,图 3-18 所示为常见的台式钻床,常安装在钳工台上使用,用来加工直径小于 15 mm 的孔。主轴的旋转为主运动,主轴的移动为进给运动。以最大钻孔直径为主参数。主轴中心位置固定,加工时移动工件以对准钻头,多为手动进给。常用来加工小型工件的小孔。

多轴钻床可同时加工工件上的很多孔,生产率高,广泛用于大批量生产;中心孔钻床用来加工轴类零件两端面上的中心孔;深孔钻床用于加工孔深与直径比 $l/d>5$ 的深孔。

二、镗床

镗床通常用于加工尺寸较大、精度要求较高的孔，特别是分布在不同表面上、孔距和位置精度要求较高的孔，如各种箱体零件上的孔。也可用来钻孔、扩孔、铰孔、铣槽和铣平面。镗床工作时，由刀具作旋转主运动，进给运动则根据机床类型和加工条件的不同由刀具或工件完成。镗床的主要类型有卧式镗床、坐标镗床和金刚镗床等。

（一）卧式镗床

图 3-19 所示为卧式镗床的外形图。它主要由床身、工作台、主轴箱、前后立柱和平旋盘等组成。工件装夹在工作台上，工作台下面装有上、下滑座，下滑座可沿床身水平导轨作纵向移动，实现纵向进给运动；上滑座沿下滑座的导轨作横向移动，实现横向进给，工作台还可在上滑座的环形导轨上绕垂直轴回转，进行转位。主轴箱中装有镗轴、平旋盘及主运动和进给运动的变速、操纵机构。加工时，镗轴带动镗刀旋转形成主运动，并可沿其轴线移动实现轴向进给运动；平旋盘只作旋转运动，装在平旋盘端面燕尾导轨中的径向刀架，除了随平旋盘一起旋转外，还可带动刀具沿燕尾导轨作径向进给运动；主轴箱可沿前立柱的垂直导轨作上下移动，以实现垂直进给运动。利用主轴箱上、下位置调节，可在工件一次装夹中，完成相互平行或成一定角度的平面或孔进行加工。后立柱可沿床身导轨作纵向移动，支架可在后立柱垂直导轨上进行上下移动，用以支承悬伸较长的镗杆，以增加其刚性。

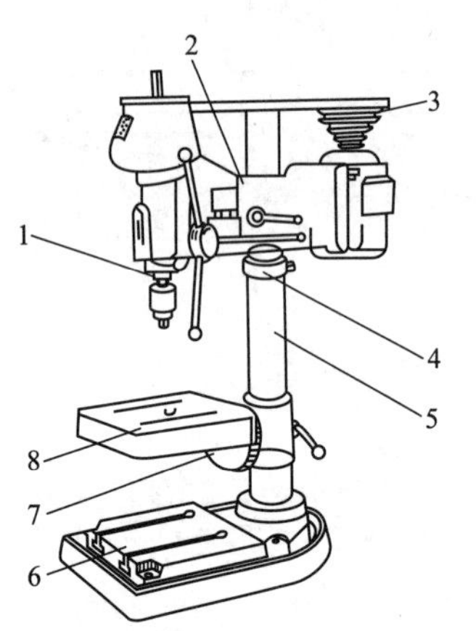

图 3-18　台式钻床

1—主轴；2—头架；3—塔形带轮；4—保险环；5—立柱；6— 底座；7—转盘；8—工作台

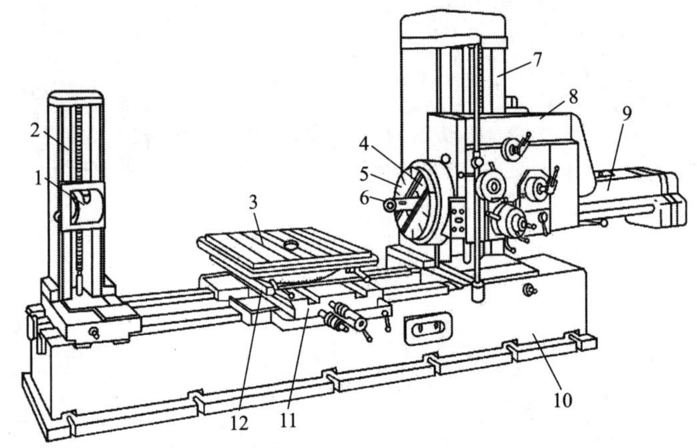

图 3-19　卧式镗铣床

1—支架；2—后立柱；3—工作台；4—径向刀架；5—平旋盘；6—主轴；7—前立柱；8—主轴箱；9—后尾筒；10—床身；11—下滑座；12—上滑座

卧式镗铣床的主参数是镗轴直径，其结构复杂，通用性较大，工艺范围广，其主要加工方法如图 3-20 所示。

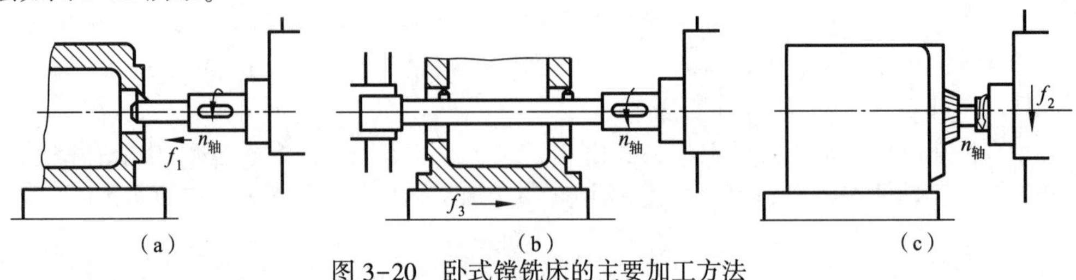

图 3-20　卧式镗铣床的主要加工方法

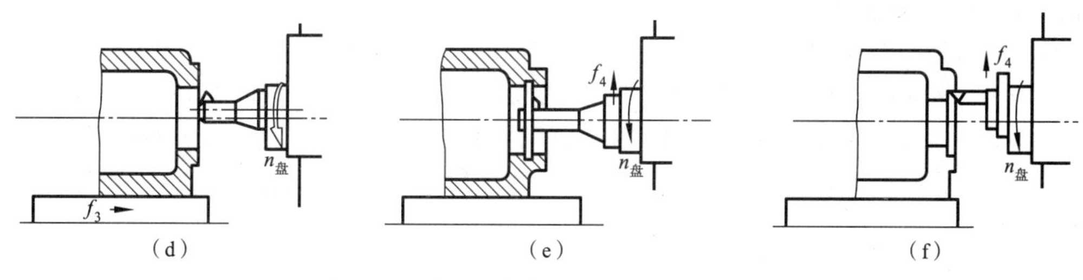

图 3-20　卧式镗铣床的主要加工方法(续)

(二)坐标镗床

坐标机床上具有坐标位置的精密测量装置,加工孔时,按直角坐标来精密定位,所以称为坐标镗床。坐标镗床是一种高精度机床,主要用于镗削高精度的孔,特别适用于相互位置精度很高的孔系,如钻模、镗模等的孔系。坐标镗床还可以进行钻、扩、铰孔及精铣加工。此外,还可以作精密刻线、样板画线、孔距及直线尺寸的精密测量等工作。主参数为工作台面宽度。坐标镗床分卧式、立式单柱和立式双柱等,图 3-21 所示为立式坐标镗床,图 3-22 所示为立式双柱坐标镗床。

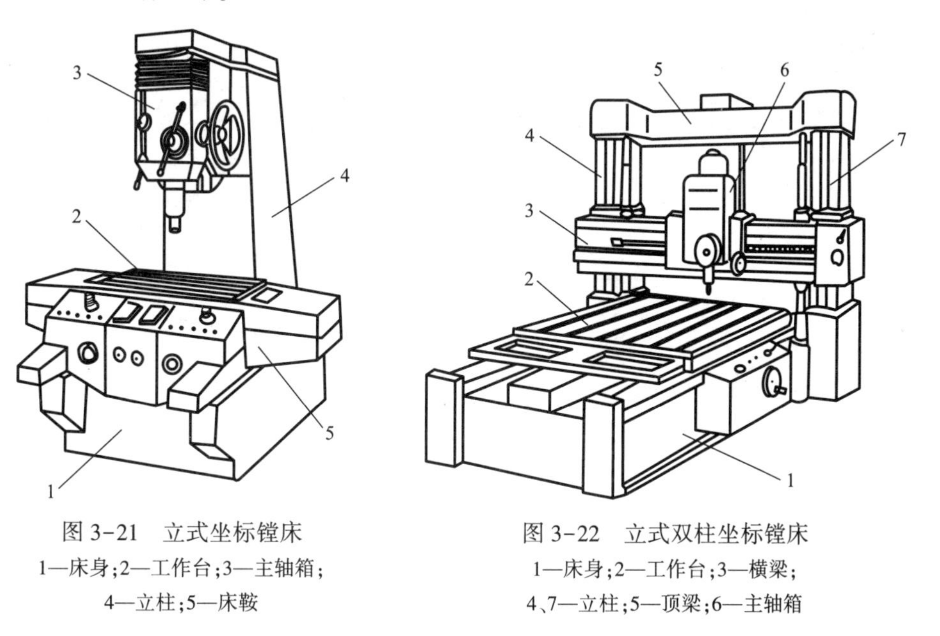

图 3-21　立式坐标镗床

1—床身;2—工作台;3—主轴箱;
4—立柱;5—床鞍

图 3-22　立式双柱坐标镗床

1—床身;2—工作台;3—横梁;
4、7—立柱;5—顶梁;6—主轴箱

三、孔加工刀具

孔加工刀具主要有两类:一类是从实体材料中加工出孔的刀具,如麻花钻、扁钻、中心钻和深孔钻等;另一类是对工件上已有孔进行再加工的刀具,常用的有扩孔钻、铰刀及镗刀等。

(一)麻花钻

麻花钻是最常用的钻孔刀具,用麻花钻钻孔属于粗加工。钻孔的尺寸精度为 IT12~IT11,表面粗糙度值为 $Ra50 \sim 12.5\ \mu m$。以孔径为 30 mm 以下时最常用。主要用于质量要求不高孔的终加工,如螺栓孔、油孔等,也可作为质量要求较高孔的预加工。麻花钻一般是工具厂专业生产,其常备规格的孔径范围为 0.1~80 mm。麻花钻的结构主要由柄部、颈部及工作部分组成，如图 3-23 所示。

(1)柄部是钻头的夹持部分，用以传递扭矩和轴向力。柄部有锥柄和直柄两种形式，钻头直径大于 12 mm 时制成莫氏锥柄，如图 3-22(a)所示。钻头直径小于 12 mm 时制成直柄，如图 3-22(b)所示；锥柄后端的扁尾可插入钻床主轴的长方孔中，以传递较大的扭矩。

(2)颈部是柄部和工作部分的连接部分，是磨削柄部时砂轮的退刀槽，也是打印商标和钻头规格的部位。直柄钻头一般不制有颈部。

(3)钻头的工作部分由切削部分和导向部分组成，切削部分担负主要切削工作，如图 3-22(c)所示，切削部分由两条主切削刃、两条副切削刃和一条横刃及两个前刀面和两个后刀面组成。螺旋槽的一部分为前刀面，钻头的顶锥面为主后刀面。导向部分的作用是当切削部分切入工件后起导向作用，也是切削部分的后备部分。导向部分有两条螺旋槽和两条棱边，螺旋槽起排屑和输送切削液作用，棱边起导向、修光孔壁作用。为了减少与孔壁的摩擦，导向部分有微小的倒锥度，即从切削部分向柄部每 100 mm 长度上钻头直径 d 减少 0. 03~0. 12 的锥度。

麻花钻的主要几何角度有锋角 2φ、螺旋角 β、前角 γ_o、后角 α_o 和横刃斜角 ψ 等。这些几何角度对钻削加工的性能、切削力大小、排屑情况等都有直接影响，使用时要根据不同加工材料和切削要求选取。

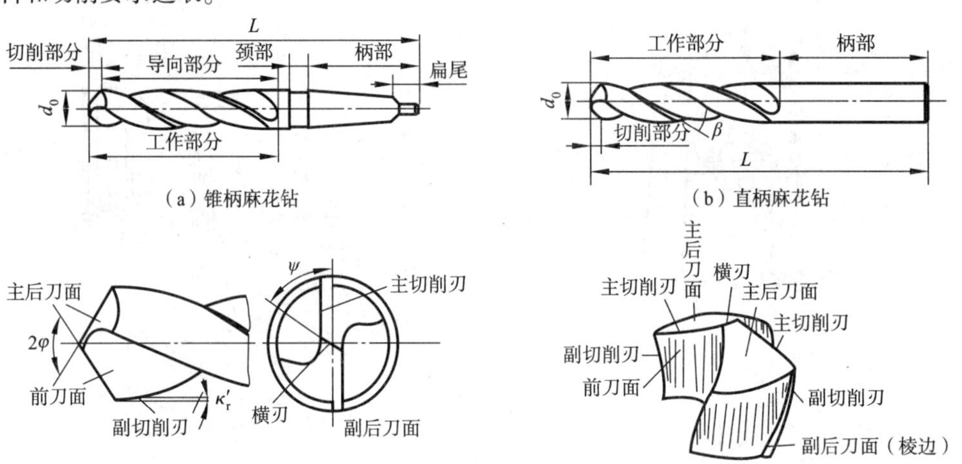

(c) 麻花钻的切削部分

图 3-23 标准高速钢麻花钻的结构

钻孔时，主切削刃全长同时参加切削，切削刃长，切屑宽，排屑困难，切削液也不易注入切削区域，冷却和散热不良，大大降低了钻头的使用寿命，在生产中，常把麻花钻按特定方式刃磨成“群钻”使用，如图 3-24 所示。其修磨特点为：将横刃磨窄、磨低，改善横刃处的切削条件；将靠近钻心附近的主刃修磨成一段顶角较大的内直刃及一段圆弧刃，以增大该段切削刃的前角。同时，对称的圆弧刃在钻削过程中起到定心及分屑作用；在外直刃上磨出分屑槽，改善断屑、排屑情况。经过综合修磨而成的群钻，切削性能显著提高。钻削时轴向力下降 35%~50%，扭矩降低 10%~20%，刀具使用寿命提高 3~5 倍，生产率、加工精度都有显著提高。

(二)中心钻

中心钻用来加工各种轴类工件的中心孔。图 3-25 所示为两种中心钻的外形图，其中图 3-25(a)所示为不带护锥的，图 3-25(b)所示为有护锥的。

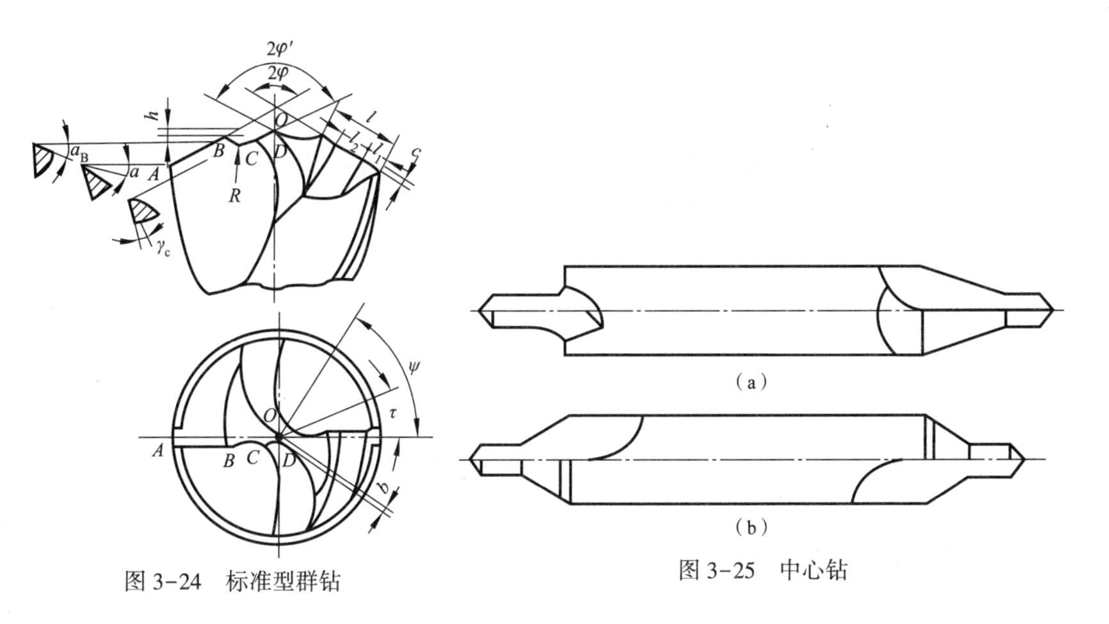

图 3-24　标准型群钻

图 3-25　中心钻

(三)深孔钻

对于孔的深度与直径之比 $l/d=5\sim10$ 的普通深孔,可以用加长麻花钻加工;对于孔的深度与直径之比 $l/d>20\sim100$ 的深孔,由于在加工中要解决断屑、排屑、冷却、润滑和导向等问题,必须采用特殊结构的深孔钻才能加工。

1. 单刃外排屑深孔钻

单刃外排屑深孔钻又称枪钻。主要用于加工直径 $d=3\sim20$ mm,孔深与直径之比 $l/d>100$ 的小深孔。其结构如图 3-26 所示,工作原理如图 3-27 所示。切削时高压切削液(3.5~10 MPa)从钻杆和切削部分的进液孔注入切削区域,以冷却、润滑钻头,切屑经钻杆与切削部分的 V 形槽冲出,因此称为外排屑。枪钻的特点是结构较简单,钻头背部圆弧支承面在切削过程起导向定位作用,切削稳定,孔加工直线性好。加工精度为 IT10~IT8,表面粗糙度值为 $Ra3.2\sim0.8$ μm。

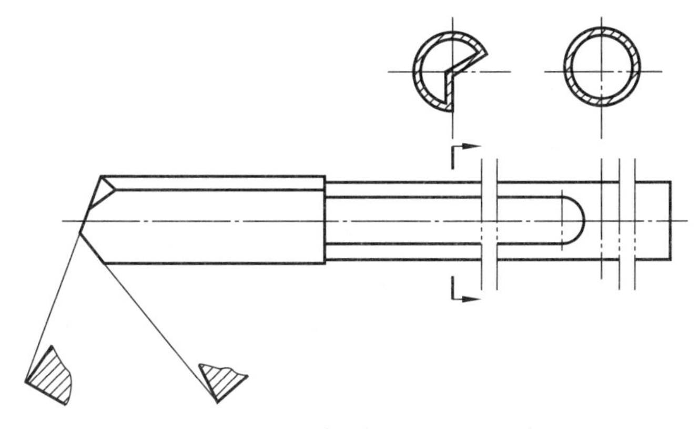

图 3-26　单刃外排屑深孔钻

2. 喷吸钻

喷吸钻适用于加工直径 $d=16\sim65$ mm,孔深与直径比 $l/d<100$ 的中等直径一般深孔。喷吸钻主要由钻头、内钻管、外钻管三部分组成,其工作原理如图 3-28 所示。工作时,切削

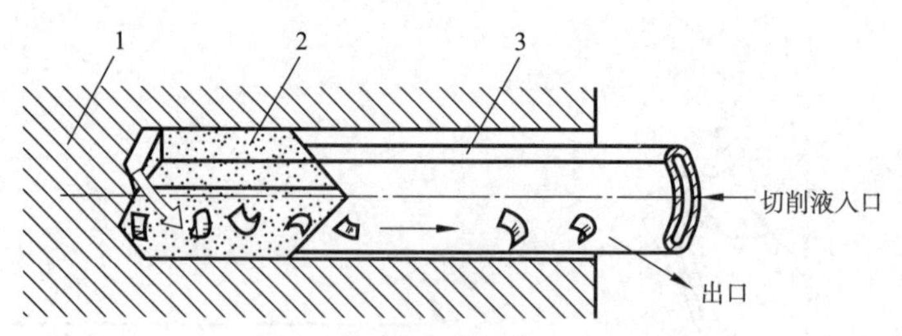

图 3-27 单刃外排屑深孔钻的工作原理

1—工件;2—切削部分;3—钻杆

液以一定的压力(一般为 0.98~1.96 MPa)从内外钻管之间输入,其中 2/3 的切削液通过钻头上的小孔压向切削区,对钻头切削部分及导向部分进行冷却与润滑;另外 1/3 切削液则通过内钻管上月牙形槽喷嘴喷入内钻管,由于月牙形槽缝隙很窄,喷入的切削液流速增大而形成一个低压区,切削区的高压与内钻管内的低压形成压力差,使切削液和切屑一起被迅速“吸”出,提高了冷却和排屑效果,所以喷吸钻是一种效率高、加工质量好的内排屑深孔钻。

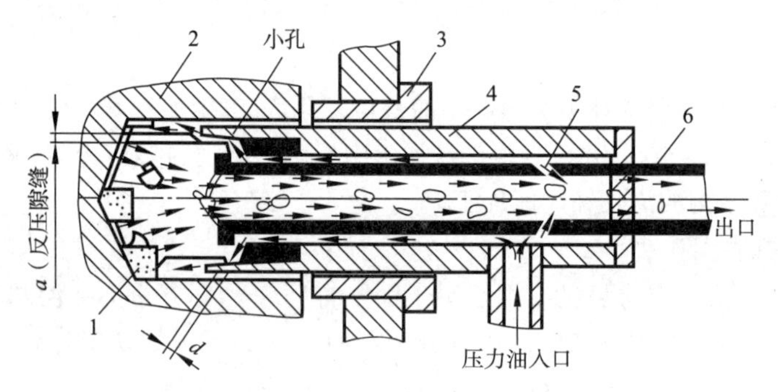

图 3-28 喷吸钻工作原理

1—钻头;2—工件;3—钻套;4—外钻管;5—月牙形槽喷嘴;6—内钻管

(四)扩孔钻

扩孔是用扩孔钻对工件上已钻出、铸出或锻出的孔进行扩大加工。扩孔可在一定程度上校正原孔轴线的偏斜,扩孔属于半精加工。扩孔常用作铰孔前的预加工,对于质量要求不高的孔,扩孔也可作孔加工的最终工序。扩孔钻分为柄部、颈部、工作部分三段。其切削部分由主切削刃、前刀面、后刀面、钻心和棱边五个结构要素构成。具体如图 3-29 所示,扩孔钻与麻花钻相比,容屑槽浅窄,可在刀体上做出 3~4 个切削刃,所以可提高生产率。同时,切削刃增多,棱带也增多,使扩孔钻的导向作用提高了,切削较稳定。此外,扩孔钻没有横刃,钻芯粗大,轴向力小,刚性较好,可采用较大的进给量。

扩孔钻主要有高速钢扩孔钻和硬质合金扩孔钻两类。其用途为提高钻孔、铸造与锻造孔的孔径精度,扩孔的加工精度可达 IT11~IT10,表面粗糙度值为 Ra6.3~3.2 μm。扩孔钻有直柄、锥柄和套装三种形式,选用扩孔钻时应根据被加工孔及机床夹持部分的形式,选用相应直径及形式的扩孔钻。通常直柄扩孔钻适用于直径 3~20 mm;锥柄扩孔钻适用于直径为 7.5~50 mm,套式扩孔钻主要用于大直径及较深孔的扩孔加工,其适用于直径为 20~100 mm。扩孔余量一般为 0.5~4 mm(直径值)。

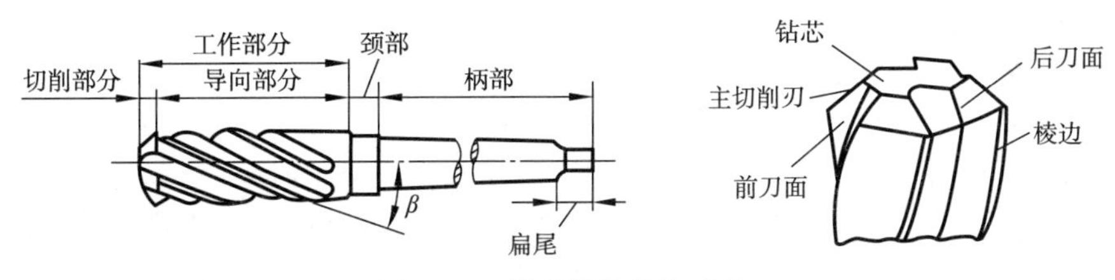

图 3-29　扩孔钻的结构要素

(五)锪钻

锪钻用于在已加工孔上锪各种沉头孔和孔端面的凸台平面。图 3-30 所示为四种类型的锪钻。

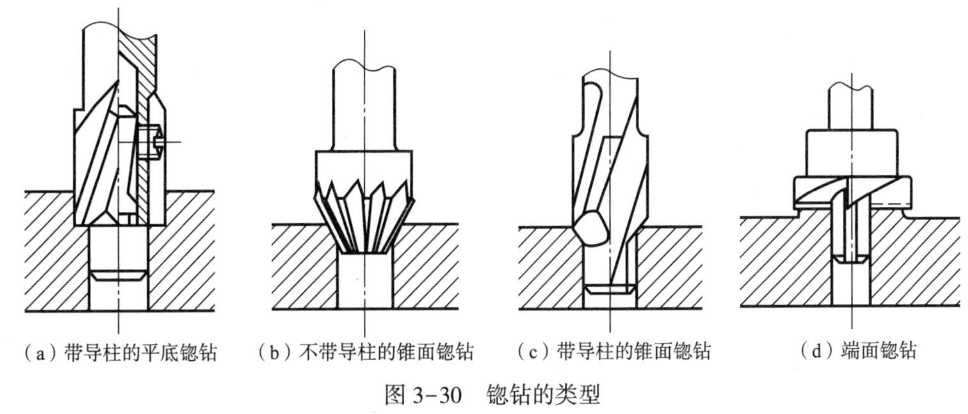

图 3-30　锪钻的类型

(六)铰刀

铰刀用于对孔进行半精加工和精加工。加工精度可达 IT8~IT6,表面粗糙度值可达 Ra1.6~0.4 μm。铰刀的结构如图 3-31 所示,铰刀由柄部、颈部和工作部分组成。铰刀可分为手用铰刀和机用铰刀两种。手用铰刀的柄部均为直柄(圆柱形),机用铰刀的柄部有直柄和莫氏锥柄(圆锥形)之分。颈部是工作部分与柄部的连接部位,用于标注打印刀具尺寸。

铰孔生产率高,容易保证孔的精度和表面粗糙度,但铰刀是定值刀具,一种规格的铰刀只能加工一种尺寸和精度的孔,但不宜铰削非标准孔、台阶孔和盲孔。

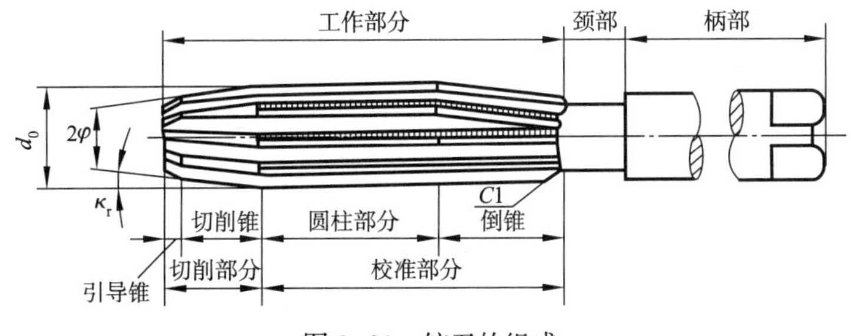

图 3-31　铰刀的组成

(七)镗刀

镗刀有多种类型,按镗刀结构分:整体式、机夹式和可调式三种;按加工面分:内孔与端面镗刀;内孔镗刀又可分为:通孔、阶梯孔和不通孔镗刀;按其切削刃数量可分为单刃镗刀、双刃镗刀和多刃镗刀。

1. 单刃镗刀

单刃镗刀刀头结构与车刀类似,刀头装在刀杆中,如图 3-32 所示。根据被加工孔孔径大小,通过手工操纵,用螺钉固定刀头的位置。刀头与镗杆轴线垂直用于镗通孔,倾斜安装用于镗不通孔。单刃镗刀结构简单,可以校正原有孔轴线偏斜和小的位置偏差,适应性较广,可用来进行粗加工、半精加工或精加工。但是,所镗孔径尺寸要靠人工调整刀头的悬伸长度来保证,较为麻烦,单刃镗刀的刚度较低,不得不采用较小的切削用量,而且只有一个主切削刃参加工作,生产效率较低,比较适用于单件小批量生产。

2. 双刃镗刀

双刃镗刀有两个对称的切削刃,切削时径向力可以相互抵消,工件孔径尺寸和精度由镗刀径向尺寸保证。图 3-33 所示为固定式双刃镗刀。工作时,镗刀块可通过斜楔、锥销或螺钉装夹在镗杆上,镗刀块相对于轴线的位置偏差会造成孔径误差。固定式双刃镗刀是定尺寸刀具,适用于粗镗或半精镗直径较大的孔。图 3-34 所示为可调节浮动镗刀块,调节时,先松开螺钉 2,转动螺钉 1,改变刀片的径向位置至两切削刃之间尺寸等于所要加工孔径尺寸,最后拧紧螺钉 2。工作时,镗刀块在镗杆的径向槽中不紧固,能在径向自由滑动,刀块在切削力的作用下保持平衡对中,可以减少镗刀块安装误差及镗杆径向跳动所引起的加工误差,获得较高的加工精度。但它不能校正原有孔轴线偏斜或位置误差。浮动镗削适用于精加工批量较大、孔径较大的孔。孔的加工精度达 IT7~IT6,表面粗糙度值达 $Ra0.8\ \mu m$。

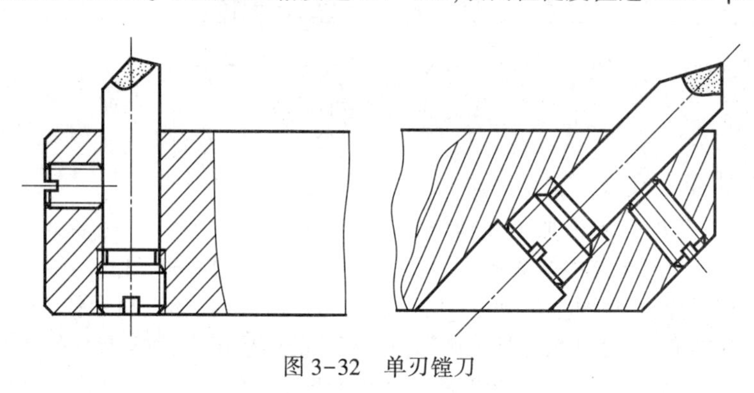

图 3-32 单刃镗刀

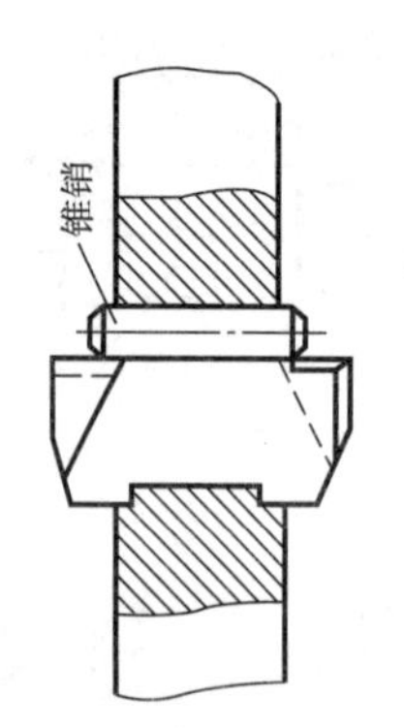

图 3-33 双刃固定式镗刀

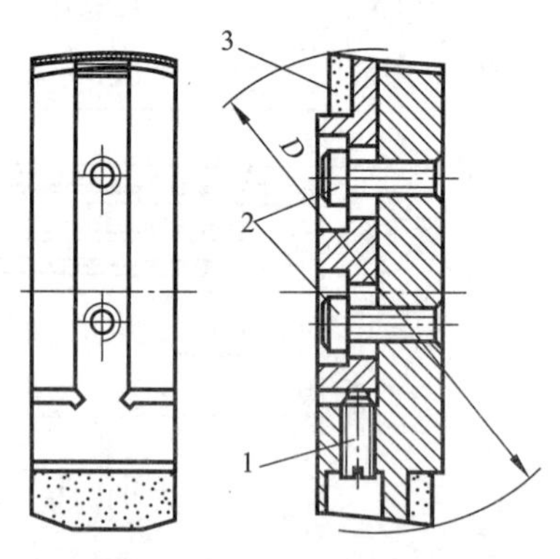

图 3-34 可调浮动镗刀

1、2—螺钉;3—镗刀

镗刀的选用：

镗刀的切削参数包括镗削深度、刀尖半径、切削速度、切削量、进给量。

镗刀伸入孔内的有效加工深度与加工孔径决定了镗削速度。

镗刀刀尖半径 D 与镗刀伸入孔内的有效加工深度决定了镗刀的基础柄。

内孔表面的粗糙度与刀尖圆弧半径决定了镗刀的进给量。

任务三　工件的装夹与定位

任务描述

了解了加工箱体零件上重要面和孔的加工设备？怎么把工件放置在机床上呢？通过本任务的学习，了解箱体类零件在机床上的装夹方式，掌握定位和夹紧的概念。

任务实施

一、工件的定位与夹紧

在机床上加工工件时，必须用夹具装好夹牢工件。将工件装好，就是在机床上确定工件相对于刀具的正确位置，这一过程称为定位。将工件夹牢，就是对工件施加作用力，使之在已经定好的位置上将工件可靠地夹紧，这一过程称为夹紧。从定位到夹紧的全过程，称为装夹。机床夹具的主要功能是完成工件的装夹工作。工件装夹情况的好坏，将直接影响工件的加工精度。

工件的装夹方法有找正装夹法和夹具装夹法两种。找正装夹方法是以工件的有关表面或专门划出的线痕作为找正依据，用划针或指示表进行找正，将工件正确定位，然后将工件夹紧，进行加工。如图 3-35 所示，先在毛坯上按照零件图划出中心线、对称线和各待加工表面的加工线及找正线（找正线和加工线之间的距离一般为 5 mm），然后将工件装上机床，按划好的线，找正工件在机床上的正确位置。划线找正时工件的定位基准是所划的线。如图 3-35（a）所示，为某箱体的加工要求（局部），划线过程如下：先找出铸件孔的中心，并划出孔的两条垂直中心线，按尺寸 A 和 B 检查 E、F 面的余量是否足够，如果不够再调整中心线；按照图纸尺寸要求，以孔中心为划线基准，划出 E 面的找正线；再按照图纸尺寸 B 划出 F 面的找正线，如图 3-35（b）所示。加工时，将工件放在可调支承上，通过调整可调支承的高度找正划好的线Ⅲ，如图 3-35（c）所示。

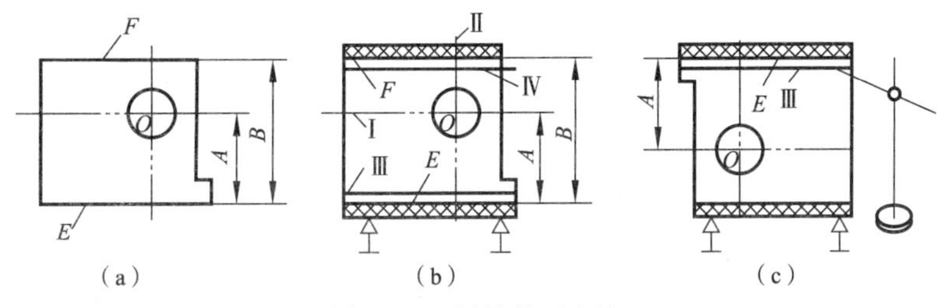

图 3-35　划线找正定位

这种方法精度不高，生产率低，因此多用于单件、小批量生产中加工复杂而笨重的零件，或毛坯精度低而无法直接采用夹具定位的场合。

夹具装夹方法是靠夹具将工件定位、夹紧，以保证工件相对于刀具、机床的正确位置。图 3-36 所示为加工钻套筒零件的孔所用的钻床夹具。

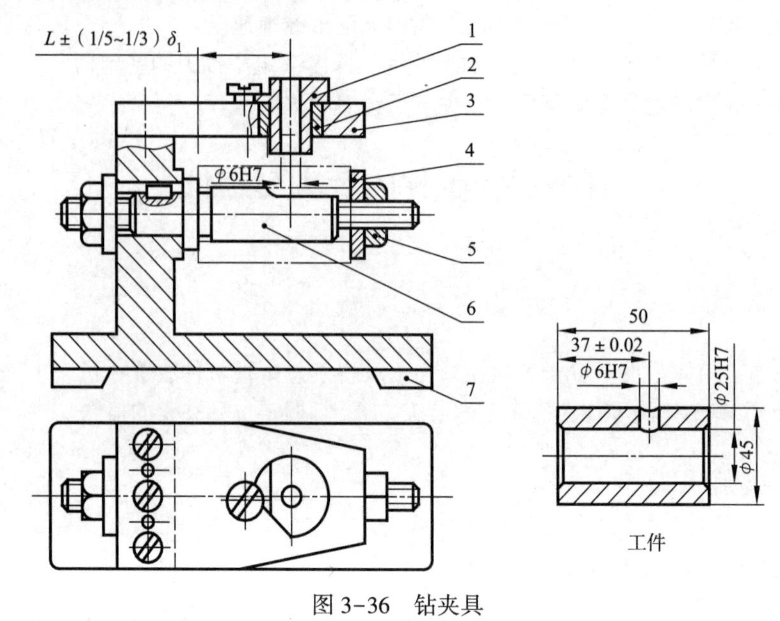

图 3-36　钻夹具

1—钻套；2—衬套；3—钻模板；4—开口垫圈；5—螺母；6—定位销；7—夹具体

二、工件定位的基本原理

(一)自由度的概念

由刚体运动学可知，一个自由刚体，在空间有且仅有六个自由度。它在空间的位置是任意的，即它既能沿空间坐标系的三个坐标轴 ox、oy、oz 移动，称为移动自由度，分别表示为 $\vec{x}$、$\vec{y}$、$\vec{z}$；又能绕 ox、oy、oz 三个坐标轴转动，称为转动自由度，分别表示为 $\overset{\frown}{x}$、$\overset{\frown}{y}$、$\overset{\frown}{z}$。

(二)六点定位原则

在讨论工件的定位时，工件就是我们所指的自由刚体。由上可知，如果要使工件在空间有一个确定的位置，就必须设置相应的六个约束，分别限制工件的六个运动自由度。如果工件的六个自由度都限制了，工件在空间的位置也就完全被确定下来了。因此，定位实质上就是限制工件的自由度。

分析工件定位时，通常是用一个支承点限制工件的一个自由度。用合理设置的六个支承点，限制工件的六个自由度，使工件在夹具中的位置完全确定，即为六点定位原则。工件在加工时，是否对六个自由度都限定？这要根据加工要求确定。例如，在图 3-37(a)所示的矩形工件上铣削不通槽时，为保证加工尺寸 A，可在其底面设置三个不共线的支承点 1、2、3，如图 3-37(b)所示，限制工件的三个自由度：$\overset{\frown}{x}$、$\overset{\frown}{y}$、$\vec{z}$；为了保证 B 尺寸，在侧面设置两个支承点 4、5，限制 $\vec{y}$、$\overset{\frown}{z}$ 两个自由度；为了保证 C 尺寸，在端面设置一个支承点 6，限制工件 x 方向一个移动自由度 $\vec{x}$，工件的六个自由度全部被限制了，称为完全定位。在具体的夹具中，支承点是由定位元件体现的。如图 3-37(c)所示，设置了六个支承钉。

需要说明的几个问题：

(1)定位支承点是定位元件抽象而来的。在夹具的实际结构中，支承点不一定用点或销的顶端，而常用面或线来代替。根据数学概念可知，两个点决定一条直线，三个点决定一个平面，即一条直线可以代替两个支承点，一个平面可代替三个支承点。在具体应用时，还可用窄长的平面（条形支承）代替直线，用较小的平面替代点。

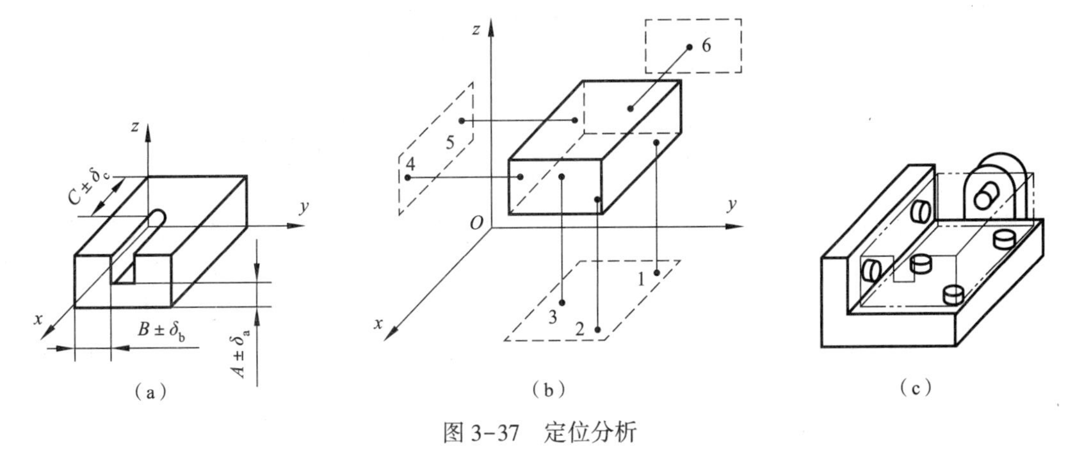

图 3-37　定位分析

（2）定位支承点与工件定位基准面始终保持接触，才能起到限制自由度的作用。

（3）分析定位支承点的定位作用时，不考虑力的影响。工件的某一自由度被限制，是指工件在某个坐标方向有了确定的位置，并不是指工件在受到使其脱离定位支承点的外力时不能运动。使工件在外力作用下不能运动，要靠夹紧装置来保证。

（三）工件定位中的几种情况

1. 完全定位

完全定位是指不重复地限制了工件六个自由度的定位。当工件在 x、y、z 三个坐标方向均有尺寸要求或位置精度要求时，一般采用这种定位方式。如图 3-38（a）所示，加工不通槽时，需要限定六个自由度，为完全定位。

2. 不完全定位

根据工件的加工要求，有时并不需要限制工件的全部自由度，这样的定位方式称为不完全定位。工件在定位时应该限制的自由度数目应由工序的加工要求而定，不影响加工精度的自由度可以不加限制。如图 3-38（b）所示，需要限定 x、y、z 三个轴的转动和 z 轴和 x 轴的移动五个自由度即可，y 方向的移动自由度可不限定，而加工图 3-38（c）所示上表面，只需限定 x 和 y 方向的转动自由度和 z 方向的移动自由度 3 个自由度即可。如果定位时，只把这些需要限定的自由度加以限定，则为不完全定位。采用不完全定位可简化定位装置，因此不完全定位在实际生产中也广泛应用。

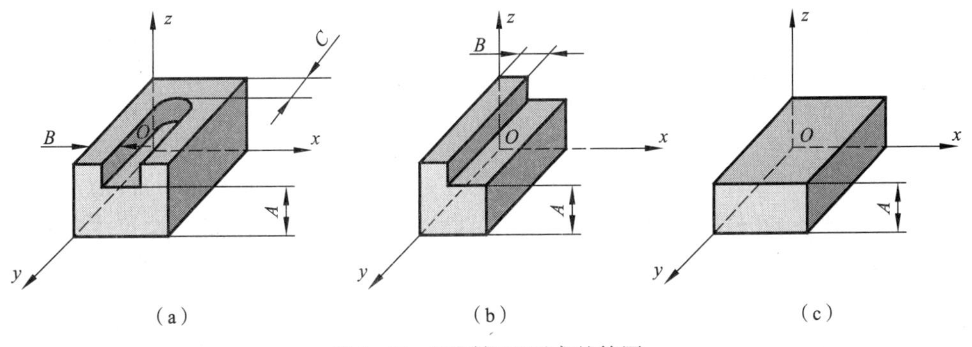

图 3-38　不同加工要求的简图

3. 欠定位

根据工件的加工要求,应该限制的自由度没有完全被限制的定位称为欠定位。欠定位无法保证加工要求,因此,在确定工件在夹具中的定位方案时,决不允许有欠定位的现象产生。

4. 过定位

夹具上的两个或两个以上的定位元件重复限制同一个自由度的情形,称为过定位,如图 3-39(a)所示,轴承盖的定位简图,长 V 形块限定 z、x 方向的移动和转动,支承钉 A、B 联合限定 z 方向的移动和 y 的旋转,z 方向移动自由度被支承钉 A、B 和 V 形块重复限定,属于过定位。这种情况随机的误差会造成定位的不稳定,严重时会引起定位干涉,因此应当尽量避免和消除过定位现象。消除或减少过定位引起的干涉,一般有两种方法:一是改变定位元件的结构, 如图 3-39(b)所示,使它失去限定 z 方向移动的作用;或者减小定位元件的配合尺寸,增大间隙,如图 3-39(c)所示;二是控制或者提高工件定位基准之间以及定位元件工作表面之间的位置精度,使不可用的过定位变为可用的过定位。在有些情况下,过定位是允许的,也是必要的,在对于刚性差的薄壁件和细长杆件或用已加工过的平面作为工件的定位基准时,为减小工件的变形确保加工中工件定位稳定可靠,常采用过定位。

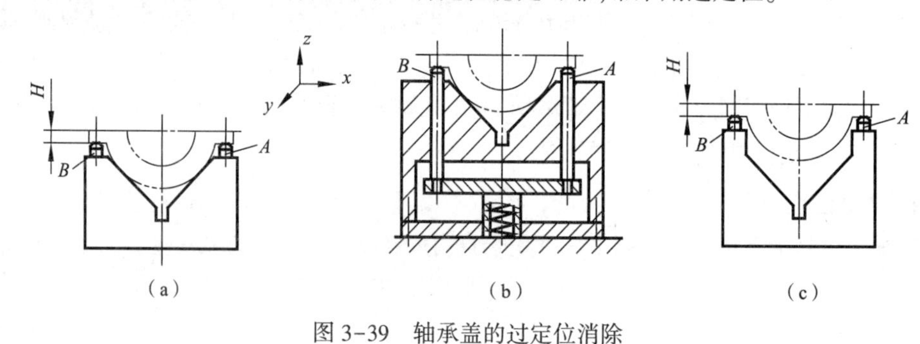

图 3-39 轴承盖的过定位消除

三、定位基准的基本概念

基准是指确定零件上某些点、线、面位置时所依据的那些点、线、面,或者说是用来确定生产对象上几何要素间的几何关系所依据的那些点、线、面。按其作用的不同,基准可分为设计基准和工艺基准两大类。

(一)设计基准

设计基准是指零件设计图上用来确定其他点、线、面位置关系所采用的基准。

(二)工艺基准

工艺基准是指在加工或装配过程中所使用的基准。工艺基准根据其使用场合的不同,又可分为工序基准、定位基准、测量基准和装配基准四种。

1. 工序基准

在工序图上,用来确定本工序所加工表面加工后的尺寸、形状、位置的基准,即工序图上的基准,加工图 3-40(a)所示的零件,加工 B 面时,工序图为 3-40(b),则工序尺寸为 5,工序基准为 A 面,设计基准为 C 面。

2. 定位基准

在加工时用作定位的基准。它是工件上与夹具定位元件直接接触的点、线、面。加工 B

面对应的定位简图为图 3-40(c),则 V 形块所确定的圆柱面的轴线为定位基准。

3. 测量基准

在测量零件已加工表面的尺寸和位置时所采用的基准。一般以设计基准为测量基准进行测量,但当测量基准不便测量或不可能时,可采用其他表面作为测量基准,如图 3-40(d)所示表面 E 的设计基准在圆心 O,不便测量,采用ϕ20 mm 圆柱面的左端素线作为测量基准。

4. 装配基准

装配时用来确定零件或部件在产品中的相对位置所采用的基准。图 3-40(e)中主轴箱箱体零件的 D 面和 E 面是确定主轴箱体在机床床身上相对位置的平面,它们就是装配基准。

研究和分析工件定位问题时,定位基准的选择是一个关键问题。一般说来,如果工件的定位基准被选定,则工件的定位方案也基本上被确定。定位方案是否合理,直接关系到工件的加工精度能否保证。

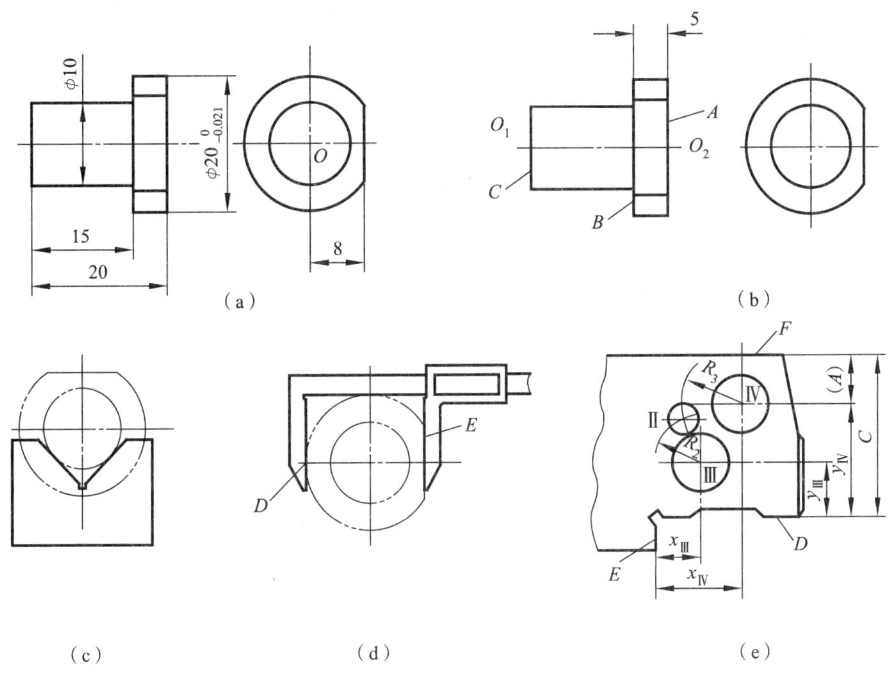

图 3-40　轴承盖的过定位消除

(三)定位基准的分类

工件定位时,作为定位基准的点和线,往往由某些具体表面体现出来,这种表面称为定位基面。例如,用两顶尖装夹车轴时,轴的两中心孔就是定位基面。但它体现的定位基准则是加工轴的轴线。

根据定位基准所限制的自由度数,可将其分为:

(1)主要定位基准面。限制了工件的三个自由度,这样的平面称为主要定位基面。一般应选择较大的表面作为主要定位基面。

(2)导向定位基准面。设置两个支承点,限制了工件的两个自由度,这样的平面或圆柱面称为主要定位基面。该基准面应选取工件上窄长的表面,而且两支承点间的距离应尽量远些。

(3)双导向定位基准面。限制工件四个自由度的圆柱面,称为双导向定位基准面。

(4)止推定位基准。限制工件一个移动自由度的表面,称为止推定位基准面。在加工过程中,工件有时要承受切削力和冲击力等,可以选取工件上窄小且与切削力方向相对的表面作为止推定位基准。

(5)防转定位基准。限制工件一个转动自由度的表面,称为防转定位基准。防转支承点距离工件安装后的回转轴线应尽量远些。

按照所选用的定位基准是否被加工过,定位基准可分为粗基准和精基准。若选择未经加工的表面作为定位基准,这种基准称为粗基准;选择已加工的表面作为定位基准,则这种定位基准称为精基准。

分析基准时,必须注意以下几点:

(1)基准是制订工艺的依据,是客观存在的。当作为基准的是轮廓要素,如平面、圆柱面等时,容易直接接触到,比较直观。但有些是以中心要素作为基准(如圆心、球心、对称轴线等)时,则无法触及,然而它们也是客观存在的。

(2)当作为基准的要素无法触及时,通常由某些具体的表面来体现,这些表面称为基面。如轴的定位则可以外圆柱面为定位基面,这类定位基准的选择则转化为恰当地选择定位基面的问题。

(3)作为基准,可以是没有面积的点、线以及面积极小的面。但是工件上代表这种基准的基面总是有一定接触面积的。

粗基准考虑的重点是如何保证各加工表面有足够的余量,而精基准考虑的重点是如何保证加工精度。

四、定位基准的选择原则

选择定位基准时应符合两点要求:

(1)各加工表面应有足够的加工余量,非加工表面的尺寸、位置符合设计要求。

(2)定位基面应有足够大的接触面积和分布面积,以保证能承受大的切削力,保证定位稳定可靠。

在选择定位基准时,通常是从保证加工精度要求出发的,因而分析定位基准选择的顺序应从精基准到粗基准。

(一)精基准的选择

选择精基准应考虑如何保证加工精度和装夹可靠方便,一般应遵循以下原则:

(1)基准重合原则:应尽可能选择设计基准作为定位基准。这样可以避免基准不重合引起的误差。图 3-41 所示为采用调整法加工Ⅲ面,若用Ⅰ面作为定位基准,则尺寸 c 的加工误差 T_c 不仅包含本工序的加工误差,而且还包括基准不重合带来的设计基准与定位基准之间的尺寸误差 T_a 带来基准不重合误差 $e_{不}$。

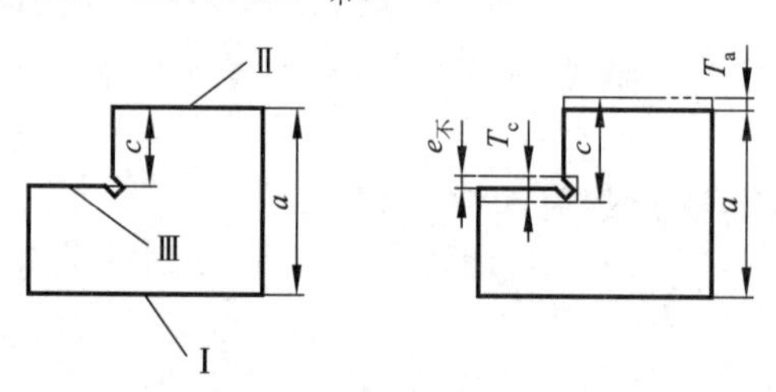

图 3-41 基准不重合误差示例

(2)基准统一原则:应尽可能采用同一个定位基准加工工件上的各个表面。采用基准统一原则,可以减少夹具数量,节约了夹具设计和制造费用;同时由于减少了基准的转换,更有利于保证各表面间的相互位置精度。利用两中心孔,加工轴类零件的各外圆表面,即符合基准统一原则。

(3)互为基准原则:对工件上两个相互位置精度要求比较高的表面进行加工时,可以利用两个表面互相作为基准,反复进行加工,以保证位置精度要求。例如,为保证套类零件内外圆柱面较高的同轴度要求,可先以孔作为定位基准加工外圆,再以外圆作为定位基准加工内孔,这样反复多次,就可使两者的同轴度达到很高要求。

(4)自为基准原则:对于某些加工表面要求精度高、加工余量小而均匀时,可选择加工表面本身作为定位基准。在导轨磨床上磨削床身导轨面时,就是以导轨面本身作为定位基准,用百分表找正定位的。

(5)准确可靠原则:一般选择大而平整而且精度高的面作为基准,保证工件定位准确、安装可靠;夹具设计简单、操作方便。

(二)粗基准的选择

粗基准选择应遵循以下原则:

(1)余量均匀原则:为了保证重要加工表面加工余量均匀,应选择重要加工表面作为粗基准。

(2)相互位置原则:为了保证非加工表面与加工表面之间的相对位置精度要求,应选择非加工表面作为粗基准;如果零件上同时具有多个非加工面时,应选择与加工面位置精度要求最高的非加工表面作为粗基准。

(3)余量最小原则:有多个表面需要一次加工时,应选择加工余量最小的表面作为粗基准。

(4)一次使用原则:粗基准在同一尺寸方向上通常只允许使用一次。

(5)大而平整原则:即一般选择大而平整光洁的面作为基准表面,且有一定面积,无飞边、浇口、冒口,以保证定位稳定、夹紧可靠,夹具设计简单、操作方便。

无论是粗基准还是精基准的选择,上述原则都不可能同时满足,有时甚至互相矛盾,因此选择基准时,必须具体情况具体分析,权衡利弊,保证零件的主要设计要求。

任务拓展

定位元件

(一)定位元件的概念

夹具上用于定位的元件,称为定位元件。夹具定位元件的结构形状取决于定位基准的形状、大小及质量。定位元件的布局要尽可能使各种力作用在定位支承点连线所组成的区域内。

(二)定位元件的类型

1. 固定式定位元件

1)支承钉

图3-42所示为几种常用的支承钉,其结构和尺寸均已标准化。图3-42(a)所示为平顶型,用于精基准定位;图3-42(b)所示为圆顶型,用于毛坯面的定位;图3-42(c)所示为花纹

顶面支承钉,用于工件的侧面定位;图 3-42(d)所示为带衬套的支承钉,方便拆卸,用于大批量、磨损快、需经常修理的场合。支承钉与夹具体的配合采用 H7/r6、H7/n6。

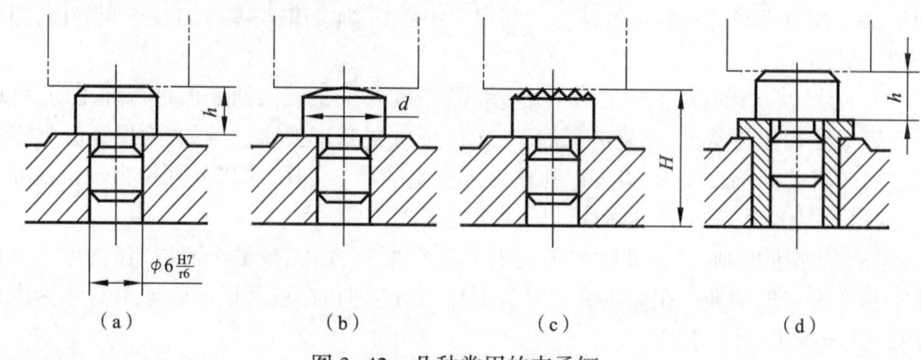

图 3-42　几种常用的支承钉

2)支承板

图 3-43 所示为常用的两种支承板,结构已经标准化,一般用在定位基准面较大时定位。图 3-43(a)所示为开槽式的,清屑容易。图 3-43(b)所示为平板式的,结构简单紧凑。

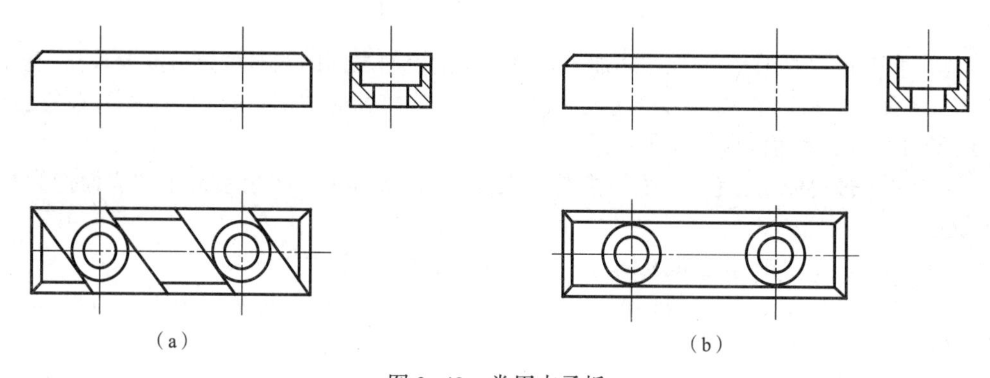

图 3-43　常用支承板

3)定位销

对于既用平面又用与平面垂直的圆柱孔定位时,要用到图 3-44 所示的定位销。其中图 3-44(a)、(c)所示为固定式的,销钉与夹具体的配合用 H7/r6。图 3-44(b)、(e)所示为带衬套的,衬套内径与销钉的配合用 H7/h6 或 H7/g6,衬套外径与夹具体的配合用 H7/n6。当在批量较大时,可用图 3-44(d)、(e)。图 3-44(d)是用可换的支承垫圈代替销的凸肩。所有定位销的头部做成 15°的长倒角,便于装卸工件。

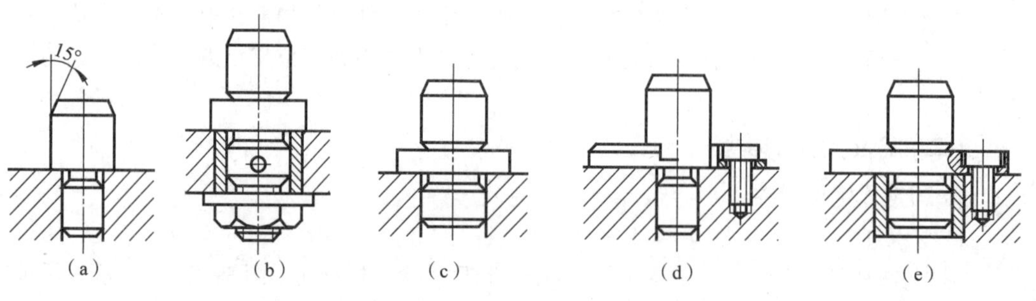

图 3-44　几种常用圆柱定位销

加工箱体类零件常采用一面两销定位,如图 3-45(a)所示,为了避免过定位,要把其中一个销削边,削边的形式如图 3-45(b)、(c)所示。其中,图 3-45(b)用于直径小于 50 mm,图 3-45(c)用于直径大于 50 mm。

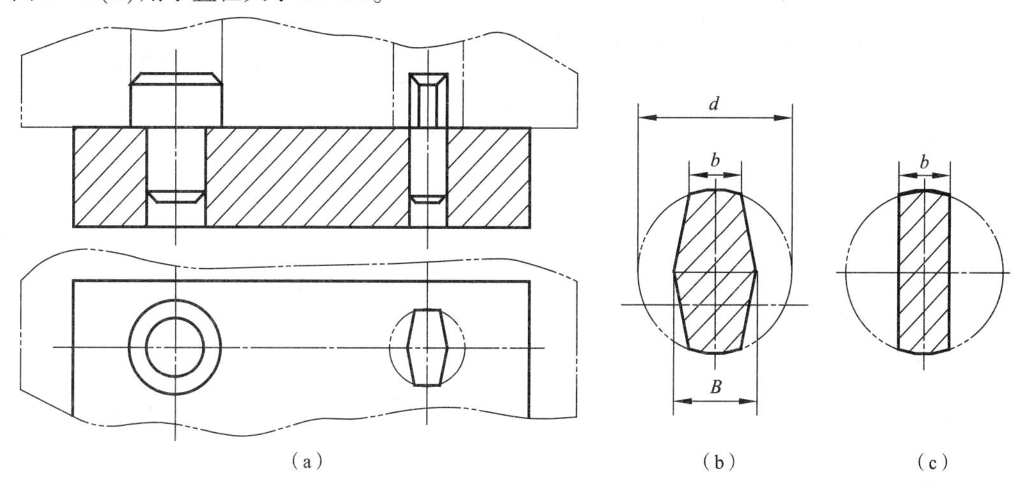

图 3-45　一面两销定位

4)定位心轴

定位心轴用于工件以内孔表面定位时,如图 3-46 所示,其中图 3-46(a)所示为圆柱心轴,图 3-46(b)所示为锥度心轴,图 3-46(c)所示为花键心轴,心轴与孔的配合常采用 H7/h6 或 H7/g6。

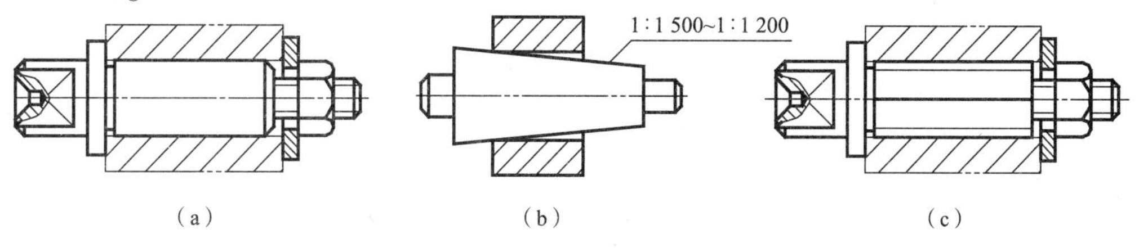

图 3-46　心轴定位

5)V 形块

V 形块用于工件以外圆表面定位时,典型结构如图 3-47 所示,两斜面的夹角一般选用 60°、90°、120°。设计时,先确定 α、c、h。最后通过几何计算求 H。

对于 H:大直径的工件,$H \leqslant 0.5D$;

小直径的工件,$H \leqslant 1.2D$。

对于 c:当 $\alpha = 90°$,$c = (1.09-1.13)D$;

当 $\alpha = 120°$,$c = (1.45-1.52)D$。

为了便于加工和检验,设计时 H 只要在图上标出。

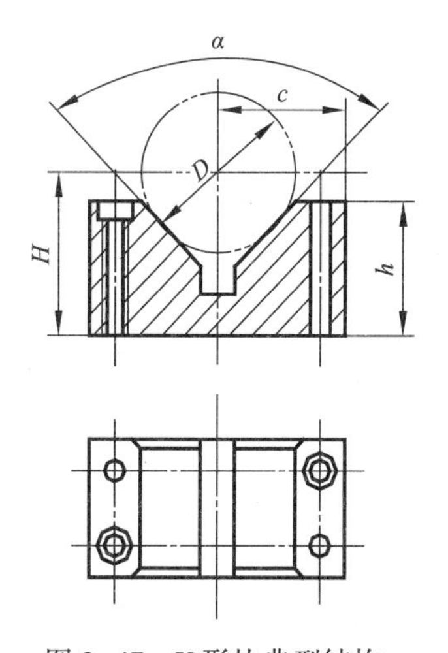

图 3-47　V 形块典型结构

2. 浮动式定位元件

能根据工件的形状自动调整支承的位置,增加和工件定位面的接触数量,起作用的支承点的数目少于接触点的数目,又称自位支承。可增加刚度,又不发生过定位,如图 3-48 所示。

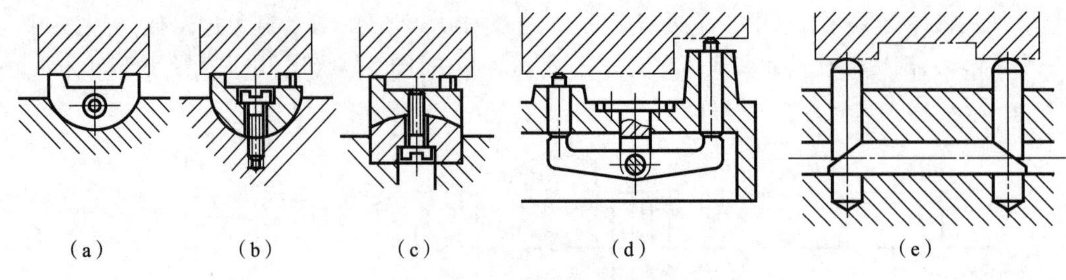

图 3-48 几种常见浮动支承

3. 可调式支承

当毛坯面的尺寸及形状变化大时，为了适应各批毛坯表面位置的变化，采用可调式支承定位，主要用在粗基准定位，如图 3-49 所示，可根据毛坯情况，调节支承钉 1，调整后用螺母 2 锁紧。

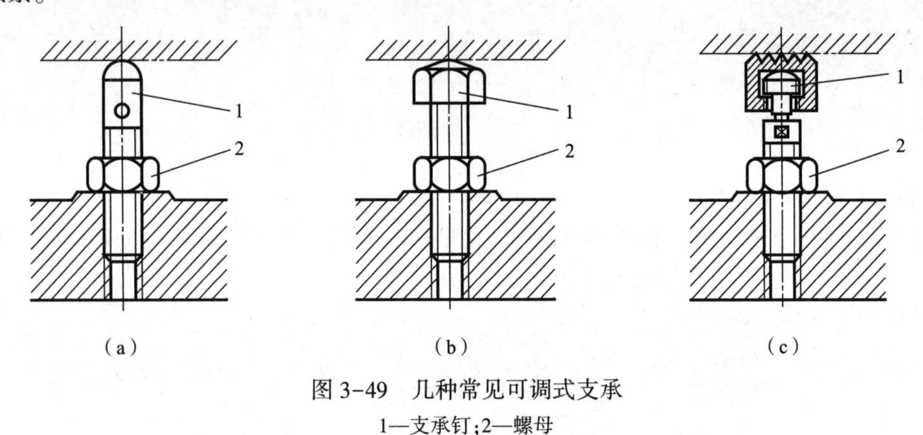

图 3-49 几种常见可调式支承

1—支承钉；2—螺母

4. 辅助式支承元件

工件在装夹时，为了提高稳定性和刚性，常采用辅助支承，一般是在工件定位之后，才参与工作，所以不起定位作用，如图 3-50 所示。

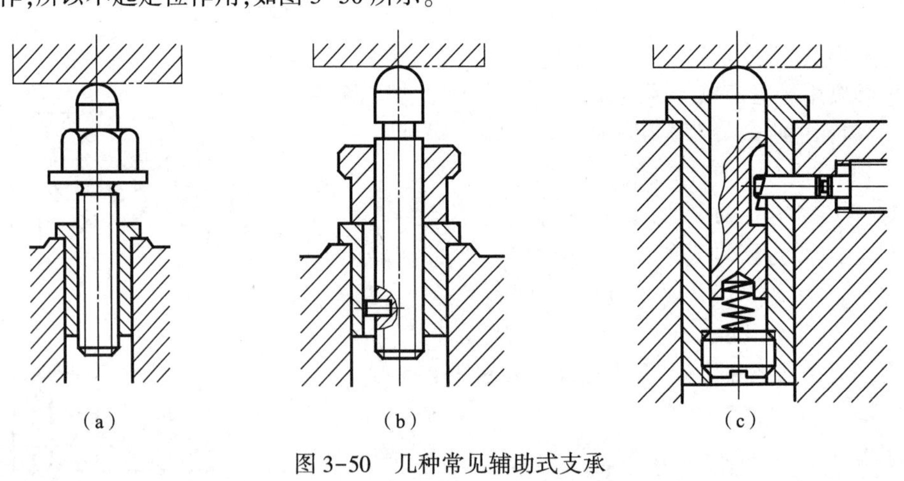

图 3-50 几种常见辅助式支承

(三) 常见定位元件及所限制的自由度

各种定位元件所限制的自由度与定位元件的形式及布置有关，表 3-1 中列举了常见典型定位元件形式及所限制的自由度。

表 3-1　常见典型定位元件形式及所限制的自由度

定位基准面	定位示意图	定位元件	限制的自由度
以平面定位 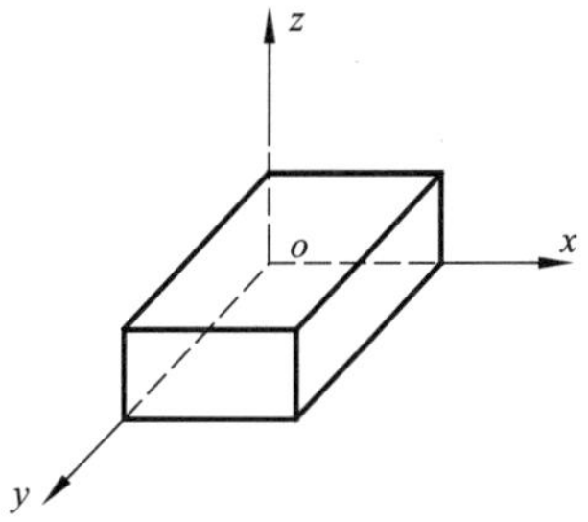	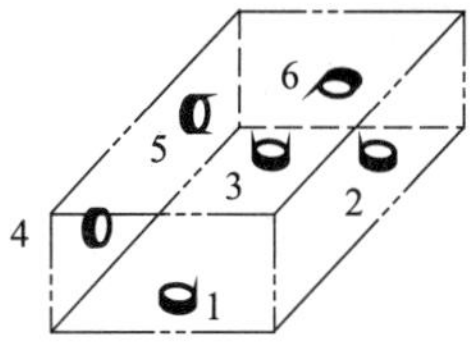	支承钉	1、2、3 限定 $\vec{z}$、$\overset{\curvearrowright}{x}$、$\overset{\curvearrowright}{y}$； 4、5 限定 $\vec{x}$、$\overset{\curvearrowright}{z}$； 6 限定 $\vec{y}$
	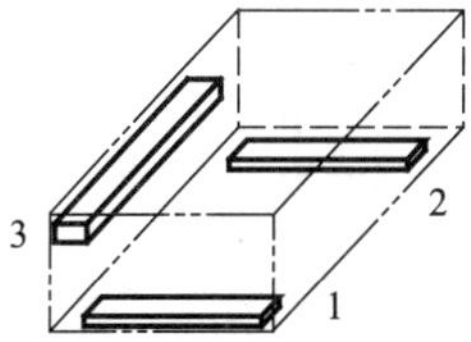	支承板	1、2 限定 $\vec{z}$、$\overset{\curvearrowright}{x}$、$\overset{\curvearrowright}{y}$； 3 限定 $\vec{x}$、$\overset{\curvearrowright}{z}$
	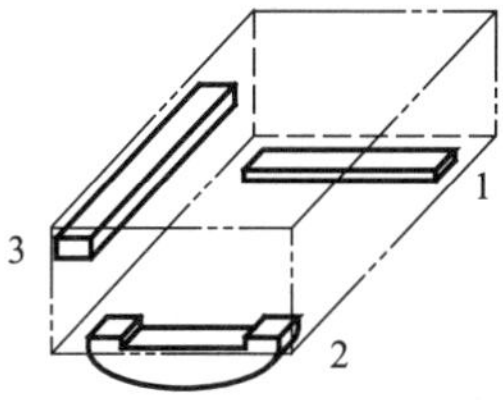	固定支承与浮动支承	1、2 限定 $\vec{z}$、$\overset{\curvearrowright}{x}$、$\overset{\curvearrowright}{y}$； 3 限定 $\vec{x}$、$\overset{\curvearrowright}{z}$
	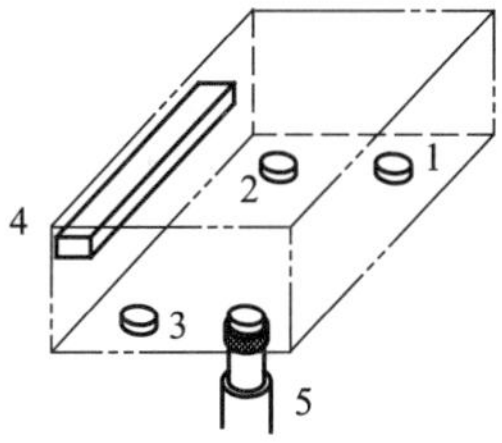	固定支承与辅助支承	1、2、3 限定 $\vec{z}$、$\overset{\curvearrowright}{x}$、$\overset{\curvearrowright}{y}$； 4 限定 $\vec{x}$、$\overset{\curvearrowright}{z}$； 5 不限制自由度，增加刚性
以外圆面定位 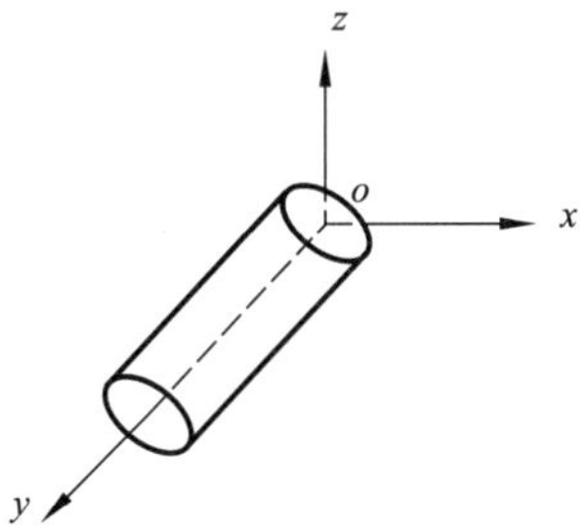	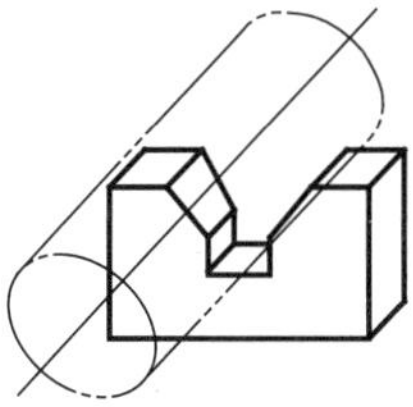	短 V 形块	限定 $\vec{x}$、$\vec{z}$
	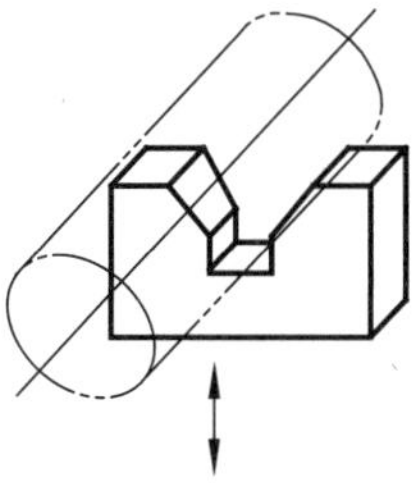	垂直运动的短 V 形块	限定 $\vec{x}$
	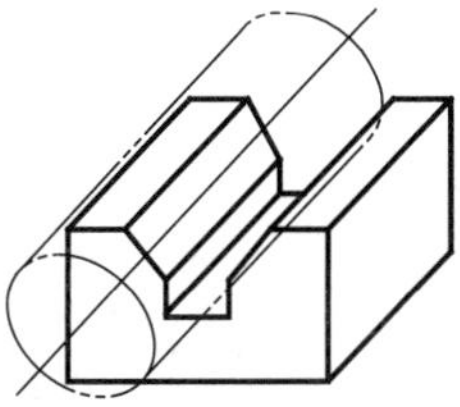	宽 V 形块	限定 $\vec{x}$、$\vec{z}$、$\overset{\curvearrowright}{x}$、$\overset{\curvearrowright}{z}$

续上表

定位基准面	定位示意图	定位元件	限制的自由度
以外圆面定位 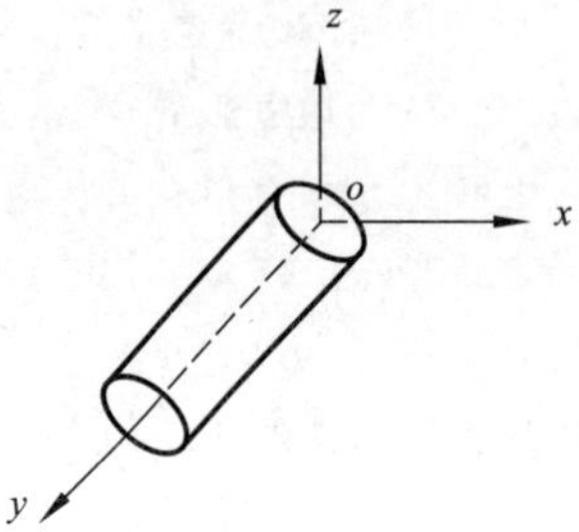	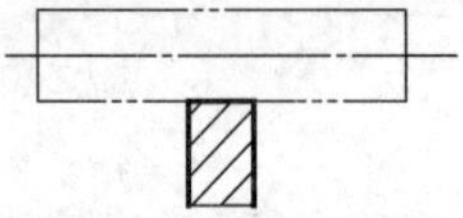	短支承板	限定 $\vec{z}$
	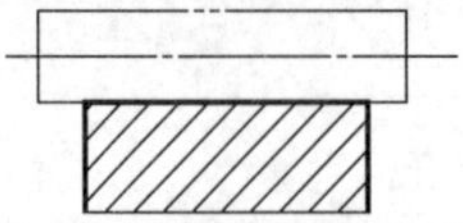	长支承板	限定 $\vec{z}$、$\overset{\curvearrowright}{x}$
	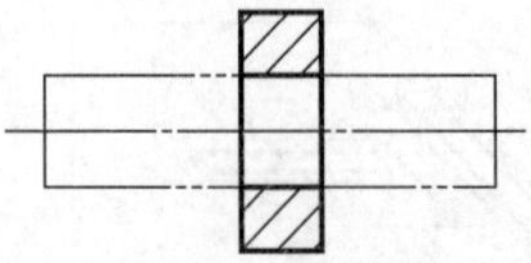	短套	限定 $\vec{x}$、$\vec{z}$
	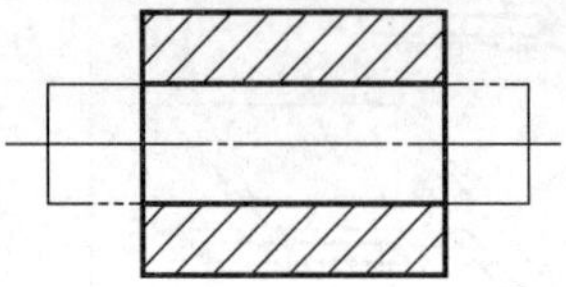	长套	限定 $\vec{x}$、$\vec{z}$、$\overset{\curvearrowright}{x}$、$\overset{\curvearrowright}{z}$
	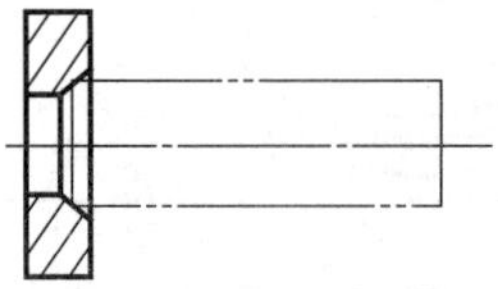	单锥套	限定 $\vec{x}$、$\vec{y}$、$\vec{z}$
	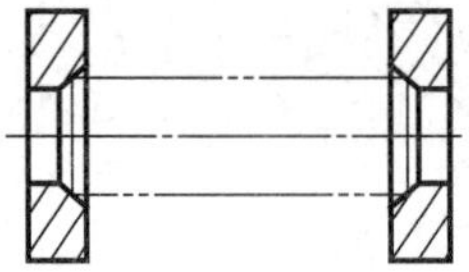	双锥套，其中一个可沿 y 轴移动	限定 $\vec{x}$、$\vec{y}$、$\vec{z}$、$\overset{\curvearrowright}{x}$、$\overset{\curvearrowright}{z}$
以内孔定位 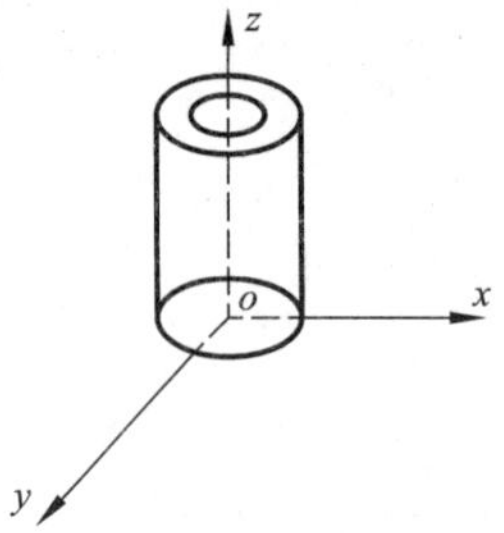	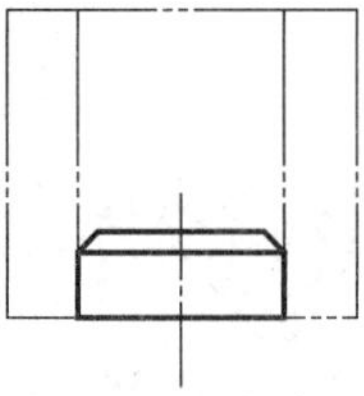	短销	限定 $\vec{x}$、$\vec{y}$
	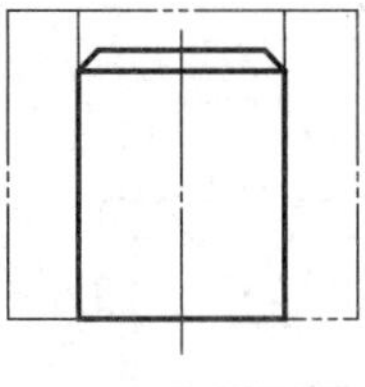	长销	限定 $\vec{x}$、$\vec{y}$、$\overset{\curvearrowright}{x}$、$\overset{\curvearrowright}{y}$
	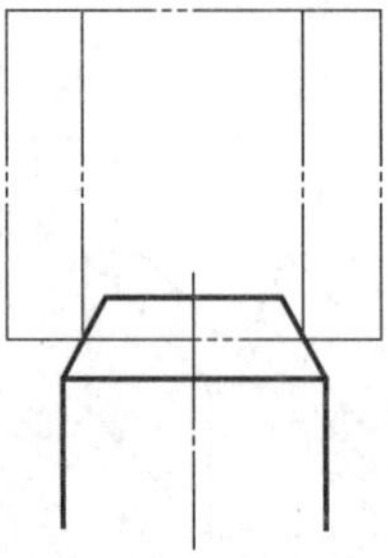	锥销	限定 $\vec{x}$、$\vec{y}$、$\vec{z}$

续上表

定位基准面	定位示意图	定位元件	限制的自由度
以内孔定位 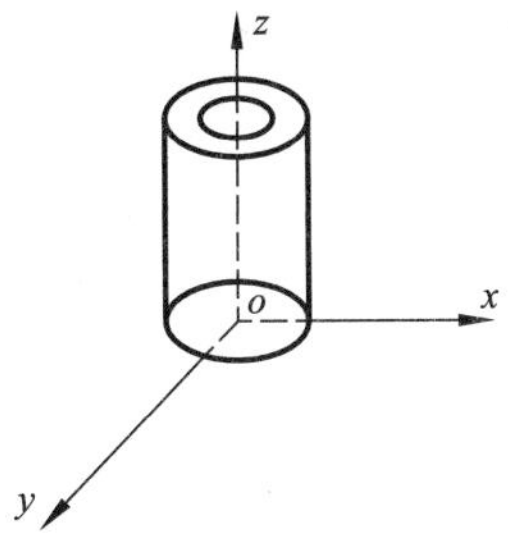	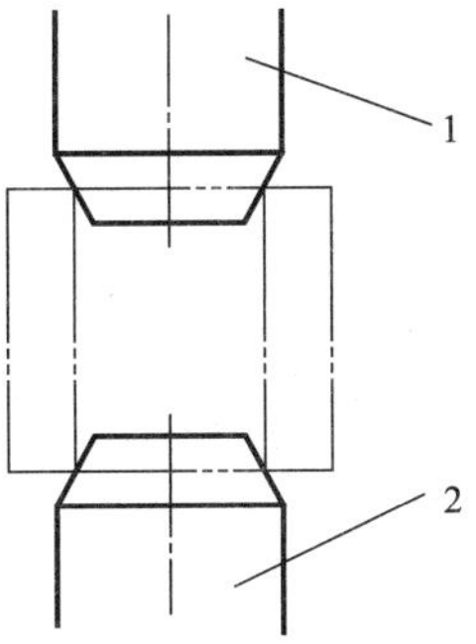	1 固定； 2 可沿轴向正方向移动	限定 $\vec{x}$、$\vec{y}$、$\vec{z}$、$\overset{\curvearrowright}{x}$、$\overset{\curvearrowright}{y}$

任务四　工艺规程的制定

任务描述

在现有加工设备条件下，如何采用经济有效的方法加工出合格的减速器箱体？通常工件毛坯要经过若干道工序才能成为符合产品要求的零件，这些工序是怎么排列的？如何编制出合理的工艺文件？通过本任务的学习，了解箱体类零件加工时，工艺规程的设计步骤及原则，掌握工艺规程的设计原则。

任务实施

一、制订工艺规程的原则和依据

(一)制订工艺规程的原则

制订工艺规程时，必须遵循以下原则：

(1)必须充分利用本企业现有的生产条件。

(2)必须可靠地加工出符合图纸要求的零件，保证产品质量。

(3)保证良好的劳动条件，提高劳动生产率。

(4)在保证产品质量的前提下，尽可能降低消耗、降低成本。

(5)应尽可能采用国内外先进工艺技术。

由于工艺规程是直接指导生产和操作的技术文件，因此工艺规程还应做到清晰、正确、完整和统一，所用术语、符号、编码、计量单位等都必须符合相关标准。

(二)制订工艺规程的主要依据

制订工艺规程时，必须依据如下原始资料：

(1)产品的装配图和零件的工作图。

(2)产品的生产纲领。

(3)本企业现有的生产条件，包括毛坯的生产条件或协作关系、工艺装备和专用设备及其制造能力、工人的技术水平以及各种工艺资料和标准等。

(4)产品验收的质量标准。

(5)国内外同类产品的新技术、新工艺及其发展前景等的相关信息。

二、制订工艺规程的步骤

制订机械加工工艺规程的步骤大致如下：

(1)熟悉和分析制订工艺规程的主要依据,确定零件的生产纲领和生产类型。

(2)分析零件工作图和产品装配图,进行零件结构工艺性分析。

(3)确定毛坯,包括选择毛坯类型及其制造方法。

(4)选择定位基准或定位基面。

(5)拟定工艺路线。

(6)确定各工序需用的设备及工艺装备。

(7)确定工序余量、工序尺寸及其公差。

(8)确定各主要工序的技术要求及检验方法。

(9)确定各工序的切削用量和时间定额,并进行技术经济分析,选择最佳工艺方案。

(10)填写工艺文件。

三、制订工艺规程时要解决的主要问题

制订工艺规程时,主要解决以下几个问题。

(一)零件图的研究和工艺分析

零件图是制订工艺规程最主要的原始资料。制订零件的机械加工工艺规程前,必须认真研究零件图,对零件进行工艺分析。只有通过对零件图和装配图的分析,才能了解产品的性能、用途和工作条件,明确各零件的相互装配位置和作用,了解零件的主要技术要求,找出生产合格产品的关键技术问题。零件图的研究包括三项内容：

(1)检查零件图的完整性和正确性。主要检查零件视图是否表达直观、清晰、准确、充分;尺寸、公差、技术要求是否合理、齐全。如有错误或遗漏,应提出修改意见。

(2)分析零件材料选择是否恰当。零件材料的选择应立足于国内,尽量采用我国资源。

(3)分析零件的技术要求。包括零件加工表面的尺寸精度、形状精度、位置精度、表面粗糙度、表面微观质量以及热处理等要求。分析零件的这些技术要求在保证使用性能的前提下是否经济合理,在本企业现有生产条件下是否能够实现。

对于较复杂的零件,在进行工艺分析时还必须重点研究以下三方面的问题：

(1)主次表面的区分和主要表面的保证。零件的主要表面是指零件与其他零件相配合的表面,或是直接参与机器工作过程的表面。主要表面以外的其他表面称为次要表面。根据主要表面的质量要求,便可确定所应采用的加工方法以及采用哪些最后加工的方法来保证实现这些要求。

(2)重要技术条件分析。零件的技术条件一般是指零件的表面几何精度,静平衡、动平衡要求,热处理、表面处理,探伤要求和气密性试验等。重要技术条件是影响工艺过程制订的重要因素,通常会影响到基准的选择和加工顺序,还会影响工序的集中与分散。

(3)零件图上表面位置尺寸的标注。零件上各表面之间的位置精度是通过一系列工序加工后获得的,这些工序的顺序与工序尺寸和相互位置关系的标注方式直接相关,这些尺寸的标注必须做到尽量使定位基准、测量基准与设计基准重合,以减少基准不重合带来的误差。

(二)毛坯的选择

选择毛坯,主要是确定毛坯的种类、制造方法及其制造精度。毛坯的形状、尺寸越接近成品,切削加工余量就越少,从而可以提高材料的利用率和生产效率,然而这样往往会使毛坯制造困难,需要采用昂贵的毛坯制造设备,从而增加毛坯的制造成本。所以选择毛坯时应从机械加工和毛坯制造两方面出发,综合考虑以求最佳效果。

毛坯的种类很多,同一种毛坯又有多种制造方法。

1. 铸件

适用于形状复杂的零件毛坯。根据铸造方法不同,铸件又分为:

1)砂型铸造的铸件

这是应用最为广泛的一种铸件。它又有木模手工造型和金属模机器造型之分。木模手工造型铸件精度低,加工表面需留较大的加工余量;木模手工造型生产效率低,适用于单件小批生产或大型零件的铸造。金属模机器造型生产效率高,铸件精度也高,但设备费用高,铸件的质量也受限制,适用于大批量生产的中小型铸件。

2)金属型铸造铸件

将熔融的金属浇注到金属模具中,依靠金属自重充满金属铸型腔而获得的铸件。这种铸件比砂型铸造铸件精度高、表面质量和力学性能好,生产效率也较高,但需专用的金属型腔模,适用于大批量生产中的尺寸不大的有色金属铸件。

3)离心铸造铸件

将熔融金属注入高速旋转的铸型内,在离心力的作用下,金属液充满型腔而形成的铸件。这种铸件晶粒细,金属组织致密,零件的力学性能好,外圆精度及表面质量高,但内孔精度差,且需要专门的离心浇注机,适用于批量较大的黑色金属和有色金属的旋转体铸件。

4)压力铸造铸件

将熔融的金属在一定的压力作用下,以较高的速度注入金属型腔内而获得的铸件。这种铸件精度高,可达 IT13~IT11;表面粗糙度值小,可达 $Ra3.2 \sim 0.4\ \mu m$;铸件力学性能好。可铸造各种结构较复杂的零件,铸件上各种孔眼、螺纹、文字及花纹图案均可铸出。但需要一套昂贵的设备和型腔模。适用于批量较大的形状复杂、尺寸较小的有色金属铸件。

5)精密铸造铸件

将石蜡通过型腔模压制成与工件一样的蜡制件,再在蜡制工件周围粘上特殊型砂,凝固后将其烘干焙烧,蜡被融化而放出,留下工件形状的模壳,用来浇铸。精密铸造铸件精度高,表面质量好。一般用来铸造形状复杂的铸钢件,可节省材料,降低成本,是一项先进的毛坯制造工艺。

2. 锻件

适用于强度要求高、形状比较简单的零件毛坯,其锻造方法有自由锻和模锻两种。

1)自由锻造锻件

自由锻造锻件是在锻锤或压力机上用手工操作而成形的锻件。它的精度低,加工余量大,生产率也低,适用于单件小批生产及大型锻件。

2)模锻件

模锻件是在锻锤或压力机上,通过专用锻模锻制成形的锻件。它的精度和表面粗糙度均比自由锻造的好,可以使毛坯形状更接近工件形状,加工余量小。同时,由于模锻件的材料纤维组织分布好,锻制件的机械强度高。模锻的生产效率高,但需要专用的模具,且锻锤的吨位也要比自由锻造的大。主要适用于批量较大的中小型零件。

3. 焊接件

根据需要将型材或钢板焊接而成的毛坯件，它制作方便、简单，但需要经过热处理才能进行机械加工。适用于单件小批生产中制造大型毛坯，其优点是制造简便，加工周期短，毛坯质量轻；缺点是焊接件抗振动性差，机械加工前需经过时效处理以消除内应力。

4. 冲压件

通过冲压设备对薄钢板进行冷冲压加工而得到的零件，它可以非常接近成品要求，冲压零件可以作为毛坯，有时还可以直接成为成品。冲压件的尺寸精度高。适用于批量较大而零件厚度较小的中小型零件。

5. 型材

主要通过热轧或冷拉而成。热轧的精度低，价格较冷拉的便宜，用于一般零件的毛坯。冷拉的尺寸小，精度高，易于实现自动送料，但价格贵，多用于批量较大且在自动机床上进行加工的情形。按其截面形状，型材可分为圆钢、方钢、六角钢、扁钢、角钢、槽钢以及其他特殊截面的型材。

6. 冷挤压件

在压力机上通过挤压模挤压而成。其生产效率高。冷挤压毛坯精度高，表面粗糙度值小，可以不再进行机械加工，但要求材料塑性好，主要为有色金属和塑性好的钢材。适用于大批量生产中制造形状简单的小型零件。

7. 粉末冶金件

以金属粉末为原料，在压力机上通过模具压制成形后经高温烧结而成。其生产效率高，零件的精度高，表面粗糙度值小，一般可不再进行精加工，但金属粉末成本较高，适用于大批大量生产中压制形状较简单的小型零件。

在确定毛坯时应考虑以下因素：

(1)零件的材料及其力学性能。当零件的材料选定以后，毛坯的类型就大体确定了。例如，材料为铸铁的零件，自然应选择铸造毛坯；而对于重要的钢质零件，力学性能要求高时，可选择锻造毛坯。

(2)零件的结构和尺寸。形状复杂的毛坯常采用铸件，但对于形状复杂的薄壁件，一般不能采用砂型铸造；对于一般用途的阶梯轴，如果各段直径相差不大、力学性能要求不高时，可选择棒料做毛坯，倘若各段直径相差较大，为了节省材料，应选择锻件。

(3)生产类型。当零件的生产批量较大时，应采用精度和生产率都比较高的毛坯制造方法，这时毛坯制造增加的费用可由材料耗费减少的费用以及机械加工减少的费用补偿。

(4)现有生产条件。选择毛坯类型时，要结合本企业的具体生产条件，如现场毛坯制造的实际水平和能力、外协的可能性等。

(5)充分考虑利用新技术、新工艺和新材料的可能性。为了节约材料和能源，减少机械加工余量，提高经济效益，只要有可能，就必须尽量采用精密铸造、精密锻造、冷挤压、粉末冶金和工程塑料等新工艺、新技术和新材料。

实现少切屑、无切屑加工，是现代机械制造技术的发展趋势。但是，由于毛坯制造技术的限制，加之现代机器对零件精度和表面质量的要求越来越高，为了保证机械加工能达到质量要求，毛坯的某些表面仍需留有加工余量。加工毛坯时，由于一些零件形状特殊，安装和加工不大方便，必须采取一定的工艺措施才能进行机械加工。

四、工艺路线的拟定

拟定工艺路线是制订工艺规程的关键一步，它不仅影响零件的加工质量和效率，而且影响设备投资、生产成本甚至工人的劳动强度。拟定工艺路线时，在选择好定位基准后，需要考虑如下几方面问题。

（一）表面加工方法的选择

表面加工方法的选择，就是为零件上每一个有质量要求的表面，选择一组合理的加工方法。在选择时，一般先根据表面精度和粗糙度要求选择最终加工方法，然后再确定精加工前的前期工序的加工方法。选择加工方法，既要保证零件表面的质量，又要考虑高生产效率，同时还应考虑以下因素：

（1）应根据每个加工表面的技术要求，确定加工方法和分几次加工。

（2）应选择相应的能获得经济精度和经济粗糙度的加工方法。加工时，不要盲目采用高的加工精度和小的表面粗糙度的加工方法，以免增加生产成本，浪费设备资源。

（3）应考虑工件材料的性质。例如，淬火钢精加工应采用磨床加工，但有色金属的精加工为避免磨削时堵塞砂轮，则应采用金刚镗或高速精细车削等。

（4）要考虑工件的结构和尺寸。例如，对于 IT7 级精度的孔，采用镗、铰、拉和磨削等都可达到要求。但箱体上的孔一般不宜采用拉或磨削，大孔时宜选择镗削，小孔时则宜选择铰孔。

（5）要根据生产类型选择加工方法。大批量生产时，应采用生产率高、质量稳定的专用设备和专用工艺装备加工。单件小批生产时，则只能采用通用设备和工艺装备以及一般的加工方法。

（6）应考虑本企业的现有设备情况和技术条件以及充分利用新工艺、新技术的可能性。应充分利用企业的现有设备和工艺手段，节约资源，发挥群众的创造性，挖掘企业潜力；同时应重视新技术、新工艺，设法提高企业的工艺水平。

（7）其他特殊要求。例如加工件表面纹路要求、表面力学性能要求等。

（二）加工阶段的划分

对于质量要求较高或比较复杂的零件，整个加工路线可划分为粗加工、半精加工和精加工等几个阶段。

粗加工阶段的任务是高效地去除各加工表面的大部分余量，使毛坯在形状和尺寸上接近成品；半精加工阶段的任务是消除粗加工留下的误差，为主要表面的精加工做准备，并完成一些次要表面的加工；精加工阶段的任务是从工件上切除少量余量，保证各主要表面达到图纸规定的质量要求。另外，对零件上精度和表面粗糙度要求特别高的表面还应在精加工后增加光整加工，称为光整加工阶段。

划分加工阶段的主要原因有：

（1）保证零件加工质量。粗加工时切除的金属层较厚，会产生较大的切削力和切削热，所需的夹紧力也较大，因而工件会产生较大的弹性变形和热变形；另外，粗加工后由于内应力重新分布，也会使工件产生较大的变形。划分阶段后，粗加工造成的误差将通过半精加工和精加工予以纠正。

（2）有利于合理使用设备。粗加工时可使用功率大、刚度好而精度较低的高效率机床，以提高生产率。而精加工则可使用高精度机床，以保证加工精度要求。这样既充分发挥了机床各自的性能特点，又避免了以粗干精，延长了高精度机床的使用寿命。

（3）便于及时发现毛坯缺陷。由于粗加工切除了各表面的大部分余量，毛坯的缺陷如气孔、砂眼、余量不足等可及早被发现，及时修补或报废，从而避免继续加工而造成的浪费。

（4）避免损伤已加工表面。将精加工安排在最后，可以保护精加工表面在加工过程中少受损伤或不受损伤。

(5)便于安排必要的热处理工序。划分阶段后，在机械加工过程中适当的时机插入热处理，可使冷、热工序配合得更好，避免因热处理带来的变形。

需要注意的是加工阶段的划分不是绝对的。例如，对那些加工质量不高、刚性较好、毛坯精度较高、加工余量小的工件，也可不划分或少划分加工阶段；对于一些刚性好的重型零件，由于装夹、运输费时，也常在一次装夹中完成粗、精加工，为了弥补不划分加工阶段引起的缺陷，可在粗加工之后松开工件，让工件的变形得到恢复，稍留间隔后用较小的夹紧力重新夹紧工件再进行精加工。

(三)工序的集中与分散

拟定工艺路线时，选定了各表面的加工方法和划分加工阶段之后，就可以将同一阶段中的各加工表面组合成若干工序。确定工序数目或工序内容的多少有两种不同的原则，它和设备类型的选择密切相关。

1. 工序集中与工序分散的概念

工序集中就是将工件的加工集中在少数几道工序内完成。每道工序的加工内容较多。工序集中包括采用技术措施集中的机械集中，如采用多刀、多刃、多轴或数控机床加工等；采用人为组织措施集中的组织集中，如普通车床的顺序加工。

工序分散则是将工件的加工分散在较多的工序内完成。每道工序的加工内容很少，有时甚至每道工序只有一个工步。

2. 工序集中与工序分散的特点

1)工序集中的特点

采用高效率的专用设备和工艺装备，生产效率高；减少了装夹次数，易于保证各表面间的相互位置精度，还能缩短辅助时间；工序数目少，机床数量、操作工人数量和生产面积都可减少，节省人力、物力，还可简化生产计划和组织工作；工序集中通常需要采用专用设备和工艺装备，使得投资大，设备和工艺装备的调整、维修较为困难。

2)工艺分散的特点

设备和工艺装备简单、调整方便、工人便于掌握，容易适应产品的变换；可以采用最合理的切削用量，减少基本时间；对操作工人的技术水平要求较低；设备和工艺装备数量多、操作工人多、生产占地面积大。

3. 工序集中与工序分散的选择

工序集中与工序分散各有利弊，如何选择，应根据企业的生产规模、产品的生产类型、工厂现有的生产条件、零件的结构特点和技术要求、各工序的生产节拍，进行综合分析后选定。

一般说来，单件小批生产为简化生产作业计划和组织工作，常采用工序集中；大批大量生产可采用较复杂的机械集中；对于结构简单的产品，可采用工序分散的原则；批量生产应尽可能采用高效机床，使工序适当集中。对于重型零件，为了减少装卸运输工作量，工序应适当集中；而对于刚性较差且精度高的精密工件，则工序应适当分散。随着科学技术的进步，尤其是柔性加工技术的使用，一般趋向于工序集中组织生产。

(四)加工顺序的安排

复杂零件的机械加工要经过切削加工、热处理和辅助工序，在拟定工艺路线时必须将三者统筹考虑，合理安排顺序。

1. 切削加工工序顺序的安排原则

切削工序安排的总原则是：前期工序必须为后续工序创造条件，作好基准准备。具体原则如下：

1）基准先行

零件加工开始，一般先加工精基准，然后再用精基准定位加工其他表面。例如，对于箱体零件，可以主要孔为粗基准加工平面，再以平面为精基准加工孔系；对于轴类零件，一般是以外圆为粗基准加工中心孔，再以中心孔为精基准加工外圆、端面等其他表面。如果有几个精基准，则应该按照基准转换的顺序和逐步提高加工精度的原则安排基面和主要表面的加工。

2）先主后次

零件的主要表面一般都是加工精度或表面质量要求比较高的表面，它们加工质量的好坏对整个零件的质量影响很大，其加工工序往往也比较多，因此应先安排主要表面的加工，再将其他表面加工适当安排在它们中间穿插进行。通常将装配基面、工作表面等视为主要表面，而将键槽、紧固用的光孔和螺孔等视为次要表面。

3）先粗后精

一个零件通常由多个表面组成，各表面的加工一般都需要分阶段进行。在安排加工顺序时，应先集中安排各表面的粗加工，中间根据需要依次安排半精加工，最后安排精加工和光整加工。对于精度要求较高的工件，为了减小因粗加工引起的变形对精加工的影响，通常粗、精加工不应连续进行，而应分阶段、间隔适当时间进行。

4）先面后孔

对于箱体、支架和连杆等工件，应先加工平面后加工孔。因为平面的轮廓平整、面积大，先加工平面再以平面定位加工孔，既能保证加工时孔有稳定可靠的定位基准，又有利于保证孔与平面间的位置精度要求。

2. 热处理的安排

热处理工序在工艺路线中的安排，主要取决于零件的材料和热处理的目的。根据热处理的目的，一般可分为：

1）预备热处理

预备热处理的目的是消除毛坯制造过程中产生的内应力、改善金属材料的切削加工性能、为最终热处理做准备。属于预备热处理的有调质、退火、正火等，一般安排在粗加工前、后。安排在粗加工前，可改善材料的切削加工性能；安排在粗加工后，有利于消除残余内应力。对于碳钢和合金钢，退火和正火常安排在毛坯制造之后、粗加工之前进行。对于含碳量高于0.5%的碳钢和合金钢，为降低其硬度易于切削，常采用退火处理；含碳量低于0.5%的碳钢和合金钢，为避免其硬度过低切削时粘刀，而采用正火处理。退火和正火尚能细化晶粒、均匀组织，为以后的热处理做准备。

调质即是在淬火后进行高温回火处理，它能获得均匀细致的回火索氏体组织，为以后的表面淬火和渗氮处理时减少变形做准备，因此调质也可作为预备热处理。由于调质后零件的综合力学性能较好，对某些硬度和耐磨性要求不高的零件，也可作为最终热处理工序。

2）最终热处理

最终热处理的目的是提高金属材料的力学性能，如提高零件的硬度和耐磨性等。属于最终热处理的有淬火-回火、渗碳淬火-回火、渗氮等，对于仅仅要求改善力学性能的工件，有时正火、调质等也作为最终热处理。最终热处理一般应安排在粗加工、半精加工之后，精加工的前后。变形较大的热处理（如渗碳淬火、调质等）应安排在精加工前进行，以便在精加工时纠正热处理的变形；变形较小的热处理（如渗氮等）则可安排在精加工之后进行。

(1)淬火。淬火有表面淬火和整体淬火。其中表面淬火因为变形、氧化及脱碳较小而应用较广,而且表面淬火还具有外部强度高、耐磨性好,而内部保持良好的韧性、抗冲击力强的优点。为提高表面淬火零件的机械性能,常需进行调质或正火等热处理作为预备热处理。其一般工艺路线为:下料—锻造—正火(退火)—粗加工—调质—半精加工—表面淬火—精加工。

(2)渗碳淬火。渗碳淬火适用于低碳钢和低合金钢,先提高零件表层的含碳量,经淬火后使表层获得高的硬度,而心部仍保持一定的强度和较高的韧性和塑性。渗碳分整体渗碳和局部渗碳。局部渗碳时对不渗碳部分要采取防渗措施(镀铜或镀防渗材料)。由于渗碳淬火变形大,且渗碳深度一般在 0.5~2 mm,所以渗碳工序一般安排在半精加工和精加工之间。其工艺路线一般为:下料—锻造—正火—粗、半精加工—渗碳淬火—精加工。

当局部渗碳零件的不渗碳部分,采用加大余量后切除多余的渗碳层的工艺方案时,切除多余渗碳层的工序应安排在渗碳后,淬火前进行。

(3)渗氮处理。渗氮是使氮原子渗入金属表面,获得一层含氮化合物的处理方法。渗氮层可以提高零件表面的硬度、耐磨性、疲劳强度和抗蚀性。由于渗氮处理温度较低、变形小、且渗氮层较薄(一般不超过 0.6 ~ 0.7mm),因此渗氮工序应尽量靠后安排,常安排在半精加工和精加工之间进行。为减小渗氮时的变形,在切削后一般需进行消除应力的高温回火。

(4)表面处理。为了表面防腐或表面装饰,有时需要对表面进行涂镀或发蓝等处理。涂镀是指在金属、非金属基体上沉积一层所需的金属或合金的过程。发蓝处理是一种钢铁的氰化处理,是指将钢件放入一定温度的碱性溶液中,使零件表面生成 0.6~0.8 μm 致密而牢固的 Fe_3O_4 氧化膜的过程,依处理条件的不同,该氧化膜呈现亮蓝色直至亮黑色,所以又称煮黑处理;为了使零件表面强化,可安排如滚压、喷丸处理等工序。这种表面处理通常安排在工艺过程的最后。

3)时效处理

时效处理的目的是消除内应力、减少工件变形。时效处理分自然时效、人工时效和冰冷处理三类。自然时效是指将铸件在露天放置几个月或几年;人工时效是指将铸件以 50~100 ℃/h 的速度加热到 500~550 ℃,保温数小时或更久,然后以 20~50 ℃/h 的速度随炉冷却;冰冷处理是指将零件置于-80~0 ℃的某种气体中停留 1~2 h。时效处理一般安排在粗加工之后、精加工之前;对于精度要求较高的零件可在半精加工之后再安排一次时效处理;冰冷处理一般安排在回火处理之后或者精加工之后或者工艺过程的最后。

为减少运输工作量,对于一般精度的零件,在精加工前安排一次时效处理即可。但精度要求较高的零件(如坐标镗床的箱体等),应安排两次或数次时效处理工序。简单零件一般可不进行时效处理。除铸件外,对于一些刚性较差的精密零件(如精密丝杠),为消除加工中产生的内应力,稳定零件加工精度,常在粗加工、半精加工之间安排多次时效处理。有些轴类零件加工,在校直工序后也要安排时效处理。

3. 辅助工序的安排

辅助工序包括工件的检验、探伤、去毛刺、清洗、去磁和防锈等。辅助工序也是机械加工的必要工序,安排不当或遗漏,会给后续工序和装配带来困难,影响产品质量甚至机器的使用性能。例如,未去毛刺的零件装配到产品中会影响装配精度或危及工人安全,机器运行一段时间后,毛刺变成碎屑后混入润滑油中,将影响机器的使用寿命;用磁力夹紧过的零件如果不安排去磁,则可能将微细切屑带入产品中,也必然会严重影响机器的使用寿命,甚至还可能造成不必要的事故。因此,必须十分重视辅助工序的安排。

探伤工序:如X射线检查、超声波探伤等多用于零件内部质量的检查,一般安排在工艺过程的开始。磁力探伤、荧光检验等主要用于零件表面质量的检验,通常安排在该表面加工结束以后。

在安排零件的工艺过程中,不要忽视去毛刺、倒棱和清洗等辅助工序。在铣键槽、齿面倒角等工序后应安排去毛刺工序。零件在装配前都应安排清洗工序,特别在研磨等光整加工工序之后,更应注意进行清洗工序,以防止残余的磨料嵌入工件表面,加剧零件在使用中的磨损。

检验是最主要的辅助工序,它对保证产品质量有重要的作用。检验工序应安排在:粗加工阶段结束后;转换车间的前后,特别是进入热处理工序的前后;重要工序之前或加工工时较长的工序前后;特种性能检验(如磁力探伤、密封性检验等)之前;全部加工工序结束之后。

任务拓展

箱体零件的孔系加工

箱体上有相互位置精度要求的一系列轴承支承孔称为"孔系"。它包括平行孔系、同轴孔系和交叉孔系。孔系的相互位置精度有:各平行孔轴线之间的平行度、孔轴线与基面之间的平行度、孔距精度、各同轴孔的同轴度、各交叉孔的垂直度等要求。保证孔系加工精度是箱体零件加工的关键。一般应根据不同的生产类型和孔系精度要求采用不同的加工方法,有如下三种方法:

(1)找正法。找正法是在通用机床上(如铣床、普通镗床),依据操作者的技术,并借助一些辅助装置去找正每个被加工孔的正确位置。然后在铣床或镗床上按找正位置进行加工。采用找正法加工孔系工时长,工作量大,并要求有较高的操作技术水平。该方法只适用于单件小批生产。

(2)镗模法。在中批、大批生产中广泛采用镗模法加工孔系。模板上的导向孔已经包括了箱体各面上所有要加工的孔,镗杆一般都采用两个支承来引导并与机床主轴浮动连接。这样,可使工件的精度不依赖于机床精度,而主要由镗模、镗杆及刀具来保证。

(3)坐标法。坐标法是按孔系的坐标尺寸,在普通镗床、立式铣床或坐标镗床上借助测量装置进行加工的。其孔距精度决定于坐标位移精度,而且不需要专用夹具就能适应各种规格箱体加工,通用性好。普通镗床的坐标测量方法主要有以下几种:

①采用普通刻线尺与游标尺放大镜测量,其位置精度为0.1~0.3 mm。

②采用百分表与量块(或量杆)测量,一般与普通刻线尺配合使用,其位置精度可达0.04~0.08 mm,但测量操作烦琐,效率较低。

③采用经济刻线尺与光学读数装置。

针对不同类型的孔系加工要求,现分别予以具体讨论。

(一)平行孔系加工

平行孔系的主要技术要求为各平行孔中心线之间及孔中心线与基准面之间的距离尺寸精度和相互位置精度。生产中常采用以下几种方法保证孔系的位置精度。

1. 用找正法加工孔系

根据找正的手段不同,找正法又可分为划线找正法、量块心轴找正法、样板找正法等。划线找正法是加工前先在毛坯上按图纸要求划好各孔位置轮廓线,加工时按划线一一找正进行加工。这种方法所能达到的孔距精度一般为±0.5 mm左右。此方法操作设备简单，但操作难度大，生产效率低，同时，加工精度低，受操作者技术水平和采用的方法影响较大，故适于单件小批生产；量块心轴找正法是将精密心轴分别插入机床主轴孔和已加工孔中，然后用一定尺寸的块规组合找正心轴的位置。找正时，在量块和心轴之间要用厚薄规测定间隙，以免量块与心轴直接接触而产生变形。此方法可达到较高的孔距，一般公差为±0.3 mm，但由于操作较为烦琐，只适用于单件小批生产；样板找正法是将工件上的孔系复制在10~20 mm厚的钢板制成的样板上，样板上孔系的孔距精度较工件孔系的孔距精度较高，一般为0.02~0.06 mm，孔径较工件的孔径大，以便镗杆通过，孔的直径精度不需要严格要求，但几何形状精度和表面粗糙度要求较高，以便找正。使用时，将样板装于被加工孔的箱体端面上（或固定于机床工作台上），利用装在机床主轴上的百分表找正器，按样板上的孔逐个找正机床主轴的位置进行加工。该方法加工孔系不易出差错，找正迅速，孔距公差为0.1 mm，工艺装备也不太复杂，常用于加工大型箱体的孔系。

2. 用镗模加工孔系

工件装夹在镗模上，镗杆被支承在镗模的导套中，由导套引导镗杆在工件上正确位置进行镗孔。镗杆与机床主轴多采用浮动连接，机床精度对孔系加工精度影响较小，孔距精度主要取决于镗模，因而可以在精度较低的机床上加工出精度较高的孔系。同时，镗杆刚度大大地提高，有利于采用多刀同时切削；定位夹紧迅速，无须找正，生产效率高。因此，不仅在中批生产中普遍采用镗模技术加工孔系，就是在小批生产中，对一些结构复杂、加工量大的箱体孔系，也采用镗模加工。另外，由于镗模自身的制造误差和导套与镗杆的配合间隙对孔系加工精度有一定影响，所以，该方法不可能达到很高的加工精度。一般孔径尺寸精度为IT7，表面粗糙度值为Ra1.6~0.8 μm；孔与孔的同轴度和平行度，当从一头开始加工，可达0.02~0.03 mm，若从两头加工可达0.04~0.05 mm；孔距公差一般为0.1 mm。对于大型箱体零件来说，由于镗模的尺寸庞大笨重，给制造和使用带来了困难，故很少采用。用镗模加工孔系，既可以在通用机床上加工，也可以在专用机床或组合机床上加工。

（二）同轴孔系加工

在中批以上生产中，一般采用镗模加工同轴孔系，其同轴度由镗模保证；当采用组合机床上精密刚性主轴，从两头同时加工同轴线的各孔时，其同轴度则由机床保证，公差可达0.02 mm。单件小批生产时，在通用机床上加工，且一般不使用镗模，保证同轴线孔的同轴度有下列方法：

1. 利用已加工孔作支承导向

当箱体前壁上的孔加工完后，在该孔内装一导套，支承和引导镗杆加工后壁上的孔，以保证两孔的同轴度要求。此方法适于加工箱体壁相距较近的同轴线孔。

2. 利用镗床后立柱上的导向套支承镗杆

采用这种方法，镗杆是两端支承，刚性好，但立柱导套的位置调整麻烦、费时，往往需要用心轴块规找正，且需要用较长的镗杆，此方法多用于大型箱体的同轴孔系加工。

3. 采用掉头镗法

当箱体箱壁相距较远时，宜采用掉头镗法。即在工件的一次安装中，当箱体一端的孔加工后，将工作台回转180°，再加工箱体另一端的同轴线孔。掉头镗不用夹具和长刀杆，准备周期短；镗杆悬伸长度短，刚度好；但需要调整工作台的回转误差和掉头后主轴应处于的正确位置，比较麻烦，又费时。掉头镗的调整方法如下：首先，校正工作台回转轴线与机床主轴轴线相交，定好坐标原点。将百分表固定在工作台上，回转工作台180°，分别测量主轴两侧，使其误差小于 0.01 mm，记下此时工作台在 x 轴上的坐标值作为原点的坐标值。然后调整工作台的回转定位误差，保证工作台精确地回转 180°。具体可采用先使工作台紧靠在回转定位机构上，在台面上放一平尺，通过装在镗杆上的百分表找正平尺一侧面后将其固定，再回转工作台 180°，测量平尺的另一侧面，调整回转定位机构，使其回转定位误差小于 0.02 mm/1 000 mm。当完成上述调整准备工作后，就可以进行加工。加工时，先将工件正确地安装在工作台面上，用坐标法加工好工件一端的孔，各孔到坐标原点的坐标值应与掉头前相应的同轴线孔到坐标原点的坐标值大小相等，方向相反，其误差小于 0.01 mm，这样就可以得到较高的同轴度。

(三)交叉孔系加工

交叉孔系的主要技术条件为控制各孔的垂直度。在普通镗床上主要靠机床工作台上的 90°对准装置。因为它是挡块装置，故结构简单，但对准精度低。每次对准，需要凭经验保证挡块接触松紧程度一致，否则不能保证对准精度。所以，有时采用光学瞄准装置。当普通镗床的工作台 90°对准装置精度很低时，可用心棒与百分表找正法进行。即在加工好的孔中插入心棒，然后将工作台转 90°，摇工作台用百分表找正。箱体上如果有交叉孔存在，则应将精度要求高或表面要求较精细的孔先全部加工好，然后加工另外与之相交叉的孔。

(四)孔系加工的自动化

由于箱体孔系的精度要求高，加工量大，实现加工自动化对提高产品质量和劳动生产率都有重要意义。随着生产批量的不同，实现自动化的途径也不同。大批生产箱体，广泛使用组合机床和自动线加工，不但生产率高，而且利于降低成本和稳定产品质量。单件小批生产箱体，大多数采用万能机床，产品的加工质量主要取决于机床操作者的技术熟练程度。但加工具有较多加工表面的复杂箱体时，如果仍用万能机床加工，则工序分散，占用设备多，要求有技术熟练的操作者，生产周期长，生产效率低，成本高。为了解决这个问题，可以采用适于单件小批生产的自动化多工序数控机床。这样，可用最少的加工装夹次数，由机床的数控系统自动地更换刀具，连续对工件的各个加工表面自动完成铣、钻、扩、镗(铰)及攻螺纹等工序。所以，对于单件小批、多品种的箱体孔系加工，这是一种较为理想的设备。

任务五　工序的设计

任务描述

对于每一道工序，其加工时的尺寸怎么确定？通过本任务的学习，了解箱体类零件加工时，工序的设计内容及尺寸链的解算方法，掌握尺寸链的计算方法。

任务实施

一、机床和刀具的选择

根据加工表面的形状及精度，选择合适的机床和刀具，并选择合适的刀具角度。

二、切削用量的确定

根据加工要求，确定是否要分几个工步，对每个工步，在尽可能一次去除余量的基础上，先选择切削深度，再根据表面要求，选择一个较大的进给速度，最后在机床和刀具许可的情况下，通过计算或手册选择一个合适的切削速度。

三、工序尺寸及其公差的确定

工件上的设计尺寸一般都要经过几道工序的加工才能得到，每道工序所应保证的尺寸称为工序尺寸。编制工艺规程的一个重要工作就是要确定每道工序的工序尺寸及公差。在确定工序尺寸及公差时，存在工序基准与设计基准重合和不重合两种情况。

(一)基准重合时工序尺寸及其公差的计算

当工序基准、定位基准或测量基准与设计基准重合，表面多次加工时，工序尺寸及其公差的计算相对来说比较简单。其计算顺序是：先确定各工序的加工方法，然后确定该加工方法所要求的加工余量及其所能达到的经济精度，再由最后一道工序逐个向前推算，即由零件图上的设计尺寸开始，一直推算到毛坯图上的尺寸。工序尺寸的公差都按各工序的经济精度确定，并按“入体原则”确定上、下偏差。

【例 3-1】 某主轴箱体主轴孔的设计要求为ϕ100H7，Ra0.8 μm。其加工工艺路线为：毛坯—粗镗—半精镗—精镗—浮动镗。试确定各工序尺寸及其公差。

解 从机械工艺手册查得各工序的加工余量和所能达到的精度，具体数值见表 3-2 中第二、三列，计算结果见表 3-2 中第四、五列。

表 3-2 主轴孔工序尺寸及公差的计算

工序名称	工序余量	工序的经济精度	工序基本尺寸	工序尺寸及公差
浮动镗	0.1	H7($^{+0.035}_{0}$)	100	$\phi100^{+0.035}_{0}$，Ra0.8 μm
精镗	0.5	H9($^{+0.087}_{0}$)	100-0.1=99.9	$\phi99.9^{+0.087}_{0}$，Ra1.6 μm
半精镗	2.4	H11($^{+0.22}_{0}$)	99.9-0.5=99.4	$\phi99.4^{+0.22}_{0}$，Ra6.3 μm
粗镗	5	H13($^{+0.54}_{0}$)	99.4-2.4=97	$\phi97^{0.54}_{0}$，Ra12.5 μm
毛坯孔		(±1.2)	97-5=92	ϕ(92±1.2)

(二)基准不重合时工序尺寸及其公差的计算

加工过程中，工件的尺寸是不断变化的，由毛坯尺寸到工序尺寸，最后达到满足零件性能要求的设计尺寸。一方面，由于加工的需要，在工序图以及工艺卡上要标注一些专供加工用的工艺尺寸，工艺尺寸往往不是直接采用零件图上的尺寸，而是需要另行计算；另一方面，当零件加工时，有时需要多次转换基准，因而引起工序基准、定位基准或测量基准与设计基准不重合。这时，需要利用工艺尺寸链原理解算工序尺寸及其公差。

四、工艺尺寸链的定义和基本术语

(一)工艺尺寸链的定义

加工图 3-51 所示工件，零件图上标注的设计尺寸为 A_1 和 A_0。当用工件上面 1 来定位，加工面 2，得尺寸 A_2，仍以面 1 定位加工面 3，保证尺寸 A_1，于是 A_1、A_2 和 A_0 就形成了一个封闭的图形。这种由相互联系的尺寸按一定顺序首尾相接排列成的尺寸组称为尺寸链。由单个零件在工艺过程

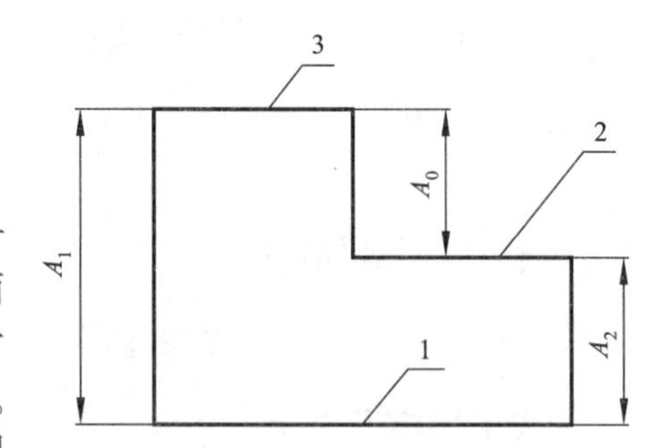

图 3-51 加工过程中的尺寸链

中的有关工艺尺寸所组成的尺寸链,称为工艺尺寸链。

(二)工艺尺寸链的组成

组成工艺尺寸链的各个尺寸称为尺寸链的环。尺寸链是由封闭环和组成环组成的。

1. 封闭环

尺寸链中最终间接获得或间接保证精度的那个环。每个尺寸链中必有一个,且只有一个封闭环。

2. 组成环

除封闭环以外的其他环都称为组成环。组成环又分为增环和减环。

(1)增环:若其他组成环不变,某组成环的变动引起封闭环随之同向变动,则该环为增环。

(2)减环:若其他组成环不变,某组成环的变动引起封闭环随之异向变动,则该环为减环。

工艺尺寸链一般都用工艺尺寸链图表示。建立工艺尺寸链时,应首先对工艺过程和工艺尺寸进行分析,确定间接保证精度的尺寸,并将其定为封闭环,然后再从封闭环出发,按照零件表面尺寸间的联系,形成尺寸链图。同一个尺寸链中,各环用同一个字母表示,并以角标加以区别,封闭环的角标一般为0。

3. 工艺尺寸链的特性

通过上述分析可知,工艺尺寸链的主要特性是封闭性和关联性。

所谓封闭性,是指尺寸链中各尺寸的排列呈封闭形式。没有封闭的不能成为尺寸链。

所谓关联性,是指尺寸链中任何一个直接获得的尺寸及其变化,都将影响间接获得或间接保证的那个尺寸及其精度的变化。

(三)增减环的判断

(1)定义法。按照增减环的定义判断。用在环数较少时。

(2)画箭头法。从任一尺寸开始,在尺寸链的每一个环上,顺次绘制单向箭头,凡与封闭环箭头方向相同的环即为减环,而凡与封闭环箭头方向相反的环即为增环。

(四)工艺尺寸链的分类

按尺寸链的形成和应用场合,分为工艺尺寸链和装配尺寸链。

按各尺寸所处的空间位置,分为线性(各尺寸在一个平面内,且互相平行)、平面(各尺寸在一个平面内,但有一个或几个不平行)、空间尺寸链(不在同一平面内,且不平行)。

按各环的几何特征,分为长度尺寸链和角度尺寸链。

按相互联系的形态,分为独立尺寸链和并联尺寸链。

(1)独立尺寸链。各尺寸都只属于一个尺寸链。

(2)并联尺寸链。有一个或几个尺寸为两个或两个以上的尺寸链的公共环。公共环的特点,可分为两种情况:

①公共环为各尺寸链的组成环,如图3-52所示,其中C_0、D_0为封闭环。

②公共环为一尺寸链的组成环,为另一尺寸链的封闭环,如图3-53所示,其中A_0、B_0为封闭环。

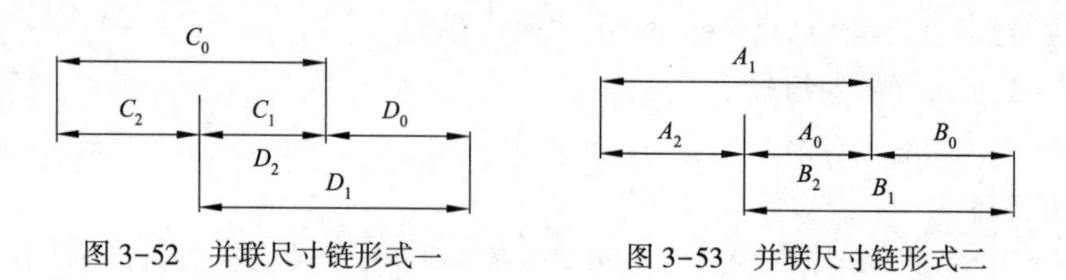

图 3-52　并联尺寸链形式一　　图 3-53　并联尺寸链形式二

五、工艺尺寸链的解算

(一)工艺尺寸链的计算类型

工艺尺寸链的计算方法有两种,即极值法和概率法。概率法是利用概率论原理进行尺寸链的计算。主要用在环数较多的场合和大批大量自动化生产中。

极值法是按误差的两种最不利情况来计算的,即增环处于最大而减环处于最小及增环处于最小而减环处于最大,两种极限状态下的情况。此方法较为简便、可靠。但在公差小环数多时,将使组成环的公差过于严格。尺寸链的计算分为三种类型:

(1)正计算——已知各组成环,求封闭环。正计算主要用于验算所设计的产品能否满足性能要求及零件加工后能否满足零件的技术要求。

(2)反计算——已知封闭环,求各组成环。反计算主要用于产品设计、加工和装配工艺计算等方面,在实际工作中经常碰到。反计算的解不是唯一的。如何将封闭环的公差正确地分配给各组成环,这里有一个优化的问题。

(3)中间计算——已知封闭环和部分组成环的基本尺寸及公差,求其余的一个或几个组成环基本尺寸及公差(或偏差)。

(二)工艺尺寸链计算的基本公式

机械制造中的尺寸和公差,通常以公称尺寸 A,上、下偏差分别用 ES_A、EI_A 来表示。

1. 极值法的计算公式

(1)封闭环的基本尺寸:封闭环的基本尺寸等于组成环尺寸的代数和,即

$$A_0 = \sum_{i=1}^{m} \vec{A}_i - \sum_{j=m+1}^{n-1} \overleftarrow{A}_j \tag{3-1}$$

式中,A_0 为封闭环的公称尺寸;$\vec{A}_i$ 为增环的公称尺寸;$\overleftarrow{A}_j$ 为减环的公称尺寸;m 为增环的环数;n 为包括封闭环在内的尺寸链的总环数。

(2)封闭环的上极限偏差(简称上偏差)ES_0 与下极限偏差(简称下偏差)EI_0。

封闭环的上偏差等于所有增环的上偏差之和减去所有减环的下偏差之和,即

$$ES_0 = \sum_{i=1}^{m} ES_i - \sum_{j=m+1}^{n-1} EI_j \tag{3-2}$$

封闭环的下偏差等于所有增环的下偏差之和减去所有减环的上偏差之和,即

$$EI_0 = \sum_{i=1}^{m} EI_i - \sum_{j=m+1}^{n-1} ES_j \tag{3-3}$$

(3)封闭环的公差 T_0。封闭环的公差等于所有组成环公差之和,即

$$T_0 = \sum_{i=1}^{n-1} T_i \tag{3-4}$$

2. 概率法的基本公式

由前述可知,封闭环的公称尺寸是增环、减环的公称尺寸的代数和。根据概率论,若将

各组成环视为随机变量,则封闭环(各随机变量之和)也为随机变量,且有:封闭环的平均值等于各组成环的平均值的代数和;封闭环的方差(标准差的平方)等于各组成环方差之和,即

$$\sigma_0^2 = \sum_{i=1}^{n-1} \sigma_i^2 \tag{3-5}$$

式中,σ_0 为封闭环的标准差;σ_i 为第 i 个组成环的标准差。

这里只讨论组成环接近正态分布的情况。若各组成环的尺寸分布均接近正态分布,则封闭环尺寸分布也近似为正态分布。

假设尺寸链中,各环尺寸的分散范围与尺寸公差相一致,如图 3-54 所示。则在尺寸链中,各尺寸环的平均尺寸等于各尺寸环尺寸的平均值;即将非对称公差转换为对称公差 $A_{av} \pm T/2$。各尺寸环的尺寸公差等于各环尺寸标准差的 6 倍,即

$$T_0 = 6\sigma_0,\quad T_i = 6\sigma_i \tag{3-6}$$

由此可以引出两个概率法基本公式:

1)平均尺寸计算公式

$$A_{0av} = \sum_{i=1}^{m} \overrightarrow{A}_{iav} - \sum_{i=m+1}^{n-1} \overleftarrow{A}_{iav} \tag{3-7}$$

2)公差计算公式

$$T_0 = \sqrt{\sum_{i=1}^{n-1} T_i^2} \tag{3-8}$$

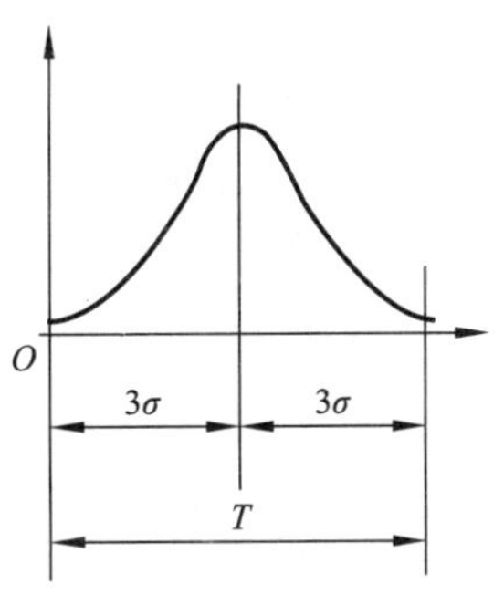

图 3-54　尺寸分散范围及公差

组成环偏离正态分布时,用下面的近似公式:$T_{0k} = k\sqrt{\sum_{i=1}^{n-1} T_i^2}$,$T_{0k}$ 称为当量公差,k 值常取 1.2~1.6。

3. 建立工艺尺寸链的步骤

(1)确定封闭环。加工后间接得到的尺寸。

(2)查找组成环。从封闭环一端开始,按照尺寸之间的联系,首尾相连,依次画出对封闭环有影响的尺寸,直到封闭环的另一端,形成一个封闭图形,就构成一个工艺尺寸链。查找组成环必须掌握的基本特点为:组成环是加工过程中“直接获得”的,而且对封闭环有影响。

(3)按照各组成环对封闭环的影响,确定其为增环或减环。

(三)几种工艺尺寸链的分析与解算

下面主要以极值法为例讲解尺寸链计算公式的应用。如果不作说明,一般是用极限法计算尺寸链。

1. 测量基准与设计基准不重合时的工艺尺寸及其公差的确定

在工件加工过程中,有时会遇到一些表面加工之后,按设计尺寸不便直接测量的情况,因此需要在零件上另选一容易测量的表面作为测量基准进行测量,以间接保证设计尺寸的要求。这时就需要进行工艺尺寸的换算。

【例 3-2】　图 3-55 所示为轴套,设计尺寸为 $60_{-0.15}^{0}$ mm 和 $10_{-0.3}^{0}$ mm。由于设计尺寸 $10_{-0.3}^{0}$ mm 在加工时不便于直接测量,在零件上选一个易于测量的尺寸 A_2,来间接检验设计尺寸。求测量尺寸。

解　尺寸 $60_{-0.15}^{0}$ mm、$10_{-0.3}^{0}$ mm 和 A_2 就形成了一工艺尺寸链。分析该尺寸链可知,尺寸 $10_{-0.3}^{0}$mm 为封闭环,尺寸 A_2 为减环,$60_{-0.15}^{0}$ mm 为增环。

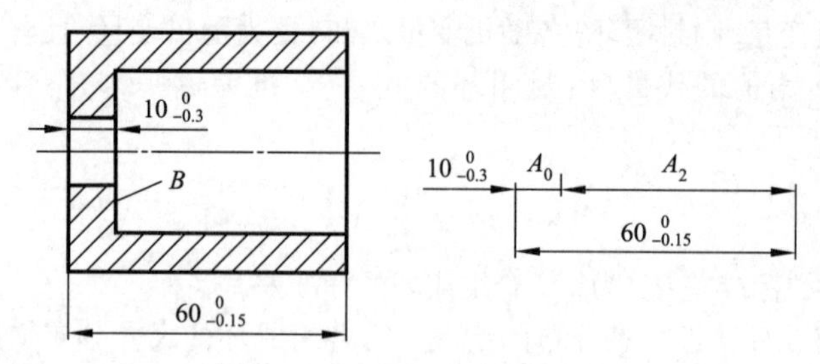

图 3-55 测量尺寸的换算

利用尺寸链的计算公式解答：

由基本公式得 $10=60-A_2$，即 $A_2=50$ mm。

由基本公式得 $0=0-EI_{A2}$，即 $EI_{A2}=0$。

由基本公式得 $-0.3=-0.15-ES_{A2}$，即 $ES_{A2}=0.15$ mm。

因此，$A_2=50_{0}^{+0.15}$ mm。

基准转换之后会使零件的制造精度提高；另外会出现“假废品”。例如，上例中需要保证的是 $10_{-0.3}^{0}$ mm，假如测得的尺寸 A_2 是 50.18，而总长刚好是 60 mm，则 A_0 尺寸为 9.82 mm，则为合格品，但如果按测量尺寸判断为不合格品，说明是假废品。只要超差量小于或等于其他组成环的公差之和，则有可能是假废品，需要复检。假废品的出现，给生产、质量管理带来很多麻烦，因此，除非不得已，不要使工艺基准与设计基准不重合。

2. 定位基准与设计基准不重合时

采用调整法加工零件时，若所选的定位基准与设计基准不重合，那么该加工表面的设计尺寸就不能由加工直接得到，这时就需要进行工艺尺寸的换算，以保证设计尺寸的精度要求，并将计算的工序尺寸标注在工序图上。

【例 3-3】 图 3-56 所示为加工阶梯板的零件图，其高度尺寸为 $85_{-0.15}^{0}$ mm 及 $40_{0}^{+0.25}$ mm，加工过程为：

(1) 以面 1 为定位基准面，加工面 3；保证工序尺寸为 $85_{-0.15}^{0}$ mm。

(2) 为定位和调整方便，仍用面 1 为定位基准面，加工面 2，保证尺寸 A_2。

试求工序尺寸 A_2。

解 据题意画出工艺尺寸链简图，如图 3-44(b) 所示。

①绘制尺寸链图。

②图中 A_0 为封闭环，A_1 为增环，A_2 为减环。

③计算：

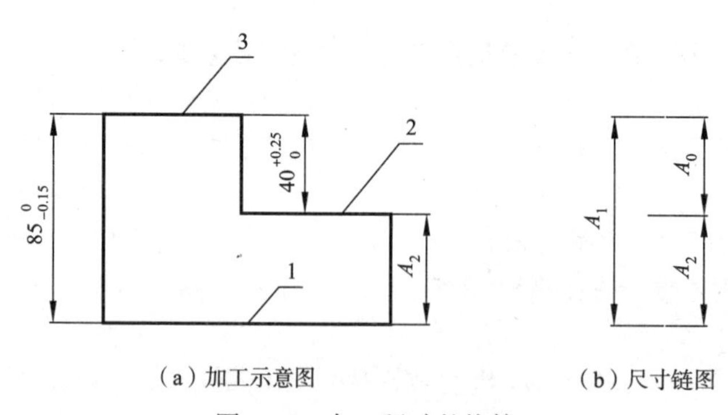

(a) 加工示意图　　(b) 尺寸链图

图 3-56 加工尺寸的换算

$$A_0=A_1-A_2 \Rightarrow 85=40-A_2 \Rightarrow A_2=45(\text{mm})$$
$$ES_{A0}=ES_{A1}-EI_{A2} \Rightarrow EI_{A2}=-0.25(\text{mm})$$
$$EI_{A0}=EI_{A1}-ES_{A2} \Rightarrow ES_{A2}=-0.15(\text{mm})$$

④最后结果：$A_2=45_{-0.25}^{-0.15}$ mm。

3. 工序基准是尚需加工的设计基准时的工序尺寸

从待加工的设计基准(一般为基面)标注工序尺寸，因为待加工的设计基准与设计基准两者差一个加工余量，所以这仍然可以作为设计基准与定位基准不重合的问题进行解算。

【例 3-4】 图 3-57 为某零件上的内孔$\phi 45_{0}^{+0.039}$ mm，键槽 $48.3_{0}^{+0.2}$ mm。加工顺序：①精镗内孔至$\phi 44.6_{0}^{+0.062}$ mm；②插键槽至 A_1 尺寸；③热处理；④磨内孔至$\phi 45_{0}^{+0.039}$ mm；试求尺寸 A_1。

解

①画尺寸链(需将孔直径转化成半径表示)。

②判断封闭环及增减环。封闭环 $48.3_{0}^{+0.2}$ mm。

增环 A_1、$22.5_{0}^{+0.0195}$ mm；减环 $22.3_{0}^{+0.031}$ mm。

③计算封闭环基本尺寸：$48.3=22.5+A_1-22.3 \Rightarrow A_1=48.1(\text{mm})$

封闭环上偏差：$0.2=0.0195+ES_{A1}-0 \Rightarrow ES_{A1}=0.1805(\text{mm})$

封闭环下偏差：$0=0+EI_{A1}-0.031 \Rightarrow EI_{A1}=0.031(\text{mm})$

$$A_1=48.1_{+0.031}^{+0.1805} \approx 48.13_{0}^{+0.15}(\text{mm})$$

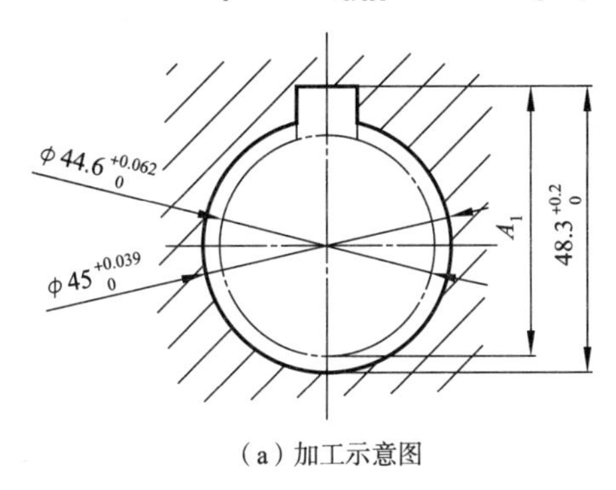

(a) 加工示意图

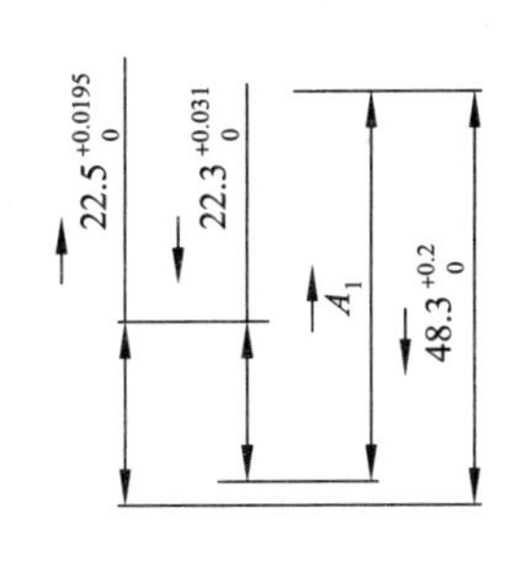

(b) 尺寸链图

图 3-57　镗孔尺寸的换算

4. 多尺寸保证时的工艺尺寸链计算

【例 3-5】 图 3-58(a)所示的零件中，A 面为主要轴向设计基准，直接从它标注的设计

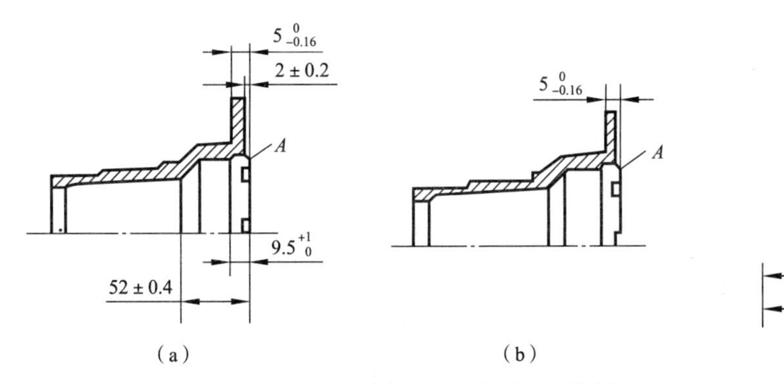

(a)　(b)　(c) 尺寸链图

图 3-58　多尺寸的换算

尺寸有4个。由于A面要求高,安排在最后加工,但在磨削加工工序中,只能直接控制(即图中标注的)一个尺寸。这个尺寸通常是同一设计基准标注的设计尺寸中精度要求最高的,本例中即为$5_{-0.16}^{0}$ mm。而其他三个尺寸则需要通过换算来间接保证。即要求计算表面A磨削前的车削工序中,上述各设计尺寸的控制尺寸及公差。

解 在尺寸链图中,假定尺寸$5_{-0.16}^{0}$ mm磨削前的车削尺寸控制在$A \pm T_A=(5.3\pm0.05)$ mm,此时磨削余量Z为封闭环。

画出尺寸链,代入基本公式计算。

$$ES_Z=+0.05\ \text{mm}-(-0.16)\ \text{mm}=0.21\ \text{mm}$$

$$EI_Z=-0.05\ \text{mm}-0\ \text{mm}=-0.05\ \text{mm}$$

$$Z=0.3_{-0.05}^{+0.21}\ \text{mm}$$

为了在A面磨削后,其余三个设计尺寸达到要求,则磨前的车削尺寸B、C、D也应控制。此时磨后的各尺寸为封闭环,磨削余量Z为组成环之一,按尺寸链图分别求出磨前各尺寸为

$$B=2.3_{+0.01}^{+0.15}\ \text{mm},\quad C=9.8_{+0.21}^{+0.95}\ \text{mm},\quad D=52.3_{-0.19}^{+0.35}\ \text{mm}$$

5. 零件进行表面处理时的工序尺寸换算

【例3-6】 某零件的外圆$\phi108_{-0.013}^{0}$上要渗碳,渗碳深度为0.8~1.0 mm。外圆加工顺序安排是:先按$\phi108.6_{-0.03}^{0}$车外圆,然后渗碳并淬火,其后再按$\phi108_{-0.013}^{0}$磨此外圆,所留渗碳层深度要在0.8~1.0 mm范围内。试求渗碳工序的渗入深度应控制在多大范围。

解 根据题意画出尺寸链图,如图3-59所示,由尺寸链图可知,$1.6_{0}^{+0.4}$ mm为封闭环,用画箭头法可判断知尺寸F及$\phi108_{-0.013}^{0}$ mm为增环,$\phi108.6_{-0.03}^{0}$ mm为减环。列出竖式(竖式中增环顺序写出公称尺寸、上、下偏差,减环顺序写出公称尺寸、下、上偏差,并变号,封闭环顺序写出公称尺寸、上、下偏差写在竖式的最下面),按竖式填空求解。

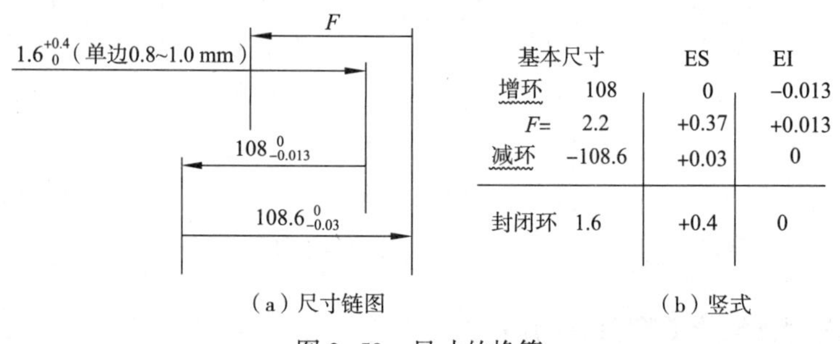

基本尺寸		ES	EI
增环	108	0	−0.013
F=	2.2	+0.37	+0.013
减环	−108.6	+0.03	0
封闭环	1.6	+0.4	0

(a)尺寸链图　　(b)竖式

图3-59　尺寸的换算

由此解得:$F=2.2_{+0.013}^{+0.37}$ mm。

因此,渗碳工序的渗入深度应控制在1.107~1.285 mm范围内。

任务拓展

机械加工生产率

制订工艺规程的根本任务在于保证产品质量的前提下,提高劳动生产率和降低成本,即做到高产、优质、低消耗。要达到这一目的,制订工艺规程时,还必须对工艺过程认真开展技术经济分析,有效地采取提高机械加工生产率的工艺措施。

(一)时间定额

机械加工生产率是指工人在单位时间内生产的合格产品的数量,或者指制造单件产品所消耗的劳动时间。它是劳动生产率的指标。机械加工生产率通常通过时间定额来衡量。

时间定额是指在一定的生产条件下,规定每个工人完成单件合格产品或某项工作所必需的时间。

时间定额是安排生产计划、核算生产成本的重要依据,也是设计、扩建工厂或车间时计算设备和工人数量的依据。

完成零件一道工序的时间定额称为单件时间。它由下列部分组成:

(1)基本时间(T_b):指直接改变生产对象的尺寸、形状、相对位置与表面质量或材料性质等工艺过程所消耗的时间。对机械加工而言,就是切除金属所耗费的时间(包括刀具切入、切出的时间)。时间定额中的基本时间可以根据切削用量和行程长度来计算。

(2)辅助时间(T_a):指为实现工艺过程所必须进行的各种辅助动作消耗的时间。它包括装卸工件,开、停机床,改变切削用量,试切和测量工件,进刀和退刀等所需的时间。

基本时间与辅助时间之和称为操作时间 T_B。它是直接用于制造产品或零、部件所消耗的时间。

(3)布置工作场地时间(T_{sw}):指为使加工正常进行,工人管理工作场地和调整机床等(如更换、调整刀具,润滑机床,清理切屑,收拾工具等)所需时间。一般按操作时间的2%~7%(以百分率 α 表示)计算。

(4)生理和自然需要时间(T_r):指工人在工作班内为恢复体力和满足生理需要等消耗的时间。一般按操作时间的2%~4%(以百分率 β 表示)计算。

以上四部分时间的总和称为单件时间 T_p,即

$$T_p = T_b + T_a + T_{sw} + T_r = T_B + T_{sw} + T_r = (1+\alpha+\beta)T_B \tag{3-9}$$

(5)准备与终结时间(T_e)简称准终时间,指工人在加工一批产品、零件进行准备和结束工作所消耗的时间。加工开始前,通常都要熟悉工艺文件,领取毛坯、材料、工艺装备,调整机床,安装工刀具和夹具,选定切削用量等;加工结束后,需送交产品,拆下、归还工艺装备等。准终时间对一批工件来说只消耗一次,零件批量越大,分摊到每个工件上的准终时间 T_e/n 就越小,其中 n 为批量。因此,单件或成批生产的单件计算时间 T_c 应为

$$T_c = T_p + T_e/n = T_b + T_a + T_{sw} + T_r + T_e/n \tag{3-10}$$

大批、大量生产中,由于 n 的数值很大,$T_e/n \approx 0$,即可忽略不计,所以大批、大量生产的单件计算时间 T_c 应为

$$T_c = T_p = T_b + T_a + T_{sw} + T_r \tag{3-11}$$

(二)提高机械加工生产率的工艺措施

劳动生产率是一个综合技术经济指标,它与产品设计、生产组织、生产管理和工艺设计都有密切关系。这里讨论提高机械加工生产率的问题,主要从工艺技术的角度,研究如何通过减少时间定额,寻求提高生产率的工艺途径。

1. 缩短基本时间

1)提高切削用量

增大切削速度、进给量和背吃刀量都可以缩短基本时间,这是机械加工中广泛采用的提高生产率的有效方法。近年来国外出现了聚晶金刚石和聚晶立方氮化硼等新型刀具材料,切削普通钢材的速度可达900 m/min;加工HRC 60以上的淬火钢、高镍合金钢,在980 ℃时

仍能保持其热硬性，切削速度可在900 m/min以上。高速滚齿机的切削速度可达65~75 m/min，目前最高滚切速度已超过300 m/min。磨削方面，近年的发展趋势是在不影响加工精度的条件下，尽量采用强力磨削，提高金属切除率，磨削速度已超过60 m/s以上；而高速磨削速度已达到180 m/s以上。

2）减少或重合切削行程长度

利用几把刀具或复合刀具对工件的同一表面或几个表面同时进行加工，或者利用宽刃刀具、成形刀具作横向进给同时加工多个表面，实现复合工步，都能减少每把刀的切削行程长度或使切削行程长度部分或全部重合，减少基本时间。

3）采用多件加工

多件加工可分为顺序多件加工、平行多件加工和平行顺序多件加工三种形式。

（1）顺序多件加工是指工件按进给方向一个接一个地顺序装夹，减少了刀具的切入、切出时间，即减少了基本时间。这种形式的加工常见于滚齿、插齿、龙门刨、平面磨和铣削加工中。

（2）平行多件加工是指工件平行排列，一次进给可同时加工n个工件，加工所需基本时间和加工一个工件相同，所以分摊到每个工件的基本时间就减少到原来的$1/n$，其中n为同时加工的工件数。这种方式常见于铣削和平面磨削中。

（3）平行顺序多件加工是上述两种形式的综合，常用于工件较小、批量较大的情况，如立轴平面磨削和立轴铣削加工中。

2. 缩短辅助时间

缩短辅助时间的方法通常是使辅助操作实现机械化和自动化，或使辅助时间与基本时间重合。具体措施有：

（1）采用先进高效的机床夹具。这不仅可以保证加工质量，而且大大减少了装卸和找正工件的时间。

（2）采用多工位连续加工。即在批量和大量生产中，采用回转工作台和转位夹具，在不影响切削加工的情况下装卸工件，使辅助时间与基本时间重合。该方法在铣削平面和磨削平面中得到广泛应用，可显著地提高生产率。

（3）采用主动测量或数字显示自动测量装置。零件在加工中需多次停机测量，尤其是精密零件或重型零件更是如此，这样不仅降低了生产率，不易保证加工精度，还增加了工人的劳动强度，主动测量的自动测量装置能在加工中测量工件的实际尺寸，并能用测量的结果控制机床进行自动补偿调整。该方法在内、外圆磨床上采用，已取得了显著的效果。

（4）采用两个相同夹具交替工作的方法。当一个夹具安装好工件进行加工时，另一个夹具同时进行工件装卸，这样也可以使辅助时间与基本时间重合。该方法常用于批量生产中。

3. 缩短布置工作场地时间

布置工作场地时间，主要消耗在更换刀具和调整刀具的工作上。因此，缩短布置工作场地时间主要是减少换刀次数、换刀时间和调整刀具的时间。减少换刀次数就是要提高刀具或砂轮的耐用度，而减少换刀和调刀时间是通过改进刀具的装夹和调整方法，采用对刀辅具实现的。例如，采用各种机外对刀的快换刀夹具、专用对刀样板或样件以及自动换刀装置等。目前，在车削和铣削中已广泛采用机械夹固的可转位硬质合金刀片，既能减少换刀次数，又减少了刀具的装卸、对刀和刃磨时间，从而大大提高了生产效率。

4. 缩短与准备终结时间

缩短准备与终结时间的主要方法是扩大零件的批量和减少调整机床、刀具和夹具的时间。

任务六　剖分式箱体的工艺设计

任务描述

箱体是用来支承或安置其他零件或部件的基础零件。它将机器和部件中的轴、套、齿轮等有关零件连接成一个整体,并使之保持正确的相互位置,并按一定的传动关系协调和传递运动和动力。尽管箱体零件的结构形状随其在机器中的功用不同而有所区别,但其共同的特点是其内部呈腔形,形状比其他零件复杂。在箱体上既有精度要求较高的孔系和平面,也有许多精度要求较低的紧固孔。箱体的加工表面主要是平面和孔系。箱体零件加工部位较多,加工难度较大。箱体零件从结构功能上看可分为整体式和剖分式两大类。

通过本任务的学习,了解对分式箱体的结构特点及加工方法,编制对分式箱体的加工工艺。

任务实施

拟定加工工艺

(一)剖分式箱体类零件工艺过程特点分析

加工图 3-60 所示的减速器,已知生产类型为小批,毛坯种类为铸件,材料牌号为 HT250,该减速器的上下箱体结构基本一致,试编制加工箱体的工艺。

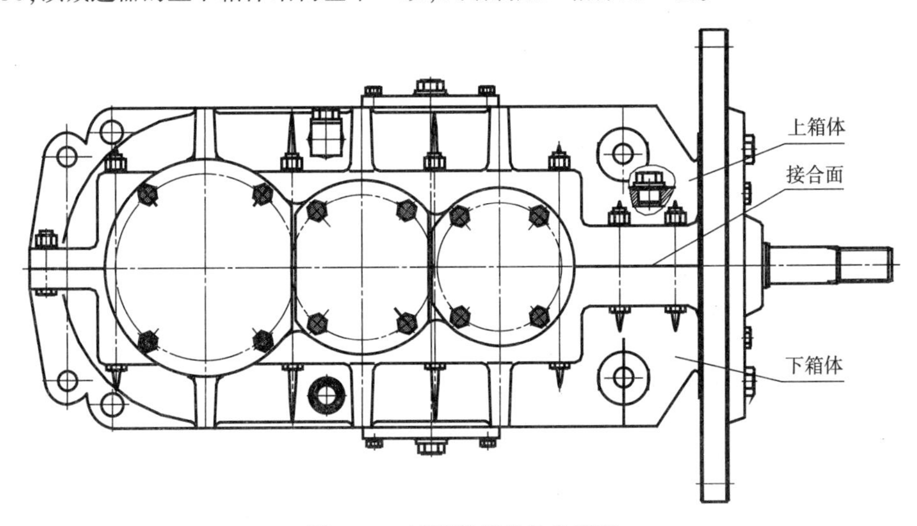

图 3-60　减速器箱体结构简图

1. 剖分式箱体类零件特点

一般减速箱为了制造与装配的方便,常做成可剖分的,这种箱体在矿山、冶金和起重运输机械中应用较多。剖分式箱体也具有一般箱体结构特点,如壁薄、中空、形状复杂,加工表面多为平面和孔。

剖分式减速箱体的主要加工表面可归纳为以下三类:

(1)主要平面。箱盖(上箱体)的对合面和顶部方孔端面、底座(下箱体)的底面和对合面、轴承孔的端面等。

(2)主要孔。轴承孔(φ220H7、φ150H7、φ130H7)及孔内环槽等。

(3)其他加工部分。连接孔、螺孔、销孔、油标孔以及孔的凸台面等。

2. 工艺过程设计应考虑的问题

根据减速箱体可剖分的结构特点和各加工表面的要求,在编制工艺过程时应注意以下问题:

(1)加工过程的划分。整个加工过程可分为两大阶段,即先对箱盖(上箱体)和底座(下箱体)分别进行加工,然后再对装合好的整个箱体进行加工——合件加工。为保证效率和精度的兼顾,孔和面的加工还需粗精分开。

(2)箱体加工工艺的安排。安排箱体的加工工艺,应遵循先面后孔的工艺原则,对剖分式减速箱体还应遵循组装后镗孔的原则。因为如果不先将箱体的对合面加工好,轴承孔就不能进行加工。另外,镗轴承孔时,需以安装面作为定位基准,所以安装面也必须先加工好。

由于轴承孔及各主要平面,都要求与对合面保持较高的位置精度,所以在平面加工方面,应先加工对合面,然后再加工其他平面,体现先主后次原则。

(3)箱体加工中的运输和装夹。箱体的体积、质量较大,故应尽量减少工件的运输和装夹次数。为了保证各加工表面的位置精度,应在一次装夹中尽量多加工一些表面。工序安排相对集中。箱体零件上相互位置要求较高的孔系和平面,一般尽量集中在同一工序中加工,以减少装夹次数,从而减少安装误差的影响,有利于保证其相互位置精度要求。

(4)合理安排时效工序。一般在毛坯铸造之后安排一次人工时效即可。对一些高精度或形状特别复杂的箱体,应在粗加工之后再安排一次人工时效,以消除粗加工产生的内应力,保证箱体加工精度的稳定性。

3. 剖分式减速箱体加工定位基准的选择

1)粗基准的选择

一般箱体零件的粗基准都用它上面的重要孔和另一个相距较远的孔作为粗基准,以保证孔加工时余量均匀。剖分式箱体最先加工的是箱盖或底座的对合面。由于分离式箱体轴承孔的毛坯孔分布在箱盖和底座两个不同部分上,因而在加工箱盖或底座的对合面时,无法以轴承孔的毛坯面作粗基准,而是以凸缘的不加工面为粗基准。这样可保证对合面加工凸缘的厚薄较为均匀,减少箱体装合时对合面的变形。

2)精基准的选择

常以箱体零件的装配基准或专门加工的一面两孔定位,使得基准统一。剖分式箱体的对合面与底面(装配基面)有一定的尺寸精度和相互位置精度要求;轴承孔轴线应在对合面上,与底面也有一定的尺寸精度和相互位置精度要求。为了保证以上几项要求,加工底座的对合面时,应以底面为精基准,使对合面加工时的定位基准与设计基准重合;箱体装合后加工轴承孔时,仍以底面为主要定位基准,并与底面上的两定位孔组成典型的一面两孔定位方式。这样,轴承孔的加工,其定位基准既符合基准统一的原则,也符合基准重合的原则,有利于保证轴承孔轴线与对合面的重合度及与装配基准面的尺寸精度和平行度。

(二)剖分式减速箱体加工的工艺过程

表 3-3 所列为某厂在小批生产条件下加工图 3-1 所示减速箱体的机械加工工艺过程。

表 3-3　减速器上箱体机械加工工艺过程(小批量)

序号	工序名称	工序内容	加工设备
5	铸造	铸造毛坯	
10	热处理	人工时效	
15	油漆	喷涂底漆	
20	划线	根据尺寸 25 所对应凸缘面为基准,划对合面加工线;按尺寸 200,划顶部加工线	划线平台
25	铣削	以尺寸 25 所对应凸缘面为基准,粗铣对合面,留 1.5~2 mm 余量。保证粗糙度为 $Ra12.5$ μm	龙门铣,型号 X2010A
		以对合面为基准,粗铣顶面,留 1 mm 余量,保证粗糙度为 $Ra12.5$ μm	龙门铣,型号 X2010A
		以对合面为基准,粗铣箱体右侧面,翻转工件,粗铣另一侧面,保证尺寸为 923 mm,粗糙度为 $Ra12.5$ μm	龙门铣,型号 X2010A
		以对合面为基准,精铣箱体左侧面,翻转工件,粗铣另一侧面,保证尺寸为 921 mm,粗糙度为 $Ra6.3$ μm	龙门铣,型号 X2010A
		以对合面为基准,精铣箱体顶面,粗糙度为 $Ra6.3$ μm	龙门铣,型号 X2010A
		以已加工的顶面和两侧面为基准,精铣结合面,保证图样尺寸,粗糙度为 $Ra3.2$ μm	龙门铣,型号 X2010A
30	划线	以结合面、箱体外形为基准,划 14 个ϕ18 连接孔、两个ϕ20 销钉孔、油标孔中心十字线	划线平台
35	钻削	按划线钻各连接孔及油标孔,并锪平;钻各螺孔的底孔及油标孔	摇臂钻床, 型号 Z3080×25
40	钳工	对上箱体各螺孔攻螺纹;刮削上箱体对合面;上下箱体合箱;按箱盖上划线配钻、铰二销孔,打入定位销,并且对上下箱体做定位标记	钳工台
45	铣削	以底面和两侧面找正,粗、精铣前后面,粗铣后留 0.5 mm 余量,铣削时注意兼顾另一面加工尺寸,保证图样尺寸,粗糙度为 $Ra3.2$ μm	卧式铣镗床, 型号 TPX6213/2
50	镗削	粗镗轴承孔;切轴承孔内环槽,钻前后及右侧面上各 M16 轴承盖安装底孔、气塞座底孔、油标底孔,钻 3 个ϕ22 及其孔端锪平	卧式铣镗床, 型号 TPX6213/2
55	镗削	精镗轴承孔	卧式镗床
60	钳工	去毛刺、清洗、打标记	
65	油漆	各不加工外表面	
70	检验	按图样要求检验	

(三)箱体零件的检验

孔的尺寸精度:批量大一般用塞规检验;单件小批生产时可用内径千分尺或内径千分表检验;若精度要求很高可用气动量仪检验。

平面的直线度:可用平尺和厚薄规或水平仪与桥板检验。

平面的平面度:可用自准直仪或水平仪与桥板检验,也可用涂色检验。

同轴度检验:一般工厂常用检验棒检验同轴度。

孔间距和孔轴线平行度检验：根据孔距精度的高低，可分别使用游标卡尺或千分尺，也可用块规测量。

三坐标测量机可同时对零件的尺寸、形状和位置等进行高精度的测量。

表面粗糙度值，一般采用与标准样块比较或目测评定，还可用专用测量仪检测。外观检查只需根据工艺规程检查完工情况及加工表面有无缺陷即可。

任务七 整体式箱体的工艺规程设计

任务描述

整体式箱体的尺寸大小和结构形式随着机器的结构和箱体在机器中功用的不同有着较大的差异。但从工艺上分析它们仍有许多共同之处，其结构特点形状比较复杂。内部常为空腔形，某些部位有“隔墙”，箱体壁薄；箱壁上通常都布置有平行孔系或垂直孔系；箱体上的加工面，主要是大量的平面，此外还有许多精度要求较高的轴承支承孔和精度要求较低的紧固用孔。通过本任务的学习，了解整体式箱体的结构特点及加工方法，编制整体式箱体的加工工艺。

任务实施

拟定加工工艺

图 3-61 所示为某铣床变速箱体零件简图，材料为 HT200，中批量生产，试编制加工此箱体的工艺。

(一)零件工艺过程特点分析

该零件由平面、型腔及孔系组成。零件结构较复杂，尺寸精度较高。零件上需要加工的孔较多，虽然绝大部分配合孔的尺寸精度最高仅为 7 级，但孔系内各孔之间的相互位置精度要求较高，除一处跳动公差为 0. 03 mm 外，其余各处同轴度、平行度公差为 0. 02 mm。

1. 确定零件的定位基准和装夹方式

1)定位基准的选择

选择零件上的 *M*、*N* 和 *S* 面作为精定位基准，分别限制 3 个、1 个和 2 个自由度，在加工中心上一次安装加工除精基准外的所有表面，由粗至精地全部加工，保证了该零件相互位置精度的全部项目。以ϕ80 的中心线和右后侧面为粗基准。

2)确定装夹方案

根据基面先行原则，将 3 个定位面在普通机床上先加工好，然后采用组合夹具，将夹具各定位面找正在 0. 01 mm 以内，*M* 面朝下，放在夹具水平定位面上，*S* 面靠在竖直定位面上，*N* 面(32±0. 2 mm，*Ra*6. 3 μm)面靠在 *X* 向定位面上，保证工件与夹具定位面之间 0. 01 mm 塞尺塞不进去。

2. 加工设备的选择

为确保箱体上这些孔的加工精度，提高生产率，选择主要设备为 3 轴联动的卧式加工中

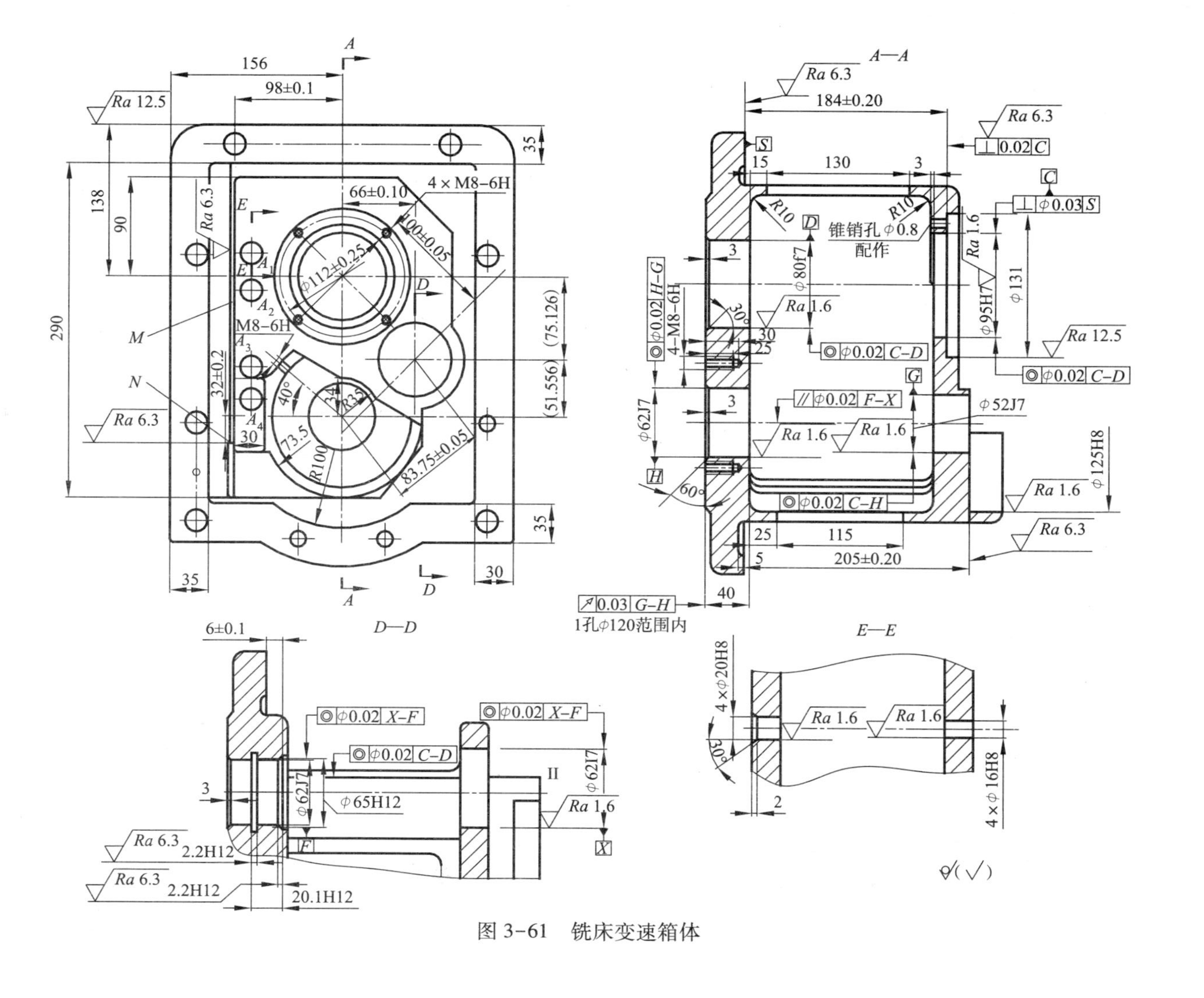
A—A
D—D
E—E
锥销孔 φ0.8 配作
1孔φ120范围内
4 × M8-6H
M8-6H
4-M8-6H
184±0.20
205±0.20
290
156
98±0.1
66±0.10
100±0.05
83.75±0.05
32±0.2
φ112±0.25
φ80f7
φ95H7
φ131
φ52J7
φ125H8
φ62J7
φ65H12
4×φ20H8
4×φ16H8
20.1H12
2.2H12
6±0.1

图 3-61　铣床变速箱体

心,并具有双工作台自动交换,传感器自动测量工件坐标系和自动测量刀具长度等功能。一次装夹完成不同工位的钻、扩、铰、镗、铣、攻丝等工序。对于加工变速箱体这类多工位零件,加工中心与普通机床相比,有其独特的优越性,容易实现工序集中和保证孔与孔及面之间的位置精度。精基准的加工选用普通机床进行加工。

3. 加工阶段的划分

为了使切削过程中切削力和加工变形不过大,以及前次加工所产生的变形(误差)能在后续加工中完全切除,可把加工阶段的粗精加工分开进行,全部配合孔均经过粗→半精→精三个加工阶段。

4. 工艺设计说明

(1)对同轴孔系采用“调头镗”的加工方法,在 B0 和 B180 工位上先后对两个侧面上的全部平面和孔进行粗加工;然后在 B0 和 B180 工位上,先后对两个侧面的全部平面和孔进行半精加工和精加工。

(2)为了保证孔的正确位置,在加工中心上对实心材料钻孔前,均先锪孔口平面、钻中心孔,然后再钻孔→扩孔→镗孔或铰孔。

(3)因φ125H8 孔为半圆孔,为了保证φ125H8 孔与φ52J7 孔同轴度 0.02 mm 的要求,在加工过程中,先用立铣刀以圆弧插补方式粗铣至φ124.85 mm,然后再精镗。

(4)为保证φ62J7 孔的精度,在加工该孔时,先加工 2×φ65H12 卡簧槽,再精镗至φ62J7。

(二)变速箱体加工的工艺过程

变速箱体加工的工艺过程见表 3-4。

表 3-4 变速箱体机械加工工艺过程(中批量)

序号	工序名称	工 序 内 容	加工设备
5	铸造	铸造毛坯	
10	热处理	人工时效	
15	油漆	喷涂底漆	
20	划线	以φ80 的中心线为基准,画 *M* 面的加工线;右后侧面为基准,划面 *S* 的加工线	划线平台
25	铣	按划线粗精铣 *S*、*M* 面	铣床 X63W
30	铣	以 *S*、*M* 面为定位基准,划线铣 *N* 面	铣床 X63W
35	数控加工	以 *S*、*M*、*N* 面为精基准加工其余各面,具体工步见表 3-5	数控加工中心

1. 刀具选择

数控加工刀具卡片见表 3-5。

表 3-5 数控加工刀具卡片

产品名称或代号		×××	零件名称	铣床变速箱体	零件图号	×××
序号	刀具号	刀具规格名称/mm	数量	加工表面(尺寸单位 mm)		备注
1	T01	粗齿立铣刀φ45	1	铣Ⅰ孔中φ125H8 孔,粗铣Ⅲ孔中φ131 台,精铣φ131 孔		
2	T02	镗刀φ94.2	1	粗镗φ95H7 孔		
3	T03	镗刀φ61.2	1	粗镗φ62J7 孔		

续上表

序号	刀具号	刀具规格名称/mm		数量	加工表面(尺寸单位 mm)			备注
4	T05	镗刀Φ51.2		1	粗镗Φ52J7孔至Φ51.2			
5	T07	专用铣刀		1	锪平4×Φ16孔端面,锪平4×Φ20H7孔端面			
6	T09	中心钻		1	钻4×Φ16孔,钻4×Φ20H7孔,2×M8孔的中心孔			
7	T10	专用镗刀Φ15.85		1	镗4×Φ16H8孔至Φ15.85			
8	T11	锥柄麻花钻Φ15		1	钻4×Φ16孔			
9	T13	镗刀Φ79.2		1	粗镗Φ80J7孔			
10	T16	镗刀Φ94.85		1	半精镗Φ95H7孔至Φ94.85			
11	T18	镗刀Φ95H7		1	精镗Φ95H7孔			
12	T20	镗刀Φ61.85		1	半精镗Φ62J7孔			
13	T22	镗刀Φ62J7		1	精镗Φ62J7孔成			
14	T24	镗刀Φ51.85		1	半精镗Φ52J7孔			
15	T26	铰刀Φ52AJ7		1	铰Φ52J7孔			
16	T32	铰刀Φ16H8		1	铰4×Φ16H8孔成			
17	T34	镗刀Φ79.85		1	半精镗Φ80J7孔			
18	T36	倒角刀Φ89		1	Φ80J7孔端倒角			
19	T38	镗刀Φ80J7		1	精镗Φ80J7孔成			
20	T40	倒角镗刀Φ69		1	Φ62J7孔端倒角			
21	T42	专用切槽刀		1	圆弧插补方式切二卡簧槽			
22	T45	面铣刀Φ120		1	铣40尺寸左面			
23	T50	专用镗刀Φ19.85		1	半精镗4×Φ20H7孔			
24	T52	铰刀Φ20H7		1	铰4×Φ20H7孔			
25	T57	锥柄麻花钻Φ18.5		1	钻4×Φ20H7孔底孔Φ18.5			
26	T60	镗刀Φ125H8		1	精镗Φ125H8孔			
编制		×××	审核	×××	批准	×××	共　页	第　页

2. 确定切削用量

略。

3. 数控加工工艺卡片拟订

铣床变速箱体数控加工工艺卡片见表3-6。

表3-6　铣床变速箱体数控加工工艺卡片

单位名称		×××		产品名称或代号		零件名称		零件图号
				×××		铣床变速箱体		×××
工序号		程序编号		夹具名称		使用设备		车间
35		×××		组合夹具		卧式加工中心		数控中心
工步号	工步内容(尺寸单位 mm)		刀具号	刀具规格/mm	主轴转速/(r/min)	进给速度/(mm/min)	背吃刀量/mm	备注
1	B0°							
2	铣Ⅰ孔中Φ125H8孔至Φ124.85		T01	粗齿立铣刀Φ45	300	40		

续上表

工步号	工步内容（尺寸单位 mm）	刀具号	刀具规格/mm	主轴转速/（r/min）	进给速度/（mm/min）	背吃刀量/mm	备注
3	粗铣Ⅲ孔中ϕ131 台、Z 向留 0.1 mm	T01		300	40		
4	粗镗ϕ95H7 孔至ϕ94.2	T02	镗刀ϕ94.2	150	30		
5	粗镗ϕ62J7 孔至ϕ61.2	T03	镗刀ϕ61.2	180	30		
6	粗镗ϕ52J7 孔至ϕ51.2	T05	镗刀ϕ51.2	180	30		
7	锪平 4×ϕ16 孔端面	T07	专用铣刀	600	60		
8	钻 4×ϕ16 孔中心孔	T09	中心钻	1 000	80		
9	钻 4×ϕ16 孔至ϕ15	T011	锥柄麻花钻ϕ15	400	40		
10	B180°						
11	铣 40 尺寸左面	T45	面铣刀ϕ120	600	60		
12	粗镗ϕ80J7 至ϕ79.2	T13	镗刀ϕ79.2	150	30		
13	粗镗ϕ62J7 孔至ϕ61.2	T03		180	30		
14	锪平 4×ϕ20H7 孔端面	T07		600	60		
15	钻 4×ϕ20H7 孔中心孔	T09		1 000	80		
16	钻 4×ϕ20H7 孔至ϕ18.5	T57	锥柄麻花钻ϕ18.5	350	40		
17	B0°						
18	精镗ϕ125H8 孔成	T60	镗刀ϕ125H8	200	20		
19	精铣ϕ131 孔成	T01		400	40		
20	半精镗ϕ95H7 孔至ϕ94.85	T16	镗刀ϕ94.85	200	20		
21	精镗ϕ95H7 孔成	T18	镗刀ϕ95H7	200	20		
22	半精镗ϕ62J7 孔至ϕ61.85	T20	镗刀ϕ61.85H7	200	20		
23	精镗ϕ62J7 孔成	T22	镗刀ϕ62J7	200	20		
24	半精镗ϕ52J7 孔	T24	镗刀ϕ51.85	260	20		
25	铰ϕ52J7 孔成	T26	铰刀ϕ52AJ7	100	20		
26	镗 4×ϕ16H8 孔至ϕ15.85	T10	专用镗刀ϕ15.85	200	30		
27	铰 4×ϕ16H8 孔成	T32	铰刀ϕ16H8	100	20		
28	B180°						
29	半精镗ϕ80J7 孔至ϕ79.85	T34	镗刀ϕ79.85	200	20		
30	ϕ80J7 孔端倒角	T36	倒角刀ϕ89	300	30		
31	精镗ϕ80J7 孔成	T38	镗刀ϕ80J7	200	20		
32	半精镗ϕ62J7 孔至ϕ61.85	T20		200	20		
33	ϕ62J7 孔端倒角	T40	倒角镗刀ϕ69	300	30		
34	圆弧插补方式切二卡簧槽	T42	专用切槽刀	400	20		
35	精镗ϕ62J7 孔	T22		200	20		
36	镗 4×ϕ20H7 孔至ϕ19.85	T50	专用镗刀ϕ19.85	300	30		
37	铰 4×ϕ20H8 孔成	T52	铰刀ϕ20H7	100	20		
编制 ×××	审核 ×××	批准	×××	年 月 日		共 页	第 页

任务拓展

计算机辅助工艺过程设计

(一)计算机辅助工艺过程设计——CAPP 概述

工艺规程设计是机械制造生产过程中一项重要的技术准备工作,是产品设计和制造之间的纽带。零件加工工艺过程涉及的问题很多,所以编制工艺规程比较复杂。由于编制人员的生产经验和所用参考资料不同,同一零件可以编出不同的工艺过程,因此传统的工艺设计方法需要大量的时间和丰富的生产实践经验,工艺设计的质量在很大程度上取决于工艺人员的水平和主观性,这就使工艺设计很难做到最优化和标准化。但是根据大量实际经验看出,类似零件的工艺过程有许多共同之处,因此就产生了工艺过程典型化的思想。

数控机床的发展为应用电子计算机辅助设计零件加工工艺规程创造了条件。计算机辅助设计机械加工工艺规程(Computer Aided Process Planning,CAPP)是一项新技术,它是研究如何将图纸信息和工艺人员的经验理论化、系统化、信息化,按成组技术的原理,CAPP 能迅速编制出完整而详尽的工艺文件,它将使工艺人员避免冗长的数学计算,查阅各种标准和规范,以及填写表格等烦琐和重复的事务性工作,从而大幅度地提高工艺人员的工作效率,并使工艺人员有可能集中精力去考虑如何提高工艺水平和产品质量。CAPP 能缩短生产准备时间,加快新产品投产,并为制定先进合理的时间定额和材料消耗定额以及推广成组技术和改善企业管理提供科学依据。此外,CAPP 还是连接计算机辅助设计和计算机辅助制造的纽带,是开发集成生产系统和柔性制造系统(FMS)的基础。因此 CAPP 对全面提高机械工业经济效益及其现代化起着重要作用。

(二)CAPP 的基本原理

CAPP 的基本原理主要有派生法(又称样件法或变异型)和创成法。其他还有在此基础上纵深发展衍生出的综合法、交互型和智能型等高级类别。

1. 派生法

在成组技术的基础上,将同一零件族中的零件形面要素合成为假想的主样件,按照主样件制定出反映本厂最优加工方案的工艺规程,并以文件形式存储在计算机中。当为某一零件编制工艺规程时,首先分析该零件的成组编码,识别它属于哪一零件族,然后调用该零件族的典型工艺文件,按照输入的该零件的成组编码、形面特征和尺寸参数,选出典型工艺文件中的有关工序并进行加工参数的计算。调用典型工艺文件以及确定加工顺序和计算加工参数均是自动进行,派生出所需的工艺规程。如有需要还可对所编制的工艺规程通过人机对话进行修改(插入、更换或删除),最后编辑成所需要的工艺规程。其特点是系统较为简单,但要求工艺人员干预并进行决策。其系统工作流程分为系统准备阶段和工艺编制应用阶段。

2. 创成法

利用各种工艺决策制定的逻辑算法语言自动地生成工艺规程。其特点是自动化程度较高。创成法通常与 CAD 和绘图系统相连接,对各种几何要素规定相应的加工要素。对一个复杂的零件来说,组成该零件的几何要素的数量相当多,每一种几何要素可由不同的加工方法加以实现。它们之间的顺序又可以有多种组合方案。所以创成法需要计算机具有较大的存储容量和计算能力。由于工艺过程设计涉及的因素较多,完全自动创成工艺规程的通用系统目前尚处于研究阶段。

派生法和创成法的主要特征比较见表 3-7。

表 3-7 派生法和创成法的主要特征比较

类 型	工艺规程管理	工艺过程修改设计	工艺过程综合设计	新工艺过程的设计		自适应的工艺过程设计
				加工顺序描述	工件描述	
输入	加工任务数据,工序规程编号,工序内容,加工范围	加工任务数据,基本数据的编码,相类似工件的数据	加工任务数据,工件特征数据,相似工艺规程的修改	加工任务数据,加工顺序的描述	加工任务数据,机械加工和非机械加工零件的几何形状和工艺要求	加工任务数据,描述工件图形的数据
人机交互	没有	可能	需要	可能	可能	需要
数据处理主要内容	工艺规程的存储、管理和读取、具体工作任务的插入	选择基本的工艺规程,计算输入的参数	选择相似的工艺规程,工步的插入或删除,简单的计算	生成工艺数据,选择设备,设计工艺过程	根据工件的几何形状生成加工顺序,生成工艺数据,选择设备及设计工艺过程	生成工件的几何和工艺数据,存储和读取工艺过程设计的逻辑规则
基本原理	派 生 法			创 成 法		
输出	工 艺 规 程					
低	——自动化程度——					高

3. **综合型**

综合型又称半创成型。它将派生型与创成型结合起来(如工序设计用派生型,工步设计用创成型),它具有两种类型系统的优点,部分克服了它们的缺点,效果较好,所以应用十分广泛。我国自行开发的 CAPP 系统大多为这种类型。

4. **交互型**

它以人机对话的方式完成工艺规程的设计。实际上是按"派生型+创成型+人工干预"方式开发的一种系统,它将一些经验性强、模糊难确定的问题留给用户,这就简化了系统的开发难度,使其更灵活、方便。但系统的运行效率低,对人的依赖性较大。

5. **智能型**

它是将人工智能技术应用在 CAPP 系统中形成的 CAPP 专家系统。它与创成型系统的不同之处在于:创成型 CAPP 是以逻辑算术进行决策,而智能型则是以推理加知识的专家系统技术来解决工艺设计中经验性强的、模糊和不确定的若干问题。它更加完善和方便,是 CAPP 的发展方向,也是当今国内外研究的热点之一。

(三)CAPP 的经济效益

CAPP 不仅能显著提高生产率,降低工艺规程设计费用,而且对零件制造成本的各个方面产生影响。根据国外资料统计,CAPP 在节约费用方面,各种经济效益综合反映在总的制造成本降低了 10%左右。另外,还有许多效益和影响是不能直接用货币表示的。在工艺部门中采用 CAPP 系统还可以获得以下好处:减少工艺文件的抄写工作,消除人为的计算错误,消除逻辑和说明上的疏忽,因为人机对话程序具有判断功能,能够从中央数据库中立即获得最新的信息,信息的一致性,所有工艺人员都使用同一数据库,对设计修改、生产计划变更或车间要求能快速响应,所编制的工艺规程更加详细和完整,能更有效地使用工夹量具,并减少它们的种类。

项目总结

箱体的种类很多,其尺寸大小和结构形式随着机器的结构和箱体在机器中功用的不同有着较大的差异。但从工艺上分析它们仍有许多共同之处,其结构特点是:

(1)外形基本上是由六个或五个平面组成的封闭式多面体,又分成整体式和对分式两种。

(2)结构形状比较复杂。内部常为空腔形,某些部位有“隔墙”,箱体壁薄且厚薄不均。

(3)箱壁上通常都布置有平行孔系或垂直孔系。

(4)箱体上的加工面,主要是大量的平面,此外还有许多精度要求较高的轴承支承孔和精度要求较低的紧固用孔。

箱体零件的主要技术要求是主轴孔尺寸精度为IT6级,其余孔为IT6~IT7级,主要由于孔的尺寸精度和几何形状误差会使轴承与孔配合不良(松、紧、不圆)。箱孔与孔的位置精度会引起轴安装歪斜,致使主轴径向跳动和轴向窜动,加剧轴承磨损,因此要求同一轴线上各孔的同轴度误差;孔端面对轴线垂直度误差以及规定主要孔和箱体安装基面的平行度。表面粗糙度数值的大小会影响连接面的配合性质或接触刚度各孔 *Ra* 为 1.6 μm,孔的端面 *Ra* 为 3.2 μm;装配基准面和定位基准面 *Ra* 为 0.63~3.2 μm,其他平面则为 *Ra*2.5~10 μm。表3-8和表3-9为平面和孔常用加工方案及所能达到的经济精度,可供参考。但注意这些是实际生产中的统计资料,在具体情况下会有差别,随着生产技术的发展、工艺水平的提高,同一种加工方法达到的精度也会提高。

表3-8　平面加工方法及其经济精度

加工方案	经济精度	表面粗糙度 *Ra*/μm	适用范围
粗车 粗车→半精车 粗车→半精车→精车 粗车→半精车→磨削	IT11~IT13 IT8~IT9 IT7~IT8 IT6~IT7	50~100 3.2~6.3 0.8~1.6 0.08~2.0	工件的端面加工
粗刨(或粗铣) 粗刨(或粗铣)→精刨(或精铣) 粗刨(或粗铣)→精刨(或精铣)→刮削	IT11~IT13 IT7~IT9 IT5~IT6	50~100 1.6~6.3 0.1~0.8	不淬硬的平面(用端铣可得较低的粗糙度值)
粗刨(或粗铣)→精刨(或精铣)→宽刀精刨	IT6~IT7	0.2~0.8	批量较大,效率高
粗刨(或粗铣)→精刨(或精铣)→磨削 粗刨(或粗铣)→精刨(或精铣)→粗磨→精磨	IT6~IT7 IT5~IT6	0.2~0.8 0.025~0.4	精度较高的平面加工
粗铣→拉	IT6~IT9	0.2~0.8	大量生产中加工较小的不淬火面
粗铣→精铣→研磨 粗铣→精铣→研磨→抛光	IT5~IT6 IT5以上	0.025~0.2 0.025~0.1	主要用于高精度平面的加工

表 3-9 内孔的加工方法及其经济精度

加工方案	经济精度	表面粗糙度 *Ra*/μm	适用范围
钻孔	IT11~IT13	50~100	加工未淬火的钢及铸铁的实心毛坯,也可加工有色金属(表面粗糙度稍大)
钻→扩	IT10~IT11	25~50	
钻→扩→铰	IT8~IT9	1.6~3.2	
钻→扩→粗铰→精铰	IT7~IT8	0.8~1.6	
钻→铰	IT8~IT9	1.6~3.2	
钻→粗铰→精铰	IT7~IT8	0.8~1.6	
粗镗(或扩)	IT11~IT13	25~50	除淬火钢外的各种钢材(毛坯上已铸或锻出孔)
粗镗(或扩)→半精镗→磨	IT8~IT9	1.6~3.2	
粗镗(或扩)→半精镗→精镗(或铰)	IT7~IT8	0.8~1.6	
粗镗(或扩)→半精镗→精镗(或铰)→浮动镗	IT6~IT7	0.2~0.4	
粗磨→半精磨→精磨→金刚镗	IT6~IT7	0.05~0.2	精度较高的有色金属
粗镗(或扩)→半精镗→磨削	IT7~IT8	0.2~0.8	主要用于淬火钢,不能用于有色金属
粗镗(或扩)→半精镗→粗磨→精磨	IT6~IT7	0.1~0.2	
钻(→扩)→拉	IT7~IT8	0.8~1.6	大批、大量生产中
钻(→扩)→粗铰→精铰→珩磨	IT6~IT7	0.025~0.2	主要用于精度要求很高的孔,如用研磨代替珩磨,精度可达 IT6 及以上,*Ra* 可达 0.01~0.1 μm
钻(→扩)→拉→珩磨	IT6~IT7	0.025~0.2	
粗镗(或扩)→半精镗→粗镗→珩磨	IT6~IT7	0.025~0.2	

箱体零件可根据具体情况,选用合适的检验仪器进行检验。

思考与练习题

延伸阅读

大国工匠
高凤林

3.1 分析加工箱体类零件先面后孔的原因。

3.2 铣加工的定义及特点。

3.3 单选题:

1. 加工箱体类零件时常选用一面两孔作定位基准,这种方法一般符合(　　)。
   A. 基准重合原则　B. 基准统一原则　C. 互为基准原则　D. 自为基准原则
2. 箱体上(　　)基本孔的工艺性最好。
   A. 盲孔　B. 通孔　C. 阶梯孔　D. 交叉孔
3. 箱体零件的材料一般选用(　　)。
   A. 各种牌号的灰铸铁　B. 45 钢　C. 40Cr　D. 65Mn
4. 铣床上用的平口钳属于(　　)。
   A. 通用夹具　B. 专用夹具　C. 组合夹具　D. 成组夹具
5. 麻花钻切削部分的切削刃共有(　　)。
   A. 6 个　B. 5 个　C. 4 个　D. 3 个
6. 下列刀具中,属于单刃刀具的有(　　)。
   A. 麻花钻　B. 普通车刀　C. 砂轮　D. 铣刀
7. 下列刀具中,(　　)不适宜作轴向进给。
   A. 立铣刀　B. 键槽铣刀　C. 球头铣刀　D. 都可以

8. 顺铣时,铣刀的寿命同逆铣相比(　　)。

A. 降低　　B. 提高　　C. 相同　　D. 都可能

9. 铣削加工时,当大批大量加工大中型或重型工件时宜选用(　　)。

A. 升降台铣床　　B. 无升降台铣床　　C. 龙门铣床　　D. 万能工具铣床

10. 下列(　　)不适宜进行沟槽的铣削。

A. 立铣刀　　B. 圆柱形铣刀　　C. 锯片铣刀　　D. 三面刃铣刀

11. 采用镗模法加工箱体孔系,其加工精度主要取决于(　　)。

A. 机床主轴回转精度　　B. 机床导轨的直线度

C. 镗模精度　　D. 机床导轨的平面度

12. 用具有独立定位作用的六个支承点限制六个自由度,称为(　　)。根据加工要求只需要少于具有独立定位作用的六个支承点的定位,称为(　　)定位。

A. 过定位　　B. 欠定位　　C. 完全　　D. 不完全

13. 只有在(　　)精度很高时,过定位才允许采用,且有利于增强工件的刚度。

A. 设计基准面和定位元件　　B. 定位基准面和定位元件

C. 夹紧机构　　D. 设计基准面和定位基准面

14. 镗模采用双面导向时,镗杆与机床主轴是(　　)连接,机床主轴只起传递动力作用,镗杆回转中心及镗孔精度由镗模和镗杆保证。

A. 刚性　　B. 柔性(或浮动)　　C. 焊接　　D. 胶合

15. 用三个支承点对工件的平面进行定位,能消除其(　　)自由度。

A. 三个平动　　B. 三个转动

C. 一个平动两个转动　　D. 一个转动两个平动

16. 工件装夹后,在同一位置上进行钻孔、扩孔、铰孔等多次加工,通常选用(　　)。

A. 固定钻套　　B. 快换钻套　　C. 可换钻套　　D. 不用钻套

3.4 多选题:

1. 万能升降台铣床与卧式升降台铣床的主要区别在于(　　)。

A. 主轴转速范围更大　　B. 工作台可旋转±45°

C. 被加工零件尺寸范围更大　　D. 可铣削螺旋槽和斜齿轮

E. 具有内圆磨头附件

2. 下列属于顺铣加工特点的是(　　)

A. 刀齿对工件的垂直作用分力向上,容易使工件的装夹松动

B. 顺铣时刀齿对工件的垂直作用分力向下,使工件压紧在工作台上,加工比较平稳

C. 顺铣时工作台有窜动,容易打刀

D. 顺铣时铣刀寿命比逆铣高 2~3 倍,加工表面也比较好

3. 箱体加工选用箱体底面作为精基准时,具有(　　)特点。

A. 符合基准重合原则　　B. 适用于单件小批生产

C. 适用于大批大量生产　　D. 不符合基准重合原则

4. 箱体材料常选用各种牌号的灰铸铁,因为灰铸铁具有(　　)。

A. 成本低　　B. 较好的切削性　　C. 较好的铸造性　　D. 吸振性好

5. 刨削加工与铣削加工相比较,其特点为(　　)。

A. 刨削加工与铣削加工均以加工平面和沟槽为主

B. 刨削加工范围不如铣削加工广泛

C. 刨削生产率一般低于铣削

D. 刨削加工的成本一般低于铣削加工

3.5 判断题：

1. 在铣刀耐用度、加工表面粗糙度等方面，逆铣均优于顺铣，所以生产中常用逆铣。（　）
2. 铣削的生产率一般高于刨削，二者的加工范围类似，所以刨削很快会被淘汰。（　）
3. 工件表面有硬皮时，应采用顺铣法加工。（　）
4. 平面磨削的精加工质量比刨削和铣削都高，还可加工淬硬零件。（　）
5. 淬火后的工件可通过刮研获得较高的形状和位置精度。（　）
6. 在卧式铣床上加工表面有硬皮的毛坯零件时，应采用逆铣切削。（　）
7. 同一工件，无论用数控机床加工还是用普通机床加工，其工序都一样。（　）
8. 在批量生产的情况下，用直接找正装夹工件比较合适。（　）

3.6 名词解释：

尺寸链；六点定位原理；工序；安装；工位；工步；走刀；完全定位；欠定位。

3.7 加工图 3-62 所示零件，图样要求尺寸(6±0.1) mm，但这一尺寸不便测量，只好通过度量 L 尺寸来保证，试求工序尺寸 L。

3.8 图 3-63 所示为所示某零件内孔插键槽，键槽深度是 $43.3^{+0.2}_{0}$ mm，有关工序尺寸和加工顺序是：

(1) 镗内孔至 $\phi 39.6^{+0.05}_{0}$ mm。

(2) 插键槽工序尺寸为 A_1。

(3) 热处理。

(4) 磨内孔至 $\phi 40^{+0.05}_{0}$ mm，并间接保证键槽深度尺寸 $43.3^{+0.2}_{0}$ mm。

用极值法试求基本尺寸 A_1 及其上下偏差。

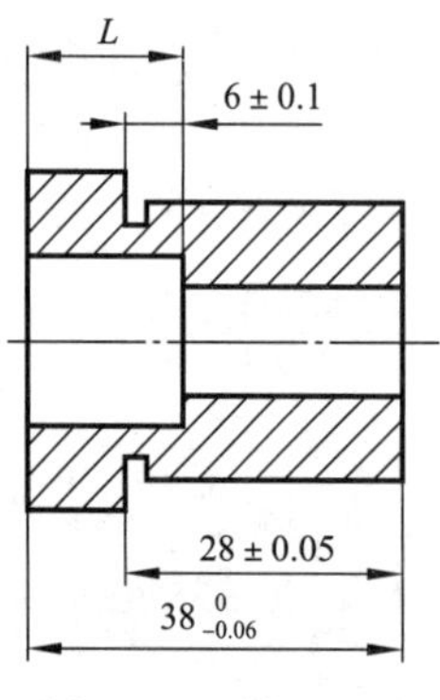

图 3-62　题 3.7 图

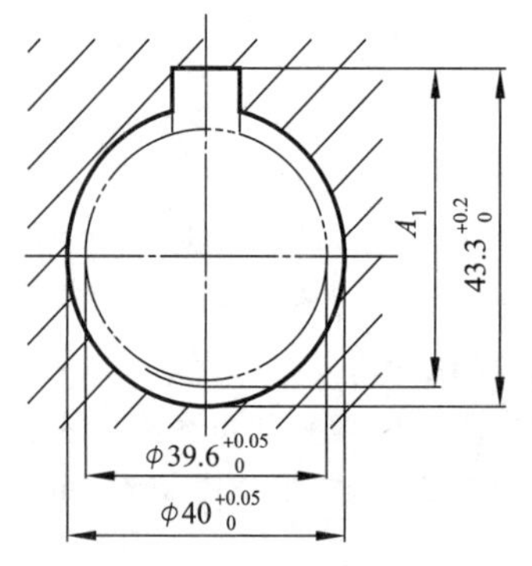

图 3-63　题 3.8 图

3.9 一衬套内孔要求渗氮，其加工工艺过程为：

(1) 先磨内孔至 $\phi 139.76^{+0.04}_{0}$ mm。

(2) 氮化处理深度为 L_1。

(3) 精磨内孔至 $\phi 140^{+0.04}_{0}$ mm，并保证留有渗氮层深度为(0.4±0.1) mm。

求氮化处理深度 L_1 及公差(极值法)。

3.10 一圆环，其表面镀铬后直径为 $\phi 30^{0}_{-0.045}$ mm，镀层厚度为(双边厚度)0.05～0.08 mm。其工艺为车削—磨—镀铬。试用极值法计算磨削前的工序尺寸 A_1。

3.11 图 3-64 所示的箱体零件需要加工孔 D，底面 A、孔 B 和孔 C 均已加工，各设计尺寸如图所示。加工孔 D 时需要以底面 A 为基准,即按尺寸 L 进行加工、测量,试求工序尺寸 L 及其上、下极限偏差。

3.12 如图 3-65 所示零件,镗孔前表面 A,B,C 已经过加工。镗孔时,为使工件装夹方便,选择 A 面为定位基准,并按工序尺寸 L 进行加工。为保证镗孔后间接获得设计尺寸 (100±0.16) mm 符合图样规定的要求,试确定 L 尺寸的范围(基本尺寸及偏差)。

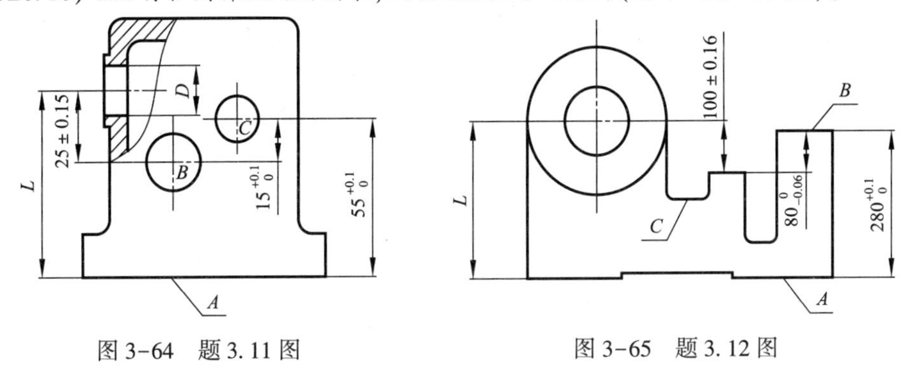

图 3-64　题 3.11 图　　　　图 3-65　题 3.12 图

3.13 指出图 3-66 中哪种粗加工方案较好并说明理由。

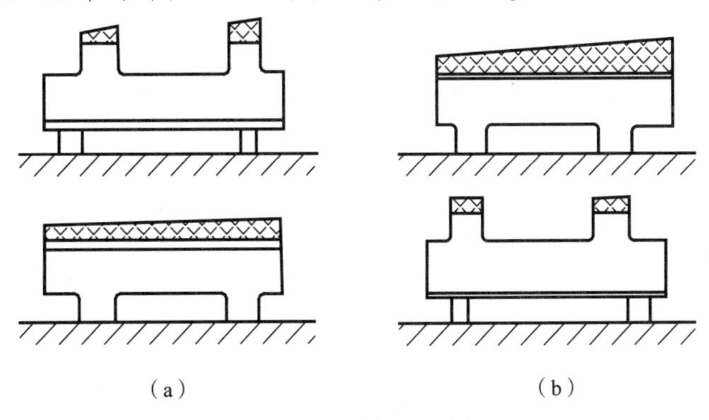

图 3-66　题 3.13 图

3.14 图 3-67 所示套筒工件,在车床上已经加工好外圆、内孔及各表面,现在需要在铣床上以左端面定位铣出缺口右端面,保证尺寸 $20_{-0.2}^{0}$ mm,试计算铣此缺口时的工序尺寸。

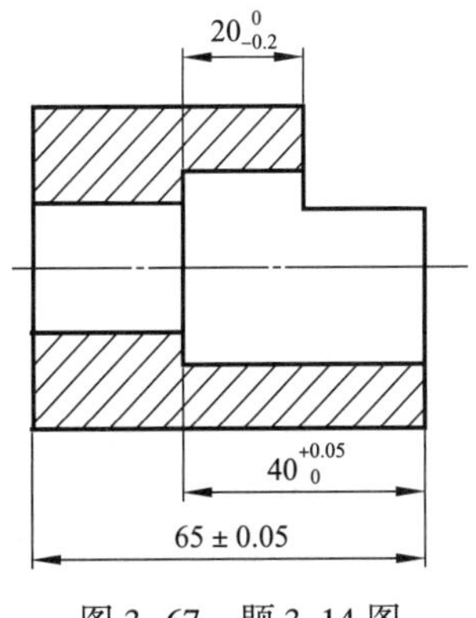

图 3-67　题 3.14 图

3.15 工件夹紧后,位置不动了,其所有的自由度就都被限定了,这种说法对吗?为什么?

3.16 根据六点定位原理,分析图 3-68 中各工件需要限定哪几个自由度?

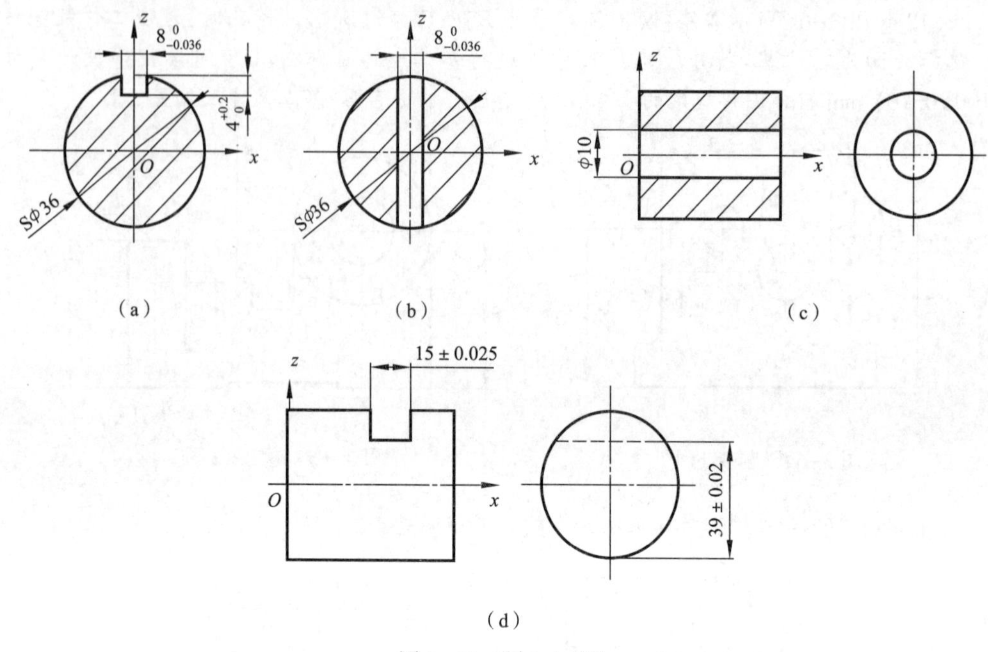

图 3-68 题 3.16 图

项目四 叉架类零件的加工

教学重点

知识要点	素养培养	相关知识	学习目标
叉架类零件的结构特点、工艺特点；专用机床结构；叉架类零件的加工工艺安排、专用夹具结构	叉架类零件工艺及夹具较为复杂，通过叉架类零件加工特点的分析，培养学生善于钻研、不畏困难的科学精神。从组合机床的起源、发展历史激发学生的家国情怀和爱国热情	专用机床、组合机床概念、特点及用途；叉架类零件结构特点及加工工艺要求；专用夹具设计要点及常用定位、夹紧方案及夹紧装置；夹紧力、定位误差分析计算	对叉架类零件的功用、结构特点、技术要求、毛坯种类有明确的认识。掌握拨叉加工的定位基准选择原则和方法。能够根据拨叉的具体结构制订合理的加工工艺路线，并能进行夹具设计分析

项目说明

叉架类零件分叉杆类和支架类，结构相对比较复杂，这类零件的结构形状多样，差别较大，但都是由支承部分、工作部分和连接部分组成，具有凸台、凹坑、铸(锻)造圆角、拔模斜度、螺纹等常见结构。本项目主要是确定叉架类零件的加工方法、步骤和工艺装备。通过本项目的学习，要达到能分析叉架类零件的工艺与技术要求；会拟定叉架类的加工工艺。要实现这些达成度，需要先完成如下任务。

任务一　专用机床及专用夹具简介

任务描述

叉杆类零件属于杂件，包括叉类和杆类，是叉架类零件中的一种类型。拨叉用于在机床变速箱中拨动滑移齿轮或离合器，铰链叉则用作机构的连接零件；杆类包括连杆和手柄，连杆用于机器或仪表中传递运动。叉架类零件加工批量大或结构特殊时，常用到专用机床和专用夹具。要加工图 4-1 所示的拨叉，应该用到哪些工艺装备和加工方法？

通过本任务的学习，了解叉架类加工的结构、特点及专用机床的用途。

任务实施

视 频

数控组合机床

一、认识专用机床及组合机床

专用机床是一种专门针对某特定零件或者某零件的特定工序加工的机床，可以单独设计使用，更是组成自动生产线生产制造系统中，不可缺的机床品种。

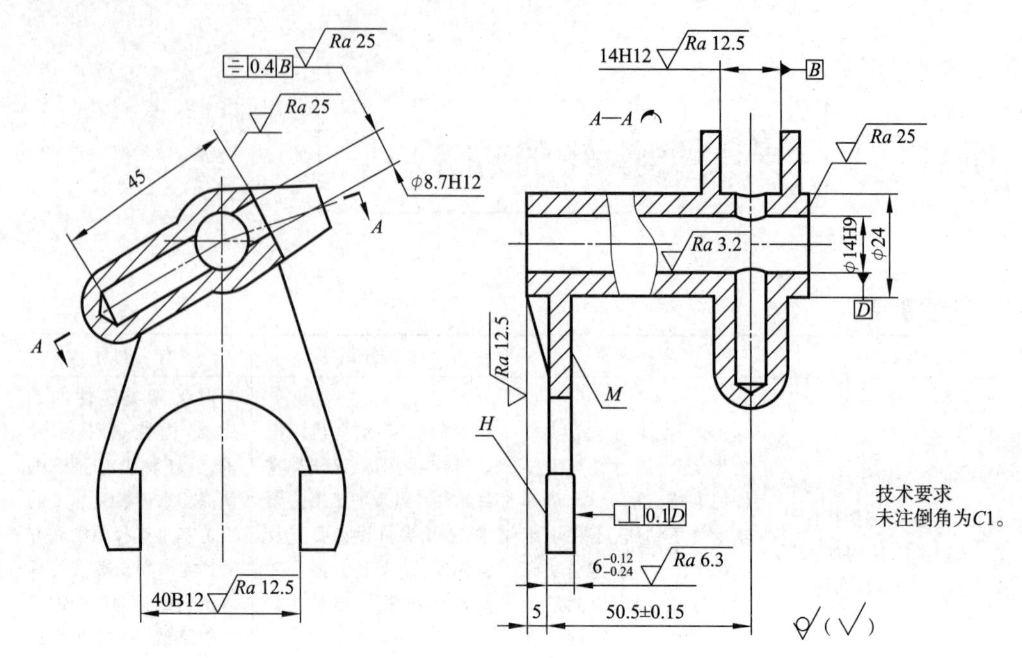

图 4-1 拨叉零件简图

专用机床一般采用多轴、多刀、多工序、多面或多工位同时加工的方式，生产效率比通用机床高几倍至几十倍，图 4-2 所示为加工刹车片的专用机床，专用机床加工叉架类零件，效率较高。组合机床是专用机床的一种，是由大量的通用部件和少量的专用部件构成的。最早的组合机床是 1911 年在美国制成的，用于加工汽车零件。初期，各机床制造厂都有各自的通用部件标准。为了提高不同制造厂的通用部件的互换性，便于用户使用和维修，1953 年美国福特汽车公司和通用汽车公司与美国机床制造厂协商，确定了组合机床通用部件标准化的原则，即严格规定各部件间的联系尺寸，但对部件结构未作规定。目前，通用部件已经标准化和系列化，可根据生产使用的需要灵活配置，大大缩短专用机床设计和制造周期。图 4-3 所示为立式组合机床，由底座、立柱、滑座、滑台、动力箱、主轴箱、夹具、回转工作台构成，除夹具和主轴箱外，其余均为通用部件。因此组合机床兼有低成本和高效率的优点，在大批、大量生产中得到广泛应用，并以自动生产线的方式呈现出来。

图 4-2 刹车片专用加工机床

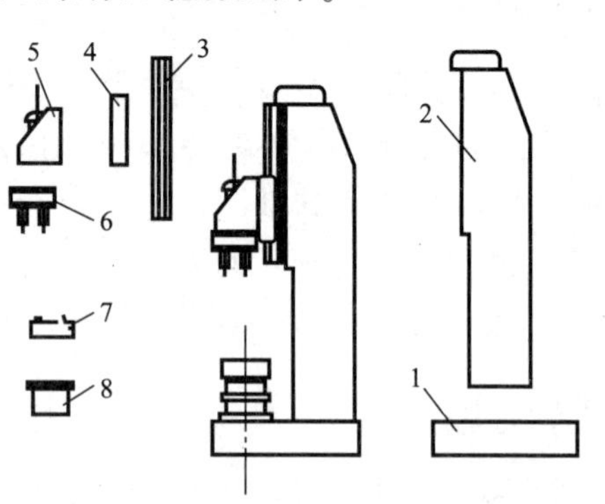

图 4-3 立式组合机床及其组成部件

1—底座；2—立柱；3—滑座；4—滑台；
5—动力箱；6—主轴箱；7—夹具；8—回转工作台

组合机床一般用于加工箱体类或特殊形状的零件。加工时,工件一般不旋转,由刀具的旋转运动和刀具与工件的相对进给运动,实现钻孔、扩孔、锪孔、铰孔、镗孔、铣削平面、切削内外螺纹以及加工外圆和端面等。有的组合机床采用车削头夹持工件使之旋转,由刀具作进给运动,也可实现某些回转体类零件(如飞轮、汽车后桥半轴等)的外圆和端面加工。

通用部件按功能可分为动力部件、支承部件、输送部件、控制部件和辅助部件五类。动力部件是为组合机床提供主运动和进给运动的部件。主要有动力箱、切削头和动力滑台。

支承部件是用以安装动力滑台、带有进给机构的切削头或夹具等的部件,有侧底座、中间底座、支架、可调支架、立柱和立柱底座等。输送部件是用以输送工件或主轴箱至加工工位的部件,主要有分度回转工作台、环形分度回转工作台、分度鼓轮和往复移动工作台等。控制部件是用以控制机床的自动工作循环的部件,有液压站、电气柜和操纵台等。辅助部件有润滑装置、冷却装置和排屑装置等。

组合机床的形式很多,根据工件的不同加工要求,采用各种结构的通用部件,就可以灵活地组成各种不同配置(布局)形式的组合机床。按照配置形式,组合机床可分为单工位组合机床和多工位组合机床两大类。单工位组合机床的特点是,工件只能在一个工位上进行加工,通常是用于加工一个或两个工件,特别适用于大、中型箱体件的加工。根据被加工工件的表面情况,单工位组合机床又有单面加工、双面加工、三面加工和四面加工等几种。卧式配置的组合机床,动力部件是沿水平方向运动的,这种组合机床多用于加工孔中心线与定位基准面平行而又需要由一面或几面同时加工的箱体件。动力部件沿竖直方向上下运动的配置形式,称为立式组合机床。立式组合机床适合加工定位基准面是水平的,而加工的孔与基准面相互垂直的工件。同时配置有沿水平方向和竖直方向运动动力部件的机床,称为复合式配置的组合机床。倾斜配置形式的组合机床主要用于加工倾斜表面。

多工位组合机床的特点是,工件能在几个工位上进行加工。需要多部位加工的中、小零件常用一台多工位组合机床完成工件的全部工序。由于多工位机床的工序集中程度和生产效率高,所以常常用于大批、大量生产中。在多工位组合机床上工件工位的变换,有用人工换装和机动变位两种方式。组合机床已经在汽车、柴油机、电动机、仪表、航空、冶金等行业得到广泛使用,组合机床最适宜于大批、大量生产部门,但在一些中、小批生产部门也已开始推广使用。为了使组合机床能在中小批量生产中得到应用,往往需要应用成组技术,把结构和工艺相似的零件集中在一台组合机床上加工,以提高机床的利用率。这类机床常见的有两种,可换主轴箱式组合机床和转塔式组合机床。

组合机床未来的发展将更多地采用调速电动机和滚珠丝杠等传动,以简化结构、缩短生产节拍;采用数字控制系统和主轴箱、夹具自动更换系统,以提高工艺可调性;以及纳入柔性制造系统等。随着综合自动技术的发展,组合机床可完成的工艺范围也在不断扩大,除了上述工艺外,还可完成车外圆、车锥面、车弧面、切削内外螺纹、滚压孔、拉削内外圆柱面和平面、磨削、抛光、珩磨,甚至还可以进行冲压、焊接、热处理、装配、自动测量和检查等。

二、认识专用夹具

专用夹具就是指生产制作某产品或其中某一零件而设计的夹具,用来保证产品尺寸精度,例如焊接夹具、检验夹具、装配夹具、机床夹具等,其中机床夹具较为常见,常简称为夹具。在机床上加工工件时,为使工件的表面能达到图纸规定的尺寸、几何形状以及与其他表面的相互位置精度等技术要求，为某种产品零件在某道工序上的装夹需要，而专门设计制造的，服务对象专一，针对性很强，一般由产品制造厂自行设计，不可以与其他混用，具有独特性，而且加工前必须将工件装好(定位)、夹牢(夹紧)。此类夹具只适用于该产品或零件的定位和压紧，不能通用。图4-4所示为加工连杆的专用夹具，它是由夹具体、圆柱销、削边销、对刀块和定向键等构成的，方便在铣床上快速找正工件，进行安装，然后加工，专用夹具是一种提高效率和解决定位难题的工艺装备。

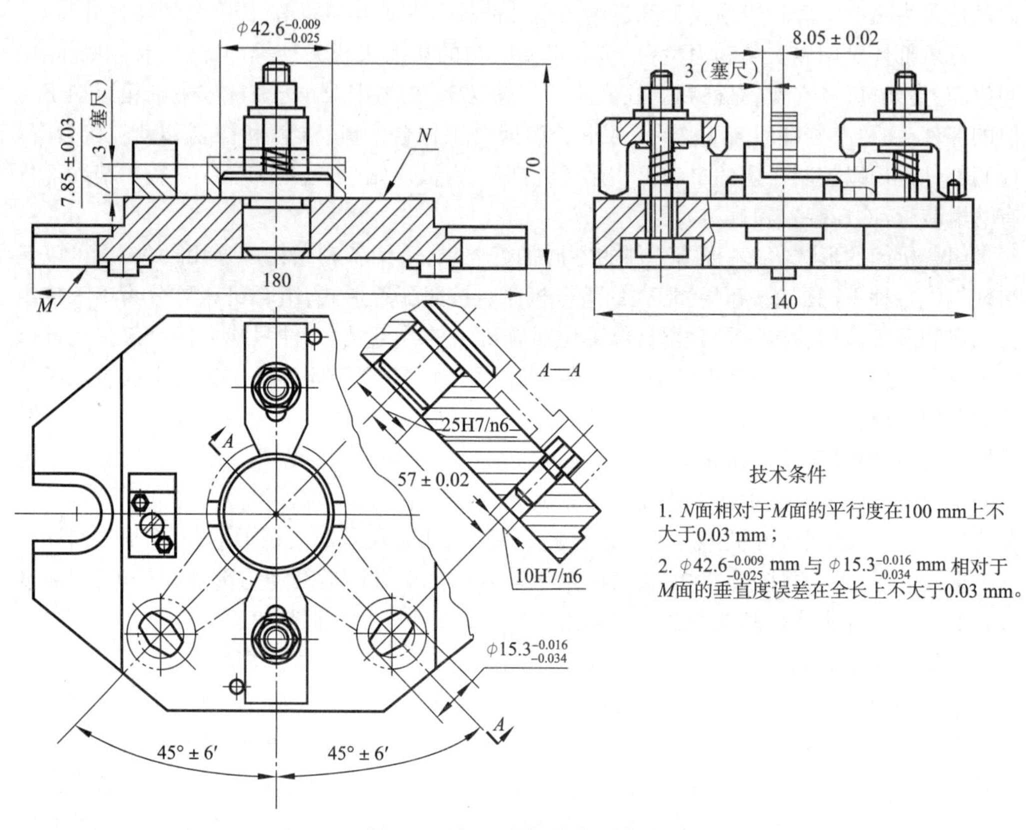

图4-4　加工连杆的专用夹具

组合夹具是专用夹具中的一种，是采用标准的组合元件、部件，专为某一工件的某道工序组装的夹具。它是一套由各种不同形状、规格和用途的标准化元件和部件组成的机床夹具系统。使用时按照工件的加工要求可从中选择适用的元件和部件，以搭积木的方式组装成各种专用夹具，使用过后又可拆卸、清洗，供下次另行组装使用。组合夹具的应用范围很广，不受工件形状的限制，特别适用于新产品试制和产品经常更换的单件、小批生产以及临时的加工任务。组合夹具适用于各机械制造部门等制造行业。特别是在军工、航空中应用组合夹具均取得明显的技术经济效果。可大幅度缩短生产准备周期。

组合夹具可使同样夹具的生产周期缩短约90%。使用组合夹具后，减少了专用夹具的成本，降低了产品的制造成本。减少了夹具的库存面积。组合夹具的库存面积为一常数，易于管理。组合夹具的外形尺寸较大，结构较笨重，刚度也相对较低，尤其在数控机床加工中用得较多。组合夹具系统是20世纪40年代开始在机床夹具零部件系列化、标准化和通用化的基础上发展起来的。按照夹具元件间连接定位的基准不同，分为槽系、孔系和孔槽结合系。槽系夹具在20世纪60年代就开始推广使用，所以使用范围较为广泛。我国目前生产和使用的多是槽系组合夹具。

组合夹具元件按其使用性能分成基础件、支承件、定位件、导向件、压紧件、紧固件、其他件和合件八大类。其中基础件是组合夹具中最大的元件,通常作为组合夹具的基体,通过它将其他各种元件组装成一套完整的夹具。支承件是组合夹具中的骨架元件,它把其他元件与基础件连成一体。定位件用于工件的正确定位,保证夹具中各元件的使用精度和刚度的定位。导向件主要用于确定刀具与工件的相对位置,有的导向件可作定位用,也可作为组合夹具系统中移动件的导向。夹紧件用于将工件压紧在夹具上,保证工件定位后的正确位置,也可作垫板和挡块用。紧固件用于连接组合夹具中各种元件及紧固工件。其他件是在夹具中起辅助作用的元件。合件是由若干零件装配而成,在组装过程中不拆散使用的独立部件。合件按用途可分为定位合件、导向合件、分度合件以及必需的专用工具。图 4-5 所示为基础件,图 4-6 所示为支承件。

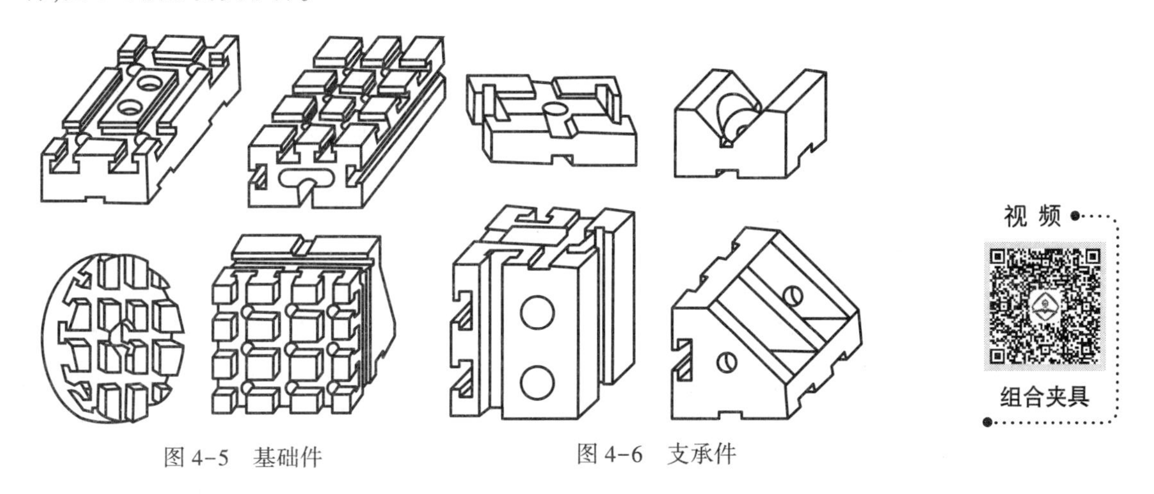

图 4-5　基础件　　　图 4-6　支承件

任务二　拨叉的加工工艺设计

任务描述

通过本任务的学习,了解叉架类零件的结构特点及加工方法,编制拨叉的加工工艺。完成图 4-1 所示拨叉的加工工艺编制。

任务实施

拟定加工工艺

叉架类零件包括叉杆类和支架类两种,图 4-7 所示为支架、连杆、拨叉、摇臂,都属于叉架类零件。其功能是通过它们的摆动或移动,实现机构的各种不同动作,如离合器的开合,快慢挡速度的变换、气门的开关和连接件运动等,主要起操纵(拨动)、连接、支承等作用。叉架类零件一般由三部分构成:支承部分、工作部分和连接部分。支承部分和工作部分细部结构较多,如圆孔、螺孔、油槽、油孔、凸台和凹坑等。连接部分多为肋板结构,且形状弯曲、扭斜的较多。

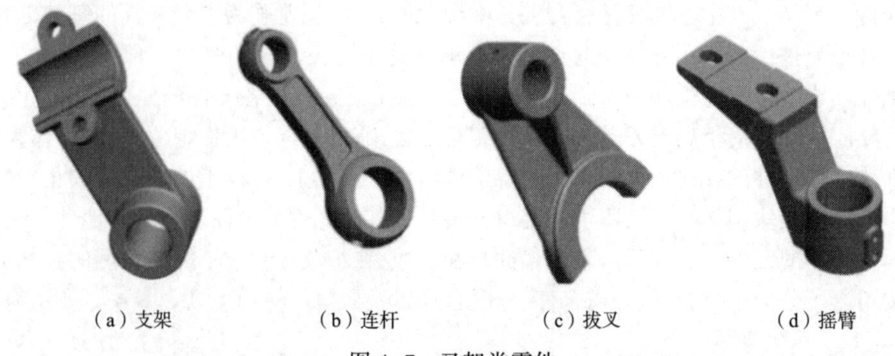
(a)支架　(b)连杆　(c)拨叉　(d)摇臂

图 4-7　叉架类零件

(一)分析叉架类的结构和技术要求

图 4-1 所示为某变速器中的拨叉,从结构上看,属于叉杆类零件中的叉类零件,工件材料为 35 钢,生产纲领为中批生产。叉类零件是形如 Y 或其变形的零件,是机器中常用的零件,主要应用在变速机构、操纵机构中。叉类零件的结构形状多样,差别较大,结构较复杂,精度要求较高,需经多道工序加工。

叉架类零件一般主要技术要求项目有:

(1)基准孔的尺寸精度为 IT9~IT7 级,形状精度一般控制在孔径公差之内,表面粗糙度值为 *Ra*3.2~0.8 μm。

(2)工作表面对基准孔的相对位置精度(如垂直度等)为 0.05~0.15 mm/100 mm,工作表面的尺寸精度为 IT10~IT5 级,表面粗糙度值为 *Ra*6.3~1.6 μm。

(二)明确毛坯状况

叉架类零件的材料多为铸件或锻件。常用材料为 20 钢、35 钢、灰铸铁或可锻铸铁;近年来采用球墨铸铁代替钢材,大大降低了材料消耗和毛坯制造成本。

叉架毛坯在单件小批生产时,可以采用焊接成形、自由锻或木模铸造。

大批量生产时,一般采用模锻或金属模铸造。

具有半圆孔的叉架类零件,可将其毛坯两件连在一起铸造,也可单件铸造。

铸件在毛坯铸造、焊接成形后需进行退火处理。

用中碳钢制造的重要叉架零件,如内燃机的连杆、气门摇臂等,应进行调质或正火处理,以使材料具有良好的综合力学性能和机械加工性能。

本例中的毛坯选择锻造毛坯。

(三)拟定工艺路线

拨叉批量加工的工艺过程,因拨叉的结构形状、要求的精度等级,以及生产条件的不同而采用不同的方案,但是主要加工表面为叉口和槽及工作面。

1. 确定加工方案

变速器中拨叉的叉口两内侧面有加工要求,叉口两侧面为工作表面,壁薄,刚性差,易变形。拨叉内孔尺寸、形状精度要求较高,且为深孔加工,一般采用钻、扩、铰或钻、镗方案,多种拨叉的成组加工,更多采用钻、拉方案。钻孔常在车床上进行,工件回转,且首先加工端面,可防止钻头产生偏移。

叉脚两侧面对ϕ14 mm 的孔有较高的垂直度要求，表面粗糙度值较小；而且叉脚处刚性较差，易变形，应分粗、精铣两次加工完成，且粗、精铣分开，并在精铣之前将基准内孔精拉修正以提高加工精度。

2. 选择定位基准

1）粗基准的选择

选择基准孔ϕ14H9 的外圆ϕ24 作为粗基准，可保证不加工的外圆与内孔壁厚均匀。选择叉脚H 面为粗基准限制移动自由度，可使不加工的叉脚面(厚度为 5 mm)与叉脚加工面两侧对称。

2）精基准的选择

内孔ϕ14H9 是拨叉零件的设计基准和装配基准，应选择内孔为精基准，限制四个自由度，符合基准重合原则。

拨叉零件结构复杂，壁薄刚性差，加工面多，选择左端面限制移动自由度，符合基准统一原则，且定位可靠，操作简单方便。

3. 加工顺序的安排

遵循加工分阶段粗、精加工分开的原则（原因是零件结构复杂、壁厚不均）。成批生产以工序分散较为有利，使工件在各工序之间能充分变形，以确保各表面相互位置精度。

（四）设计工序尺寸、选择加工设备及工艺装备、填写工艺卡片（见表 4-1）

表 4-1　拨叉加工工艺（中批量）

工序号	工种	工序内容	工序简图	设备
10	下料	铸造，清砂	铸造件	
20	热处理	退火		
30	整形	整形，上底漆		
40	检	检验		
50	车	车孔左端面，钻孔至ϕ13.5 mm	4	数控车床 CK6140
60	拉	拉孔	4	拉床 L6110

续上表

工序号	工种	工序内容	工序简图	设备
70	车	车孔右端面	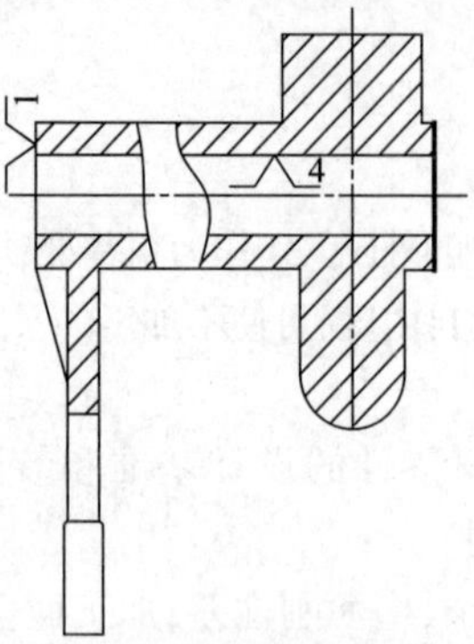	数控车床 CK6140
80		校正		
90	铣	粗铣叉脚两侧面	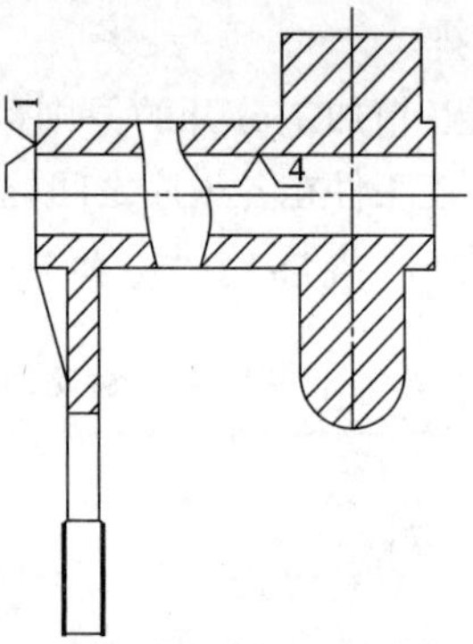	铣床 X62
100	铣	铣叉脚内侧面 40B12	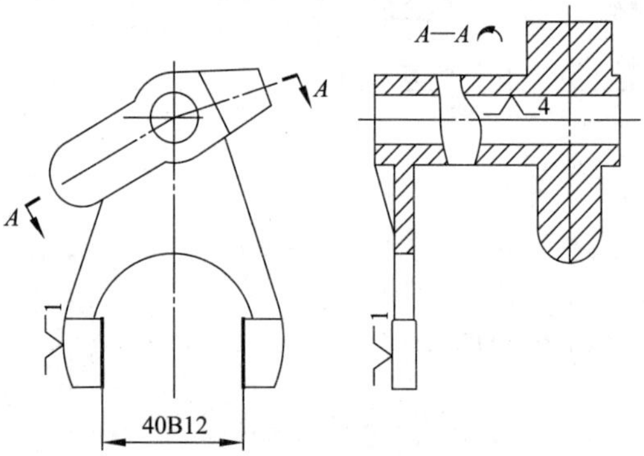 A—A 40B12	铣床 X62
110	铣	铣槽 14H12	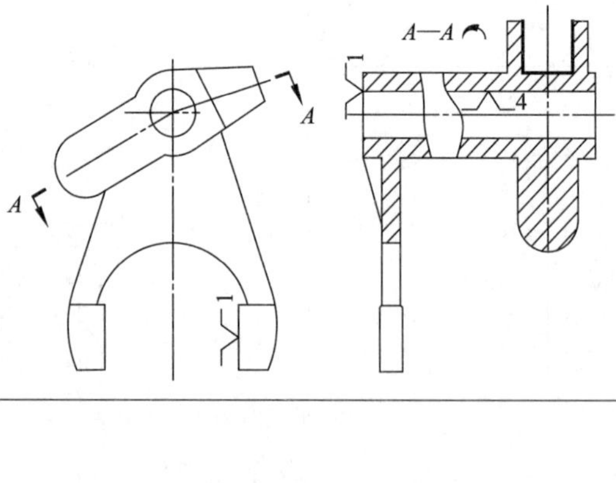 A—A	铣床 X62

续上表

工序号	工种	工序内容	工序简图	设备
120	钻	钻小孔ϕ8.7 mm	Ra 25; ⌯ 0.4 B; ϕ8.7H12; A; A; 4; 1	钻床 Z5163A
130	拉	精拉孔	4	拉床 L6110
140		校正		

任务拓展

连杆涨断加工工艺

连杆大头是由连杆体和瓦盖组成的,两者之间需要非常高的精度才能保证正常工作。传统的连杆多采用分体加工,都会产生一些误差。而涨断连杆在加工之前瓦盖和连杆是一个整体,精加工之后才会将其强行分开。这个“分开”的过程其实就是“涨断”,连杆大头内圆加工完成之后,用激光在需要断开的位置蚀刻出一道很浅的伤痕,然后由内向外用机械设备给连杆大头施加一个强大的膨胀力,此时连杆瓦盖就会从事先已经蚀刻好的位置断开。涨断连杆瓦盖和连杆体的接触面是非常粗糙的,它是涨断时自然形成的断面。这种断面的形状独一无二,所以不同连杆的瓦盖是不能互换使用的。传统的采用分体加工工艺是用铣、拉、磨等方法分别加工连杆体和连杆盖的结合面;粗加工及半精加工连杆体、大头孔、小头孔;精加工连杆盖的定位销孔及连杆体的螺栓孔;装配连杆体与连杆盖,精加工大头孔和小头孔。而连杆涨断加工技术的工艺流程是:

(1)将整体锻造的连杆粗加工后,加工螺栓孔。

(2)在连杆毛坯大头孔的内侧人为加工出两条对称的预制裂纹槽(又称应力槽),形成宏观裂纹缺口,成为初始断裂源。

(3)利用材料对缺口显著的敏感性,使连杆在预制裂纹槽根部形成高度应力集中,然后由楔形铁向下推动胀套在连杆大、小头孔中心连线的轴线方向产生压力,使预制裂纹槽启裂并快速扩展,在几乎不发生塑性变形的情况下达到连杆本体与连杆盖分离的目的。

(4)由于缺口处规则断裂,断裂面呈现犬牙交错的特征,利用断裂面的相互啮合进行定位,装配螺栓后再精加工大、小头孔,完成其他与传统工艺相同的后续加工工序。

连杆涨断技术的原理是基于断裂力学和应力集中理论,无须传统加工的切断、结合面的拉削与磨削等工艺不再加工定位销孔,省去了螺栓孔的铰、镗等精加工。因此,具有加工工序少、节省加工设备、节能、节材、产品质量高、生产成本低、拆装方便等优点,同时还可以减少占地面积、减少废品率等。

涨断式连杆的优点:一是精度高,可以看到正常组合起来的连杆和瓦盖之间是没有任何缝隙的,就像是一个整体;二是抗横向剪切能力强,由于粗糙的断面之间结合严密,只要螺栓不松动,理论上来讲瓦盖是很难产生横向移动的,非常适合大排量大马力发动机使用。连杆涨断加工工艺,使连杆制造加工的最新技术在国内得以实施、应用和推广,以改变我国目前仍沿用的传统加工工艺与方法,替代进口,并可节省大量外汇。

由于连杆涨断后,断裂分离面凸凹不平,增大了结合面的面积,同时可以保证大头孔具有较高的圆度,增强连杆的承载能力和抗剪切能力,装配质量提高,对提高发动机整体生产技术水平具有重要作用。

任务三　专用夹具设计

任务描述

通过本任务的学习,了解专用夹具的设计流程及夹紧方案。

任务实施

一、工件的定位方法

(一)工件以平面在支承上定位

工件以平面作为定位基准,是生产中常见的定位方法之一,在分析和设计定位方案时,应根据定位基准面与定位元件工作表面接触面积的大小、长短或接触形式,判断定位元件所相当的支承点数目及其所限制工件的自由度。

当接触面积较大时,相当于三个支承点,限制工件三个自由度。

窄长的接触面,相当于两个支承点,限制工件两个自由度。

当接触面积较小时,只相当于一个支承点,限制工件一个自由度。

工件以平面定位时,常用的定位元件有固定支承、可调节支承、浮动支承和辅助支承等。除辅助支承外,其余的支承均对工件起定位作用。

(二)工件以圆柱孔在支承上定位

在生产中以圆柱孔定位的零件很多,如连杆、套、盘以及一些壳体类零件等。常用的定位元件是定位销和定位心轴。

(三)工件以圆柱面在支承上定位

以圆柱面定位的工件有:轴类、套类、盘类、连杆类以及壳体类等。常用定位元件有套筒、半圆孔、V形块等。

二、定位误差的分析计算

(一)定位误差产生的原因及类型

1. 定位误差产生的原因

工件按六点定位规则并选择相应的定位元件定位后,它在夹具中的位置就已被确定,即解决了工件在夹具中位置"定与不定"的问题。但是能否满足加工精度要求,还需要进一步讨论影响加工精度的因素,如夹具在机床上的装夹误差,工件在夹具中的装夹误差,机床的调整误差,工艺系统的弹性变形和热变形误差、机床与刀具的制造误差和磨损误差都会影响加工精度,为了保证加工质量,应满足

$$e_Z \leqslant T \tag{4-1}$$

式中,e_Z 表示各种因素的误差总和;T 表示工件的被加工尺寸误差。

将其进行分解为夹具设计有关的定位方法所引起的误差,用e_D 表示,其他因素引起的误差总和用 ω 表示,可用经济精度查表确定,则

$$e_D + \omega \leqslant T \tag{4-2}$$

当用调整法加工一批工件时,工件是通过机床夹具固定在机床上的,当一批工件逐个在夹具中定位时,会遇到工件的定位基准与工序基准不重合的情况,以及定位基准与定位元件工作表面本身存在的制造误差,这两种情况的出现都会引起工件的工序基准偏离理想位置,导致加工后各工件的工序尺寸不会完全一致,从而形成误差。这种由工件定位引起的加工误差称为定位误差,即e_D。

产生定位误差的原因就是一批工件定位时由定位引起工件的工序基准在工序尺寸(加工尺寸)方向上发生了变动,因此定位误差就是工序基准在加工尺寸方向上的最大变动量。

在工件的加工过程中,产生加工误差的因素很多,定位误差仅是加工误差的一部分,为了保证工件的加工精度,一般规定定位误差不得超过工件公差的 1/5~1/3,即

$$e_D \leqslant \left(\frac{1}{5} \sim \frac{1}{3}\right) T \tag{4-3}$$

2. 定位误差的类型

1)基准不重合误差

由于工件的定位基准和工序基准不重合而造成的工序基准在工序尺寸方向上的最大位置变动量,称为基准不重合误差,以e_B 表示。

如图 4-8(a)所示,工序基准为 D 面,而定位基准为 E 面,基准不重合,两种基准之间的联系尺寸 A 的误差会引起定位误差,产生基准不重合误差,最大为 δ_a。如果将定位方案改为4-8(b)所示的情况,则工序尺寸 A 的工序基准和定位基准均为 D 面,两种基准之间的联系尺寸为零,即基准重合,因此基准不重合误差为零。

因此得出一个基本结论:工件定位中应尽量使工序基准和定位基准重合,以消除基准不重合误差。

当设计基准的变动方向与加工尺寸的方向相同时,基准不重合误差就等于定位基准与设计基准之间距离尺寸的公差 δ_i;当设计基准的变动方向与加工尺寸的方向有一夹角 β 时,则

$$e_B = \delta_i \cos \beta_i \tag{4-4}$$

当设计基准与加工尺寸之间为几个相关尺寸的组合,此时应将各关联尺寸的尺寸公差在工序尺寸方向上投影取和,即

$$e_B = \sum_{i=1}^{n} \delta_i \cos \beta_i \tag{4-5}$$

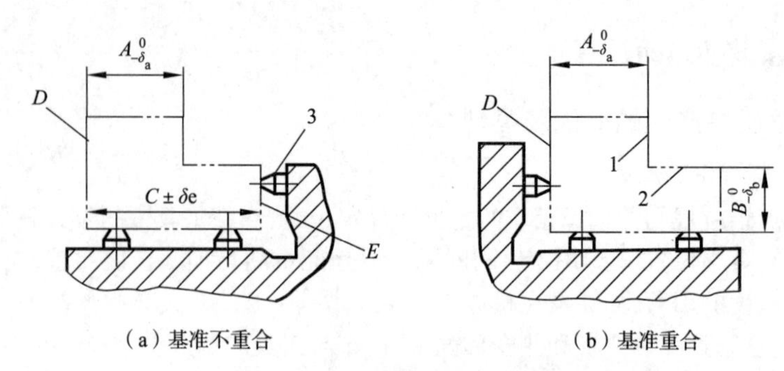

图 4-8　基准重合与不重合形式

式中，δ_i 表示各关联尺寸的公差；β_i 表示各关联尺寸 δ_i 与加工方向的夹角。

2)基准位移误差

由于定位基准(定位基面)和定位元件的制造误差或定位副的配合间隙造成定位基准在工序尺寸方向上最大位置变动量，称为基准位移误差，以e_Y 表示。

不同的定位方式，基准位移误差的计算方法不同。

下面分析几种典型单一表面定位时的基准位移误差。

(二)典型的基准位移误差分析

1. 平面支承定位

工件以加工过的精基准(面)在平面支承中定位时，其基准位移误差可忽略不计，如上例中可以认为定位基准 D、E 的位置在工序尺寸方向上没有任何变动的可能，因此，工序尺寸的基准位移误差为零。

2. 圆孔表面定位时的基准位移误差

圆孔表面定位的方式主要是定心定位，常用的定位元件为各种定位销及心轴，定位基准为工件圆孔中心线。

如果一批工件内孔直径及定位销制造得完全一致，且两者无间隙配合，即孔的中心线(定位基准)与定位销的中心线位置重合，则定位基准相对定位销的中心线不会发生位置变动，也不会产生基准位移误差。但实际上，一批工件的内孔尺寸不可能制造得完全一致，而且工件内孔与定位销也不是无间隙配合，因此，孔和销的中心线不会时时重合，从而就会产生基准位移误差。

圆孔表面定位时，定位元件是圆柱销，圆柱销有两种特殊的放置位置(也是常见的位置)：一为圆柱销水平放置；二为圆柱销垂直放置。两种放置方式下的基准位移误差计算方法如下：

圆柱销水平放置时的基准位移误差计算：

可能的最大位移量就是出现最大配合间隙的时候，此即是基准位移误差

$$e_Y=D_{max}-d_{min}=X_{max}=\delta_D+\delta_d+X_{min} \tag{4-6}$$

圆柱销垂直放置时的基准位移误差计算：

基准位移误差是单向的，这时基准位移误差为

$$e_Y=\frac{1}{2}(D_{max}-d_{min})=\frac{1}{2}X_{max}=\frac{1}{2}(\delta_D+\delta_d+X_{min}) \tag{4-7}$$

某些情况下，工件孔与夹具定位销保持固定边接触，此时孔心在接触点与销子中心连线方向上的最大变动量为孔径公差的一半。

若工件的定位基准仍为孔心，且工序尺寸方向与接触点和销子中心连线方向相同，则其定位误差为

$$e_{Y}=\frac{1}{2}(D_{max}-D_{min})=\frac{1}{2}T_{D} \tag{4-8}$$

此时,孔在销上的定位已由定心定位转化为支承定位的形式,定位基准也由孔心变成了与定位销固定边接触的一条母线。这种情况下,定位误差是由于定位基准与工序基准不重合所造成的,属于基准不重合误差,与定位销直径无关。

当工件用长心轴定位时,定位副的配合间隙还可能会使工件发生歪斜,并影响工件的平行度要求。如图4-9所示,工件除了孔距公差外,还有平行度要求,定位配合的最大间隙同时会造成平行度误差,即

$$e_{Y}=\frac{L_1}{L_2}(\delta_{D}+\delta_{d}+X_{min}) \tag{4-9}$$

式中,L_2 为定位面长度;L_1 为加工面长度。

3)圆柱表面定位时的基准位移误差

圆柱表面定位的方式也是定心定位,常用的定位元件为定位套、V形块等,定位基准为工件圆柱表面中心线。用定位套定位的基准位移误差产生的原因,与上述圆孔定位相同。

以外圆定位时的定位误差计算。一般是V形块定位,如图4-10所示。V形块支承面夹角为 α。工序尺寸以 H_1 标注,其定位误差为

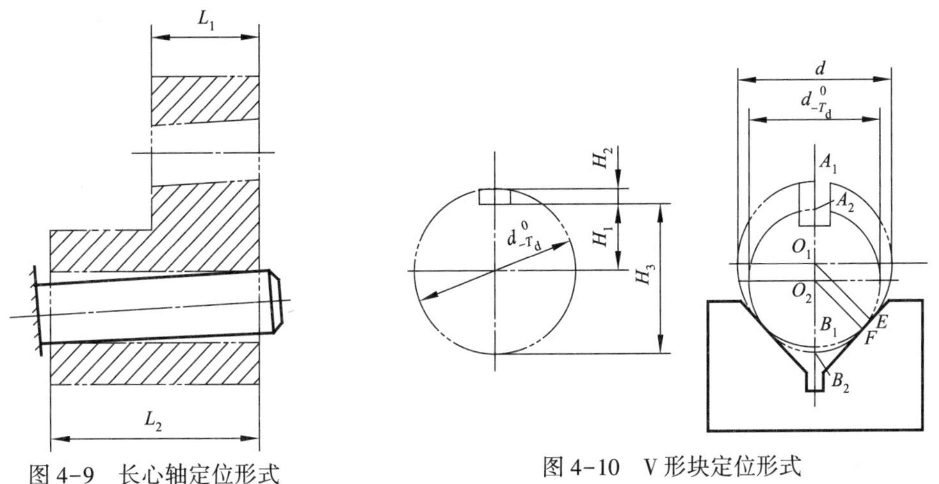

图4-9　长心轴定位形式　　图4-10　V形块定位形式

$$e_{D}=O_1O_2=\frac{1}{2}(d_{max}-d_{min})/\sin\left(\frac{\alpha}{2}\right)=\frac{T_{d}}{2\sin\frac{\alpha}{2}} \tag{4-10}$$

工序尺寸以 H_2 标注,其定位误差为

$$e_{D}=A_1A_2=O_1A_1+O_1O_2-O_2A_2=\frac{T_{d}}{2}\left(\frac{1}{\sin\frac{\alpha}{2}}+1\right) \tag{4-11}$$

工序尺寸以 H_3 标注,其定位误差为

$$e_{D}=B_1B_2=O_2B_2+O_1O_2-O_1B_1=\frac{T_{d}}{2}\left(\frac{1}{\sin\frac{\alpha}{2}}-1\right) \tag{4-12}$$

(三)定位误差的计算

(1)定位误差只在采用调整法加工一批工件的条件下才会产生,若一批工件逐个按试切法加工,则不会产生定位误差。

(2)定位误差由基准不重合误差 e_B 和基准位移误差 e_Y 两部分组合而成,这两种误差都可能导致工序基准发生变动,但并不是在任何情况下这两种误差都存在。当定位基准与工序基准重合时,则 $e_B=0$;当定位基准无位移时,$e_Y=0$。

(3)当两者都不等于零时,定位误差可采用如下两种方法计算:

①极限位置法。画出一批工件在定位时可能引起工序基准变化的两个极限位置,根据几何关系求出这两个位置的距离,将其投影到工序尺寸方向(加工尺寸方向)上,即可求出定位误差。此方法相对烦琐,应用不多。

②单项计算合成法。如果设计基准不在定位基面上,即基准位移误差和基准不重合误差不相关,则

$$e_D=e_B+e_Y \tag{4-13}$$

如果设计基准在定位基面上,即其准位移误差和基准不重合误差相关,则

$$e_D=e_B\pm e_Y \tag{4-14}$$

上式中"+""-"的判断方法如下:

首先分析定位基面尺寸由大变小(或由小变大)时,定位基准的变动方向。

其次设定位基准不动,当定位尺寸做同样的变化时,分析设计基准(工序基准)的变动方向。

最后两者变化方向相同时取"+"号,变化方向相反时取"-"号。

【例 4-1】 在套筒零件上铣槽,如图 4-11(a)所示,要求保证尺寸 $10_{-0.08}^{\ 0}$ mm、$8_{-0.12}^{\ 0}$ mm,其他尺寸已在前工序完成。若采用图 4-11(b)所示的定位方案,孔与销子配合按 H7/g6,能否保证加工精度要求?若不能满足要求,应如何改进?

解

(1)求解尺寸 8 的定位误差和加工总误差:

首先确定三个基准:

工序基准:ϕ40 mm 外圆的上母线;定位基准:ϕ25 mm 孔的中心线;限位基准:ϕ25g6 销的中心线(此销水平放置)。

分别求解e_B 和e_Y:由于销子水平放置,查销子的公差为ϕ25g6($_{-0.020}^{-0.007}$)。

因此$e_Y=(D_{max}-d_{min})/2=(0.021+0.02)/2=0.021$(mm)。

由于工序基准与定位基准不重合,因此其为

$$e_B=\frac{T_{d_1}}{2}=\frac{0-(-0.06)}{2}=0.03\ (\text{mm})$$

在铣床上加工,平均经济精度为 10 级,查表得 $\omega=0.05$ mm。

$e_Z=\omega+e_Y+e_B=0.05+0.021+0.03=0.101<T_8=0.12$,因此 8 的尺寸能保证。

(2)求解尺寸 10 的定位误差和加工总误差:

首先确定三个基准:

工序基准:ϕ30 mm 内孔的左端面;定位基准:ϕ40 mm 外圆的左端面;限位基准:与ϕ40 mm 外圆的左端面重合的平面。

分别求解 $e_B(10)$和 $e_Y(10)$,以平面定位,因此基准位移误差 $e_Y(10)=0$,基准不重合误差 $e_B(10)=0.15+0.2=0.35$;

$e_Z(10)=\omega+e_Y+e_B=0.05+0.35+0=0.4>T_{10}=0.08$,因此 10 的尺寸不能保证。可采用图 4-11(c)所示的定位方案改进,此时销子与孔的配合仍采用 H7/g6,则销子公差带为 $\phi30_{-0.020}^{-0.007}$,此时 $e_B(8)=0.03$ mm;$e_Y(8)=(0.03-(-0.02))/2=0.025$(mm)。

$$e_Z=0.03+0.025+0.05=0.105<T_8=0.12\ \text{mm}。$$

$$e_B(10)=0;e_Y(10)=0;e_Z=0+0.05=0.05<T_{10}=0.08\ \text{mm}。$$

故都能满足要求。

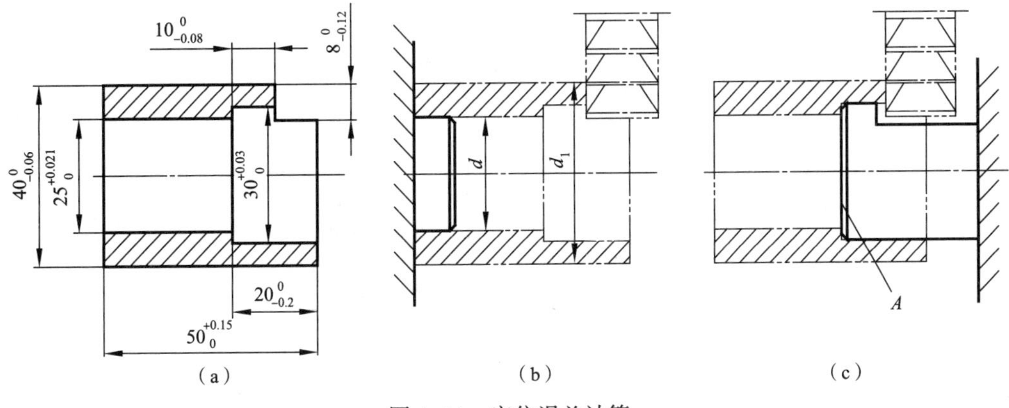

图 4-11　定位误差计算

三、夹紧力的工作原理

(一)夹紧装置的组成

根据力源不同可分为手动和机动夹紧装置。

手动夹紧的力源来自人力,使用时效率较低,但夹具的成本也较低。

机动夹紧装置通常在大批量生产中使用,它一般由三部分组成:动力源装置(通常指机动夹紧装置中产生夹紧作用力的装置,常用的有气动、液压和电动等动力装置)、传力机构(是将动力装置产生的原动力传递给夹紧元件的机构。传力机构的作用是:改变夹紧力的方向和大小;具有自锁性能)、夹紧元件(是夹紧装置的最终执行元件,直接作用在工件上完成夹紧作用)。

(二)夹紧装置的设计要求

夹紧装置设计得合理与否,对保证工件的加工质量,缩短工件安装辅助时间,降低工人的劳动强度等都有直接影响。因此对夹紧装置提出如下设计要求。

(1)夹紧过程中,既不应破坏工件的定位,又要有足够的夹紧力,同时又不应使工件产生加工精度所不允许的夹紧变形,不允许产生振动和损伤工件已加工表面。

(2)夹紧动作迅速,操作方便、安全、省力。

(3)手动夹紧机构要有可靠的自锁性能;机动夹紧装置要统筹考虑其自锁性和产生稳定的原动力。

(4)夹紧装置的复杂程度和自动化水平要与生产纲领相适应,在保证工件加工质量的前提下,其结构应力求简单,便于制造、维修,工艺性要好;操作方便、省力,使用性能好。

(三)确定夹紧力的基本原则

确定夹紧力包括正确地选择夹紧力的方向、作用点及夹紧力的大小。

1. 夹紧力方向的确定

确定夹紧力的方向必须遵守以下准则:夹紧力的作用方向不应破坏工件的定位;夹紧

力作用方向应使工件的夹紧变形尽量小，例如，图 4-12(a)所示的薄壁套筒图，用三爪卡盘径向力夹紧，会使工件变形，图 4-12(b)将径向力改为轴向力，工件不易变形；夹紧力作用方向应使所需夹紧力尽可能小，例如，图 4-13 中，图(a)、(b)主要定位元件水平向上，重力正对主要定位表面，使工件装夹稳定可靠，图 4-13(a)需要的夹紧力最小，图 4-13(b)次之，图 4-13(c)、图 4-13(d)、4-13(e)情况较差，图 4-13(f)最差，不方便装夹，夹紧力也大。

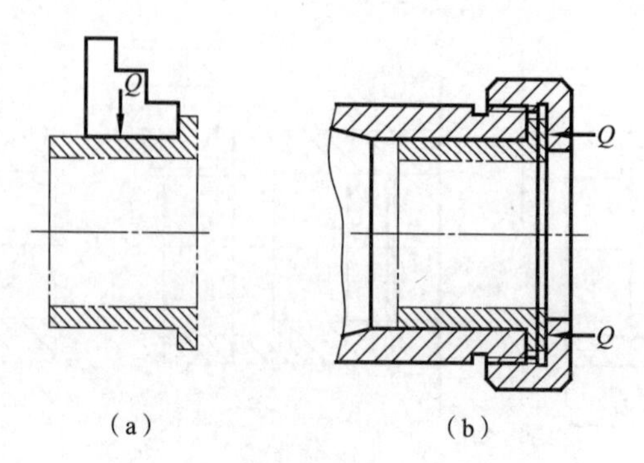

图 4-12　薄壁套筒的夹紧力方向

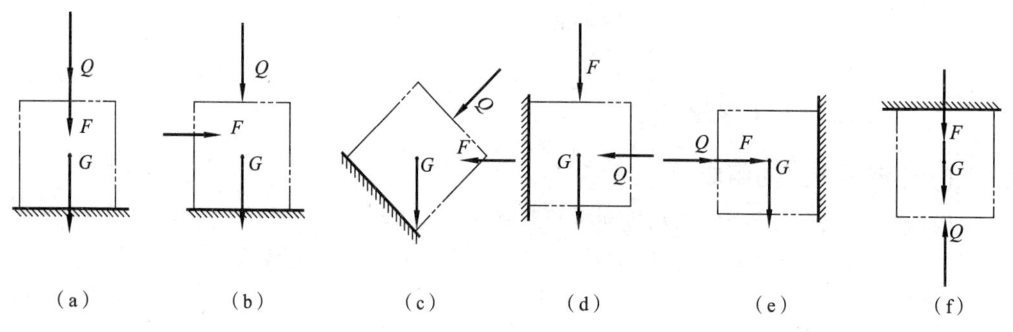

图 4-13　夹紧力大小与方向

为了使定位可靠，如果工件较大，切削力也较大，工件用几个表面作为定位基准时，各朝向均要有夹紧力，如果工件小，切削力也小，只在垂直于主要定位面方向有夹紧力，保证主要定位面与定位元件之间有较大的接触面积，即可保证定位可靠。

2. 选择夹紧力作用点的原则

夹紧力作用点是指夹紧元件与工件接触的一小块面积。选择夹紧力作用点的问题是在夹紧力方向已经确定的情况下，确定夹紧力作用点的位置和数目，其目的是使工件达到最佳夹紧状态。夹紧力作用点必须作用在定位元件的支承表面上或作用在几个定位元件所形成的稳定受力区域内；夹紧力作用点应作用在工件刚性较好的部位上；夹紧力的作用点应适当靠近加工表面，如图 4-14 所示，有时便于加工，也可在对着切削力的方向放置一支承钉，只用于承受力。而不参与定位，如图 4-15 所示。

3. 夹紧力大小的估算

当夹紧力的方向和作用点确定之后，就应确定所需夹紧力的大小。夹紧力的大小对于保证定位稳定、夹紧可靠、确定夹紧装置的尺寸等有着密切的关系。

在实际设计工作中，夹紧力的大小可根据同类夹具的实际使用情况，用估算法、类比法和试验法确定所需的夹紧力。当采用估算法确定夹紧力的大小时，通常将夹具和工件视为刚性系统，找出在加工过程中对夹紧最不利的瞬时状态，然后根据该状态下的工件所受的主要外力即切削力和理论夹紧力（大型工件要考虑工件的重力，高速运动下的工件要考虑离心力或惯性力），按静力平衡条件解出所需理论夹紧力 F'，再乘以安全系数作为实际所需夹紧力，以确保安全，即

$$F=kF' \tag{4-15}$$

一般 k 取 1.5~3，粗加工 k 取 2.5~3，精加工 k 取 1.5~2。

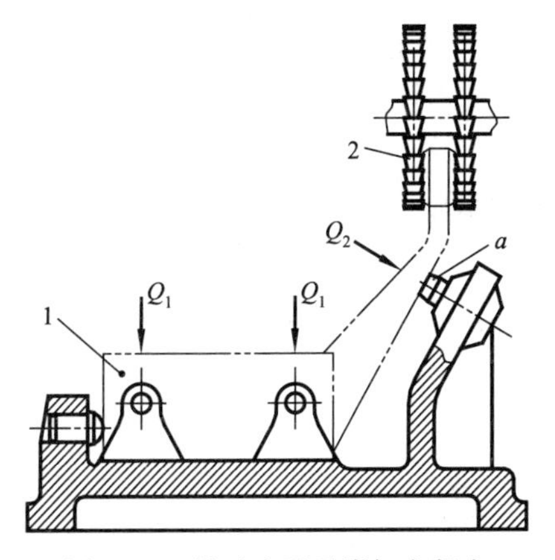

图 4-14　辅助支承及附加夹紧力

1—工件；2—铣刀

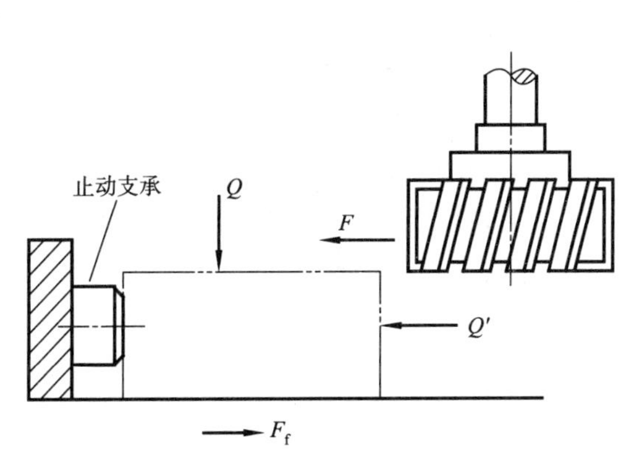

图 4-15　止动支承的设置

四、拨叉某工序的夹具设计

拨叉结构形状复杂，刚性差，易变形且加工精度要求较高，需采用专用夹具进行加工。常见的有车床夹具、钻床夹具和铣床夹具等，本节仅介绍车床夹具设计要点。

车床专用夹具的分类：

(一)安装在车床主轴上的专用夹具

动画

钻床夹具

1. 心轴类车床夹具

该类夹具多用于工件以内孔为定位基准，加工外圆柱面的情况。心轴以莫氏锥柄与机床主轴锥孔配合连接，用拉杆拉紧。有的心轴以中心孔与车床前后顶尖配合使用，由鸡心夹头或自动拨盘传递扭矩。

2. 卡盘类车床夹具

该类车床夹具的零件大都是回转体或对称零件，因而卡盘类车床夹具的结构基本上是对称的，回转时的不平衡影响较小。

动画

铣床夹具

3. 角铁式车床夹具

该类夹具主要适用于以下两种情况：①工件的主要定位基准是平面，要求被加工表面的轴线对定位基准面保持一定的位置关系（平行或成一定角度）。②工件定位基准虽然不是与被加工表面的轴线平行或成一定角度的平面，但由于工件外形的限制，不适于采用卡盘式夹具，而必须采用半圆孔或 V 形块定位件的情况。

4. 花盘式车床夹具

该类车床夹具的基本特征是夹具体为一个大圆盘形零件。在花盘式夹具上加工的工件一般形状都比较复杂。

(二)车床夹具设计要点

1. 定位装置的设计特点

在车床上加工旋转表面时,要求工件加工面的回转轴线与车床主轴的回转轴线一致,夹具定位装置的结构与布置,必须予以保证。

2. 夹紧装置的设计特点

由于车削时工件和夹具一起随主轴作旋转运动,工件受切削扭矩、离心力的作用。离心力会降低夹紧机构产生的夹紧力的作用。此外,工件的位置相对于切削力和重力的方向来说是变化的,因此,要求夹紧机构所产生的夹紧力必须足够,且自锁性能要好,以防止工件在加工中松动。

3. 车床夹具与机床主轴的连接

夹具的回转轴线与车床的回转轴线必须有较高的同轴度。

4. 对车床夹具总体结构的要求

对车床夹具总体结构的要求主要有结构紧凑和悬伸短、平衡和配重、安全三项。

(三)拨叉夹具设计

以第 50 工序的专用夹具为例说明,以外圆面定位和 M 面定位,定位元件为固定 V 形块 6 及支承钉 7,夹紧元件为活动 V 形块 4。本工序的工序内容为车左端面,钻孔直径至 13.5 mm,设计的夹具如图 4-16 所示。

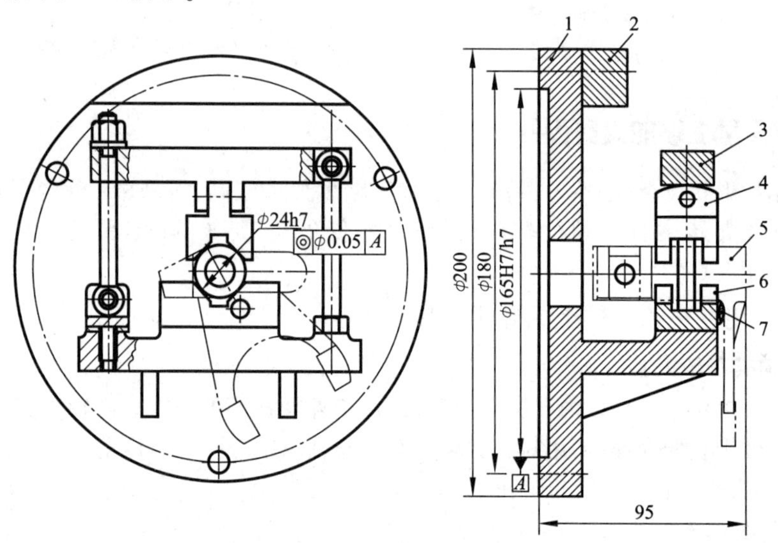

图 4-16 加工拨叉的车床夹具

1—夹具体;2—平衡块;3—压板;4—活动 V 形块;5—工件;6—固定 V 形块;7—支承钉

任务拓展

常用夹紧装置和导向装置

(一)斜楔夹紧机构

斜楔夹紧是夹紧机构中最基本的形式之一,螺旋夹紧机构、圆偏心夹紧机构等都是斜楔夹紧的变形,它适用于夹紧力大而行程小,以气动或液压为动力源的夹具。斜楔夹紧机构的结构形式很多,一般分为手动自锁斜楔夹紧(见图 4-17)和机动不自锁斜楔夹紧机构(见

图 4-18)两种。图 4-18 所示夹紧装置由柱塞、楔块、楔座、销子、螺栓、压块、弹簧等构成。

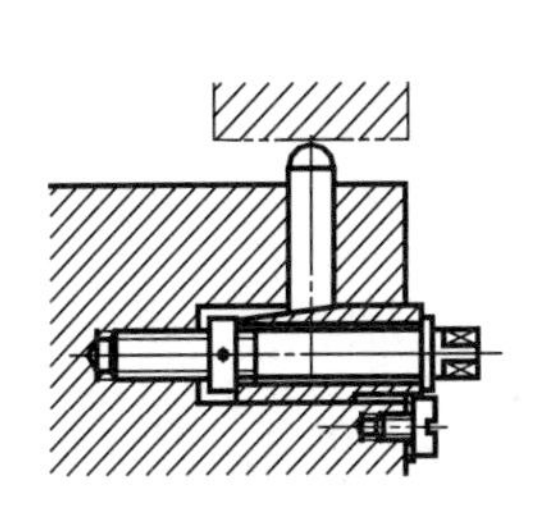

图 4-17　手动自锁斜楔夹紧

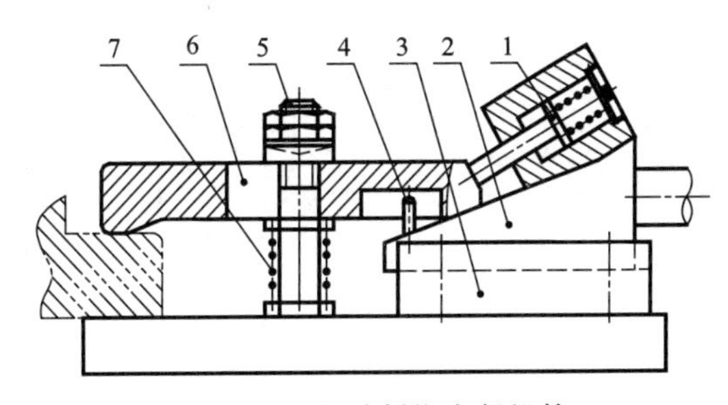

图 4-18　机动斜楔夹紧机构

1—柱塞;2—楔块;3—楔座;4—销子;5—螺栓;6—压块;7—弹簧

斜楔夹紧的特点:有增力作用,扩力比 i 约等于 3;夹紧行程小;结构简单,但操作不方便。主要用于机动夹紧,且毛坯质量较高的场合。

(二)螺旋夹紧机构

螺旋夹紧机构由螺栓或螺钉、螺母、垫圈、压板等元件组成,可采用螺旋直接夹紧或与其他元件组合实现对工件的夹紧。它的结构形式很多,但从夹紧方式来分,可分为螺栓夹紧和螺母夹紧两种。如图 4-19 和图 4-20 所示,其中图 4-19 直接作用在物体表面,会压伤工件表面,同时在旋动时也会使工件移动,而破坏定位。图 4-20 采用浮动的压块就好些,它是由夹紧手柄、螺纹衬套、防转螺钉、夹具体、浮动压块、工件等构成。

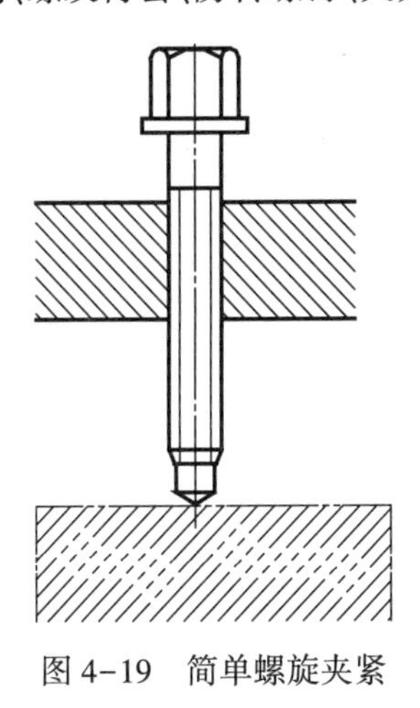

图 4-19　简单螺旋夹紧

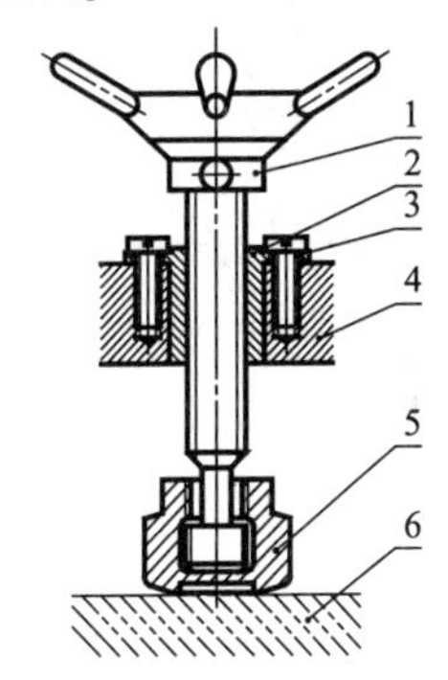

图 4-20　螺旋夹紧机构

1—夹紧手柄;2—螺纹衬套;3—防转螺钉;4—夹具体;5—浮动压块;6—工件

螺旋夹紧特点:结构简单,自锁性好,夹紧可靠;扩力比约为 80,远比斜楔夹紧力大;夹紧行程不受限制;但夹紧动作慢,辅助时间长,效率低。

(三)偏心夹紧机构

偏心夹紧机构也是由楔块夹紧机构转化而来,可以看成是将楔块包在圆盘上,可通过偏心元件直接夹紧工件,或与其他元件组合来夹紧工件,偏心元件一般有圆偏心和曲线偏心两种,常用的是圆偏心(偏心轮或偏心轴),如图 4-21 所示,通过手柄旋转圆盘,从而夹紧工件,属于压板和偏心元件组合的情况。

偏心夹紧装置的特点是结构简单、操作方便、夹紧迅速,缺点是夹紧力和夹紧行程小,结构不耐振,自锁可靠性差。一般用于切削力不大、振动小、没有离心力影响的加工中。偏心夹紧实质上是一种斜楔夹紧，属斜楔夹紧机构的一种变形，扩力比约为12~13。

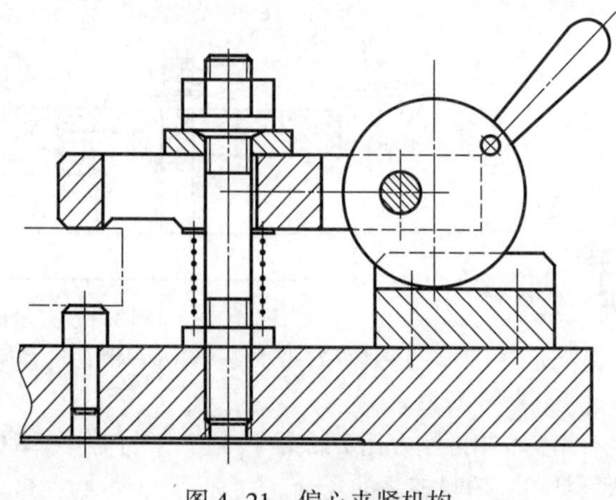

图4-21 偏心夹紧机构

为了使工件在最合适的位置和方向上进行夹紧，常采用螺旋和压板组合使用，如图4-22所示。要求对工件产生相同的夹紧力 Q，所需施加的原始力大小和方向也是不一样的。

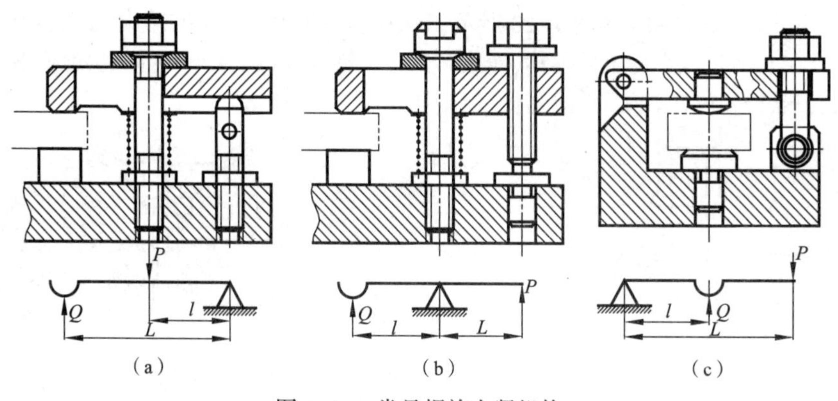

图4-22 常见螺旋夹紧机构

(四)联动夹紧机构

联动夹紧是指操纵一个手柄或利用一个动力装置，对一个工件的同一方向或不同方向的多个夹紧点均匀夹紧，称为多点联动夹紧(见图4-23)，是由活节螺栓、球面带肩螺钉、锥形垫圈、球头支承、铰链板、圆柱销、球头支承钉、弹簧、转动压板等构成；若同时夹紧若干个工件，称为多件联动夹紧(见图4-24)。

根据夹紧方式和夹紧方向的不同，可分为平行夹紧、顺序夹紧、对向夹紧及复合夹紧等方式。由于工件存在尺寸误差，如果采用刚性压板同时压夹工件，则各工件所受的夹紧力不可能一致，甚至有些工件根本夹不住。为了使每个工件被均匀夹紧，必须设有浮动环节。

(五)定心夹紧机构

定心夹紧机构能使工件的定位与夹紧同时完成，主要适用于几何形状对称，并以对称轴线、对称中心或对称平面为工序基准的工件的定位夹紧。它可以保证工件的定位基准与工序基准重合。

(1)利用定位元件的等速移动原理实现定心夹紧(见图4-25)。结构简单、制造容易，但都因制造误差和装配间隙的存在,不能保证较高的定心精度,一般主要用于粗加工和半精加工。图4-25所示是由移动V形块、左右旋螺纹的螺杆、紧定螺钉、调节螺钉、固定螺钉和叉座等构成。旋动有左右螺纹的双向螺杆3,使滑座上的V形钳口1、2做对向等速移动,从而实现对工件的定心夹紧。其结构特点是:结构简单、工作行程大、通用性好。但定心精度不高,一般为ϕ0.05~0.1 mm,主要用于粗加工和半精加工中要求行程大、定心精度要求不高的工件。

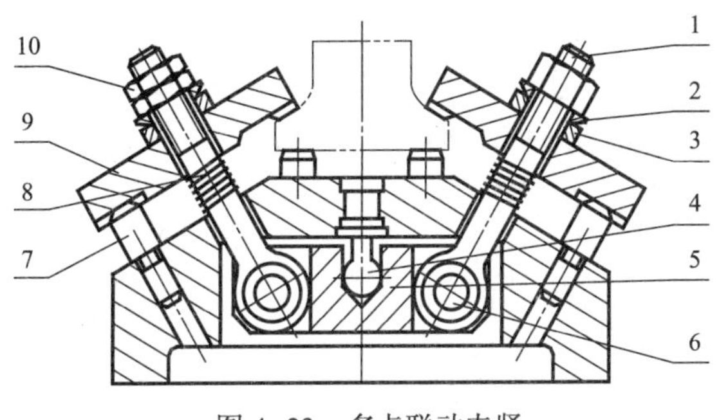

图4-23　多点联动夹紧

1—活节螺栓;2—球面带肩螺钉;3—锥形垫圈;4—球头支承;5—铰链板;6—圆柱销;7—球头支承钉;8—弹簧;9—转动压板

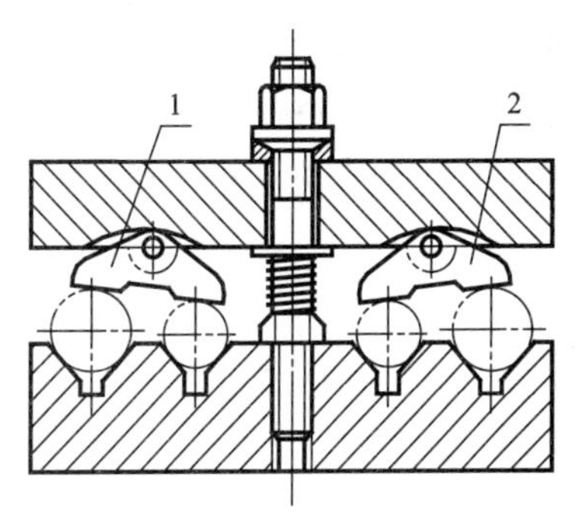

图4-24　多件联动机构

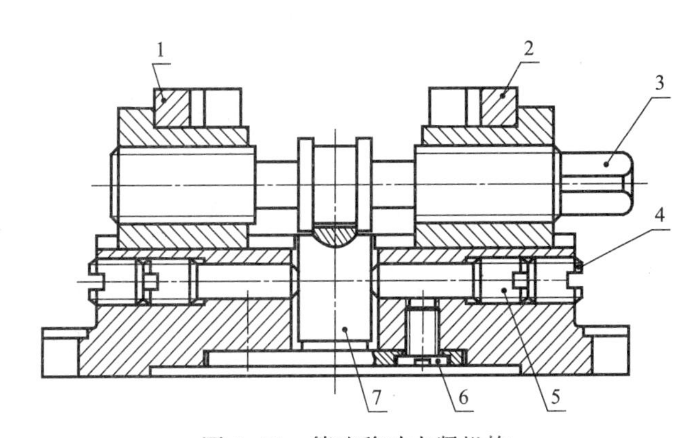

图4-25　等速移动夹紧机构

1、2—移动V形块;3—左右旋螺纹螺杆;4—紧定螺钉;5—调节螺钉;6—固定螺钉;7—叉座

(2)利用定心夹紧元件均匀弹性变形原理实现定心夹紧(见图4-26)。由夹具体、筒夹、

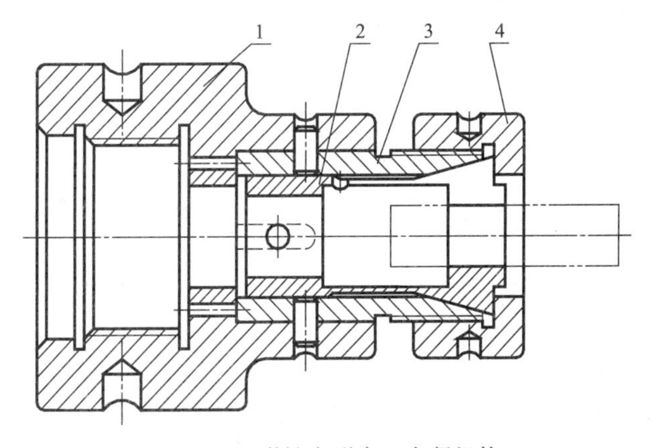

图4-26　弹性变形定心夹紧机构

1—夹具体;2—筒夹;3—锥套;4—螺母

锥套和螺母等构成。旋动螺母 4 时,锥套 3 的内锥面迫使弹性筒夹 2 的簧瓣向心收缩,从而定心夹紧工件。反向旋动螺母,即可卸下工件。

(六)分度夹紧机构

在机械加工中,常会遇到加工一组按一定距离或一定转角分布而其形状和尺寸又彼此相同的表面。

为了能在工件的一次装夹中完成这类等分表面的加工,便需要在加工过程中进行分度。即当每加工好一个表面后,应使夹具上的可动部分连同工件一起移动一定的距离或转过一定的角度,以便进行下一次加工。要加工图 4-27 所示工件的 3 个均匀分布的ϕ8 mm 的孔,采用图 4-28 所示的具有分度机构的夹具,可以方便地完成加工。

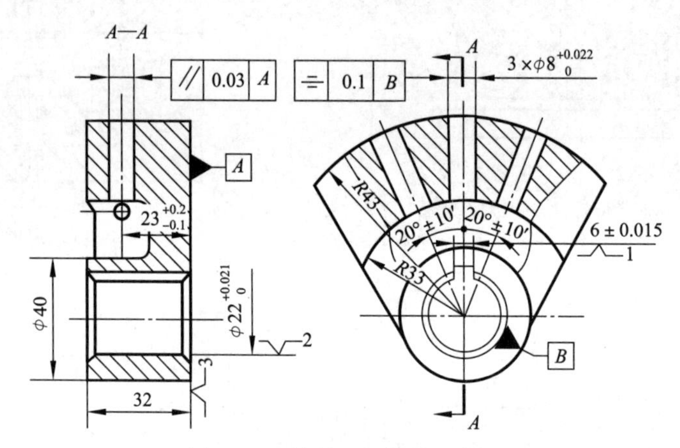

图 4-27 被加工工件的工序图

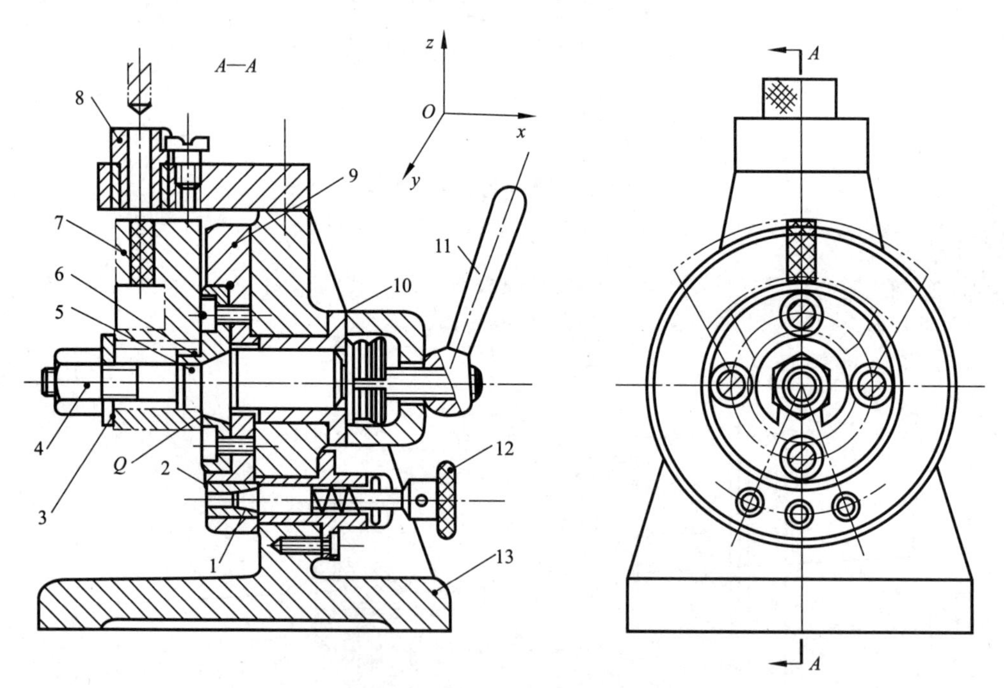

图 4-28 分度夹紧机构的夹具

1—定位销;2—定位衬套;3—开口垫圈;4—夹紧螺母;5—定位心轴;6—键;7—所加工的工件;8—钻套;9—分度盘;10—衬套;11—手柄;12—手轮;13—夹具体

前者称为直线分度,后者称为圆周分度。分度机构一般由以下部分组成:固定部分(是分度机构的基体,当夹具在机床上安装调整好之后,它是固定不动的。通常以夹具体为分度机构的固定部分)、转动(或移动)部分(是分度机构中的运动件,它应保证工件在定位和夹紧状态下进行转位或移动)、分度对定机构(分度对定机构主要由分度盘和对定销构成,其作用是保证其分度机构的转动(或移动)部分相对于固定部分获得正确的分度位置,并进行定位和完成插销及拔销的动作)。

常见的分度对定结构有以下几种:钢球(或球头销)对定机构、圆柱销或削边销对定机构、圆锥销(或双斜面)对定机构、单斜面对定机构、正多面体对定机构。

(七)夹具的导向装置

1. 钻套

钻套用来引导各种加工孔用的刀具,如钻头、扩孔钻、锪刀、铰刀及复合钻头等,能保证加工孔的位置精度,增加刀具的支承以提高其刚度。钻套分为固定钻套(它以 H7/r6 的过盈配合直接压入钻模板的孔中,位置精度高,但磨损后更换不方便)、可换钻套(当工件批量较大时,应采用可换钻套。可换钻套是先把衬套以过盈配合 H7/r6(n6)压入钻模板,然后再以动配合 H6/g5 将可换钻套装入衬套中)、快换钻套、特殊钻套,除特殊钻套外,其他钻套结构尺寸已经标准化。钻套尺寸如下:

钻套高度 H:一般孔距精度取 $H=(1.5\sim2)d$,高精度取 $H=(2.5\sim3.5)d$。

钻套与工件的距离 h:加工脆性材料取 $h=(0.3\sim0.7)d$,塑性取 $h=(0.7\sim1.5)d$。

2. 镗套

在对箱体类工件上的孔系进行加工时,用镗模引导或扶持镗刀杆,孔系的位置精度由镗套的位置精度决定。根据运动形式的不同,镗套通常有固定式和回转式两种类型。固定式镗套在低速扩孔、镗孔中得到广泛应用;回转式镗套之间的间隙会逐渐增大,且夹具的结构不紧凑。

3. 对刀装置

工件在夹具中定位后,为了使刀具相对定位元件和工件之间保持正确的加工位置,加工前必须进行刀具的对刀。

对刀方法通常有三种:一种为单件试切法;第二种是每加工一批工件,安装调整一次夹具,刀具相对定位元件的正确位置是通过试切数个工件来对刀的;第三种是用样件或对刀装置对刀。对刀块的形状应根据零件加工表面的形状确定,其工作表面在夹具上的位置一般是以定位元件为基准标注的。确定对刀块的位置尺寸和公差时,应考虑以下因素:选用的塞尺厚度及其公差;工件定位误差的大小和方向;在切削力作用下,刀具和工件的变形所引起的原始尺寸的误差;刀具磨损的影响(估计时留储备量)。

项目总结

叉架类零件是机器中常用的零件,主要在变速机构、操纵机构和支承结构中用于拨动、连接和支承传动零件。由于工作位置的特殊性导致其加工表面较多且不连续。叉架类零件的装配基准一般为孔或平面,其加工精度要求较高,工作表面杆身细长,刚性较差易变形。

在加工叉架类零件时,应以装配基准或设计基准作为精基准,以保证其他表面相对装配基准的正确位置。粗基准的选择一是要保证以后加工时精基准的壁厚均匀;二是要保证重要表面相对精基准的准确位置。

因此可选择装配基准孔的外圆表面或装配基准面作为主要粗基准；选择重要的工作表面或非加工表面作为次要粗基准。

叉架类零件加工要遵循加工分阶段、粗精加工分开的原则。成批生产以工序分散较为有利，使工件在各工序之间能充分变形，以确保各表面相互位置精度。通过本项目的学习，掌握了有关叉架类零件的工艺特点和工艺设计，并进行了夹具设计分析。

思考与练习题

延伸阅读

高精尖技术只能靠自己

4.1 选择题：

1. 用(　　)来限制六个自由度，称为(　　)定位。根据加工要求，只需要少于(　　)的定位，称为(　　)定位。

   A. 六个支承点　B. 具有独立定位作用的六个支承点　C. 完全
   D. 不完全　E. 欠定位

2. 只有在(　　)精度很高时，过定位才允许采用，且有利于增强工件的(　　)。

   A. 设计基准面和定位元件　B. 定位基准面和定位元件
   C. 夹紧机构　D. 刚度　E. 强度

3. 定位元件的材料一般选(　　)。

   A. 20 钢渗碳淬火　B. 铸铁　C. 中碳钢
   D. 中碳钢淬火　E. 合金钢　F. T7A 钢

4. 自位支承(浮动支承)其作用是增加与工件接触的支承点数目，但(　　)。

   A. 不起定位作用
   B. 一般来说点限制一个自由度
   C. 不管如何浮动，必定只能限制一个自由度

5. 工件装夹中，由于(　　)基准和(　　)基准不重合而产生的加工误差，称为基准不符误差。

   A. 设计(或工序)　B. 工艺　C. 测量　D. 装配　E. 定位

6. 基准不符误差大小与(　　)有关。

   A. 本道工序要保证的尺寸大小和技术要求
   B. 只与本道工序设计(或工序)基准与定位基准之间位置误差
   C. 定位元件和定位基准本身的制造误差

7. 在简单夹紧机构中(　　)夹紧机构一般不考虑自锁；(　　)夹紧机构既可增力又可减力；(　　)夹紧机构实现工件定位作用的同时，并将工件夹紧；(　　)夹紧机构行程不受限制。(　　)夹紧机构能改变夹紧力的方向，(　　)夹紧机构夹紧行程与自锁性能有矛盾。(　　)夹紧机构动作迅速，操作简便。

   A. 斜楔　B. 螺旋　C. 定心
   D. 杠杆　E. 铰链　F. 偏心

8. 偏心轮的偏心量取决于(　　)和(　　)，偏心轮的直径和(　　)密切有关。

   A. 自锁条件　B. 夹紧力大小　C. 工作行程
   D. 销轴直径　E. 工作范围　F. 手柄长度

9. 在多件夹紧中，由于(　　)，因此一般采用(　　)，夹紧才能达到各工件同时被夹紧

的目的。

A. 多点　B. 多向　C. 浮动　D. 动作联动

E. 各工件在尺寸上有误差　F. 连续式或平行式夹紧

10. 采用连续多件夹紧，工件本身作浮动件，为了防止工件的定位基准位置误差逐个积累，应使(　　)与夹紧力方向相垂直。

A. 工件加工尺寸的方向　B. 定位基准面

C. 加工表面　D. 夹压面

11. 镗模采用双面导向时，镗杆与机床主轴是(　　)连接，机床主轴只起(　　)作用，镗杆回转中心及镗孔精度由(　　)保证。

A. 刚性　B. 柔性(或浮动)　C. 传递动力

D. 镗模　E. 机床　F. 镗杆

12. 专用车床夹具的回转轴线与车床主轴轴线的同轴度与(　　)有关。

A. 轴颈精度

B. 夹具与主轴连接结构及精度

C. 主轴端部与夹具采用螺纹连接的螺纹精度有关

4.2 根据六点定位原理，试分析图 4-29 中各定位方案中定位元件所消除的自由度，有无过定位现象？如何改正？

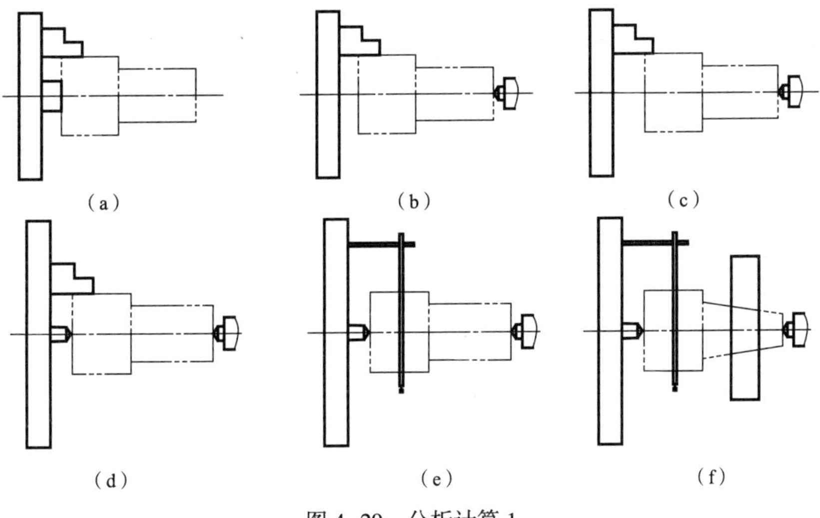

图 4-29　分析计算 1

4.3 如图 4-30 所示，一批工件以孔 $\phi 20^{+0.021}_{0}$ mm，在心轴 $\phi 20^{-0.007}_{-0.020}$ mm 上定位，在立式铣床上用顶针顶住心轴铣键槽。其中 $\phi 40\text{h}6^{0}_{-0.016}$ 外圆、$\phi 20\text{H}7^{+0.021}_{0}$ 内孔及两端面均已加工合格。而且 $\phi 40$h6 外圆对 $\phi 20$H7 内孔的径向跳动在 0.02 mm 之内。现要保证铣槽的主要技术要求为：

(1) 槽宽 $b = 12\text{h}9(^{0}_{-0.048})$。

(2) 槽距一端面尺寸为 $20\text{h}12(^{0}_{-0.21})$。

(3) 槽底位置尺寸为 $34.8\text{h}12(^{0}_{-0.16})$。

(4) 槽两侧面对外圆轴线的对称度不大于 0.10 mm。

试分析其定位误差对保证各项技术要求的影响。

4.4 工件尺寸如图 4-31 所示，欲钻小孔并保证尺寸 $30^{0}_{-0.1}$ mm。试分析计算图示各种定位方案的定位误差(加工时工件轴线处于水平位置)。V 形块 $\alpha = 90°$

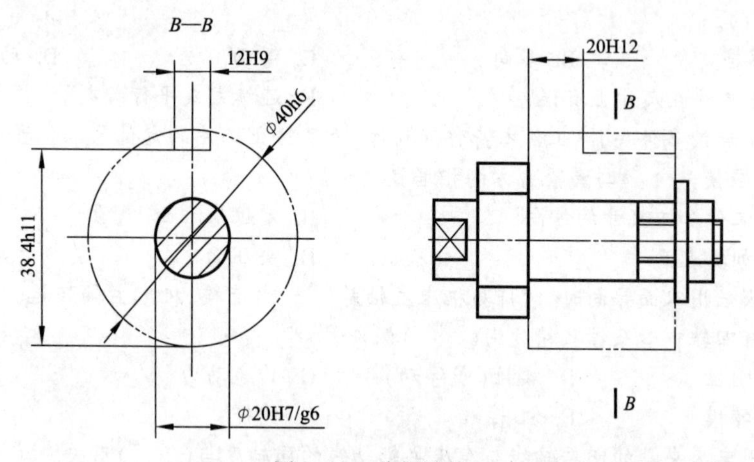

图 4-30　分析计算 2

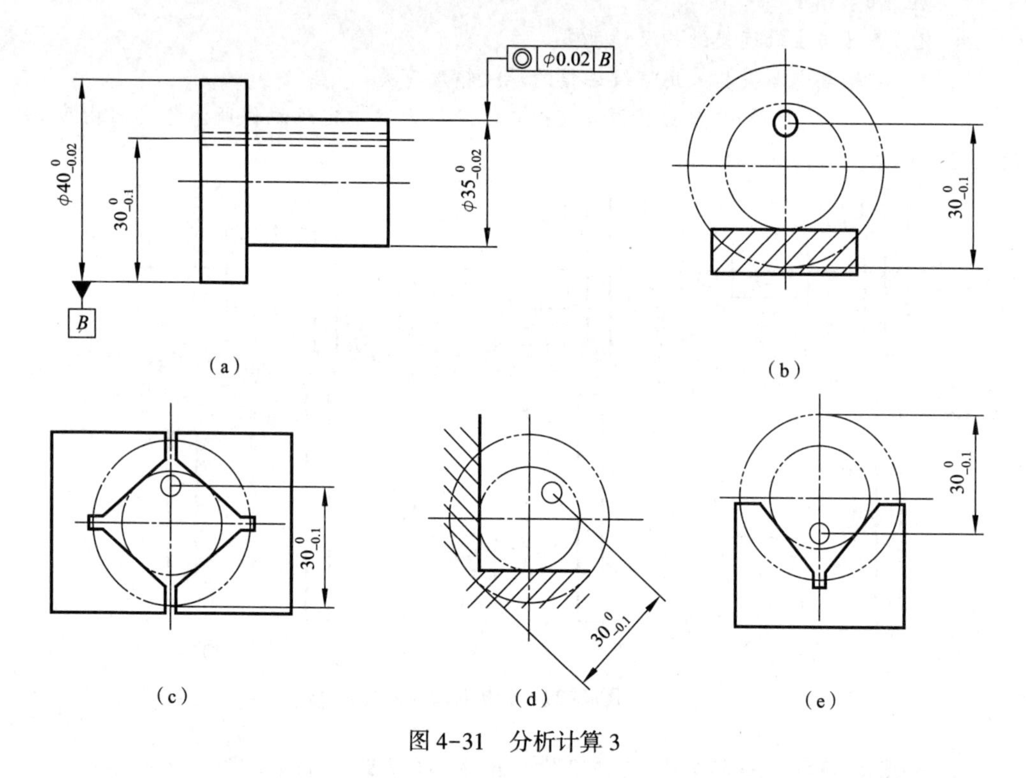

图 4-31　分析计算 3

4.5 论述题

1. 连杆大、小头孔常用加工方案。

2. 连杆毛坯两种锻造工艺的优缺点。

4.6 图 4-32 所示为一轴套零件，图中标注尺寸为要求尺寸，该零件在车削完成后加工径向小孔，请设计钻孔工序的定位方案，并计算该工序的工序尺寸和公差。

4.7 试编制图 4-33 的加工工艺过程。

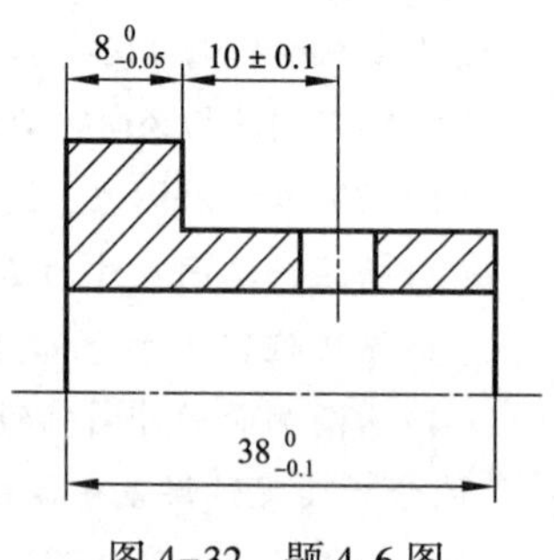

图 4-32　题 4.6 图

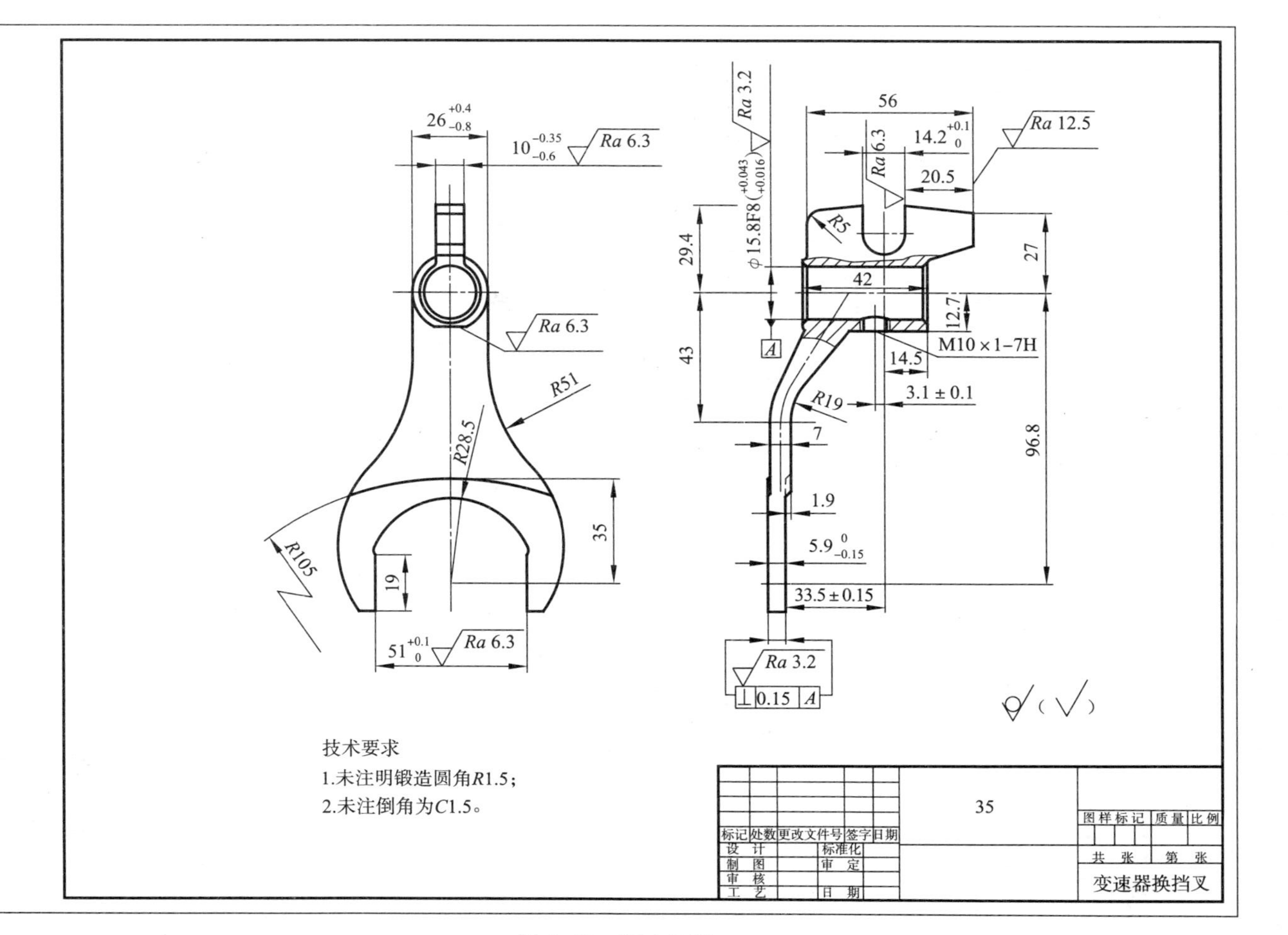
技术要求
1.未注明锻造圆角R1.5；
2.未注倒角为C1.5。
35
图样标记 质量 比例
共　张　第　张
变速器换挡叉
标记 处数 更改文件号 签字 日期
设计 标准化
制图 审定
审核
工艺 日期
26 +0.4/-0.8
10 -0.35/-0.6
Ra 6.3
R51
R28.5
R105
35
19
51 +0.1/0
Ra 3.2
φ15.8F8(+0.043/+0.016)
56
14.2 +0.1/0
20.5
Ra 12.5
R5
29.4
42
27
12.7
M10×1-7H
43
14.5
3.1±0.1
R19
7
96.8
1.9
5.9 0/-0.15
33.5±0.15
⊥ 0.15 A

图 4-33　题 4.7 图

项目五 盘盖类零件的加工

教学重点

知识要点	素养培养	相关知识	学习目标
盘盖类零件的结构特点、工艺特点;齿轮加工所用主要机床;齿轮加工工艺安排	齿轮作为盘盖类零件之一,通过列举齿轮在古代指南车中的应用,使学生敬畏中国古人的智慧,增强学生的民族自豪感,坚定四个自信	齿轮加工方法、滚齿机、插齿机、磨齿机、精密加工机床及常用齿轮加工刀具	掌握齿轮加工工艺路线的安排方法,了解齿轮加工的各种机床及用途,类推掌握盘盖类零件的加工工艺

项目说明

盘盖类零件分盘类和盖类,其中齿轮、法兰盘、齿圈等为盘类;盖类主要是各种端盖,这类零件的典型特征是厚度方向的尺寸比其他两个方向的尺寸要小,其上会有一些凸台、凹坑、销孔及轮辐和规律分布的一些结构,齿轮是该类零件结构较为复杂和要求较高的零件。本项目主要是确定圆柱齿轮的齿形加工方法、步骤和工艺装备。通过本项目的学习,要达到能分析盘类零件的工艺与技术要求;会拟定圆柱齿轮的加工工艺。要实现这些达成度,需要先完成如下任务。

任务一　圆柱齿轮加工的常用加工装备

任务描述

要加工图 5-1 所示的齿轮,应该用到哪些设备和加工方法?

(1)通过本任务的学习,了解齿轮加工的常用设备及加工方法。

(2)了解滚齿、插齿、剃齿、磨齿加工的原理与应用。

任务实施

一、认识滚齿机与滚刀

(一)滚齿机

滚齿机是按展成法原理,用齿轮加工刀具,加工各种齿形的齿轮与蜗轮齿面的专用机床。若用特殊滚刀亦可加工花键、链轮等工件。刀具和工件的啮合运动相当于齿条与齿轮的啮合运动,同时刀具和工件还有切削及进给运动。普通滚齿机加工精度为 IT7~IT6 级,高精度滚齿机可达到 IT4~IT3 级。按其布局不同又可分为立式滚齿机、卧式滚齿机;按其发展历程分为机械式滚齿机和数控式滚齿机,数控式分 2 轴、3 轴、4 轴、5 轴、6 轴数控 5 种形式。

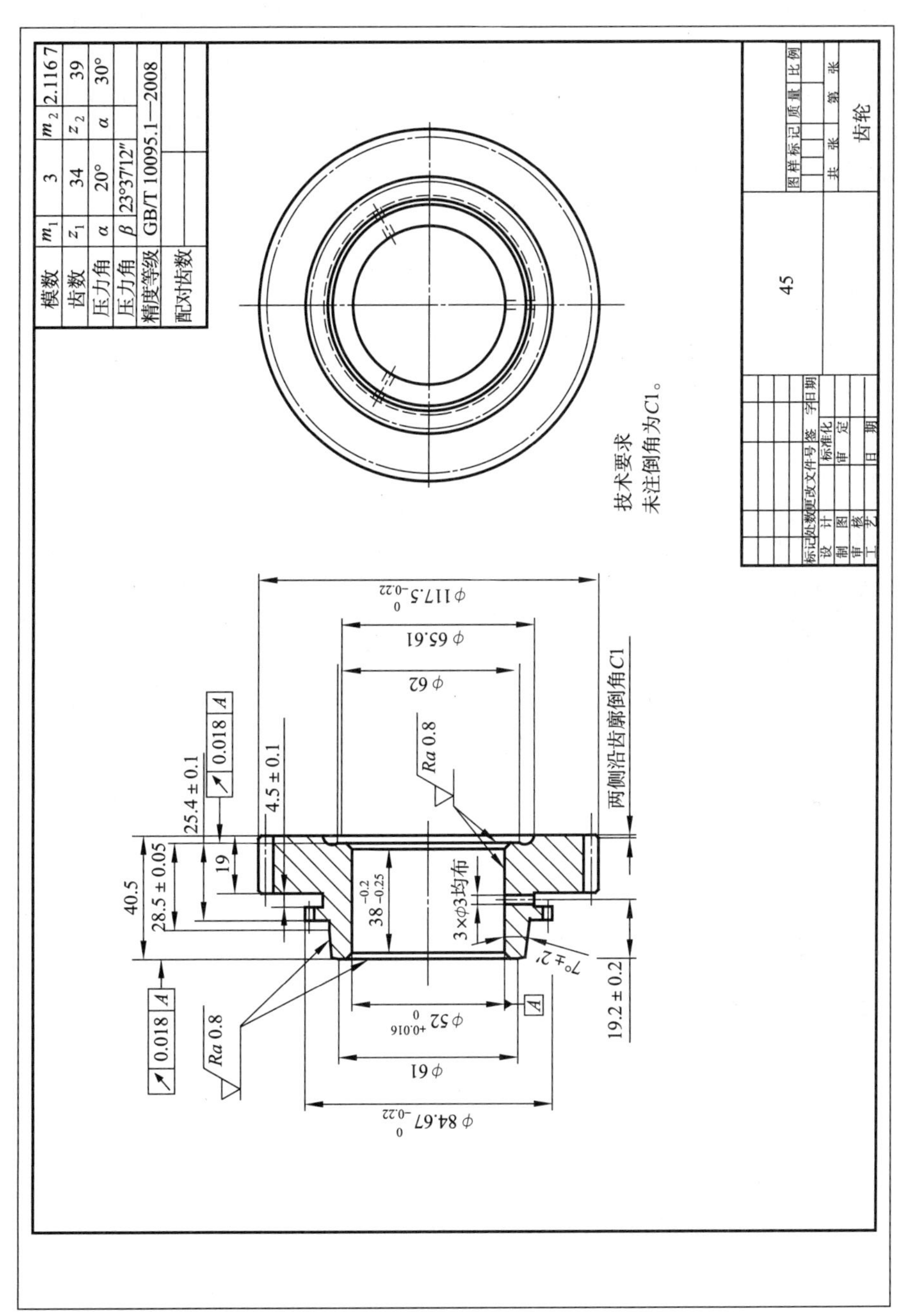

模数 m_1 3 m_2 2.1167
齿数 z_1 34 z_2 39
压力角 α 20° α 30°
压力角 β 23°37′12″
精度等级 GB/T 10095.1—2008
配对齿数
技术要求
未注倒角为C1。
45
齿轮
两侧沿齿廓倒角C1
3×φ3均布
Ra 0.8
0.018 A
φ117.5
φ65.61
φ62
φ52
φ61
φ84.67
40.5
28.5 ± 0.05
25.4 ± 0.1
19
4.5 ± 0.1
19.2 ± 0.2
7°± 2′

图 5-1　齿轮

按加工工件尺寸大小分为大、中、小型之分。图 5-2 所示为 Y3150E 型滚齿机外形图,该机床由床身、前立柱、刀架溜板、滚刀主轴、滚刀刀架、后立柱、心轴、工作台和滑座体构成。滚齿时,滚刀轴由主电动机驱动作旋转运动,刀架可沿立柱导轨垂直移动,并可绕水平轴线调整一个角度。工件装在工作台上,由分度蜗轮副带动旋转,滚刀转一周,工件转 K/Z 转(K 为滚刀的头数,Z 为被加工齿轮的齿数)。滚切斜齿轮时,差动机构使工件作相应的附加转动。

滚齿机完成滚齿工作需要具备以下运动:滚刀的旋转运动是滚齿机的主运动,以移除被加工齿轮的材料;工作台的转动是滚齿机的分齿运动,为保证加工出来的齿数正确和分齿准确,它和滚刀保持严格的速比关系。当滚切斜齿轮时,工作台有一个附加的转动(差动);为了切出全齿深,刀具沿工件要径向移动;为了切出整个齿宽,刀具沿工件还有轴向移动;当使用切向滚刀时,刀具沿工件的切向运动逐渐加工成齿轮的全齿深;在加工齿轮时,需要根据齿轮的螺旋角和刀具的螺旋角转动刀架,以切出正确的齿形角和齿厚。

(二)滚刀

齿轮滚刀是常用的加工外啮合直齿和斜齿圆柱齿轮的刀具,安装在滚齿机上。

1. 齿轮滚刀的结构及材料

视 频

加工滚刀

齿轮滚刀可以是单头的或多头的,相当于螺旋角很大而且齿又很长的斜齿圆柱齿轮,可绕其轴线转好几圈,因而成为蜗杆形状,为了形成切削刃,在垂直于蜗杆螺旋线方向或平行于轴线方向加工出容屑槽,形成前刀面,并对滚刀的顶面和侧面进行铲背,形成后刀面,如图 5-3 所示。加工时,滚刀相当于一个螺旋角很大的螺旋齿轮,其齿数即为滚刀的头数,工件相当于另一个螺旋齿轮,彼此按照一对螺旋齿轮作空间啮合,以固定的速比旋转,由依次切削的各相邻位置的刀齿齿形包络成齿轮的齿形,如图 5-4 所示。依据螺旋齿轮的啮合,基本蜗杆的端截面应为渐开线,但这种渐开线滚刀制造比较困难,实际中应用较多的为阿基米德滚刀(其轴线截面为直线齿形)或法线直廓滚刀。蜗轮滚刀在螺旋升角小于 5°时,常制成直容屑槽,便于制造和刃磨;螺旋升角大的滚刀常制成螺旋容屑槽,以免刀齿的一侧刃以大负前角切削的不利情况。用高速钢制造的中小模数齿轮滚刀一般采用整体结构。模数在10 mm 以上的滚刀,为了节约高速钢、避免锻造困难

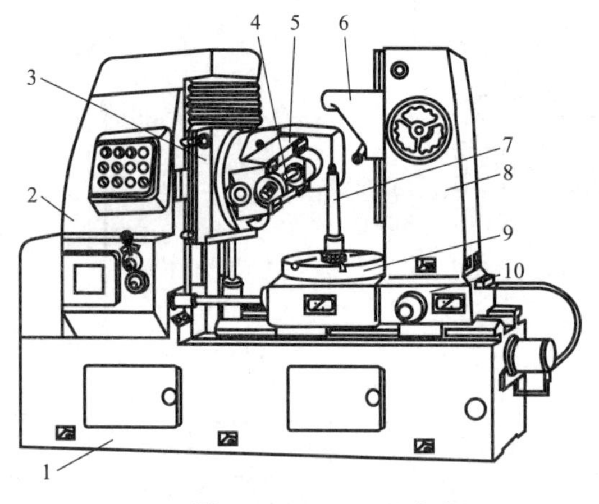

图 5-2　Y3150E 型滚齿机

1—床身;2—前立柱;3—刀架溜板;4—滚刀主轴;5—滚刀刀架;6—后立柱;7—心轴;8—后立柱;9—工作台;10—滑座体

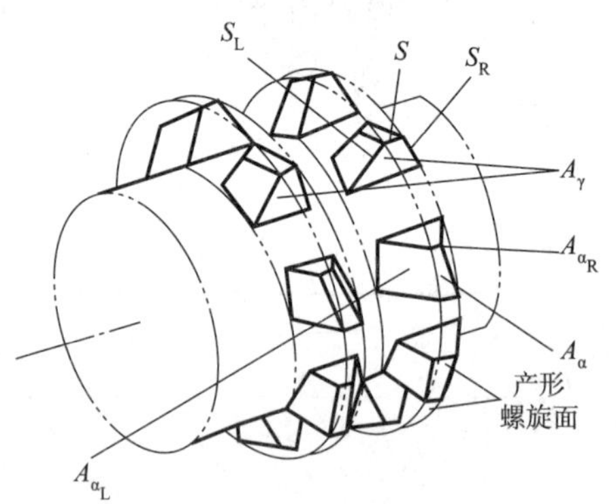

图 5-3　滚刀结构

和改善金相组织，常采用镶片结构。镶片滚刀的结构形式很多，常用的为镶齿条结构，即刀齿部分用高速钢制成齿条状，热处理后紧固在刀体上。用硬质合金制造滚刀，可以显著提高切削速度和切齿效率。整体硬质合金滚刀在钟表和仪器制造工业中广泛地用于加工各种小模数齿轮。中等模数的整体和镶片硬质合金滚刀用于加工铸铁和胶木齿轮等。模数小于 3 mm 的硬质合金滚刀也用于加工钢齿轮。硬质合金滚刀还可加工淬硬齿轮。这种滚刀常采用单齿焊接结构，制有 30°的负前角，切削时刮去齿面的一层留量。

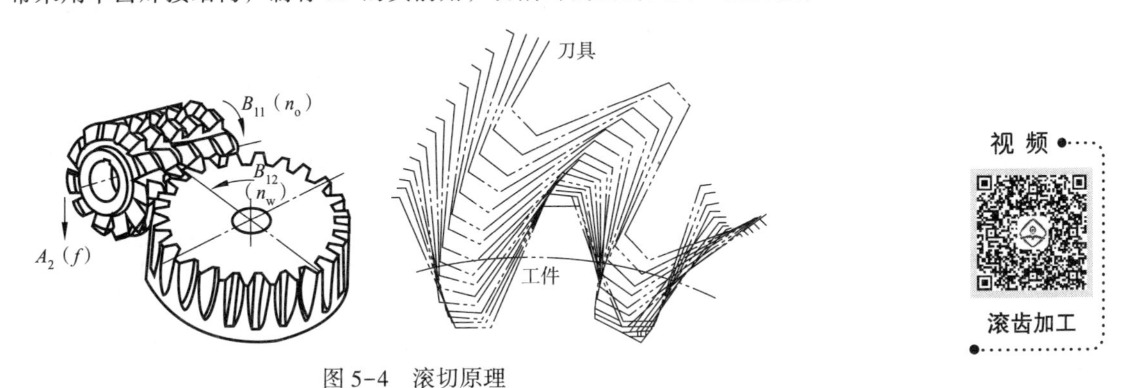

图 5-4　滚切原理

2. 齿轮滚刀的主要参数

齿轮滚刀的主要参数包括外径、头数、齿形、螺旋升角等。外径越大,加工精度越高。单头滚刀的精度较高,多用于精切齿;多头滚刀精度较差,但生产率高。滚刀有 AAA、AA、A、B、C 五个精度等级,AAA 级最高,A、B、C 为普通级。A 级滚刀可加工出 IT8 级精度的齿轮,AA 级可直接滚切出 IT7 级精度的齿轮。标准齿轮滚刀规定,同一模数有两种直径系列,直径较大的适用于 AA 级滚刀,直径较小的适用于 A、B、C 级精度滚刀。

二、认识插齿机与插齿刀

(一)插齿机

插齿机用于加工内啮合和外啮合的直齿、斜齿圆柱齿轮,尤其适用于加工内齿轮和多联齿轮,但插齿机不能加工蜗轮。插齿机的工作原理类似一对圆柱齿轮啮合,其中一个齿轮作为工件,另一个齿轮变为齿轮形的插齿刀具,它的模数和压力角与被加工齿轮相同,且在端面磨有前角,齿顶及齿侧均磨有后角。插齿加工时,插齿机必须具备以下运动:

(1)主运动。插齿刀的往复上、下运动称为主运动。以每分钟的往复次数表示,向下为切削行程,向上为返回行程。

(2)展成运动。插齿时,插齿刀和工件之间必须保持一对齿轮副的啮合运动关系,即插齿刀每转过一个齿($1/Z_{刀}$)时,工件也必须转过一个齿($1/Z_{工}$)。

(3)径向进给运动。为了逐渐切至工件的全齿深,插齿刀必须有径向进给运动。径向进给量是用插齿刀每次往复行程中工件或刀具径向移动的毫米数表示。当达到全齿深时,机床便自动停止径向进给运动,工件和刀具必须对滚一周,才能加工出全部轮齿。

(4)圆周进给运动。展成运动只确定插齿刀和工件的相对运动关系,而运动快、慢由圆周进给运动确定。插齿刀每一往复行程在分度圆上所转过的弧长称为圆周进给量,其单位为 mm/往复行程。

(5)让刀运动。为了避免插齿刀在回程时擦伤已加工表面和减少刀具磨损,刀具和工件之间应让开一段间隔,而在插齿刀重新开始向下工作行程时,应立即恢复到原位,以便刀具向下切削工件。这种让开和恢复原位的运动称为让刀运动。一般新型号的插齿机通过刀具主轴座的摆动实现让刀运动,以减小让刀产生的振动。

(二)插齿刀

插齿刀的形状很像齿轮,直齿插齿刀像直齿齿轮,斜齿插齿刀像斜齿齿轮,如图5-5所示。插齿刀的前刀面磨成锥面,锥顶在插齿刀的中心线上,为正前角。为了产生后角和重磨后不影响所加工齿轮的齿形,在垂直于插齿刀轴线的各剖面内做成变位齿轮的形状,变位系数由前端面向后端面逐渐减小,并由正变负。标准插齿刀的精度按国际标准分为AA级、A级和B级3种,在通常条件下分别用于加工IT6、IT7和IT8级精度的齿轮。为加工需要再剃齿或磨齿的齿轮,要分别使用剃前或磨前插齿刀,使齿轮齿面留有一定的加工余量,因此这些插齿刀的齿形需要专门设计。

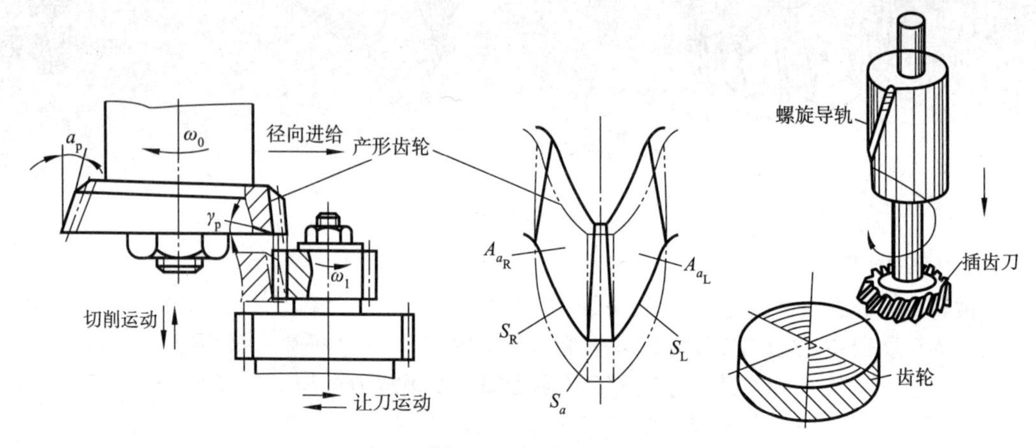

图5-5 插齿原理

三、精加工齿轮方法简介

(一)剃齿机与剃齿刀

视 频

插齿加工

剃齿机是用剃齿刀对未淬火的直齿或斜齿圆柱齿轮进行剃削加工的机床。剃齿刀类似于螺旋齿圆柱齿轮,但有很高的精度,并在齿面沿渐开线方向开出许多小槽,以形成切削刃。剃齿刀时而正转,时而反转,以便均匀地剃削轮齿的两个侧面。剃齿主要用于提高齿形精度和降低表面粗糙度值。由于剃齿属自由啮合的展成法加工,因此不能修正分齿误差。主要用于未经淬火齿轮的精加工。剃齿后精度为IT7~IT5级,*Ra*0.8~0.4 μm。

(二)磨齿与珩齿和研齿

磨齿用于高精度齿轮或淬硬齿轮的精加工,也可直接在齿坯磨出轮齿。磨齿可修整齿轮预加工的各项误差,其加工精度较高,一般在IT6级精度以上。按齿廓形成方法不同,分为成形砂轮法和范成法磨齿两大类。大多数磨齿用的是范成法加工齿轮。根据砂轮形状不同可分为蜗杆砂轮磨齿机、锥形砂轮磨齿机和双蝶形砂轮磨齿机,其中双蝶形砂轮磨齿机是各类磨齿机中精度最高的一种磨齿机,可达IT4级精度,但生产效率低。珩齿用于淬硬后齿轮的精加工,精度为IT7~IT6级,*Ra*0.4 μm。原理与剃齿完全相同,所不同的是刀具。研齿是齿轮光整加工,只降低齿面粗糙度,不能提高齿形精度,可提高其表面精度,可达*Ra*1.6~0.2 μm。

任务二　齿轮加工

任务描述

通过本任务的学习，了解齿轮的结构特点及加工方法，编制齿轮的加工工艺。完成图 5-1 所示齿轮的加工。

任务实施

拟定加工工艺

图 5-1 所示为某变速器中的齿轮，从结构上看，属于盘类零件，工件材料为 45 钢，生产纲领为中批生产，硬度 28~43 HRC。

一、分析齿轮的结构和技术要求

（一）圆柱齿轮加工概述

齿轮是机械工业的标志性零件，它是用来按规定的速比传递运动和动力的重要零件，在各种机器和仪器中应用非常普遍。齿轮的结构形状按使用场合和要求不同变化，分为盘形齿轮（单联、双联、三联）、内齿轮、连轴齿轮、套筒齿轮、扇形齿轮、齿条等。

（二）圆柱齿轮的精度要求

齿轮自身的精度影响其使用性能和寿命，通常对齿轮的制造提出以下精度要求：

（1）运动精度。确保齿轮准确的传递运动和恒定的传动比，要求最大转角误差不能超过相应的规定值。

（2）工作平稳性。要求传动平稳，振动、冲击、噪声小。

（3）齿面接触精度。为保证传动中载荷分布均匀，齿面接触要求均匀，避免局部载荷过大、应力集中等造成过早磨损或折断。

（4）齿侧间隙。要求传动中的非工作面留有间隙以补偿温升、弹性形变和加工装配的误差，并利于润滑油的存储和油膜的形成。

（三）齿轮材料和热处理

1. 材料选择

根据使用要求和工作条件选取合适的材料，普通齿轮选用中碳钢和中碳合金钢，如40、45、50、40MnB、40Cr、45Cr、42SiMn、35SiMn2MoV 等；要求高的齿轮可选取 20Mn2B、18CrMnTi、30CrMnTi、20Cr 等低碳合金钢；对于低速轻载的开式传动可选取 ZG40、ZG45 等铸钢材料或灰口铸铁；非传力齿轮可选取尼龙、夹布胶木或塑料。该齿轮的材料为 45 钢。

2. 齿轮热处理

在齿轮加工工艺过程中，热处理工序的位置安排十分重要，它直接影响齿轮的力学性能及切削加工的难易程度。一般在齿轮加工中有两种热处理工序：

(1)毛坯的热处理。为了消除锻造和粗加工造成的残余应力、改善齿轮材料内部的金相组织和切削加工性能,在齿轮毛坯加工前后通常安排正火或调质等预备热处理。

(2)齿面的热处理。为了提高齿面硬度、增加齿轮的承载能力和耐磨性而进行的齿面高频淬火、渗碳淬火、氮碳共渗和渗氮等热处理工序。一般安排在滚齿、插齿、剃齿之后,珩齿、磨齿之前。

二、明确毛坯状况

毛坯的选择取决于齿轮的材料、形状、尺寸、使用条件、生产批量等因素,常用的毛坯种类有:

(1)铸铁件:用于受力小、无冲击、低速的齿轮。

(2)棒料:用于尺寸小、结构简单、受力不大的齿轮。

(3)锻坯:用于高速重载齿轮。

(4)铸钢坯:用于结构复杂、尺寸较大不宜锻造的齿轮。

本例中的毛坯选择锻造毛坯。

三、拟定工艺路线

圆柱齿轮批量加工的工艺过程,因齿轮的结构形状、要求的精度等级以及生产条件的不同而采用不同的方案,但是概括起来可分为以下阶段:齿坯加工、齿形加工、热处理和热处理后精加工。

(一)确定加工方案

变速器中的挡位齿轮和齿轮轴生产批量大,并对精度、寿命和噪声等性能有较高要求。用于生产的多种工艺,应具有工艺路线短,技术要求易保证,加工过程中非切削时间少的特点,一般可归纳为:毛坯制造—齿坯预先热处理—齿坯加工—齿形加工—最终热处理—齿轮主要表面加工—轮齿精整加工等过程。

(二)选择定位基准

盘盖类零件的设计基准一般是回转轴线,其加工的定位基准,对于带轴的齿轮,和轴类零件类似,常采用中心孔定位和端面,以顶尖作为定位元件。对于大多数带孔的齿轮在加工齿面时常采用以下两种方式:

1. 内孔和端面定位

这种定位方式可做到设计基准和工艺基准(定位基准、测量基准和装配基准)重合,定位精度高,对夹具的制造精度要求高,定位时不需要找正,适用于批量生产。

2. 外圆和端面定位

这种定位齿坯的内孔与心轴间隙较大,用百分表校正外圆以确定圆心的位置,用端面轴向定位,从另一端面夹紧。这种定位方法效率低,因为每个工件都必须校正;同时要求齿轮毛坯的内外圆同轴,而对夹具的精度要求不高,无须专用心轴,一般用在小批量生产中。

(三)齿坯的加工

齿形加工前的齿坯在整个齿轮加工中占有重要地位,齿轮的内孔、外圆和端面常作为定位、测量、装配的基准,因此要有必要的精度要求。齿轮的内孔和端面是定位、测量和装配的基准,要有较高的精度要求。齿轮外圆直径公差根据其是否作为基准,而有不同的要求。

(四)齿形的加工

齿形的加工方法主要取决于齿轮的精度等级、批量、生产条件和切齿后的热处理方法。

(五)齿端的加工

齿轮的齿端加工包括倒圆、倒尖和去毛刺。倒圆、倒尖后的齿轮容易啮合。倒棱可去除齿轮的锐边,这些锐边在淬火和渗碳后很脆,在齿轮传动中很容易崩裂。

(六)精基准的修整

齿轮淬火后,基准孔会发生变形,为保证齿轮精加工的质量,必须对基准孔进行修整。

四、设计工序尺寸、选择加工设备及工艺装备、填写工艺卡片

齿轮加工工艺(大批量)见表5-1。

表5-1　齿轮加工工艺(大批量)

工序号	工种	工序内容	工序简图	设　备
5	下料	锻造	锻造件	
	热处理	正火		
10	车	粗车大端、扩、镗孔	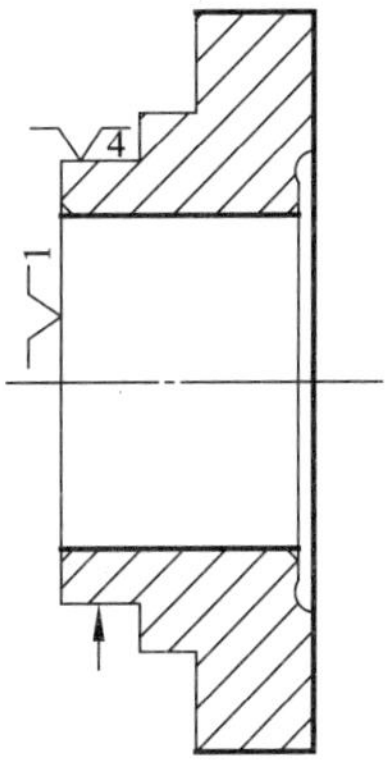 4 1	多刀车床 C7620-4
15	车	粗车小端	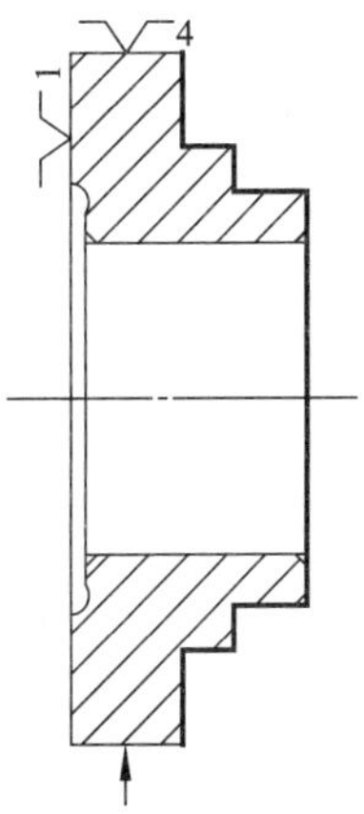 4 1	多刀车床 C7620-4

续上表

工序号	工种	工序内容	工序简图	设备
20	车	精车大端及内孔预留 0.2 mm 的磨削余量	0.01 A 0.01 A 4 1 $\phi51.75^{+0.025}_{0}$ Ra 1.6 A	数控车床 CK7815
25	车	精车小端、外圆、端面、车槽、锥面	4 1 A // 0.02 A	数控车床 CK7815
30	插	插结合齿，去毛刺	2 3	插齿机 Y5120A
35	滚	滚斜齿	2 3	滚齿机 YB3120
40		清洗		清洗机

续上表

工序号	工种	工序内容	工序简图	设　备
45	倒角	倒齿廓两端锐角 C1	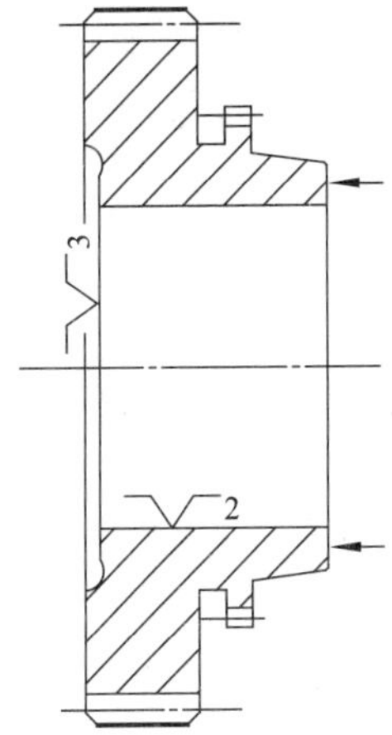	倒棱机床 YJ9322
50	倒角	倒结合齿尖角，去毛刺	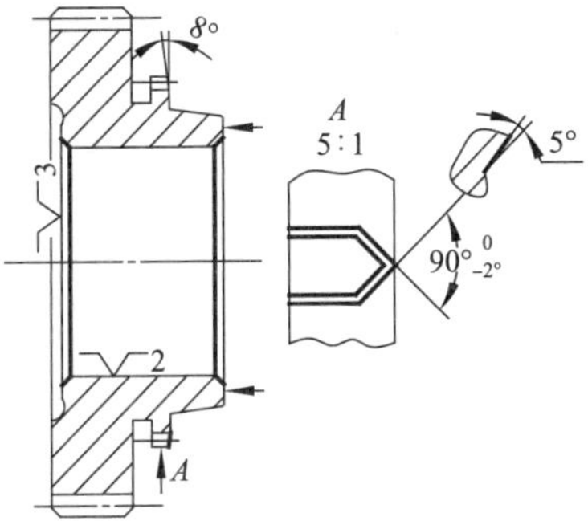	倒角机 YB9322C
55	钻	钻油孔，去孔口毛刺	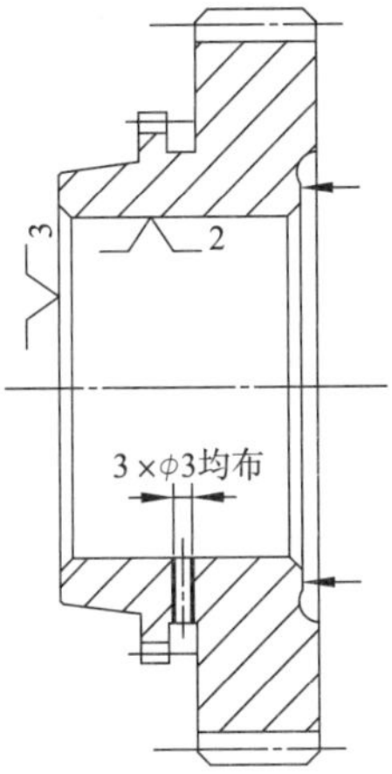 3×φ3均布	台钻 Z512
60	铣	铣大端凹面上油槽，去毛刺		钻床 Z5163A
65	挤	挤锥度齿	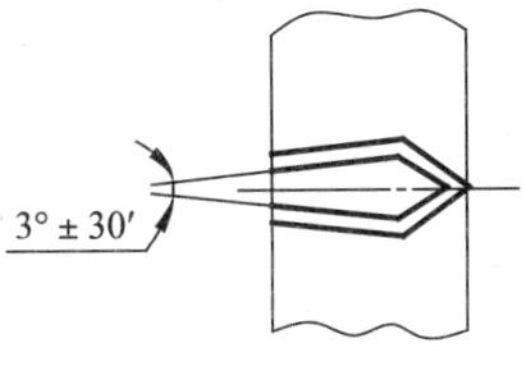 3°±30′	挤齿机

续上表

工序号	工种	工序内容	工序简图	设　备
70		清洗		清洗机
75		剃齿	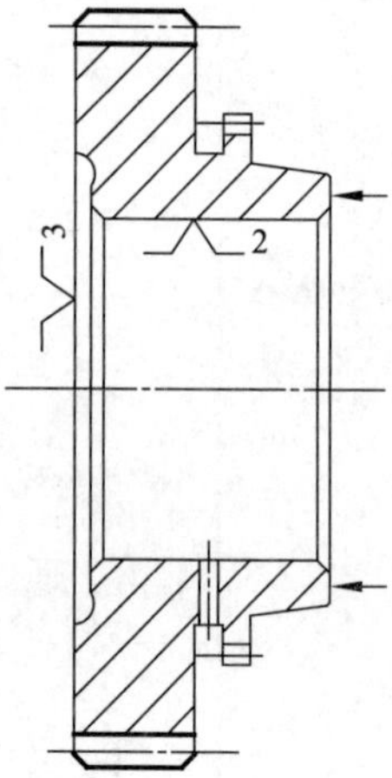	剃齿机 Y4232C
80		清洗		清洗机
85		中间检验		
90		热处理		
95		挤齿，去齿面毛刺		挤齿机 CT-1071
100		清洗		清洗机
105	磨	磨内孔及凹端面	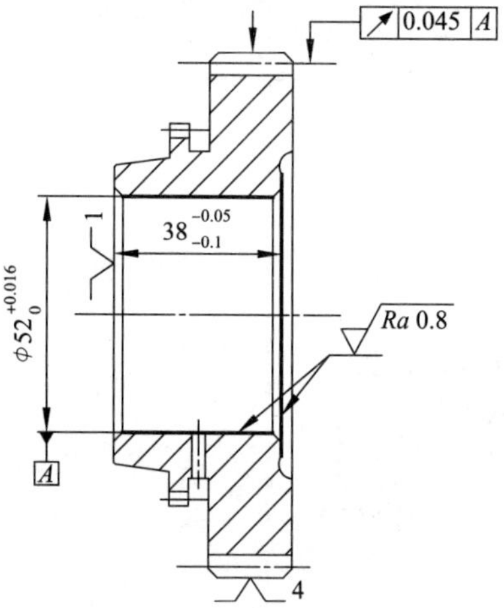	凹端面内圆磨床 CD35-A
110	磨	磨小端端面	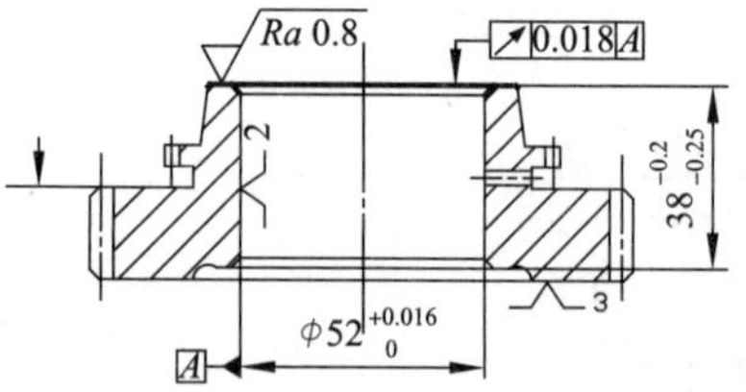	平面磨床 M7130D
115		退磁清洗		

续上表

工序号	工种	工序内容	工序简图	设　备
120		磨接合齿外圆，去毛刺	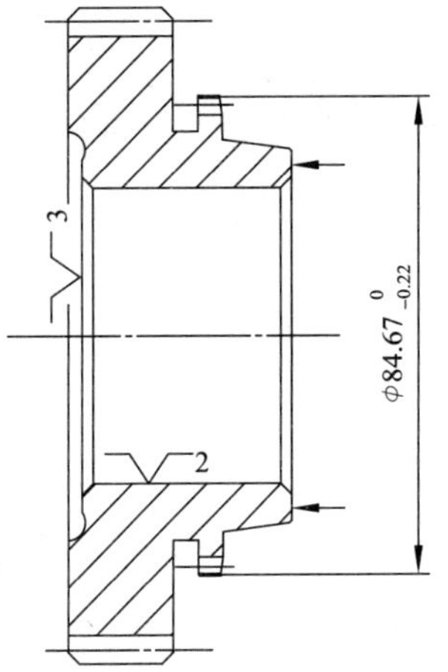 $\phi 84.67_{-0.22}^{0}$	外圆磨床 MB1332B
125		磨锥面	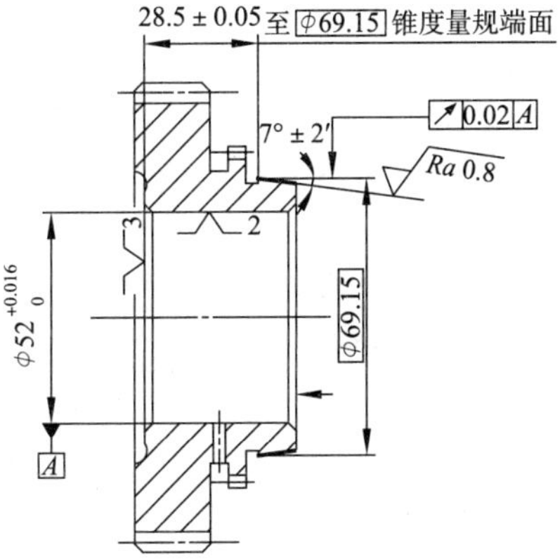 28.5 ± 0.05 至 $\phi 69.15$ 锥度量规端面；7° ± 2′；0.02 A；Ra 0.8；$\phi 52_{0}^{+0.016}$；$\phi 69.15$；A	外圆磨床 MBA1632
130		清铣		清洗机
135		总检		
		涂油包装		

项目总结

盘类零件加工时通常以内孔、端面定位或外圆、端面定位、使用专用心轴或卡盘装夹工件。盘形齿轮属于盘类零件，是盘盖类零件中较为复杂的零件。

1. 轮齿的加工方法

常用的齿轮加工方法有两种。

(1)成形法。铣制时，工件安装在铣床的分度头上，用一定模数的盘状(或指状)铣刀对齿轮齿间进行铣削。当加工完一个齿间后，进行分度，再铣下一个齿间。所用设备简单、刀具成本低、生产率低、加工齿轮的精度低。齿轮的齿廓形状决定于基圆的大小

(与齿轮的齿数有关)。用成形法铣齿轮所需运动简单,无须专门的机床,但要用分度头分度,生产效率低。这种方法一般用于单件小批量生产低精度的齿轮。

(2)范成法又称展成法。它是利用齿轮的啮合原理切削轮齿齿廓。这种方法加工齿轮精度较高,是目前轮齿加工的主要方法。范成法种类很多,有插齿、滚齿、剃齿、磨齿等,其中最常用的是插齿和滚齿,剃齿和磨齿则用于精度和表面结构要求较高的场合。

2. 常用的齿轮加工方法比较

铣齿是用齿形铣刀加工齿面,模数 $m \leq 8$ 用盘状铣刀;$m>8$ 用指状铣刀。精度低,为IT9 级精度,Ra6. 3~3. 2 μm,生产率低,不需要专用设备,铣刀简单,价格低,用在单件或修配生产、低精度齿轮;滚齿通用性好,可加工模数和压力角相同的直齿轮、斜齿轮、蜗轮。精度为 IT8~IT7 级,Ra3. 2~1. 6 μm,生产率高,应用广;插齿加工应用也广,用在加工直齿轮、多联齿轮、内齿轮,扇形齿轮、齿条。精度 IT7~IT8 级,Ra1. 6 μm。由于是往复运动,有空行程,刚度差,生产率较低,多用于中小模数齿轮的加工。运动多,传动链复杂,切向误差大,传递运动准确性比滚齿低。插齿刀制造刃磨方便,精确,齿形误差小,传递运动平稳性比滚齿高。往复频繁,导轨磨损,刀具刚性差,齿向误差大,承受载荷均匀性比滚齿差,轮齿被切削的次数多,即包络线多,插齿齿面粗糙度 Ra 值较小;剃齿加工时,剃齿刀高速正反转,带工件自由对滚,相对滑移,剃下切屑。精度可达 IT7~IT6 级,Ra0. 8~0. 2 μm,生产率高,机床结构简单,操作方便,刀具耐用度高,刀具昂贵,修磨难,用在成批大量生产未淬硬齿轮精加工。由于无强制展成运动,对传递运动准确性提高不多或无法提高,对传动平稳性和承载均匀性都有较大提高,齿面粗糙度值较小;剃前齿形加工,以滚齿为好。珩齿与剃齿相似,珩磨轮为磨料与环氧树脂等材料混合浇铸或热压成斜齿轮,珩磨轮带动齿轮高速正反转,对传递运动平稳性误差的修正能力较强,对传递运动准确性误差修正能力较差,对承受载荷均匀性误差有一定的修正能力。表面粗糙度为 Ra0. 8~0. 2 μm,不烧伤,表面质量好,用在成批大量中淬火后齿形的精加工,精度 IT7~IT6 级;磨齿属于高精度齿面加工,精度 IT6~IT4 级,最高 IT3 级,Ra0. 8~0. 2 μm,可磨淬硬齿面。

3. 轮齿加工精度分析

轮齿精度主要和运动精度、平稳性精度、接触精度有关。滚齿是用展成法原理加工齿轮的,从刀具到齿坯间的分齿传动链要按一定的传动比关系保持运动的精确性,但是这些传动链是由一系列传动元件组成的。它们的制造和装配误差在传递运动过程中必然要集中反映到传动链的末端零件上,产生相对运动的不均匀性,影响轮齿的加工精度。公法线长度变动是反映齿轮轮齿分布不均匀的最大误差,这个误差主要是滚齿机工作台蜗轮副回转精度不均匀造成的,还有滚齿机工作台圆形导轨磨损、分度蜗轮与工作台圆形导轨不同轴造成,再者分齿挂轮齿面有严重磕碰或挂轮时啮合太松或太紧也会影响公法线变动超差。齿形加工前的齿坯在整个齿轮加工中占有重要地位。

思考与练习题

延伸阅读

牛顿与科学发现

5.1 齿轮加工存在哪些加工原理误差？

5.2 多选题：

1. 在插齿机不增加附件的条件下，插齿可加工的齿轮类型有(　　)。

A. 直齿圆柱齿轮　B. 螺旋齿圆柱齿轮　C. 相距较近的多联齿轮

D. 内齿轮　E. 蜗轮　F. 齿轮轴

2. 在插齿机上能完成(　　)零件上齿面的加工。

A. 直齿圆柱齿轮　B. 花键轴　C. 多联齿轮

D. 内齿轮　E. 蜗轮

3. 在滚齿机上能完成(　　)零件上齿面的加工。

A. 斜齿圆柱齿轮　B. 花键轴　C. 多联齿轮

D. 人字齿轮　E. 蜗轮

4. 下列加工方法中，不能加工淬硬齿轮的是(　　)。

A. 珩轮珩齿　B. 指状铣刀铣齿

C. 盘状铣刀铣齿　D. 滚齿刀滚齿

5. 下列加工方法中，属于展成法加工齿轮齿形的是(　　)。

A. 珩轮珩齿　B. 指状铣刀铣齿

C. 盘状铣刀铣齿　D. 滚齿刀滚齿

5.3 判断题：

1. 选择齿轮滚刀时，只需根据被切齿轮的模数和压力角选择即可，而不要像选择齿轮铣刀那样，还要考虑被切齿轮的齿数。(　　)

2. 插齿也应根据被切齿轮的模数、压力角和齿数来选择。(　　)

3. 剃齿相当于一对直齿圆柱齿轮传动，是一种“自由啮合”的展成法加工。(　　)

4. 剃齿主要提高齿形和齿向精度但不能修正分齿误差，其分齿精度应由前工序保证。(　　)

5. 珩齿主要用于加工滚齿或插齿后未经淬火的圆柱齿轮。(　　)

6. 磨齿既适用于可加工未经淬硬的高精度轮齿，又用于加工淬硬的轮齿。(　　)

5.4 单选题：

1. 最常用的齿轮齿廓曲线是(　　)。

A. 圆弧线　B. 摆线　C. 梯形线　D. 渐开线

2. 4 号齿轮铣刀用以铣削 21～25 齿数范围的齿轮，该铣刀的齿形是按(　　)齿数的齿形设计制作的。

A. 21　B. 22　C. 23　D. 24 或 25

3. 下列加工方法中，能加工淬硬齿轮的为(　　)。

A. 珩轮珩齿　B. 指状铣刀铣齿　C. 盘状铣刀铣齿　D. 滚齿刀滚齿

4. 属于展成法加工不淬硬圆柱齿轮齿形的加工工艺有(　　)。

A. 滚齿　B. 磨齿　C. 铣齿　D. 拉齿

5. 当齿轮要求强度高，耐磨和耐冲击时，其毛坯常选用(　　)。

A. 铸件　B. 棒料　C. 焊接件　D. 锻件

5.5 按加工原理不同，齿轮齿形加工分为哪两大类？

5.6 为什么在铣床上铣齿的精度和生产率均较低？它适用于什么场合？

5.7 插齿和滚齿各适用于加工何种齿轮？

5.8 精加工齿形有哪几种方法？各有什么特点？

5.9 举例说明在齿轮加工中，如何使用基准统一原则。

5.10 加工 IT7～IT6 级精度的齿面淬硬齿轮，简述常用齿形加工方案。

5.11 简述齿轮加工中安排的两种热处理工序及其目的。

5.12 简述 IT5 级精度以上的齿面淬硬齿轮，常用的齿形加工方案。

5.13 试写出成批生产图 5-6 所示零件机械加工工艺过程（从工序到工步），并指出各工序的定位基准。

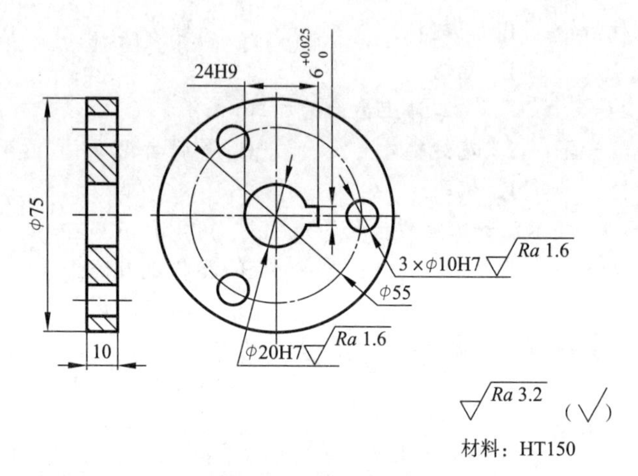

图 5-6　题 5.13 图

项目六 减速器装配工艺设计

教学重点

知识要点	素养培养	相关知识	学习目标
装配的概念；互换装配法；选配装配法；修配装配法；调整装配法；减速器的装配工艺安排	在减速器的装配工艺设计中，强调要通过分析，精心设计装配工艺，注重细节，要有一丝不苟的工作态度，以工匠之心，铸造强国。同样机器中的每个零件，就像社会中每个人一样，只有团结协作，才能推动社会进步和国家的繁荣富强	机器装配的基本概念；装配工艺规程的制订；机械结构的装配工艺性；保证装配精度的装配方法	明确装配解决的问题，掌握四种装配方法的基本原理及应用范围，了解装配工艺规程制定内容，掌握装配工艺文件的整理和编写要求

项目说明

一部机械产品往往由多个甚至成千上万个零件组成，装配就是把加工好的零件按一定的顺序和技术连接到一起，成为一部完整的机械产品，并且可靠地实现产品设计的功能。装配处于产品制造所必需的最后阶段，产品的质量（从产品设计、零件制造到产品装配）最终通过装配得到保证和检验。因此，装配是决定产品质量的关键环节。通过本项目的学习，采用有效的方法，拟定减速器的装配工艺。要实现这些达成度，需要先完成如下任务。

任务一　了解获得装配精度的方法

任务描述

减速器中各零件加工制造好了，怎么安装可以得到性能优良的减速器？装配工艺怎么编制？通过本任务的学习，了解装配的概念及装配方法。

视频

减速器

任务实施

一、机械装配基本概念

任何产品都由若干个零件组成。为保证有效地组织装配，必须将产品分解为若干个能进行独立装配的装配单元。

零件是组成产品的最小单元，它由整块金属（或其他材料）制成。机械装配中，一般先将零件装成套件、组件和部件，然后再装配成产品。

套件是在一个基准零件上，装上一个或若干个零件而构成，它是最小的装配单元。套件中唯一的基准零件是为连接相关零件和确定各零件的相对位置的基准。为套件而进行的装配称套装。套件主要因工艺或材料问题,分成零件制造,但在以后的装配中可作为一个零件,不再分开,如双联齿轮。

组件是在一个基准零件上,装上若干套件及零件而构成的装配单元。组件中只有唯一的基准零件用于连接相关零件和套件,并确定它们的相对位置。为形成组件而进行的装配称为组装。组件中可以没有套件,即由一个基准零件加若干零件组成,它与套件的区别在于组件在以后的装配中可拆。如机床主轴箱中的主轴组件。

部件是在一个基准零件上,装上若干组件、套件和零件而构成。部件中也只有唯一的基准零件用来连接各个组件、套件和零件。并决定它们之间的相对位置。为形成部件而进行的装配称为部装。部件在产品中能完成一定的完整的功用。如机床中的主轴箱和机床中的减速器。

在一个基准零件上,装上若干部件、组件、套件和零件就成为整个产品。同样一部产品中只有一个基准零件,作用与上述相同。为形成产品的装配称为总装。如卧式车床便是以床身作基准零件,装上主轴箱、进给箱、溜板箱等部件及其他组件、套件、零件构成。

按规定的技术要求,将零件、组件和部件进行配合和连接,使之成为半成品或成品的工艺过程称为装配。装配是机械制造中的后期工作,是决定产品质量的关键环节。

二、机械获得装配精度的装配方法

一台机器所能达到的装配精度既与零部件的加工质量有关,又与装配方法有关。生产中经常采用互换法、选配法、修配法、调整法四种保证装配精度的方法。

(一)互换法

所谓互换法,是指在装配过程中,参与装配的零件经过互换后仍能达到装配精度要求的装配方法,其实质就是通过控制零件的加工精度来保证产品的装配精度,因而产品的装配精度主要取决于零件的加工精度。

根据参与装配的零件的互换程度的不同,互换法可以分为完全互换法装配(又称极值互换法装配)和大数互换法装配(又称概率互换法装配)。

1. 完全互换法(极值互换法装配)

完全互换法是指在产品的装配过程中,参与装配的每个零件不需要经过选择、修配或调节,装配后即可达到装配精度的一种装配方法,此时的装配尺寸链计算采用极值法计算。在此情况下,尺寸链各组成环公差之和应小于或等于封闭环公差(即装配精度)

$$\sum_{i=1}^{n-1} T_i \leqslant T_0 \tag{6-1}$$

式中,n 表示包括封闭环在内的总环数;T_0 表示封闭环公差;T_i 表示组成环公差。

当进行装配尺寸链的反计算时,可以按照“等公差法”或“相同精度等级法”进行,其中常用的是“等公差法”。“等公差法”是按各组成环公差相等的原则先求出组成环的平均公差,之后根据各组成环的尺寸大小和加工的难易程度,将各组成环的公差按以下方法作适当调整。封闭环公差的分配方法如下:

(1)当组成环是标准尺寸时(如轴承宽度、挡圈的厚度等),其公差大小和分布位置为确定值。

(2)某一组成环是不同装配尺寸链公共环时,其公差大小和位置根据对其精度要求最严的那个尺寸链确定。

(3)在确定各待定组成环公差大小时，可根据具体情况选用不同的公差分配方法，如等公差法，等精度法或按实际加工可能性分配法等。

(4)各组成环公差带位置按“入体原则”标注，但要保留一环作“协调环”，协调环公差带的位置由装配尺寸链确定。协调环通常选易于制造并可用通用量具测量的尺寸。

【例 6-1】 图 6-1 所示为齿轮与轴的部件装配图，要保证齿轮与挡圈间轴向间隙为 0.1~0.35 mm。已知 $A_1=35$ mm、$A_2=5$ mm、$A_3=48$mm、$A_4=3_{-0.05}^{0}$ mm(标准件)、$A_5=5$ mm，想采用完全互换法装配，试确定各组成环的公差。

解

(1)画装配尺寸链图，判断增环、减环及校验各环基本尺寸。

根据轴和齿轮的装配要求，可以确定装配精度为本装配图中的封闭环。

$A_0=0_{+0.1}^{+0.35}$ mm，故公差为 0.25 mm，据此判断 A_3 为增环，A_1、A_2、A_4 及 A_5 为减环。

对封闭环基本尺寸作如下校验：$A_0=48-35-5-3-5=0$(mm)。

由此可知各组成环基本尺寸合适。

(2)确定协调环。由于挡圈 A_5 易于加工，成本相对低廉且对尺寸的测量较为方便，据此选择 A_5 为协调环。

(3)确定各组成环公差及极限偏差。按照“等公差法”原则分配各组成环的公差为

$$T_M=\frac{T_0}{n-1}=\frac{0.25}{6-1}=0.05(\text{mm})$$

对各组成环的公差调整如下：轴端挡圈为标准件，不做调整，$A_1=35_{-0.06}^{0}$ mm，$A_2=5_{-0.02}^{0}$ mm，$A_3=48_{0}^{+0.1}$ mm，$A_4=3_{-0.05}^{0}$ mm。

(4)计算协调环公差和极限偏差：

协调环的公差值 $T_5=T_0-(T_1+T_2+T_3+T_4)=0.25-(0.06+0.02+0.1+0.05)=0.02$(mm)。

协调环的下极限偏差计算：$\mathrm{ES}_0=\mathrm{ES}_3-\mathrm{EI}_1-\mathrm{EI}_2-\mathrm{EI}_4-\mathrm{EI}_5$

$\mathrm{EI}_5=\mathrm{ES}_3-\mathrm{EI}_1-\mathrm{EI}_2-\mathrm{EI}_4-\mathrm{ES}_0=0.1-(-0.06)-(-0.02)-(-0.05)-0.35=-0.12$(mm)。

协调环的上极限偏差计算：$\mathrm{EI}_0=\mathrm{EI}_3-\mathrm{ES}_1-\mathrm{ES}_2-\mathrm{ES}_4-\mathrm{ES}_5$

$\mathrm{ES}_5=\mathrm{EI}_3-\mathrm{ES}_1-\mathrm{ES}_2-\mathrm{ES}_4-\mathrm{EI}_0=0-0-0-0-(0.1)=-0.1$(mm)。

可得到各组成环的尺寸为：$A_1=35_{-0.06}^{0}$ mm，$A_2=5_{-0.02}^{0}$ mm，$A_3=48_{0}^{+0.1}$ mm，$A_4=3_{-0.05}^{0}$ mm，$A_5=0.02_{-0.12}^{-0.1}$ mm，如图 6-2 所示。

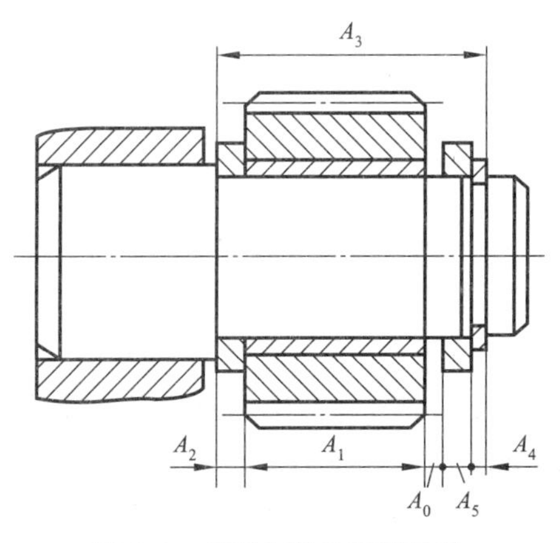

图 6-1　齿轮与轴的装配关系

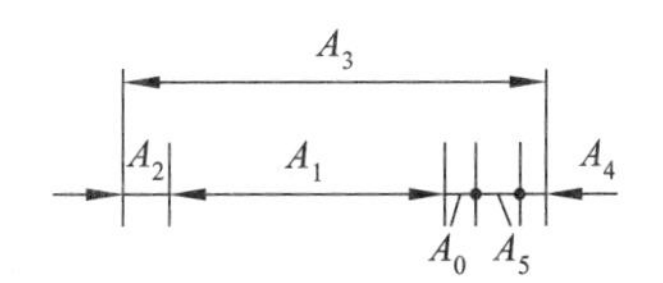

图 6-2　齿轮与轴的装配尺寸链图

2. **大数互换法**(概率互换法装配)

由数理统计基本原理可知:在一个稳定的工艺系统中进行成批或大量生产时,零件加工尺寸出现极值的可能性极小,而在装配时所有增环同时接近最大(最小)且所有减环同时接近最小(最大)的可能性也极小,此种情况可以忽略不计。

完全互换法装配是以提高零件加工精度为代价来换取装配过程的简便,这是不经济的,也是不应该的。在绝大多数产品的装配中,装配时各组成环零件不经挑选或改变其大小、位置,装入后即能达到装配精度要求的方法称为大数互换法装配(概率互换法装配)。该方法的实质是放宽各组成环的制造公差,以利于零件处于经济加工精度,其装配特点与完全互换装配法相同。但由于零件规定的制造公差要比完全互换装配法大一些,从而产生少数不合格产品。但从降低零件制造成本和装配组织的合理性来讲,这是合理和可行的。采用大数互换法装配时,装配尺寸链采用统计公差公式(概率法)计算。

由概率论原理可知,当各组成环的尺寸均按正态分布时,则各组成环均方根偏差与封闭环的均方根偏差(平均差)的关系式为

$$T_0 = \sum_{i=1}^{n-1} T_i^2 \tag{6-2}$$

显然,这比极值法分配的公差要宽,降低了制造成本,但有可能带来一些不合格的装配制品。为处理这些废品,也需要一定的费用。因此,必要时要进行经济核算。

在大批大量生产中,当装配精度要求很高而组成环数目又较少时,如果采用互换法装配,势必要提高零件的加工精度,造成加工困难和成本增加,甚至超过加工工艺现实的可能。例如,对发动机活塞与缸套、滚动轴承内外圈与滚动体的配合、柴油机喷油泵高压柱塞副等零件的加工,就不宜单纯靠提高零件加工精度的方法,而应该采用选配法来保证装配精度。

(二)选配法

所谓选配法装配,是指将尺寸链中组成环的公差放大到经济可行的程度,使高精度的零件可以按经济精度进行加工,然后选择合适的零件进行装配,以达到保证装配精度的方法。选配法装配一般分为直接选择装配法、分组装配法和复合选配法三种。

1. 直接选择装配法

直接选择装配法是由装配工人凭借经验,直接挑选合适的零件进行装配。

优点是能达到很高的装配精度,缺点是装配精度依赖于装配工人的技术水平和经验、装配的时间不易控制,因此不宜用于生产节拍要求严格的大批量生产装配中。

例如,发动机活塞与活塞环的装配常采用这种方法。装配时,工人将活塞环装入活塞环槽内,凭手感判断其间隙是否合适,如不合适,则重新挑选活塞环,直到合适为止。

2. 分组装配法

将组成环公差按完全互换法求得后,放大 n 倍,使之达到经济公差的数值。然后,按此数值加工零件,再将加工所得的零件按尺寸大小分成 n 组,考虑测量、分组费时麻烦,通常,分组数 $n=4\sim5$。最后,将对应组的零件装配在一起。分组装配法是指在大批量生产中,将产品的各配合副的零件按实测尺寸进行分组,装配时按照分组进行互换装配以达到装配精度的方法。分组装配法可以降低对组成环的加工精度要求而不降低装配精度,但却增加了对所有加工零件的测量、分组和配套工作,因此当组成环的数目较多时,此种装配就变得非常繁杂,故分组装配法适用于成批或大量生产中装配精度要求很高且尺寸链

组成环数目较少的情况。例如,滚动轴承的装配、活塞与活塞销的装配等就常用分组装配法。

【例 6-2】　图 6-3 所示活塞与活塞销在冷态装配时,要求有 0.0025~0.0075 mm 的过盈量。若活塞销孔与活塞销直径的公称尺寸为 28 mm,加工经济公差为 0.01 mm。现采用分组选配法进行装配,试确定活塞销孔与活塞销直径分组数目和分组尺寸。

解

(1)建立装配尺寸链,如图 6-4 所示。

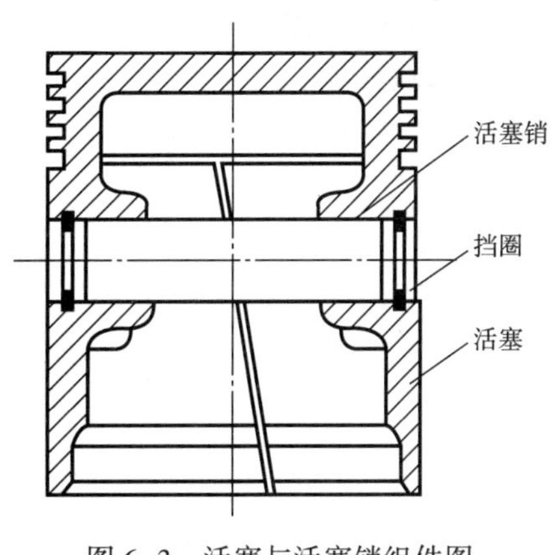

图 6-3　活塞与活塞销组件图

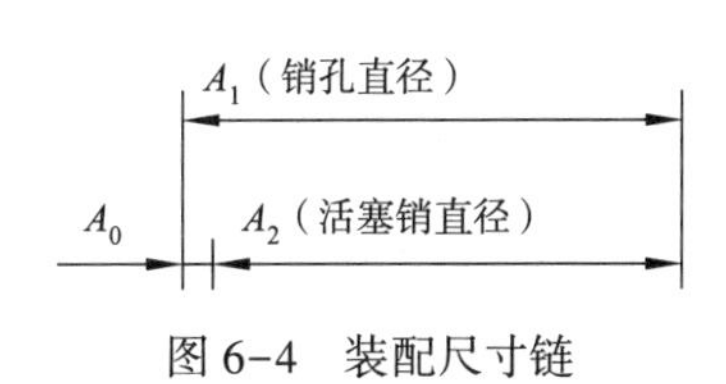

图 6-4　装配尺寸链

(2)确定分组数:组成环的公差为 0.002 5 mm,经济公差为 0.01 mm,可确定分组数为 4。

(3)确定各尺寸:若活塞销直径定为$A_1=\phi 28_{-0.01}^{\ 0}$ mm,将其分为 4 组,分解图 6-4 所示尺寸链,第一组活塞销的尺寸为 $A_{11}=\phi 28_{-0.0025}^{\ 0}$ mm,为减环,活塞销孔 A_{21} 为增环,封闭环为 $A_{01}=\phi 28_{\ 0.0075}^{-0.0025}$ mm,则按极值法求得活塞销孔的基本尺寸 $A_{21}=A_{11}-A_{01}=28$;

$A_{01ES}=A_{21ES}-A_{11EI}$,则 $A_{21ES}=A_{01ES}+A_{01EI}$,即 $A_{21ES}=-0.025-0.025=-0.050$;

$A_{01EI}=A_{21EI}-A_{11ES}$,则 $A_{21EI}=A_{01EI}+A_{01ES}$,即 $A_{21EI}=-0.075+0=-0.075$。

同理可求得,其他三组的尺寸,得到活塞销孔与之对应的分组尺寸见表 6-1。

表 6-1　活塞销孔与之对应的分组尺寸

组号	1	2	3	4
活塞销直径	$\phi 28_{-0.002\,5}^{\ 0}$	$\phi 28_{-0.005}^{-0.002\,5}$	$\phi 28_{-0.007\,5}^{-0.005}$	$\phi 28_{-0.001}^{-0.007\,5}$
活塞销孔直径	$\phi 28_{-0.007\,5}^{-0.005}$	$\phi 28_{-0.01}^{-0.007\,5}$	$\phi 28_{-0.012\,5}^{-0.01}$	$\phi 28_{-0.015}^{-0.012\,5}$

3. 复合选配法

复合选配法是上述两种方法的复合,即零件预先测量分组,装配时在对应各组中凭工人经验直接选配。这一方法的实质仍是直接选配法,只是通过分组缩小了选配范围,提高了工人的选配速度,能满足一定的装配节拍要求。此外,该方法具有相配零件公差可以不相等,公差放大倍数可以不相同,装配质量高等优点。如:发动机气缸与活塞的装配多采用这一方法。

(三)修配法

在成批生产中,当装配精度要求较高,组成环又较多时,若用互换法装配,则对组成环的公差要求过严,从而影响加工经济性。若用分组装配法,又因环数多使得测量、分组工作变得复杂。而在单件小批生产中,采用分组法装配又因零件生产数量少、种类多而难以分组。这时,常采用修配法装配来保证装配精度的要求。修配法装配是将尺寸链中各组成环的公差按经济精度来规定制造公差,进行加工,选其中的某一待装零件上的装配平面预留一定的余量,装配时,有时封闭环会超差,为达到要求的装配精度,修去选定零件上预留的修配余量,使封闭环达到其公差与极限偏差的要求。相对于互换法装配的公差增大,预先选定的这个组成环称为修配环(又称补偿环),它是用来补偿其他组成环由于公差放大后所产生的累积误差。由于修配法装配是逐个修配,所以零件之间不能互换。

修配法装配通常采用极值公差公式计算。

1. 修配法种类

1)单件修配法

在多环尺寸链中,预先选定某一固定的零件作修配件,装配时对其进行修配以保证装配精度。如图6-5所示,选尾座底板3作为下参配件。

2)合并修配法

将两个或两个以上零件合并为一个环作为修配环进行修配的方法。它减少了组成环的数目,扩大了组成环的公差。注意:此方法只适合单件小批量生产。例如,在车床的装配中,为了减少总装时对尾座底板的刮研量,一般先把尾座和底板的配合面分别加工好,并配刮横向小导轨,再把两零件装配为一体,然后以底板的底面为定位基准,镗削尾座套筒孔,直接控制尾座套筒孔至底板底面的尺寸,这样组成环 A_2、A_3 合并成一个环 A_{23},使原三个组成环减为两个,达到减少环数的目的。

3)自身加工修配法

又称"就地加工"修配法。在机床制造中,由于机床本身具有切削加工的能力,装配时可自己加工自己来保证某些装配精度,即自身加工修配法。利用在车床主轴上安装的镗刀,镗削尾架上的安装孔。主轴轴线与尾架上孔轴线的同轴度就很容易保证。

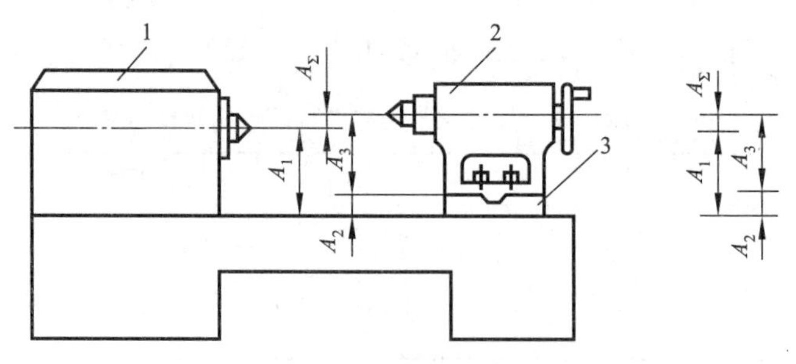

图6-5　车床的装配

修配环的选择一般应满足下列要求:便于装拆;形状简单,修配面小,修配方便;不应为公共环。公共环是指那些同属于几个尺寸链的组成环,它的尺寸变化会引起其他几个尺寸链中封闭环的变化。

2. 修配环尺寸与偏差的确定

确定修配环尺寸与偏差的原则是在保证装配精度的前提下,使修配量足够且最小。采用修配法进行装配时，由于各组成环（包括修配环）的公差放大到经济精度进行加工，故各组成环公差的累积误差即封闭环的实际公差将超过规定的封闭环公差。修配法在零件加工时，应留有一定的修配量，采用修配法装配必须合理确定修配环的预加工尺寸。如何确定修配环修配之前的尺寸和公差带，是修配法求解尺寸链的关键问题，一般采用极值法确定。根据对装配环的影响分两种情况考虑：一种是使封闭环变小；另一种是使封闭环变大的，确保修配环有余量可修，能够通过修配工作达到装配精度要求。

（四）调整法

在结构设计中，选择或增加一个与装配精度要求有关的零件作为调整零件，装配时通过调节或选用尺寸合适的调整件，来达到装配精度要求。

调节装配法与修配法相似，尺寸链各组成环按经济精度加工，由此引起的封闭环超差，通过调节某一零件的位置或对某一组成环（调节环）的更换来补偿。常用的调节法有三种：可动调节法、固定调节法和误差抵消调节法。

1. 固定调节法

在装配尺寸链中，选择某一零件为调整件，根据各组成环所形成的累积误差大小来更换不同尺寸的调整件，以保证装配精度的方法即为固定调整法。常用的调整件有轴套、垫片、垫圈等。调整件是按一定尺寸间隔级别预先制成的若干组专门零件，根据装配需要，选用其中的某一级别零件来作装配误差补偿。

采用固定调整法装配时要处理好三个问题：

（1）选择合适的调整范围。

（2）确定调整件的合理分组。

（3）确定每组调整件的尺寸。

2. 误差补偿调节法

在装配时，根据尺寸链中某些组成环误差的方向作定向装配，使各组成环的误差方向合理配置，以达到互相抵消的目的。这种方法在机床装配中应用较多，如装配机床主轴时，通过调整前后轴承的径向圆跳动方向来控制主轴锥孔的径向跳动；在滚齿机工作台分度蜗轮的装配中，采用调整两者偏心方向来抵消误差，提高装配精度。

3. 可动调整法

可动调整法是采用改变调整件的位置来保证装配精度的方法。可动调整法不仅装配方便，并可获得比较高的装配精度，而且也可以通过调整件来补偿由于磨损、热变形所引起的误差，使产品恢复原有的精度。

综上所述，调整法装配的主要优点是参与装配的组成环均能以加工经济精度制造，但却可以获得较高的装配精度，而且装配效率比修配法高；其缺点是要增加一定的零件数及要求较高的调整技术。

任务二　减速器的装配工艺制定

通过本任务的学习，试编制图 6-6 所示减速器的装配工艺。

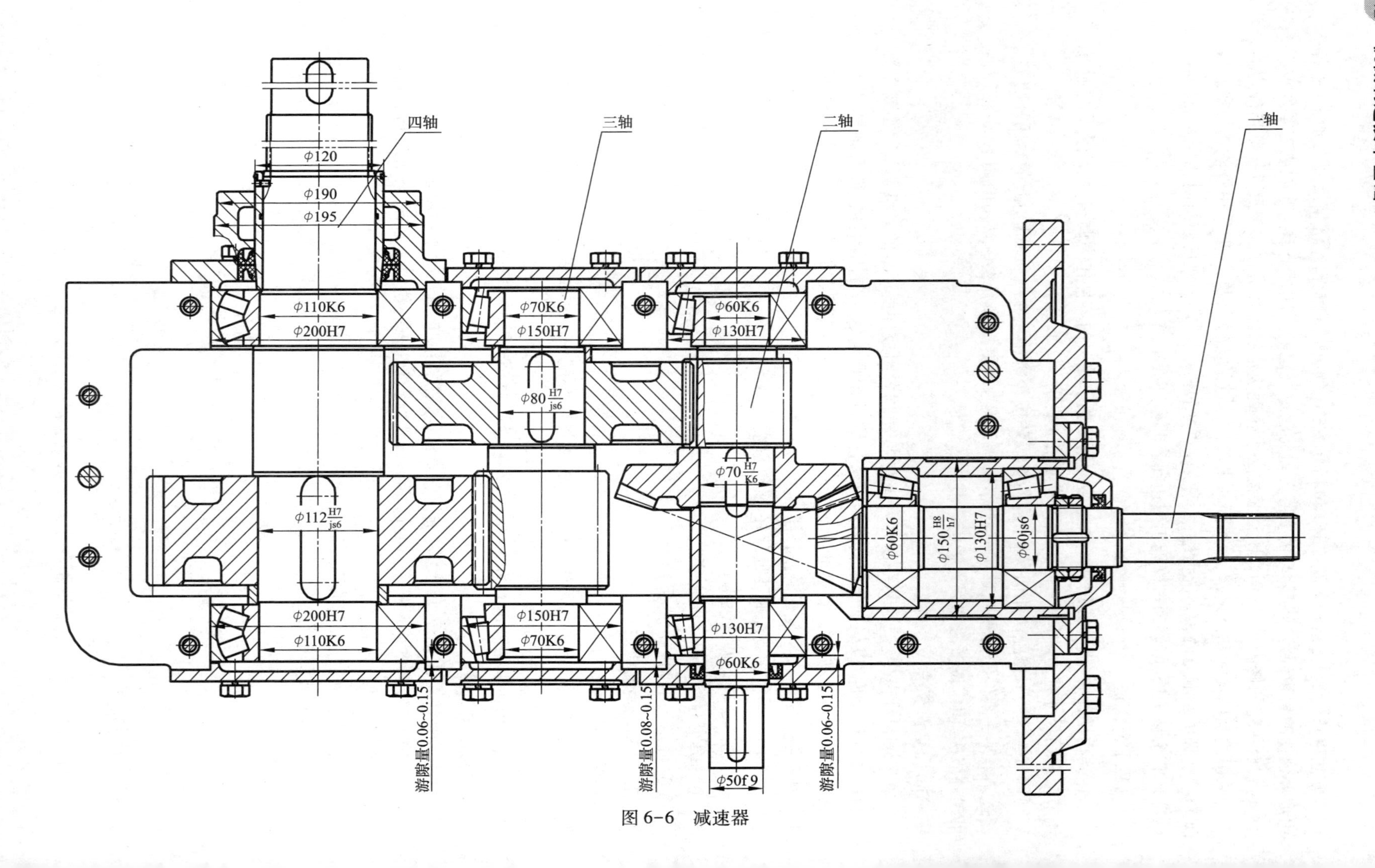

四轴
三轴
二轴
一轴
φ120
φ190
φ195
φ110K6
φ200H7
φ70K6
φ150H7
φ60K6
φ130H7
φ80 H7/js6
φ70 H7/K6
φ112 H7/js6
φ60K6
φ150 H8/h7
φ130H7
φ60js6
φ200H7
φ110K6
φ150H7
φ70K6
φ130H7
φ60K6
φ50f9
游隙量0.06~0.15
游隙量0.08~0.15
游隙量0.06~0.15

图 6-6 减速器

任务实施

拟定减速器的装配工艺

(一)机械装配基本工作内容

1. 清洗

主要目的是去除零件表面或部件中的油污及机械杂质。

2. 连接

在装配工作中,有大量的连接工作。装配中的连接方式往往有两类:可拆连接和不可拆连接。可拆连接指在装配后可方便拆卸而不会导致任何零件的损坏,拆卸后还可方便地重装。如螺纹连接、键连接等。不可拆连接指装配后一般不再拆卸,若拆卸往往损坏其中的某些零件。如焊接、铆接等。

3. 调整

包含平衡、校正、配作等。平衡指对产品中旋转零、部件进行平衡,包括静平衡和动平衡,以防止产品使用中出现振动。一般对直径大、长度小的零件(如飞轮、带轮)只进行静平衡;对长度大、转速较高的零件还需进行动平衡,如曲轴、电动机转子等。校正指产品中各相关零、部件间找正相互位置,并通过适当的调整方法,达到装配精度要求。配作指两个零件装配后固定其相互位置的加工,如配钻、配铰等。亦有为改善两零件表面结合精度的加工,如配刮、配研及配磨等。配作一般需与校正调整工作结合进行。

4. 检验和实验

产品装配完毕,应根据有关技术标准和规定,对产品进行较全面的检验和实验工作,合格后方准出厂。

装配工作除上述内容外,还有油漆、包装等。

(二)机械装配精度

1. 装配精度内涵

装配精度指产品装配后几何参数实际达到的精度。一般包含如下内容。

(1)尺寸精度。指相关零、部件间的距离精度及配合精度。如某一装配体中有关零件间的间隙;相配合零件间的过盈量;卧式车床前后面顶尖对床身导轨的等高度等。

(2)位置精度。指相关零件的平行度、垂直度、同轴度等,如卧式铣床刀轴与工作台面的平行度;立式钻床主轴对工作台面的垂直度;车床主轴前后轴承的同轴度等。

(3)相对运动精度。指产品中有相对运动的零、部件间在运动方向及速度上的精度。如滚齿机垂直进给运动和工作台旋转中心的平行度;车床拖板移动相对于主轴轴线的垂直度;车床进给箱的传动精度等。

(4)接触精度。指产品中两配合表面、接触表面和连接表面间达到规定的接触面积大小和接触点的分布情况。如齿轮啮合、锥体配合以及导轨之间的接触精度等。

2. 影响装配精度的因素

机械产品及其部件均由零件组成。各相关零件误差的累积将反映于装配精度。因此,产品的装配精度首先受到零件(特别是关键零件)加工精度的影响;零件间的配合与接触质量也会影响整个产品的精度、刚度、抗振性和寿命等,因此,提高零件间配合面的接触刚度亦有利于提高产品装配精度。另外,零件在加工和装配中因力、热、内应力等所引起的变形对装配精度也会产生很大的影响;旋转零件的不平衡也会对装配精度及整机的性能产生很大的影响。无疑,零件精度是影响产品装配精度的首要因素。在批量生产中,零件的一致性不好,装配精度就不易保证,同时增加了装配工作量。而产品装配中装配方法的选用对装配精度也有很大的影响,尤其是在单件小批量生产及装配要求较高时,仅采用提高零件加工精度的方法往往不经济和不易满足装配要求而通过装配中的选配、调整和修配等手段(合适的装配方法)来保证装配精度非常重要。

总之,机械产品的装配精度依靠相关零件的加工精度和合理的装配方法共同保证。

(三)编制装配工艺规程的原则及步骤

1. 编制装配工艺规程的原则

(1)保证产品装配质量。

(2)提高装配生产率。

(3)降低装配成本。

2. 编制装配工艺规程的内容和步骤

(1)划分装配单元,明确装配方法。

(2)规定所有零、部件的装配顺序。

(3)划分装配工序,确定装配工序内容。

(4)确定工人的技术等级和时间定额。

(5)确定各装配工序的技术要求、质量检验方法和工具。

(6)确定装配时零部件的输送方法及需要的设备、工具。

(7)选择和设计装配过程中所需的工具、夹具和专用设备。

(四)拟定某减速器的装配方案

编制装配工艺规程的注意事项:

(1)“预处理工序”先行。

(2)“先下后上”。

(3)“先内后外”。

(4)“先难后易”。

(5)“先重大后轻小”。

(6)“先精密后一般”。

(7)安排必要的检验工序。

(8)电线、液压油管、润滑油管的安装不能遗忘。

编制的减速器装配工艺过程卡见表6-2。

表 6-2　减速器的装配工艺过程卡

	机械装配工艺过程卡	产品型号	××	零部件图号			
		产品名称	××	零部件名称	减速器	共 3 页	第 1 页

工序号	工序名称	工序内容	车间	设备	工艺装备	工时
10	清洗	清洗箱体内外表面的浮砂、油污，去除毛刺、尖角。清洗所装轴承，并涂上润滑油，然后摆放整齐，待装配。清洗所装齿轮内外表面油污，摆放整齐，待装配	装配	空压机	钢丝刷、毛刺、手锤、冲子、橡胶托盘	
20	组装	分组件四轴装配：四轴为基准，依次装入键、齿轮、隔套、两侧分别装入轴承	装配	压力机	吊钩、尼龙绳、手锤、铜锤、轴承压套、压头	
30	组装	分组件三轴装配：三轴为基准，依次装入键、齿轮、隔套、两侧分别装入轴承内圈	装配	压力机	吊钩、尼龙绳、手锤、铜锤、轴承压套、压头	
40	组装	分组件二轴装配：二轴为基准，依次装入键、锥齿轮、套筒、两侧分别装入轴承内圈	装配	压力机	吊钩、尼龙绳、手锤、铜锤、轴承压套、压头	
50	组装	分组件装配：轴承套与轴承外圈的装配。 1. 用专用量具分别检验轴承套孔与轴承外圈尺寸； 2. 在配合面上涂上机油； 3. 以轴承套为基准，将轴承外圈分别压入孔内	装配	压力机、塞规、卡板	轴承压套、压头	

								设计（日期）	审核（日期）	标准化（日期）	会签（日期）	
标记	处数	更改文件号	签字	日期								

续上表

	机械装配工艺过程卡	产品型号	××	零部件图号		
		产品名称	××	零部件名称	减速器	共3页　第2页
工序号	工序名称	工序内容	车间	设备	工艺装备	工时
60	组装	1. 轴承套组件装配； 2. 在配合面上涂油，将左侧轴承内圈压装在轴上； 3. 以锥齿轮轴为基准，将轴承套组件套装在轴上； 4. 在配合面上涂油，将右侧轴承内圈压装在轴上； 5. 装入调节螺母、止动垫片、防松螺母	装配	压力机	轴承压套、压头	
70	装配	以下箱体为基准，装入四轴组件，将两个轴承装入箱体ϕ200孔中	装配	行车	吊钩、尼龙绳、手锤、铜锤	
80	装配	以下箱体和四轴为基准，装入三轴组件，套上轴承外圈，将两个轴承装入箱体ϕ150孔中	装配	行车	吊钩、尼龙绳、手锤、铜锤	
90	装配	以下箱体和三轴为基准，装入二轴组件，套上轴承外圈，将两个轴承装入箱体ϕ130孔中	装配	行车	吊钩、尼龙绳、手锤、铜锤	
100	装配	以下箱体和二轴为基准，装入一轴组件，套上轴承外圈	装配	行车	吊钩、尼龙绳、手锤、铜锤	
110	装配	用两个定位销和4个M16×45、2个M16×120及8个M16×260螺栓将上箱体安装在对应位置，接合面放入垫片	装配	行车	吊钩、钢丝绳、手锤、铜锤、扳手	

								设计（日期）	审核（日期）	标准化（日期）	会签（日期）	
标记	处数	更改文件号	签字	日期								

续上表

	机械装配工艺过程卡	产品型号	××	零部件图号		
		产品名称	××	零部件名称	减速器	共 3 页　第 3 页
工序号	工序名称	工序内容	车间	设备	工艺装备	工时
120	装配	用 16 个 M16×35 螺栓将四个轴承端盖安装在箱体对应位置上，结合面加密封垫	装配		扳手	
130	装配	1. 用 4 个 M16×45 螺栓将输出轴轴承端盖安装在箱体上，结合面加密封垫； 2. 将套筒套装在输出轴上，然后将唇形密封及弹簧装在输出轴上，最后将端盖压入，并装防松螺钉； 3. 用 8 个 M16×35 螺栓将两个端盖安装在箱体对应位置上，结合面加密封垫	装配		扳手	
140	装配	用 6 个 20×85 螺栓将法兰固定在箱体上，结合面加密封垫	装配	行车	吊钩、钢丝绳、手锤、铜锤、扳手	
150	装配	用 4 个 M12×30 螺栓将盖板装在箱体上，结合面加密封垫	装配		扳手	
160	装配	安装透气装置及其他装置	装配		扳手	
170	磨合	检验、调隙	装配		加力杆、扳手	
			设计（日期）	审核（日期）	标准化（日期）	会签（日期）
标记	处数	更改文件号　签字　日期				

任务拓展

装配自动化

装配工作量占20%~70%,且采用手工劳动较多。由于装配技术上的复杂性和多样性,所以,装配过程不太容易实现自动化。随着制造技术的进步,制造过程自动化获得了较快的发展:一为减轻装配的劳动强度大;二为提高装配的效率,迫切需要发展装配过程的自动化。

国外从20世纪50年代开始进行装配过程自动化的研究和实施,在60年代发展了数控装配机、自动装配线,在70年代机器人已经应用于装配过程中,进入21世纪又研究应用了柔性装配系统(Flexible Assembling System,FAS)等。装配自动化今后的发展趋势是把装配自动化作业与仓库自动化系统等连接起来,进一步提高机械制造的质量和劳动生产率。

装配过程自动化包括零件的供给、装配对象的运送、装配作业、装配质量检测等环节的自动化。

1. 机器装配过程自动化的基本内容

机器装配过程自动化的基本内容包括如下三个方面:

(1)装配过程的储运系统自动化。

(2)装配作业自动化。

(3)装配过程的信息流自动化。

上述三个方面自动化的程度高低及范围大小,常随生产规模的大小及产品复杂程度不同而有所不同。

如果产品或部件结构复杂,无法在一台装配机上完成装配工作,或由于装配节拍和装配件分类等生产原因,需要在几台装配机上完成装配,就需要将装配机组合形成自动装配线。自动装配线的基本特征是:在装配工位上,将各种装配件装配到基础件上去,完成一个部件或产品的装配。按照装配线的形式和装配基础件的移动情况,自动装配线可分为基础件移动式自动装配线和基础件固定式自动装配线两种。

其中,移动式应用较为广泛,如轨道装配线、带式装配线、板式装配线、车式装配线和气垫装配线等。基础件在工位间的传送方式有连续传送和间歇传送两类。连续传送中,工位上的装配工作头也随之同步移动;间歇传送中,基础件由传送装置按生产节拍进行传送,停留在工位上时进行装配,作业一完成即传送至下一工位。目前,除小型简单工件装配采用连续传送外,一般都使用间歇传送方式。

2. 自动装配系统

自动装配系统由装配过程的物流自动化、装配作业自动化和信息流自动化等子系统组成,按主机的适用性可分为两大类:

(1)根据特定产品制造的专用自动装配系统、专用自动装配线。

(2)具有一定柔性范围的程序控制的自动装配系统。

专用自动装配系统由一个或多个工位组成,各工位设计以装配机整体性能为依据,结合产品的结构复杂程度确定其内容和数量。一般地,专用自动装配系统设施刚性,不适于产品的更换。

柔性装配系统(FAS)则具有足够大的柔性,面向中小批量生产,能够适应产品的频繁更换。柔性装配系统一般由装配机器人系统、灵活的物料搬运系统、零件自动供料系统、工具(手指)自动更换装置及工具库、视觉系统、基础件系统、控制系统和计算机管理系统等组成。柔性装配系统通常有两种形式:模块积木式柔性装配系统和以装配机器人为主体的可编程柔性装配系统。

在产品更新换代周期日趋缩短的今天,柔性装配系统(FAS)将能够较好地克服自动装配系统过于刚性的问题,因而也是当前自动装配技术中的一个热点技术。

项 目 总 结

机械装配是指按规定的技术要求,将零件、套件、组件和部件进行配合和连接,使之成为半成品或成品的工艺过程。装配是产品制造工艺过程的最后一项工作,但在产品设计之初,就必须考虑如何保证产品的装配精度并由此确定零件的尺寸及其制造公差。装配精度是产品装配后几何参数实际达到的精度。保证产品装配精度的方法有:互换法、选配法、修配法和调整法,各装配方法的特点见表6-3。采用等公差法后,进行公差调整的原则为:

①容易加工的组成环尺寸,给予较小的公差;难加工的组成环尺寸,给予较大的公差。

②标准件的公差不变:尺寸相近,加工方法相同的组成环,它们的公差取成相等。

③公差带的分布位置按“入体原则”确定。

装配工作系统较为复杂,要在掌握装配的相关概念、工作内容、生产组织形式及新技术、新方法应用的基础上创造性地制订装配工艺规程,使之能达到:保证产品质量、装配生产有序高效、降低装配成本。

表6-3　各种装配方法的选择

装配方法		工 艺 特 点	适 用 范 围
互换法	完全互换法	①配合件公差之和小于/等于规定装配公差;②装配操作简单;便于组织流水作业和维修工作	大批量生产中零件数较少、零件可用加工经济精度制造者,或零件数较多但装配精度要求不高
互换法	大数互换法	①配合件公差平方和的平方根小于/等于规定的装配公差;②装配操作简单,便于流水作业;③会出现极少数超差件	大批量生产中零件数略多、装配精度有一定要求,零件加工公差较完全互换法可适当放宽;完全互换法适用产品的其他一些部件装配
选配法	直接选配法	由装配工人凭借经验,直接挑选合适的零件进行装配。优点是能达到很高的装配精度,缺点是装配精度依赖于装配工人的技术水平和经验、装配的时间不易控制	成批大量生产精度要求很高、环数少的情况
选配法	分组选配法	①零件按尺寸分组,将对应尺寸组零件装配在一起;②零件误差较完全互换法可以大数倍	适用于大批量生产中零件数少、装配精度要求较高又不便采用其他调整装置的场合
	复合选配法	具有相配零件公差可以不相等、公差放大倍数可以不相同、装配质量高等优点	大批量生产精度要求特别高、环数少的情况
修配法	单件修配法	在多环尺寸链中,预先选定某一固定的零件作修配件,预留修配量的零件,在装配过程中通过手工修配或机械加工达到装配精度	用于单件小批生产中装配精度要求高的场合
修配法	合件修配法	将两个或两个以上零件合并为一个环作为修配环进行修配的方法。它减少了组成环的数目,扩大了组成环的公差	用于单件小批生产中装配精度要求高的场合
修配法	自身加工修配法	装配时可通过自己加工自己来保证某些装配精度	用于单件小批生产中装配精度要求高的场合

续上表

装配方法		工 艺 特 点	适 用 范 围
调节法	固定调节法	选用尺寸分级的调整件，以保证装配精度	固定调整法多用于大批量生产中零件数较多、装配精度要求较高的场合
	误差补偿调节法	根据尺寸链中某些组成环误差的方向作定向装配，使各组成环的误差方向合理配置，以达到互相抵消的目的	误差抵消法用于小批生产装配精度要求较高环数较多的情况
	可动调整法	装配过程中调整零件之间的相互位置，以保证装配精度	可动调整法多用于对装配间隙要求较高并可以设置调整机构的场合

思考与练习题

延伸阅读

祖冲之及指南车

6.1 什么叫装配？

6.2 保证装配精度的方法有哪些？各有什么特点？

6.3 单选题：

1. 单件小批生产时，装配精度要求较高、组成环多应选(　　)装配。
   A. 完全互换法　B. 分组互换法　C. 调整法　D. 修配法
2. 若装配精度要求很高且组成环较少、大量或成批生产时应选(　　)装配。
   A. 调整法　B. 分组法　C. 互换法　D. 修配法
3. 组成机器的基本单元是(　　)。
   A. 合件　B. 零件　C. 组件　D. 部件
4. 在质量大、体积大、刚性差的产品的批量生产中，一般采用(　　)装配组织形式。
   A. 固定式装配　B. 调整式装配　C. 修配式装配　D. 移动式装配

6.4 判断题：

1. 调整法装配的实质是，使调整零件的尺寸变化起到补偿装配累积误差的作用。(　　)
2. 要保证产品的装配精度，必须提高零件的制造精度。(　　)
3. 装配方法中的修配装配法适用于单件小批生产时，对封闭环公差要求较严，组成环环数较多的场合。(　　)
4. 装配是机器制造过程中的最后一个阶段，它仅仅是指零部件的结合过程。(　　)
5. 机器的装配精度是由相关零件的加工精度决定的。(　　)

参 考 文 献

[1] 朱龙根. 简明机械零件设计手册[M]. 北京:冶金工业出版社,1996.
[2] 唐德威,于红英,李丹,等. 插齿刀加工的非圆齿轮过渡曲线干涉分析[J]. 哈尔滨工业大学学报,2002, 34(5):624-627.
[3] 吕明. 机械制造技术基础[M]. 武汉:武汉理工大学出版社,2015.
[4] 周济,李培根. 智能制造导论[M]. 北京:高等教育出版社,2021.
[5] 韩变枝. 机械制图[M]. 北京:机械工业出版社,2015.
[6] 李凯岭. 机械制造技术基础[M]. 北京:机械工业出版社,2017.
[7] 吴拓. 机械制造工程[M]. 北京:机械工业出版社,2011.
[8] 倪森寿. 机械制造工艺与装备[M]. 北京:化学工业出版社,2009.
[9] 周宏甫. 机械制造技术基础[M]. 北京:高等教育出版社,2004.
[10] 王先逵. 机械制造工艺学[M]. 北京:机械工业出版社,2013.
[11] 卢秉恒. 机械制造技术基础[M]. 北京:机械工业出版社,2017.
[12] 谭豫之,李伟. 机械制造工程学[M]. 北京:机械工业出版社,2016.
[13] 熊良山. 机械制造技术基础[M]. 武汉:华中科技大学出版社,2017.
[14] 韩变枝. 机械制图习题集[M]. 北京:机械工业出版社,2015.
[15] 孙学强,段维华. 现代制造工艺学[M]. 北京:电子工业出版社,2013.
[16] 陈日曜. 金属切削原理[M]. 北京:机械工业出版社,1989.
[17] 孙康宁,张景德. 工程材料与机械制造基础[M]. 北京:高等教育出版社,2019.